Tobias Glosauer

Mathematik in der Kursstufe

Band 1:

Analysis

ISBN-13: 978-1975856625

ISBN-10: 1975856627

Mathematik in der Kursstufe, Band 1: Analysis

1. Auflage, 2017

Tobias Glosauer, Kepler-Gymnasium, Alteburgstraße 26, 72762 Reutlingen

Druck: Siehe letzte Seite.

Vorwort

Analysis „für alle“?

Meine Hoffnung ist, dass in diesem Buch wirklich für jeden etwas dabei ist: Von den verzweifelten Mathe-Opfern, die in den Schritt-für-Schritt-Erklärungen und ausführlichen Beispielen vielleicht etwas Trost und Einsicht finden (gebt die Hoffnung nie ganz auf!), bis hin zu den Überfliegern, die ihr Können an den ☠-Aufgaben und -Beispielen testen und verfeinern sollen.
Über Rückmeldungen und Anregungen an glosauer@jkg-reutlingen.de freue ich mich sehr. Korrekturen und Ergänzungen zu diesem Band werden gegebenenfalls auf der Seite http://gl.jkg-reutlingen.de/MathePlus/ erscheinen.

Bisch du a Schwob?

Falls du dies verstehen konntest, stammst du vermutlich aus dem Schwabenländle. Dieses Buch ist aus einer Sammlung von Mathe-Skripten entstanden, die ich im Lauf der Jahre für Mathe-Kurse am Kepler-Gymnasium in Reutlingen erstellt habe. Dementsprechend orientiert sich die Stoffauswahl am (damals!) gültigen Bildungsplan von Baden-Württemberg. Stammst du aus einem anderen Bundesland, so werden vermutlich einige Schwerpunkte anders liegen, aber ich denke, dass dieses Buch dir in jedem Fall ein solides Grundgerüst der Kursstufen-Analysis vermitteln kann.

Geh-Tee-Err?

Die Abkürzung „GTR“ steht für „**g**rafikfähiger **T**aschen**r**echner“. Ich möchte mich an dieser Stelle nicht über Sinn und Unsinn dieses Geräts und den dadurch bedingten Niedergang der Mathematik-Kultur in der Schule auslassen (ups, jetzt hab ich’s ja doch getan), sondern nur so viel sagen: Dies ist *kein* GTR-lastiges Buch, aber er wird an manchen Stellen eingesetzt, wo er wirklich nützlich ist, z.B. zum schnellen Plotten eines Schaubilds oder zum näherungsweisen Lösen mancher Gleichungen. Steht kein GTR zur Verfügung (wie etwa den Abiturjahrgängen ab 2019 in BaWü), gibt es alternativ vorzügliche Freeware wie z.B. *Geogebra* oder *WolframAlpha*.

Noch ein Wort an die KollegInnen

Dies ist ein Schulbuch und da meiner Erfahrung nach Voraussetzungen wie „Es sei f eine auf dem Intervall $(a\,;b)$ differenzierbare Funktion“ vielen SchülerInnen keinen Gewinn bringen, sondern eher abschreckend wirken, verzichte ich an manchen Stellen auf mathematische Strenge zugunsten der Lesbarkeit. Man möge mir verzeihen.

Danke!

An Anja, Clara, Philipp und Tim fürs Korrektur- und Probelesen, und ganz besonders an meine Frau, die zahllose Fehler und Unstimmigkeiten aufgespürt hat. Alle verbleibenden Fehler sind natürlich absichtlich eingestreut worden. Meinem Kollegen Oli danke ich für die TeX-nische Hilfe bei Formatierungsfragen.

Reutlingen, im September 2017 Tobias Glosauer

Inhalt

1 Ableiten (reloaded)

In diesem Kapitel lernst du einige neue Ableitungsregeln kennen. Doch zuvor wiederholen wir die benötigten Grundkenntnisse des letzten Schuljahrs.

1.1 Da war doch was

Ich weiß, ich weiß, die Ferien waren lang ... Aber zumindest dunkel erinnerst du dich vielleicht noch an Ausdrücke wie „Effstrichvoniks" und sowas. Wenn dir das Ableiten noch gut in Erinnerung ist, kannst du diesen Abschnitt überspringen, ansonsten arbeite ihn inklusive der Aufgaben gründlich durch (das ist ein Befehl!), da er die Grundlage für alles Weitere ist.

1.1.1 Wohlbekannte(?) Ableitungsregeln

a) Potenzregel. Die wohl wichtigste Regel, die du letztes Jahr unzählige Male angewendet hast, ist die *Potenzregel*: Bei einer Potenzfunktion wie z.B.

$$f(x) = x^4$$

bildet man die Ableitung $f'(x)$, indem man ganz einfach die Hochzahl (hier: die 4) nach unten holt, und für die neue Hochzahl 1 von der alten Hochzahl abzieht:

$$f'(x) = 4 \cdot x^{4-1} = 4x^3.$$

Für $f(x) = x^n$ mit einer beliebigen Hochzahl n sieht das so aus:

$$f'(x) = n \cdot x^{n-1}$$

(den Malpunkt lassen wir in Zukunft meistens weg). Ja Moment, was bedeutet denn „beliebige Hochzahl"? Tatsächlich gilt diese Regel nicht nur für natürliche Zahlen $n = 1, 2, 3, \ldots$, sondern auch für negative ganze Zahlen, wie z.B. $n = -3$. Um also

$$f(x) = \frac{1}{x^3} = x^{-3} \qquad \text{(erinnere dich an das Potenzgesetz } \frac{1}{x^k} = x^{-k}\text{)}$$

abzuleiten, rechnet man

$$f'(x) = (-3) \cdot x^{-3-1} = -3x^{-4},$$

was man in der Regel wieder als Bruch umschreibt:

$$-3x^{-4} = -3 \cdot \frac{1}{x^4} = -\frac{3}{x^4}.$$

Und sogar für gebrochene Hochzahlen wie z.B. $n = \frac{2}{3}$ gilt die Potenzregel: Die Ableitung von $f(x) = x^{\frac{2}{3}}$ berechnet sich als

$$f'(x) = \frac{2}{3} x^{\frac{2}{3}-1} = \frac{2}{3} x^{-\frac{1}{3}}.$$

Mit Hilfe des Potenzgesetzes

$$x^{\frac{a}{b}} = \sqrt[b]{x^a}$$

lässt sich $f(x)$ übrigens als $f(x) = \sqrt[3]{x^2}$ darstellen und die Ableitung lässt sich schreiben als

$$f'(x) = \frac{2}{3} x^{-\frac{1}{3}} = \frac{2}{3} \cdot \frac{1}{x^{\frac{1}{3}}} = \frac{2}{3\sqrt[3]{x}}\,.$$

Auch wenn dich die vielen Hochzahlen und das Umschreiben mit Hilfe der Potenzgesetze jetzt etwas verwirrt haben sollten, merk dir, dass Ableiten mit der Potenzregel ganz simpel ist.

Merke: $f(x) = x^r$ hat als Ableitung $f'(x) = r \cdot x^{r-1}$ **(Potenzregel).**
„Hochzahl runter holen, danach oben 1 von der alten Hochzahl abziehen."

Die Hochzahl darf dabei ein beliebiger (positiver oder negativer) Bruch sein, d.h. kurz: $r \in \mathbb{Q}$ (lies: „r ist ein Element der rationalen Zahlen $\mathbb{Q}$").

b) Faktorregel. Enthält eine Funktion wie z.B. $f(x) = 5 \cdot x^4$ einen konstanten Vorfaktor (hier: die Zahl 5), so lässt man diesen beim Ableiten ganz einfach stehen:

$$f'(x) = 5 \cdot (x^4)' = 5 \cdot 4x^3 = 20x^3.$$

Mehr gibt's hierzu auch nicht zu sagen, außer dass wir es noch allgemein festhalten:

Merke: $f(x) = c \cdot g(x)$ hat als Ableitung $f'(x) = c \cdot g'(x)$ **(Faktorregel).**
Ein konstanter Vorfaktor $c \in \mathbb{R}$ bleibt beim Ableiten also einfach stehen.

($\mathbb{R}$ bezeichnet die Menge aller reellen Zahlen, also aller Dezimalzahlen.)

c) Summenregel. Eine Funktion wie z.B.

$$f(x) = x^2 + \pi x^3,$$

die aus einer Summe[1] von Funktionen besteht (hier: x^2 und πx^3), wird abgeleitet, indem man die einzelnen Summanden ableitet, und das Plus (oder Minus) zwischen ihnen einfach stehen lässt, also

$$f'(x) = (x^2)' + (\pi x^3)' = 2x + 3\pi x^2.$$

Merke: Für $f(x) = g(x) \pm h(x)$ gilt $f'(x) = g'(x) \pm h'(x)$ **(Summenregel).**

[1] Dasselbe gilt auch für eine Differenz wie z.B. $x^2 - \pi x^3$.

Das gilt übrigens auch, wenn die Funktion mehr als zwei Summanden enthält. So ist z.B. die Ableitung von $f(x) = x^3 - 2x^2 + 5x$ gegeben durch

$$f'(x) = (x^3)' - (2x^2)' + (5x)' = 3x^2 - 4x + 5.$$

(Beachte: $x' = (x^1)' = 1 \cdot x^{1-1} = 1 \cdot x^0 = 1.$)

d) Sinus und Kosinus. Letztes Jahr hast du ebenfalls gelernt, wie man die beiden trigonometrischen Grundfunktionen ableitet.

Merke: Es gilt $\cos'(x) = -\sin(x)$ und $\sin'(x) = \cos(x)$.

Hierzu gibt es den tollen Merkreim

„Kosinus wird Minus, Sinus bleibt Plus",

der natürlich Nullkommanix bringt, wenn man nicht von vornherein schon weiß, ob das Minus beim Kosinus- oder beim Sinus-Ableiten zu setzen ist. Wer sich erinnert, dass die Ableitung etwas mit Steigung des Schaubilds zu tun hat, und dass die Kosinuskurve für $x > 0$ zunächst fällt (also negative Steigung hat), kann sich so vielleicht besser das Auftreten des Minuszeichens in $\cos'(x) = -\sin(x)$ merken. Meiner Erfahrung nach bringt diese Bemerkung aber den SchülerInnen, die das Minuszeichen verwechseln, auch nichts, also vergiss sie am besten wieder.

1.1.2 Was soll die Ableitung?

Wenn du fit in Mathe bist, erinnerst du dich sicher noch, dass die Ableitung als Grenzwert von Differenzenquotienten (geometrisch: Sekantensteigungen) definiert war. Um jedoch nicht gleich einige LeserInnen übel zu frusten, ersparen wir uns hier alle Details, sondern halten nur die wichtigste Erkenntnis fest:

Mit Hilfe der Ableitung berechnet man die Steigung von Kurven.

Schau dir das Schaubild K_f der Funktion $f(x)$ in Abbildung 1.1 an (K steht für „*K*urve"; eine andere gebräuchliche Bezeichnung ist G_f, wobei das G für „*G*raph" steht).

Haben wir ausgerechnet, dass die Ableitung von $f(x)$ an der Stelle x_0 z.B den Wert

$$f'(x_0) = 0{,}4$$

hat, so besitzt das Schaubild K_f dort die Steigung 0,4. Das bedeutet: Zeichnet man eine Gerade mit Steigung 0,4 durch den Punkt P (also von P aus „1 nach rechts und 0,4 nach oben"), so erhält man die *Tangente* an das Schaubild im Punkt P.

Die Tangente ist gar nichts Mysteriöses, sondern einfach nur die Gerade mit Steigung $f'(x_0)$, die durch den Punkt $P(\,x_0 \mid f(x_0)\,)$ verläuft. Sie hat die Eigenschaft, sich an das Schaubild K_f „anzuschmiegen", bzw. nahe des Punktes P „fast so wie das Schaubild selbst" zu verlaufen (ohne dass wir dies hier präzisieren können oder wollen). Lange Rede kurzer Sinn:

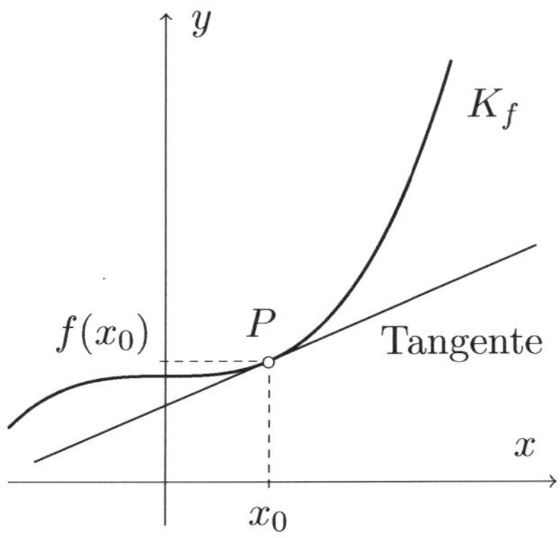

Abbildung 1.1

Merke: $f'(x_0)$ ist die Tangentensteigung des Schaubilds K_f an der Stelle x_0.

„Tangentensteigung“ bzw. „Steigung“ des Schaubilds kann man synonym verwenden, da die Tangentensteigung ganz einfach als $f'(x_0)$, also die Steigung des Schaubilds, definiert ist. Vergiss diesen Satz am besten gleich wieder.
Anstatt „Steigung von K_f an der Stelle x_0“ kann man auch sagen „Steigung von K_f im Punkt $P\,(\,x_0 \,|\, f(x_0)\,)$“. Dies solltest du dir merken und bitte immer zwischen „Stelle“ und „Punkt“ unterscheiden: „Stelle“ bezeichnet eine Position x_0 auf der x-Achse (ein Zahlenwert genügt zur Angabe), während „Punkt“ eine Position im xy-Koordinatensystem bezeichnet (also durch zwei Zahlenwerte x und y bzw. das Zahlenpaar $(\,x \,|\, y\,)$ angegeben wird).
Ups, ich labere und labere. Zum Abschluss kommt noch ein ganz simples Beispiel, das alle wieder versöhnen wird.

Beispiel 1.1 Welche Steigung besitzt die Normalparabel, also das Schaubild der Funktion $f(x) = x^2$, an der Stelle $x_0 = \frac{1}{2}$?
Nichts einfacher als das: Die Ableitung ist $f'(x) = 2x$, und Einsetzen von $x_0 = \frac{1}{2}$ ergibt als Tangentensteigung

$$f'(x_0) = 2x_0 = 2 \cdot \frac{1}{2} = 1.$$

Somit besitzt die Tangente im Punkt $P\,(\,\frac{1}{2} \,|\, \frac{1}{4}\,)$ die Steigung 1, sie verläuft also parallel zur ersten Winkelhalbierenden $y = x$. (Falls du dich über die y-Koordinate von P wunderst: Sie ist $f(x_0) = f(\frac{1}{2}) = (\frac{1}{2})^2 = \frac{1}{4}$.)
Wenn du jetzt noch das Schaubild (am besten mit einer Parabelschablone) und die Tangente in P zeichnest, darfst du dir ein Fleiß-Sternchen auf dein Heft kleben (gab's die auch bei euch in der Grundschule?). Wie man die Gleichung der Tangente berechnet, wird in Aufgabe 1.3 wiederholt.

✎ ✎ ✎

A **1.1** Leite einmal ab. Oder etwas motivierender: Nimm einen tiefen Atemzug und erfreue dich daran, wie einfach Ableiten doch ist.

a) $f(x) = \frac{1}{3}x^3 + \frac{1}{2}x^2 - x$ b) $f(x) = \sqrt{x} + 2$ c) $f(t) = \pi \cdot \cos(t) + \pi$

Achtung: In c) heißt die Variable der Funktion t statt x, und es wird daher nach t abgeleitet.

A **1.2** Dasselbe wie eben, nur mit etwas mehr Pepp.

a) $f(x) = \frac{1}{2}x^{2016} + \heartsuit$ b) $g(x) = \pi \sin(x) + \frac{1}{\sqrt{x}}$ c) $h(z) = \frac{1}{z^2} - \sqrt[5]{z^2}$

d) $p(s) = s \cdot s^{\frac{1}{3}}$ e) $q(x) = \frac{1}{4x} \cdot t^2$ f) $r(t) = \frac{1}{4x} \cdot t^2$

A **1.3** *Gleichung einer Tangente aufstellen*

Es sei f eine Funktion mit Schaubild K_f und $P\,(\,x_0 \,|\, f(x_0)\,)$ ein Punkt auf dem Schaubild. Erinnere dich:

> Die *Tangente* t an das Schaubild K_f im Punkt P ist die Gerade mit Steigung $f'(x_0)$, die durch P verläuft[2].

Du sollst nun die Gleichung $t(x)$ dieser Tangente an einem simplen Beispiel bestimmen, nämlich für

$$f(x) = \frac{1}{4}x^2 \quad \text{an der Stelle } x_0 = 1.$$

Dazu gibt es zwei Möglichkeiten (es genügt, wenn du dir eine davon merkst; ich würde b) empfehlen).

a) Die Tangente ist eine Gerade, also ist ihre Funktionsgleichung von der Form

$$t(x) = m_t x + c.$$

Für ihre Steigung m_t musst du einfach $f'(x_0)$, hier also $f'(1)$ einsetzen, und den y-Achsenabschnitt c erhältst du mittels *Punktprobe*, da die Tangente durch den Punkt $P\,(\,1 \,|\, f(1)\,)$ verlaufen muss. Wenn du schon beim Lesen dieser Anleitung Zustände bekommst, blättere am besten gleich zur Lösung, wo alles ausführlich erklärt wird.

b) Wer sich die Punktprobe sparen möchte (oder wer gerne Formeln auswendig lernt), verwendet die *allgemeine Tangentengleichung*:

[2] Für Pedanten: Die Tangente ist eine Gerade, also genaugenommen das Schaubild K_t der Funktion $t(x)$. Wir werden aber meist einfach von der Tangente t bzw. $t(x)$ sprechen.

Merke: Die Tangente an K_f im Punkt $P(x_0 \,|\, f(x_0))$ besitzt die Gleichung

$$t(x) = f'(x_0) \cdot (x - x_0) + f(x_0).$$

Einfach x_0 in die rechte Seite einsetzen, zusammenfassen, fertig!
Obacht: Es kommt nur einmal die Funktionsvariable x vor (die man so stehen lässt, ohne etwas einzusetzen), an den anderen drei Stellen wird jeweils die Zahl x_0 eingesetzt! Diejenigen, die aus Versehen x_0 mit x vertauschen, erhalten katastrophal falsche Ergebnisse (die meist gar keine Geraden mehr darstellen).

1.2 Die Kettenregel

Nach dem Motto „S'Schlimmschde z'erschd, na isch's wegg“[3] behandeln wir gleich zu Beginn diejenige der drei neuen Ableitungsregeln, die dir am Anfang sicher die meisten Probleme bereiten wird. Aber keine Sorge; wir werden sie solange üben, bis sie jeder versteht.

1.2.1 So nicht!

Beispiel 1.2 Wie könnte man die Funktion

$$f(x) = (x^2 + 2x)^2$$

ableiten? Nun, eine naheliegende Idee wäre doch, einfach die Potenzregel anzuwenden:

$$f'(x) \stackrel{?}{=} 2(x^2 + 2x)^1 = 2x^2 + 4x.$$

Schreibt man die Funktionsgleichung jedoch mit Hilfe der binomischen Formel um, so erhält man

$$f(x) = (x^2)^2 + 2x^2 \cdot 2x + (2x)^2 = x^4 + 4x^3 + 4x^2,$$

d.h. die korrekte Ableitung lautet

$$f'(x) = 4x^3 + 12x^2 + 8x,$$

was offenbar etwas ganz anderes als unser obiges Ergebnis ist. Die naive Anwendung der Potenzregel ist somit nicht erlaubt. Tatsächlich braucht man, wenn man $f(x)$ ohne weitere Umformung direkt ableiten will, die sogenannte *Kettenregel.* Allein schon um deren etwas seltsamen Namen zu verstehen, müssen wir etwas weiter ausholen.

[3] Für Nicht-Schwaben: „Das Schlimmste zuerst, dann ist es weg.“

1.2.2 Verkettung von Funktionen

Beispiel 1.3 Wir betrachten die beiden Funktionen

$$u(x) = \frac{1}{x} \quad \text{und} \quad v(x) = x^2 + 1.$$

Nun bilden wir aus diesen beiden eine neue Funktion f, indem wir zuerst v anwenden, und dann u, also

$$f(x) = u(v(x)) \qquad \text{(lies: „}u\text{ von }v\text{ von iks“).}$$

Machen wir das doch zuerst mal für einen konkreten x-Wert wie z.B. $x = 2$: Eingesetzt in v ergibt sich $v(2) = 2^2 + 1 = 5$, und wenn wir dann u mit diesem Ergebnis füttern, so erhalten wir $u(5) = \frac{1}{5}$. Alles auf einmal:

$$f(2) = u(v(2)) = u(5) = \frac{1}{5}\,.$$

Oder als Bildchen (wenn das eher verwirrt als hilft, dann überspring es einfach):

f

$$2 \xmapsto{v} v(2) = 5 \xmapsto{u} u(v(2)) = \tfrac{1}{5}$$

Und nun für allgemeines x:

$$f(x) = u(v(x)) = u(x^2 + 1) = \frac{1}{x^2 + 1},$$

wobei wir im letzten Schritt verwendet haben, dass u die „1-durch-Funktion“ ist, also einfach das Argument in der Klammer (hier: $x^2 + 1$) in den Nenner eines Bruchs mit Zähler 1 schreibt. Noch'n Bildchen:

f

$$x \xmapsto{v} v(x) = x^2 + 1 \xmapsto{u} u(v(x)) = \tfrac{1}{x^2+1}$$

Diese Hintereinanderausführung der Funktionen v und u nennt man auch *Verkettung* (oder geschwollener: *Komposition*) und schreibt dafür

$$f = u \circ v \qquad \text{(lies: „}u\text{ nach }v\text{“ oder auch „}u\text{ Kringel }v\text{“).}$$

Falls dich das fehlende x irritiert, hier die gewohnte Schreibweise:

$$f(x) = (u \circ v)(x) = u(v(x)).$$

An der Sprechweise „u nach v“ erkennt man übrigens, dass u *nach* v kommt, d.h. zuerst wird v angewendet, danach u. Das ist wichtig, denn wenn man die Reihenfolge vertauscht, erhält man eine ganz andere Funktion, die wir g nennen:

$$g(x) = (v \circ u)(x) = v(u(x)) = v\left(\frac{1}{x}\right) = \left(\frac{1}{x}\right)^2 + 1 = \frac{1}{x^2} + 1.$$

Dass dies nicht die Funktion f ist, erkennt man, wenn man z.B. $x = 2$ einsetzt:

$$g(2) = v(u(2)) = \frac{1}{2^2} + 1 = \frac{1}{4} + 1 = \frac{5}{4} \neq \frac{1}{5} = f(2).$$

Dieses eine Zahlenbeispiel zeigt bereits, dass die Funktionen $f = u \circ v$ und $g = v \circ u$ verschieden sind. Somit muss man bei Verkettungen auf die Reihenfolge achten!

In der Verkettung $u \circ v$ heißt v die *innere Funktion* und u – naa, kommst du drauf? – richtig: *äußere Funktion*. Sollte selbsterklärend sein, denn in $(u \circ v)(x) = u(v(x))$ steht v eben innen (wird also zuerst angewendet) und u außen.
Da u ja nun nicht mehr direkt das x als Variable hat, sondern $v(x)$ (in diesem Beispiel also $x^2 + 1$), verwenden wir im Folgenden die Notation $u(\heartsuit)$ anstelle von $u(x)$ für die äußere Funktion; hier also $u(\heartsuit) = \frac{1}{\heartsuit}$. Wenn du kein Herzchen-Fan bist, kannst du dir dafür natürlich jede andere Variable, wie z.B. z denken. Unklar? Dann hilft das nächste Beispiel hoffentlich.

Beispiel 1.4 Wir geben die innere und äußere Funktion von $f(x) = (x^2 + 2x)^2$ an. Wenn man $f(x)$ für irgendein x ausrechnet, dann setzt man es erst in die Klammer, also in $x^2 + 2x$ ein, und danach quadriert man, wendet also $(\ldots)^2$ an. Somit ist

$v(x) = x^2 + 2x$ die innere Funktion und

$u(\heartsuit) = \heartsuit^2$ die äußere Funktion.

Nochmal rückwärts zur Kontrolle:

$$u(v(x)) = u(x^2 + 2x) = (x^2 + 2x)^2 = f(x). \qquad \text{Passt.}$$

Vertauschen wir die Rollen von u und v, nehmen also

$u(x) = x^2$ als innere und

$v(\heartsuit) = \heartsuit^2 + 2\heartsuit$ als äußere Funktion, so erhalten wir als Verkettung

$$(v \circ u)(x) = v(u(x)) = v(x^2) = (x^2)^2 + 2x^2 = x^4 + 2x^2,$$

was auch hier wieder nicht mit $f(x) = u(v(x))$ übereinstimmt.

A 1.4 Bilde die Verkettung $f = u \circ v$. Gilt $u \circ v = v \circ u$?

a) $u(\heartsuit) = 2\heartsuit + 1, \quad v(x) = 4x$

b) $u(\heartsuit) = \sqrt{\heartsuit}, \quad v(x) = x^2 - 1$

c) $u(\heartsuit) = \cos(\heartsuit), \quad v(x) = \dfrac{1}{x}$

A 1.5 Gib die äußere und die innere Funktion an.

a) $f(x) = \sqrt{x^2 + 1}$

b) $f(x) = 2^{x-3}$

c) $f(x) = \sqrt[3]{\cos(x^2)}$

Achtung: In c) liegt eine zweifache Verkettung vor, d.h. es gibt eine äußere, innere und „innerste“ Funktion.

1.2.3 The famous chain rule

Nun lernen wir, wie man Verkettungen richtig ableitet, und zwar mit Hilfe der *Kettenregel*, die ich dir jetzt ohne weitere Vorwarnung um die Ohren haue.

Satz 1.1 (Kettenregel)
Ist $f = u \circ v$ die Verkettung zweier Funktionen, dann leitet man f so ab:

$$f'(x) = u'\big(v(x)\big) \cdot v'(x).$$

In Worten: Die Ableitung einer Verkettung $u \circ v$ an der Stelle x erhält man, indem man die „*äußere Ableitung*" $u'\big(v(x)\big)$ (wichtig: an der Stelle $v(x)$ und nicht x) mit der „*inneren Ableitung*" $v'(x)$ multipliziert.

Das sieht für die meisten auf den ersten Blick vermutlich unerfreulich aus, aber keine Sorge: Wenn du die nächsten Beispiele langsam und gründlich durcharbeitest und dich danach an den Übungen versuchst, wirst du dich mit der Kettenregel immer mehr anfreunden!

KLAMMER AUF. Für die Hardcore-MathematikerInnen unter euch: Einen mathematischen Satz muss man natürlich beweisen, sonst könnte ja jeder dahergelaufene Hobbymathematiker irgendwas behaupten. Wir werden in diesem Buch tatsächlich auch ein paar Beweise führen, wenn dies auf Schulniveau möglich und gewinnbringend ist. Ein korrekter Beweis der Kettenregel ist jedoch viel zu hart (siehe [GLO]), so dass wir mit gutem Gewissen darauf verzichten. Fürs Abi zählt sowieso nur, dass du die Kettenregel (im Schlaf!) anwenden kannst, und darauf wollen wir jetzt hinarbeiten. KLAMMER ZU.

Beispiel 1.5 Wir leiten die Funktion $f(x) = (x^2 + 2x)^2$ aus Beispiel 1.2 mit der Kettenregel ab. Es ist $f(x) = (u \circ v)(x)$ mit

$$u(\heartsuit) = \heartsuit^2 \quad \text{als äußerer und} \qquad v(x) = x^2 + 2x \quad \text{als innerer Funktion.}$$

Nun bestimmen wir die äußere und die innere Ableitung, indem wir $u(\heartsuit)$ und $v(x)$ wie gewohnt ableiten (dabei wird $u(\heartsuit)$ nach $\heartsuit$ und $v(x)$ nach x abgeleitet!):

$$u'(\heartsuit) = 2\heartsuit \quad \text{(äußere Ableitung)} \qquad v'(x) = 2x + 2 \quad \text{(innere Ableitung).}$$

Laut Kettenregel erhält man $f'(x) = u'(v(x)) \cdot v'(x)$, indem man die äußere Ableitung mit der inneren multipliziert. **Achtung:** Dabei wird in u' nicht x als Variable eingesetzt, sondern $v(x)$, d.h. die korrekte äußere Ableitung (an der Stelle $v(x)$ ausgewertet) ist $u'(v(x)) = 2v(x)$ (ersetze $\heartsuit$ durch $v(x)$). Absolute Aufmerksamkeit & Trommelwirbel:

$$f'(x) = u'(v(x)) \cdot v'(x) = 2v(x) \cdot (2x + 2).$$

Jetzt muss nur noch $v(x) = x^2 + 2x$ eingesetzt und ausmultipliziert werden:

$$\begin{aligned} f'(x) &= 2v(x) \cdot (2x + 2) = 2(x^2 + 2x) \cdot (2x + 2) = 2(2x^3 + 2x^2 + 4x^2 + 4x) \\ &= 4x^3 + 12x^2 + 8x. \end{aligned}$$

Ein Vergleich mit Beispiel 1.2 zeigt, dass dies in der Tat die richtige Ableitung ist.
Anmerkung: Vielleicht versteht man jetzt auch besser, warum die ♡-Schreibweise gewählt wurde. Schreibt man nämlich die äußere Funktion auch als $u(x) = 2x^2$, so besteht die Gefahr, dass man $u'(x) = 2x$ als äußere Ableitung stehen lässt, ohne das x durch $v(x)$ zu ersetzen. Während wohl niemand auf die Idee kommen würde, $2\heartsuit$ im Endergebnis für $f'(x)$ stehen zu lassen. Ui, jetzt hab ich aber wieder viel geredet.

Wenn du die Kettenregel jetzt schon kapiert hast, gratuliere! Wenn nicht, keine Bange, du bist sicherlich nicht alleine damit. Deshalb schnell das nächste Beispiel. Am vorigen Beispiel hätte man auch kritisieren können, dass es ohne Kettenregel sogar fast leichter geht – siehe Beispiel 1.2. Das ändert sich sogleich.

Beispiel 1.6 Wir leiten die Funktion

$$f(x) = \sqrt{2x+4}$$

mit Hilfe der Kettenregel ab. Dazu zerlegen wir f zunächst wieder in äußere und innere Funktion:

$$u(\heartsuit) = \sqrt{\heartsuit} \quad \text{(äußere Funktion)}, \qquad v(x) = 2x+4 \quad \text{(innere Funktion)}.$$

Nach der Kettenregel müssen wir zur Berechnung von f' zunächst die äußere Ableitung bestimmen. Diese ist

$$u'(\heartsuit) = \frac{1}{2}\heartsuit^{-\frac{1}{2}} = \frac{1}{2\sqrt{\heartsuit}}\,.$$

Werten wir dies an der Stelle $\heartsuit = v(x)$ aus, so erhalten wir

$$u'(v(x)) = \frac{1}{2\sqrt{v(x)}} = \frac{1}{2\sqrt{2x+4}}\,.$$

Die innere Ableitung ist erfreulich einfach: $v'(x) = (2x+4)' = 2$. Insgesamt folgt nach der Kettenregel für die Ableitung von $f = u \circ v$

$$f'(x) = u'\big(v(x)\big) \cdot v'(x) = \frac{1}{2\sqrt{2x+4}} \cdot 2 = \frac{1}{\sqrt{2x+4}}\,.$$

Die ersten paar Aufgaben zur Kettenregel schreibt man sich am besten so ausführlich auf. Mit etwas mehr Übung sollte es dir allerdings gelingen, die Ableitung so kompakt wie in der letzten Zeile direkt aufzuschreiben.

Um mein mathematisches Gewissen zu beruhigen, kommt hier noch eine kurze Anmerkung zu Definitionsbereichen, über die wir im Folgenden stets großzügig hinwegsehen (wer noch mit der Anwendung der Kettenregel strugglet, überspringe dies sofort).
Die Kettenregel ergibt natürlich nur für solche x-Werte Sinn, für die alle auftretenden Ausdrücke definiert sind. Die Funktion f selbst ist definiert auf

$$D_f = [\,-2\,;\infty\,) = \{\,x \in \mathbb{R} \mid x \geqslant -2\,\},$$

da der Ausdruck $2x + 4$ unter der Wurzel $\geqslant 0$ sein muss. Die Ableitung f' hingegen ist nur auf

$$D_{f'} = (\,-2\,;\infty\,) = \{\,x \in \mathbb{R} \mid x > -2\,\}$$

definiert, da die Wurzel jetzt im Nenner steht und somit nicht 0 werden darf. Über solche Definitionsfragen zerbrechen wir uns ab sofort jedoch nicht mehr den Kopf.

Beispiel 1.7 Wir bringen zwei weitere, etwas knapper gehaltene Beispiele.

a) Für $f(x) = (2x^2+3)^4$ ist $u(\heartsuit) = \heartsuit^4$ die äußere Funktion mit Ableitung $u'(\heartsuit) = 4\heartsuit^3$, sowie $v(x) = 2x^2 + 3$ die innere Funktion mit Ableitung $v'(x) = 4x$. Die Kettenregel liefert

$$f'(x) = 4(2x^2 + 3)^3 \cdot 4x = 16x \cdot (2x^2 + 3)^3.$$

Beachte: Um $f(x) = (2x^2 + 3)^4$ ohne Kettenregel abzuleiten, müsste man $f(x)$ nach dem binomischen Lehrsatz (für hoch 4; Stichwort: Pascal-Dreieck) zunächst als Summe schreiben. Das lassen wir mal schön bleiben, sondern feiern ab jetzt jeden Tag die Kettenregel.

b) Wir leiten $g(x) = \frac{1}{\cos(x)}$ ab, was sich als $g = u \circ v$ mit $u(\heartsuit) = \frac{1}{\heartsuit}$ und $v(x) = \cos(x)$ schreiben lässt. Es ist $u'(\heartsuit) = -\frac{1}{\heartsuit^2}$ und $v'(x) = -\sin(x)$. Mit der Kettenregel folgt

$$g'(x) = u'(v(x)) \cdot v'(x) = -\frac{1}{\big(\cos(x)\big)^2} \cdot (-\sin(x)) = \frac{\sin(x)}{\cos^2(x)}\,.$$

Beispiel 1.8 Jetzt mal noch was Knackig(er)es: Die Ableitung von

$$f(x) = \sqrt[3]{\cos(x^2 + 1)}$$

zu finden scheint auf den ersten Blick übel. Isses aber gar nicht; man muss nur die Kettenregel zweimal anwenden, da es sich bei f um eine zweifache Verkettung handelt. Ganz langsam, Schritt für Schritt: Wir arbeiten uns von außen nach innen vor und schreiben zunächst $f = u \circ v$ mit

$$u(\heartsuit) = \sqrt[3]{\heartsuit} = \heartsuit^{\frac{1}{3}} \quad \text{und} \quad v(x) = \cos(x^2 + 1).$$

Die äußere Ableitung lautet

$$u'(\heartsuit) = \frac{1}{3}\heartsuit^{-\frac{2}{3}} = \frac{1}{3\sqrt[3]{\heartsuit^2}}$$

und ein erstes Anwenden der Kettenregel liefert

$$f'(x) = u'(v(x)) \cdot v'(x) = \frac{1}{3\sqrt[3]{v(x)^2}} \cdot \big(\cos(x^2 + 1)\big)'.$$

Um den zweiten Faktor zu bestimmen, müssen wir erneut die Kettenregel bemühen: Dazu schreiben wir $\cos(x^2 + 1) = w(z(x))$ mit $w(\heartsuit) = \cos(\heartsuit)$ und $z(x) = x^2 + 1$.

Äußere und innere Ableitung sind nun $w'(\heartsuit) = -\sin(\heartsuit)$, sowie $z'(x) = 2x$, so dass ein zweites Anwenden der Kettenregel

$$\big(\cos(x^2+1)\big)' = w'(z(x)) \cdot z'(x) = -\sin(x^2+1) \cdot 2x\,,$$

ergibt. Wir erhalten insgesamt

$$f'(x) = \frac{1}{3\sqrt[3]{v(x)^2}} \cdot \big(\cos(x^2+1)\big)' = \frac{1}{3\sqrt[3]{(\cos(x^2+1))^2}} \cdot (-\sin(x^2+1) \cdot 2x)\,,$$

was sich noch etwas kompakter (wenn auch nicht weniger monströs) als

$$f'(x) = -\frac{2}{3} \cdot \frac{x \cdot \sin(x^2+1)}{\sqrt[3]{(\cos(x^2+1))^2}}$$

schreiben lässt. Lass dich von diesem Beispiel nicht frustrieren; wenn du die Beispiele davor alle gut verstanden hast, ist das schon mal ein großer Erfolg.

Beispiel 1.9 Sicherheitshalber noch ein zweites Beispiel zu doppelter Verkettung – diesmal sogar mit Parameter. Wir bestimmen die erste Ableitung von

$$f(x) = \sin\left(\sqrt{tx^2+t}\right)$$

mit Hilfe zweifacher Anwendung der Kettenregel. Wir sparen uns diesmal das mühsame Zerlegen in innere und äußere Funktionen, sondern leiten einfach direkt ab: Die Kettenregel liefert im ersten Schritt

$$f'(x) = \sin'\left(\sqrt{tx^2+t}\right) \cdot \left(\sqrt{tx^2+t}\right)' = \cos\left(\sqrt{tx^2+t}\right) \cdot \left(\sqrt{tx^2+t}\right)'.$$

Beim zweiten Faktor bemühen wir erneut die Kettenregel, wobei wir beachten, dass die innere Funktion tx^2+t nach x abzuleiten ist (da x die Variable von f ist). Daher wird der Parameter t wie eine gewöhnliche Zahl behandelt, d.h. es gilt $(tx^2+t)' = t \cdot 2x + 0 = 2tx$ und somit ist

$$\left(\sqrt{tx^2+t}\right)' = \frac{1}{2\sqrt{tx^2+t}} \cdot 2tx = \frac{tx}{\sqrt{tx^2+t}}\,.$$

Beim ersten = wurde verwendet, dass die (äußere) Funktion $\sqrt{\heartsuit}$ die Ableitung $\frac{1}{2\sqrt{\heartsuit}}$ besitzt. Insgesamt erhalten wir:

$$f'(x) = \cos\left(\sqrt{tx^2+t}\right) \cdot \frac{tx}{\sqrt{tx^2+t}}\,.$$

Beispiel 1.10 Zum Schluss bestimmen wir die Ableitung von

$$f(x) = g(x)^3,$$

wobei g eine beliebige Funktion ist (die natürlich eine Ableitung besitzen, d.h. differenzierbar sein soll). Beachte: Das hoch 3 bezieht sich auf ganz $g(x)$, man könnte also noch klarer (aber klobiger) $f(x) = (g(x))^3$ schreiben.

Die äußere Funktion $u(\heartsuit) = \heartsuit^3$ besitzt die Ableitung $u'(\heartsuit) = 3\heartsuit^2$, während die innere Ableitung ganz einfach $g'(x)$ ist, da die innere Funktion ja eben $g(x)$ heißt ($g(x)$ extra noch als $v(x)$ zu bezeichnen, ist demnach unnötig). Die Kettenregel liefert

$$f'(x) = 3g(x)^2 \cdot g'(x).$$

Funktionen einer solchen Gestalt ableiten zu können wird sich z.B. beim Beweis der Produkt- und Quotientenregel als nützlich erweisen.

Für deine weitere Mathe-Schulkarriere ist zunächst aber mal unerlässlich, dass du zumindest die Standard-Anwendungen der Kettenregel mit verbundenen Augen beherrschst. Gib also nicht auf, bevor du einen Großteil der Aufgaben erfolgreich bearbeitet hast! Also gut, ich lasse mich auf Aufgabe 1.6 a) – e) runterhandeln, aber nur für die absoluten Mathe-Hasser.

A 1.6 Bestimme die erste Ableitung (nach der Variablen in der Klammer).

a) $f(x) = (2x-1)^5$ b) $g(x) = \sqrt{x^2+1}+1$ c) $h(x) = \dfrac{1}{x^3-8}$

d) $p(t) = \cos(t^2)$ e) $q(t) = \cos(t)^2$ f) $r(x) = \sin\left(\dfrac{1}{2\pi x}\right)$

g) $s(x) = \dfrac{1}{\sin(2\pi x)}$ h) $t(z) = \sqrt{\cos(z^2+2)}$

A 1.7 Bilde die erste Ableitung (die Funktion g sei differenzierbar).

a) $f(x) = g(x)^2$ b) $f(x) = \dfrac{1}{g(x)}$ c) $h(x) = g\left(\dfrac{1}{x}\right)$

A 1.8 *Das „Kettenregel-Massaker“.* Leite einmal ab und schreibe das Ergebnis ohne negative oder gebrochene Hochzahlen: ☠

$$f(x) = \frac{\pi}{\sqrt[3]{\sin\left(\frac{1}{tx-\pi}\right)}}.$$

A 1.9 Bestimme die Gleichung der Tangente (vergleiche Aufgabe 1.3) an das Schaubild der Funktion $f(x) = \sqrt{x^2+3}$ an der Stelle $x_0 = 1$. Bestimme zudem den Inhalt der Fläche, welche die Tangente mit den Koordinatenachsen einschließt.

A 1.10 Es sei $u(x)$ eine Funktion, deren Schaubild K_u an der Stelle $x_0 = -1$ eine positive Steigung besitzt. Die Funktion $f(x)$ entsteht durch Verkettung von $u(x)$ mit der Funktion $v(x) = x^3$, d.h. $f = u \circ v$. Zeige, dass K_f an der Stelle $x_0 = -1$ dreimal so steil wie K_u ansteigt. ☠

1.2.4 Anwendungen der Kettenregel

Wenn du Physik im Geiste schon Mitte Klasse 8 abgewählt hast und nun erleichtert bist, dass es endgültig weg ist, hab ich eine etwas unerfreuliche Nachricht für dich: In vielen „Anwendungsaufgaben" im Abitur wird ein Grundverständnis einfacher physikalischer Zusammenhänge erwartet. Du musst dich also wohl oder übel ein wenig darauf einlassen und solltest die Anwendungsabschnitte in diesem Buch besonders aufmerksam studieren!
Einen der wichtigsten Zusammenhänge überhaupt wollen wir gleich zu Beginn festhalten (ohne dass dies schon etwas mit der Kettenregel zu tun hätte): Nämlich wie man vom Weg (Ort) zur Geschwindigkeit kommt.

Beispiel 1.11 Eine Katze fällt vom Balkon. Unter Vernachlässigung des Luftwiderstands lautet ihr *Weg-Zeit-Gesetz* ungefähr

$$s(t) = 5 \cdot t^2 \qquad (t \text{ in Sekunden, } s \text{ in Meter}).$$

Das bedeutet: Nach t Sekunden ist die Katze $5t^2$ Meter weit nach unten gefallen (gemessen in Bezug auf das Balkongeländer, wo wir $s = 0$ setzen). Um nun die *Momentangeschwindigkeit* der Katze zu bestimmen, muss man nichts anderes tun, als $s(t)$ nach der Zeit t abzuleiten:

$$v(t) = s'(t) = 10 \cdot t.$$

Nach einer Sekunde besitzt die Katze also die Geschwindigkeit $v(1) = 10 \cdot 1 = 10$ (Einheit: Meter pro Sekunde), und nach zwei Sekunden ist sie bereits $v(2) = 10 \cdot 2 = 20$ $(\frac{\text{m}}{\text{s}})$ schnell.

Merke: Die Momentangeschwindigkeit einer Bewegung erhält man durch Ableiten der Weg-Zeit-Funktion, d.h.

$$v(t) = s'(t).$$

[Falls dir Einheitenbetrachtungen helfen: Mit Einheiten lautet die $s(t)$-Funktion der Katze

$$s(t) = 5\,\frac{\text{m}}{\text{s}^2} \cdot t^2.$$

Man sieht: Multipliziert man die Einheit des Vorfaktors, $\frac{\text{m}}{\text{s}^2}$, mit Quadratsekunden (von dem t^2), so bleibt m (Meter) stehen, wie es sich für eine Weglänge gehört. Die Ableitung lautet mit Einheiten:

$$v(t) = s'(t) = 10\,\frac{\text{m}}{\text{s}^2} \cdot t$$

und hier erkennt man, dass am Ende die korrekte Einheit einer Geschwindigkeit rauskommt, wenn man für t irgendwelche Sekunden einsetzt: $\frac{\text{m}}{\text{s}^2} \cdot \text{s} = \frac{\text{m}}{\text{s}}$. Man darf in Mathe (im Gegensatz zu Physik) zwar die Einheiten immer komplett weglassen – außer im Antwortsatz! –, aber sie können einem helfen zu kontrollieren, ob am Ende zumindest die korrekte Einheit dasteht.]

Beispiel 1.12 Nun aber endlich zur Anwendung der Kettenregel. In Abbildung 1.2 siehst du eine Kugel, die an eine elastische Feder gehängt und zum Schwingen angeregt wurde.

In Physik zeigt man, dass der Ort der Kugel zur Zeit t beschrieben werden kann durch

$$s(t) = A \cdot \sin(\omega t).$$

(Falls die Kugel zum Zeitpunkt $t = 0$ nach oben durch die Ruhelage $s = 0$ geschwungen ist.) Dabei ist A die Amplitude der Bewegung, also die größte Auslenkung der Kugel im Vergleich zur Ruhelage $s = 0$, und ω (lies: „omega“) ist eine Konstante, die von der Masse der Kugel und der Härte der Feder abhängt.
Um die Momentangeschwindigkeit der Kugel zur Zeit t zu bestimmen, müssen wir nur $s(t)$ ableiten, was mit Hilfe der Kettenregel gelingt: Es ist $u(\heartsuit) = \sin(\heartsuit)$ die äußere, $v(t) = \omega t$ die innere Funktion und A ist ein konstanter Faktor, also folgt

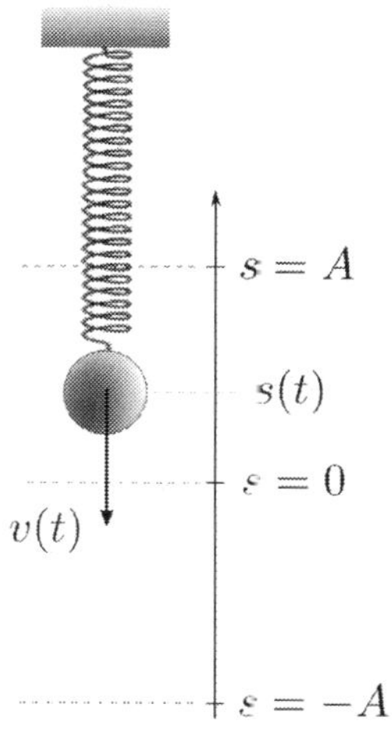

Abbildung 1.2

$$\begin{aligned} v(t) &= A \cdot \sin'(\omega t) \cdot (\omega t)' = A \cdot \cos(\omega t) \cdot \omega \\ &= \omega A \cos(\omega t), \end{aligned}$$

d.h. das Geschwindigkeits-Zeit-Gesetz wird durch einen Kosinus (selber Frequenz) mit Vorfaktor ωA beschrieben. In Physik würdest du jetzt noch lernen, warum dieser Zusammenhang auch physikalisch unheimlich spannend und sinnvoll ist, aber darauf verzichten wir hier (glücklicherweise?). Ein Zahlenbeispiel findest du in Aufgabe 1.11.

Beispiel 1.13 (Nur für Hardcore-PhysikerInnen) ☠

Startet eine Rakete von der Erdoberfläche mit der sogenannten *Fluchtgeschwindigkeit* v_F, dann besitzt sie (selbst nach Abschalten der Triebwerke) genügend Energie, um sich beliebig weit von der Erde zu entfernen. Für $v_0 < v_F$ würde die Rakete irgendwann vom Schwerefeld der Erde bis zum Stillstand abgebremst und dann wieder zur Erde zurückgezogen (vom Einfluss anderer Himmelskörper wird abgesehen). Beim Start mit $v_0 = v_F$ (und keiner weiteren Energiezufuhr danach) gilt für den Ort der Rakete für $t \geqslant 0$ (bezogen auf den Erdmittelpunkt, wo wir $s = 0$ setzen)

$$s(t) = \sqrt[3]{\left(\frac{3k}{2}t + \sqrt{R^3}\right)^2},$$

wobei $k = 28{,}2 \cdot 10^6 \ \frac{\sqrt{\mathrm{m}^3}}{s}$ eine Konstante ist, welche die Erdmasse und die Gravitationskonstante beinhaltet, und $R = 6{,}37 \cdot 10^6$ m den Erdradius bezeichnet.
Wir bestimmen nun die Geschwindigkeits-Zeit-Funktion dieser Rakete, indem wir $s(t)$ ableiten. Dazu schreiben wir zunächst $\sqrt[3]{\heartsuit^2}$ als $\heartsuit^{\frac{2}{3}}$ und wenden dann die Kettenregel an:

$$\begin{aligned} v(t) = s'(t) &= \left(\left(\frac{3k}{2}t + \sqrt{R^3}\right)^{\frac{2}{3}}\right)' = \frac{2}{3}\left(\frac{3k}{2}t + \sqrt{R^3}\right)^{-\frac{1}{3}} \cdot \frac{3k}{2} \\ &= k \cdot \left(\frac{3k}{2}t + \sqrt{R^3}\right)^{-\frac{1}{3}} = \frac{k}{\sqrt[3]{\frac{3k}{2}t + \sqrt{R^3}}}. \end{aligned}$$

Man erkennt $v(t) \to 0$ für $t \to \infty$, d.h. die Rakete wird zwar immer langsamer, aber da stets $v(t) > 0$ ist, bleibt sie nie stehen und kehrt auch nicht um. Den Wert der Fluchtgeschwindigkeit erhalten wir, wenn wir in obige Formel $t = 0$ einsetzen:

$$v_F = v(0) = \frac{k}{\sqrt[3]{\frac{3k}{2} \cdot 0 + \sqrt{R^3}}} = \frac{k}{\sqrt[3]{R^{\frac{3}{2}}}} = \frac{k}{R^{\frac{1}{2}}} = \frac{28{,}2 \cdot 10^6 \, \frac{\sqrt{m^3}}{s}}{\sqrt{6{,}37 \cdot 10^6 \text{ m}}} \approx 11{,}2 \cdot 10^3 \, \frac{\text{m}}{\text{s}} \, .$$

Die Fluchtgeschwindigkeit von der Erde beträgt also atemberaubende 11,2 $\frac{\text{km}}{\text{s}}$! Bei der Rückkehr zur Erde „aus dem Unendlichen" erreicht die Rakete dann auch wieder eine solche Geschwindigkeit. Selbst Raumkapseln, die „nur" vom Mond zur Erde „zurückfallen", haben beim Eintritt in die Erdatmosphäre Geschwindigkeiten von 10,8 $\frac{\text{km}}{\text{s}}$.

A **1.11** Der Ort der Kugel eines Federpendels wird beschrieben durch $s(t) = A \cdot \sin(\omega t)$ mit $A = 10$ cm und $\omega = 15 \, \frac{1}{\text{s}}$. Berechne die Geschwindigkeit der Kugel zum Zeitpunkt $t = 3$ s. Bestimme zudem, welche maximale Geschwindigkeit die Kugel erreicht.

A **1.12** Das allgemeine Orts-Zeit-Gesetz eines Federpendels lautet

$$s(t) = A \cdot \sin(\omega t + \varphi_0),$$

wobei φ_0 (sprich: „phi Null") die Anfangsposition der Pendelkugel beschreibt. (Ist z.B. $\varphi_0 = 0$, so durchschwingt das Pendel zum Zeitpunkt $t = 0$ die Ruhelage $s = 0$, während es bei einer Wahl von $\varphi_0 = \frac{\pi}{2}$ zur Zeit $t = 0$ im oberen Umkehrpunkt, also bei $s = A$, startet, usw.; ob du das jetzt verstanden hast oder nicht, spielt für den Rest der Aufgabe keine Rolle.)

a) Bestimme das Geschwindigkeits-Zeit-Gesetz und gib $v_{\max}$ der Pendelkugel an.

b) Zeige, dass $s(t)$ die folgende Gleichung erfüllt

$$s''(t) + \omega^2 s(t) = 0.$$

1.3 Die Produktregel

Wie wir zu Beginn des Kapitels wiederholt haben, leitet man Summen von Funktionen wie $u(x) + v(x)$ ganz einfach summandenweise ab, d.h.

$$\big(u(x) + v(x)\big)' = u'(x) + v'(x).$$

Wär doch nice, wenn eine so einfache Regel auch für Produkte von Funktionen $u(x) \cdot v(x)$ gelten würde, also

$$\big(u(x) \cdot v(x)\big)' \stackrel{?}{=} u'(x) \cdot v'(x).$$

Dass dies nicht stimmen kann, zeigt bereits das simple Beispiel $u(x) = v(x) = x$: Hier lautet die korrekte Ableitung nämlich

$$\big(u(x) \cdot v(x)\big)' = (x^2)' = 2x,$$

ABER es ist

$$u'(x) \cdot v'(x) = 1 \cdot 1 = 1 \neq 2x \quad (\text{für } x \neq \tfrac{1}{2}),$$

so dass die oben vermutete Regel schon hier versagt. Wie man Produkte richtig ableitet, zeigt der nächste Satz. Er ist nicht nach dem berühmten Keks benannt, sondern nach dem deutschen Mathematiker und Universalgenie Gottfried Wilhelm LEIBNIZ (1646–1716).

Satz 1.2 (Produktregel oder Leibniz-Regel)
Für die Ableitung eines Produkts $u(x) \cdot v(x)$ gilt

$$\big(u(x) \cdot v(x)\big)' = u'(x) \cdot v(x) + u(x) \cdot v'(x),$$

was man einprägsamer auch als $(u \cdot v)' = u' \cdot v + u \cdot v'$ abkürzen kann.

Ein **Beweis** dieser Produktregel unter Rückgriff auf die Definition der Ableitung als Differenzialquotient ist tatsächlich auf Schulniveau gut möglich, bringt meiner Erfahrung nach für die meisten SchülerInnen aber keinerlei Erkenntnisgewinn. Deshalb beschränken wir uns auch hier wieder auf fleißiges Anwenden dieser Regel und verweisen enttäuschte MathematikerInnen unter euch auf Aufgabe 1.15. Dort wirst du angeleitet, wie du die Leibniz-Formel mit Hilfe der mächtigen Kettenregel herleiten kannst; eine nette kleine Herausforderung für die Käpsele unter euch!

Beispiel 1.14 *(Spatzen und Kanonen)* Wir leiten die Funktion

$$f(x) = x^2$$

mit Hilfe der Produktregel ab, und hoffen, dass diesmal das korrekte Ergebnis $f'(x) = 2x$ rauskommt. Es ist $f(x) = u(x) \cdot v(x)$ mit $u(x) = x = v(x)$ und die Leibniz-Formel ergibt

$$f'(x) = u'(x) \cdot v(x) + u(x) \cdot v'(x) = 1 \cdot x + x \cdot 1 = x + x = 2x.$$

Puh, Glück gehabt.

Beispiel 1.15 Nun ein Beispiel, das du ohne Produktregel nicht mehr hinbekommst. Um die Ableitung von

$$f(x) = x^3 \cdot \sin(x)$$

zu bestimmen, setzen wir $u(x) = x^3$ und $v(x) = \sin(x)$, und laut Herrn Leibniz gilt dann

$$f'(x) = u'(x) \cdot v(x) + u(x) \cdot v'(x) = 3x^2 \cdot \sin(x) + x^3 \cdot \cos(x).$$

Ja, so einfach ist das! Eine Schwierigkeit, die man noch einbauen könnte, wäre Anwendungsbedarf der Kettenregel bei einem oder beiden der Faktoren.
Man könnte hier übrigens noch ein x^2 ausklammern:

$$f'(x) = x^2 \cdot \big(3\sin(x) + x \cdot \cos(x)\big),$$

was beim Nullstellen-Finden oft weiterhilft.

Beispiel 1.16 Wir leiten das mehrfache Produkt

$$f(x) = x \cdot \sin(x) \cdot \cos(2x)$$

ab. Weil wir die Produktregel nur für zwei Faktoren haben, müssen wir zunächst $u(x) = x \cdot \sin(x)$ und $v(x) = \cos(2x)$ setzen. Nun wird die Leibniz-Regel ganz einfach zweimal hintereinander angewendet: 1. auf $u \cdot v$ und 2. zum Ableiten von u. Beim Ableiten von v ist die Kettenregel zu beachten!

$$\begin{aligned} f'(x) &\overset{1.}{=} \big(x \cdot \sin(x)\big)' \cdot \cos(2x) + x \cdot \sin(x) \cdot \big(-\sin(2x) \cdot (2x)'\big) \\ &\overset{2.}{=} \big(1 \cdot \sin(x) + x \cdot \cos(x)\big) \cdot \cos(2x) - x \cdot \sin(x) \cdot \sin(2x) \cdot 2 \\ &= \sin(x)\cos(2x) + x\cos(x)\cos(2x) - 2x\sin(x)\sin(2x) \end{aligned}$$

Völlig analog kannst du dir die folgende allgemeine Formel herleiten:

$$(u \cdot v \cdot w)' = u' \cdot v \cdot w + u \cdot v' \cdot w + u \cdot v \cdot w'.$$

A 1.13 Leite einmal ab (nach der Variablen in der Klammer) und fasse zusammen. Falls es ohne Produktregel geht, dann zusätzlich auch so.

a) $f(x) = x^3 \cdot \cos(x)$ b) $g(x) = x \cdot \sqrt{x}$ c) $h(t) = t \cdot \sin(t^2)$

d) $p(x) = x^2 \cdot x^3 \cdot x^4$ e) $q(x) = \dfrac{\sqrt{x^2+1}}{x}$ ☠

Tipp: e) musst du erst in ein Produkt umschreiben.

A **1.14** Gegeben ist die (differenzierbare) Funktion g, sowie $f(x) = x^2 \cdot g(x)$. Zeige, dass das Schaubild von f bei $x = 0$ eine waagerechte Tangente besitzt. (☠)

A **1.15** *Herleitung der Leibniz-Formel*

Schau dir zur Vorbereitung Aufgabe 1.7 a) nochmals gut an! Leite die Hilfsfunktion

$$h(x) = (u(x) + v(x))^2$$

auf zwei verschiedene Arten ab (um Schreibaufwand zu sparen, kannst du die xe weglassen und $h = (u + v)^2$ schreiben):

(1) Mit Hilfe der Kettenregel.

(2) Erst h umformen (Binom!) und dann ableiten. Dabei musst du die Ableitung des Summanden $u \cdot v$ unbedingt als $(u \cdot v)'$ stehen lassen – die Leibniz-Formel soll hier ja hergeleitet werden, darf also nicht in die Rechnung bereits mit reingesteckt werden.

Setze dann beide Ableitungen gleich (denn offenbar muss ja $h' = h'$ gelten), und folgere daraus die Formel der Produktregel. ☠

1.4 Die Quotientenregel

Als Folgerung aus Produkt- und Kettenregel ergibt sich:

Satz 1.3 (Quotientenregel)

Für die Ableitung eines Quotienten $\frac{z}{n}$ gilt

$$\left(\frac{z(x)}{n(x)}\right)' = \frac{z'(x) \cdot n(x) - z(x) \cdot n'(x)}{n(x)^2}.$$

(Natürlich nur für x-Werte mit $n(x) \neq 0$ und so, dass $z'(x)$ und $n'(x)$ existieren.)

Beweis: Wir schreiben den Quotienten als $\frac{z(x)}{n(x)} = z(x) \cdot (n(x))^{-1}$. Nach der Kettenregel ist die Ableitung des zweiten Faktors

$$((n(x))^{-1})' = (-1) \cdot (n(x))^{-2} \cdot n'(x) = -\frac{n'(x)}{n(x)^2}.$$

Die Produktregel liefert für die gesuchte Ableitung (wir sparen uns das x):

$$\left(\frac{z}{n}\right)' = (z \cdot n^{-1})' = z' \cdot n^{-1} + z \cdot (n^{-1})' = z' \cdot n^{-1} + z \cdot \left(-\frac{n'}{n^2}\right) = \frac{z'}{n} - \frac{zn'}{n^2}.$$

Bringt man nun noch den ersten Bruch durch Erweitern mit n auf den Nenner n^2, so steht die gewünschte Formel auch schon da. □

Beispiel 1.17 Wir bestimmen die Ableitung der Funktion

$$f(x) = \frac{x^2}{x^2+1}$$

mit Hilfe der Quotientenregel. Eine der häufigsten Fehlerquellen dabei ist, dass man über dem Bruchstrich vergessen hat, welche Funktion zuerst abgeleitet werden muss. Vielleicht hilft dir hier die Eselsbrücke „*Z*ähler *z*uerst“ weiter[4]. Packen wir's an:

$$\begin{aligned} f'(x) &= \frac{z'(x)\cdot n(x) - z(x)\cdot n'(x)}{n(x)^2} = \frac{(x^2)'\cdot(x^2+1) - x^2\cdot(x^2+1)'}{(x^2+1)^2} \\ &= \frac{2x\cdot(x^2+1) - x^2\cdot 2x}{(x^2+1)^2} = \frac{2x^3+2x-2x^3}{(x^2+1)^2} = \frac{2x}{(x^2+1)^2}\,. \end{aligned}$$

Das Zusammenfassen der Zählers ist stets zu empfehlen. Funktion und Ableitung sind übrigens auf ganz $\mathbb{R}$ definiert, weil im Nenner x^2+1 nie Null wird.

Beispiel 1.18 Noch ein etwas exotischeres Beispiel. Für die Ableitung von

$$\tan(x) = \frac{\sin(x)}{\cos(x)}\,,$$

also der Tangensfunktion, gilt unter Verwendung der Quotientenregel

$$\begin{aligned} \tan'(x) &= \left(\frac{\sin(x)}{\cos(x)}\right)' = \frac{\sin'(x)\cdot\cos(x) - \sin x\cdot\cos'(x)}{\cos^2(x)} \\ &= \frac{\cos(x)\cdot\cos(x) - \sin(x)\cdot(-\sin(x))}{\cos^2(x)} = \frac{\cos^2(x)+\sin^2(x)}{\cos^2(x)} = \frac{1}{\cos^2(x)}\,, \end{aligned}$$

wobei am Ende der „trigonometrische Pythagoras“ $\sin^2(x)+\cos^2(x) = 1$ einging. Eine alternative Darstellung lautet:

$$\tan'(x) = \frac{\cos^2(x)+\sin^2(x)}{\cos^2(x)} = \frac{\cos^2(x)}{\cos^2(x)} + \frac{\sin^2(x)}{\cos^2(x)} = 1 + \left(\frac{\sin(x)}{\cos(x)}\right)^2 = 1+\tan^2(x).$$

Wer möchte, merkt sich

$$\tan'(x) = \frac{1}{\cos^2(x)} = 1+\tan^2(x).$$

Der Tangens und seine Ableitung sind nur definiert für $x \notin \frac{\pi}{2} + \pi\mathbb{Z}$, d.h. x darf keine der Zahlen $x = \frac{\pi}{2} + \pi\cdot k$, $k \in \mathbb{Z}$, sein, da dies genau die Nullstellen des Kosinus, also der Nennerfunktion, sind.

[4] Wer gerade noch auf dem Schlauch steht: Die Buchstaben z und n in der Quotientenregel sollen an Zähler und Nenner erinnern.

A **1.16** Bestimme die erste Ableitung (nach der Variablen in der Klammer).

a) $f(x) = \dfrac{x}{x-2}$ b) $g(x) = \dfrac{x^2 - x}{2x+2}$ c) $h(x) = \dfrac{2x+1}{(2x-1)^3}$

d) $p(t) = \dfrac{1}{\sqrt{t^2+1}}$ e) $q(t) = \dfrac{t \cdot \cos(t)}{\sin(t^2)}$

A **1.17** Zeige, dass für jede beliebige Hochzahl $k \in \mathbb{N}$

$$\left(\frac{z(x)}{n(x)^k}\right)' = \frac{z'(x) \cdot n(x) - k \cdot z(x) \cdot n'(x)}{n(x)^{k+1}}$$

gilt. Löse damit c) der vorigen Aufgabe erneut.

1.5 Vermischte Übungen

Ach nö, Kinder, da hab ich jetzt echt keine Lust mehr drauf; eigentlich haben wir doch schon genug geübt, oder?
Wer mag, testet sein Können an der jeweils ersten Aufgabe der Abi-Pflichtteile der letzten Jahre, die sich fast immer mit Ableitungen befasst (in BaWü zumindest).

2 Integralrechnung

Quellen- und Bildnachweise: Die Seiten 23 – 42 sowie 68 und 70 entstammen zu großen Teilen Kapitel 6 von [GLO], allerdings deutlich erweitert und ans Schulniveau angepasst. Die Abbildungen 2.1 – 2.9, sowie 2.27 und 2.28 wurden aus [GLO] adaptiert. Mit freundlicher Genehmigung von Springer Spektrum.

2.1 Stammfunktionen

Kleiner Test gleich zu Beginn: Leite doch mal

$$f(x) = x^3 + 3x^2 - 1$$

ab. Wenn du jetzt nicht mit verbundenen Augen $f'(x) = 3x^2 + 6x$ hinschreiben kannst, dann gehe zurück auf Start, d.h. blättere zu Kapitel 1 zurück.
Jetzt lernen wir – zunächst ohne zu verstehen wozu – die Umkehrrechenart des Ableitens kennen, also „*aufleiten*", was man vornehmer als *integrieren* bezeichnet: Wir suchen eine Funktion F, deren Ableitung f ist, also kurz: ein F mit

$$F'(x) = f(x) \qquad (\text{für alle } x \in D_f).$$

Eine solche Funktion F nennt man eine *Stammfunktion* von f (auf D_f). Eine mögliche Stammfunktion in obigem Beispiel wäre

$$F(x) = \frac{1}{4}x^4 + x^3 - x \qquad (\text{auf } D_f = \mathbb{R}).$$

Führe die Probe $F'(x) = f(x)$ im Kopf durch!

Eine Grundaufgabe der Integralrechnung ist es, Stammfunktionen zu finden („Umkehrung der Differenzialrechnung").

Beispiel 2.1 Finde (alle) Stammfunktionen von $f(x) = x^2$ (auf $D_f = \mathbb{R}$).
Damit beim Ableiten x^2 entsteht, muss F ein x^3 enthalten. Ein Versuch mit $\widetilde{F}(x) = x^3$ geht jedoch schief, denn

$$\widetilde{F}'(x) = 3x^2 \neq f(x).$$

Wir müssen erst noch den störenden Faktor 3 beseitigen. Das geht aber ganz einfach, indem wir in F den Vorfaktor $\frac{1}{3}$ einbauen, der die 3, die beim Ableiten runterkommt, wegcancelt. Eine korrekte Stammfunktion von f lautet somit

$$F(x) = \frac{1}{3}x^3,$$

denn es gilt (für alle $x \in \mathbb{R}$)

$$F'(x) = \frac{1}{3} \cdot 3x^2 = x^2 = f(x).$$

Um $F(x)$ zu bekommen, mussten wir also nur die Hochzahl in $f(x)$ um 1 erhöhen $(3 = 2 + 1)$, und durch die neue Hochzahl teilen:

$$F(x) = \frac{1}{2+1}\,x^{2+1} = \frac{1}{3}\,x^3.$$

Das ist eine so wichtige Erkenntnis, dass wir sie gleich allgemein festhalten.

Merke: Eine Stammfunktion von $f(x) = x^n$ $(n \in \mathbb{N})$ ist

$$F(x) = \frac{1}{n+1}\,x^{n+1}.$$

„Hochzahl um 1 erhöhen und durch die neue Hochzahl teilen."

Aber wir sind noch nicht fertig mit dem Beispiel, denn auch $F_1(x) = \frac{1}{3}x^3 + 1$ besitzt x^2 als Ableitung, ebenso wie $F_{-\pi}(x) = \frac{1}{3}x^3 - \pi$, da ein konstanter Summand beim Ableiten ja einfach wegfällt. Somit können wir auf einen Schlag unendlich viele Stammfunktionen von f angeben:

$$F_c(x) = \frac{1}{3}\,x^3 + c\,; \qquad c \in \mathbb{R} \text{ beliebig.}$$

Dass dies wirklich *alle* Stammfunktionen von f sind, dass es also keine weiteren gibt, sehen wir in Satz 2.3. Für die *Gesamtheit aller Stammfunktionen* verwenden wir die folgende Schreibweise[1]

$$\int x^2\,\mathrm{d}x = \frac{1}{3}\,x^3 + c\,; \quad c \in \mathbb{R}\,.$$

Lies: „(unbestimmtes) *Integral* über iksquadrat deh iks". Die Funktion unter dem Integral heißt *Integrand.* Den Zusatz $c \in \mathbb{R}$ lassen wir ab sofort weg.
Das Integralzeichen $\int$ soll an ein langgezogenes S erinnern, entweder für Stammfunktion oder aber für Summe (siehe 2.2).

An dieser Stelle drängt sich ein klassischer Mathe-Witz auf: Beim Professoren-Stammtisch schimpft ein Professor über das mathematische Unwissen der heutigen Jugend. Als er die Toilette aufsucht, winken die anderen die junge attraktive Kellnerin zu sich, und bitten sie, auf die nächste Frage einfach mit „$\frac{1}{3}x^3$" zu antworten, ohne eine Miene dabei zu verziehen. Als besagter Prof wieder am Tisch sitzt, wetten die anderen mit ihm, dass aber doch sicherlich jeder wisse, was eine Stammfunktion von x^2 sei, so z.B. auch die junge Kellnerin. Als sie hergewunken wird, antwortet sie wie abgesprochen und der restliche Tisch lacht sich ins Fäustchen. Beim Weglaufen dreht sie sich aber nochmal um, und sagt mit einem verschmitzten Zwinkern: „Plus c".
Wenn du jetzt zumindest schmunzelst, hast du verstanden, was es mit der Gesamtheit aller Stammfunktionen auf sich hat.

[1] Da es sich um eine Menge handelt, müssten wir eigentlich $\{\, F(x) + c \mid c \in \mathbb{R} \,\}$ schreiben, was aber niemand tut.

Beispiel 2.2 Integriere $f(x) = \frac{1}{\sqrt{x}}$ (auf $D_f = (0; \infty)$).

Zunächst schreiben wir f um als $f(x) = x^{-\frac{1}{2}}$. Um beim Ableiten von $F(x)$ die Hochzahl $-\frac{1}{2}$ zu bekommen, muss die Hochzahl von F eins höher sein, also $-\frac{1}{2} + 1 = \frac{1}{2}$. Probieren wir's doch mal mit $\widetilde{F}(x) = x^{\frac{1}{2}}$:

$$\widetilde{F}'(x) = \frac{1}{2}\, x^{-\frac{1}{2}}.$$

Mist, gleicher Fehler wie vorhin. Die x-Potenz stimmt zwar, aber der Faktor $\frac{1}{2}$, der beim Ableiten nach unten kommt, ist zu viel. Um ihn zu beseitigen, müssen wir beim Integrieren durch diesen Faktor teilen. Damit ergibt sich:

$$F(x) = \frac{1}{-\frac{1}{2} + 1}\, x^{-\frac{1}{2}+1} = \frac{1}{\frac{1}{2}}\, x^{\frac{1}{2}} = 2\sqrt{x}\,.$$

Jetzt passt alles, wie die Probe zeigt:

$$F'(x) = 2 \cdot \frac{1}{2}\, x^{-\frac{1}{2}} = x^{-\frac{1}{2}} = \frac{1}{\sqrt{x}}\,.$$

Das unbestimmte Integral lautet also

$$\int \frac{1}{\sqrt{x}}\, \mathrm{d}x = 2\sqrt{x} + c\,.$$

Dieses Beispiel lässt vermuten, dass der Merkkasten zum Integrieren von Potenzfunktionen nicht nur für natürliche Hochzahlen $n \in \mathbb{N}$, sondern auch für rationale Hochzahlen $r \in \mathbb{Q}$ (Brüche) gilt. Und tatsächlich:

Satz 2.1 Beim Integrieren von $f(x) = x^r$, $r \in \mathbb{Q}\backslash\{-1\}$ (d.h. r darf nicht -1 sein!), erhöht man die Hochzahl r um 1 und teilt anschließend durch die neue Hochzahl $r+1$.

$$\int x^r\, \mathrm{d}x = \frac{1}{r+1}\, x^{r+1} + c$$

Beweis: Nach der Potenzregel ist $F(x) = \frac{1}{r+1}\, x^{r+1} + c$ für jedes $c \in \mathbb{R}$ eine Stammfunktion von $f(x) = x^r$, denn

$$F'(x) = \Big(\frac{1}{r+1}\, x^{r+1} + c\Big)' = (r+1) \cdot \frac{1}{r+1}\, x^{r+1-1} = x^r = f(x). \qquad \square$$

Anmerkung: Beachte, dass man den Fall $r = -1$ ausschließen muss, denn für

$$f(x) = \frac{1}{x} = x^{-1}$$

wäre nach obiger Regel

$$F(x) = \frac{1}{-1+1}\,x^{-1+1} = \frac{1}{0}\,x^0,$$

was wegen der Division durch Null unsinnig ist! Interessanterweise besitzt $\frac{1}{x}$ keine „elementare" Stammfunktion, sondern die natürliche Logarithmusfunktion (die wir erst in 5.3 kennenlernen): $F(x) = \ln(x)$ (für $x > 0$; auf $\mathbb{R}\setminus\{0\}$ ist es $\ln|x|$).

Aus der Umkehrung der Ableitungsregeln (es sei $k \in \mathbb{R}$ eine Konstante)

$$(k \cdot F(x))' = k \cdot F'(x) \qquad \text{und} \qquad (F(x) + G(x))' = F'(x) + G'(x)$$

folgen zwei wichtige Eigenschaften des unbestimmten Integrals (sogenannte „*Linearität*"):

$$\int k \cdot f(x)\,\mathrm{d}x = k \cdot \int f(x)\,\mathrm{d}x\,; \qquad \int (f(x) + g(x))\mathrm{d}x = \int f(x)\,\mathrm{d}x + \int g(x)\,\mathrm{d}x.$$

Konstante Faktoren darf man vor das Integralzeichen ziehen und eine Summe von Funktionen darf summandenweise integriert werden. Wenden wir das gleich mal an.

Beispiel 2.3 Integriere $\displaystyle\int \left(\pi\cos(x) + 12x^3\right)\mathrm{d}x.$

$$\int \left(\pi\cos(x) + 12x^3\right)\mathrm{d}x = \int \pi\cos(x)\,\mathrm{d}x + \int 12x^3\,\mathrm{d}x = \pi\int \cos(x)\,\mathrm{d}x + 12\int x^3\,\mathrm{d}x$$

$$= \pi\sin(x) + c_1 + 12 \cdot \frac{1}{4}\,x^4 + c_2 = \pi\sin(x) + 3x^4 + c$$

Im letzten Schritt haben wir die beiden Integrationskonstanten c_1 und c_2 zu einem einzigen $c = c_1 + c_2$ zusammengefasst. Meistens überspringt man diesen Schritt und schreibt einfach gleich nur einmal $+c$ hin.

Beispiel 2.4 Bestimme $\displaystyle\int \left(39x^{12} - \frac{t}{\sqrt[3]{x^2}} + t^2 \cdot \sin(x)\right)\mathrm{d}x.$

Bei der folgenden Rechnung ist zu beachten, dass wir nach x integrieren, der Parameter t ist also ein konstanter Faktor, der einfach erhalten bleibt. Weiter ist $\cos'(x) = -\sin(x)$, also ist $-\cos(x)$ eine Stammfunktion von $\sin(x)$.

$$\int \left(39x^{12} - \frac{t}{\sqrt[3]{x^2}} + t^2 \cdot \sin(x)\right)\mathrm{d}x = 39\int x^{12}\,\mathrm{d}x - t \cdot \int x^{-\frac{2}{3}}\,\mathrm{d}x + t^2 \cdot \int \sin(x)\,\mathrm{d}x$$

$$= \frac{39}{13}\,x^{13} - t \cdot \frac{1}{-\frac{2}{3}+1}\,x^{-\frac{2}{3}+1} + t^2 \cdot (-\cos(x)) + c = 3x^{13} - 3t\sqrt[3]{x} - t^2\cos(x) + c$$

Als es noch die guten alten Mathematik-Leistungskurse gab, hat man auch kompliziertere Funktionen integrieren gelernt. Heutzutage bleibt davon (zumindest in BaWü) nur ein Relikt übrig, die sogenannte „*lineare Substitution*". Da man den Sinn des Namens aber gar nicht versteht, weil die allgemeine Substitutionsregel nicht mehr behandelt wird (siehe z.B. [ANA] oder [GLO]), nennen wir die folgende Regel auch nicht mehr so.

Satz 2.2 (Integration bei linearer Verkettung)
Ist F eine Stammfunktion von f, so gilt für das Integral von $f(ax+b)$

$$\int f(ax+b)\,\mathrm{d}x = \frac{1}{a}\cdot F(ax+b)+c.$$

In Worten: Um $f(ax+b)$ zu integrieren, leitet man $f(\heartsuit)$ wie gewohnt auf (setzt aber als Argument $\heartsuit = ax+b$ ein) und teilt durch die innere Ableitung a.

Beweis: Um diese Regel zu beweisen, müssen wir zeigen, dass $\frac{1}{a}F(ax+b)+c$ eine Stammfunktion von $f(ax+b)$ ist. Wegen $F' = f$ folgt das aber rasch mit Hilfe der Kettenregel:

$$\Big(\frac{1}{a}\,F(ax+b)+c\Big)' = \frac{1}{a}\,F'(ax+b)\cdot(ax+b)' = \frac{1}{a}\,f(ax+b)\cdot a = f(ax+b). \quad \square$$

Zu viele Buchstaben und Striche für dich? Kein Problem, die nächsten beiden Beispiele machen dich mit der Anwendung dieser wichtigen Regel vertraut.

Beispiel 2.5 Bestimme $\displaystyle\int (3x+4)^5\,\mathrm{d}x$.

Die äußere Funktion lautet $f(\heartsuit) = \heartsuit^5$ mit Stammfunktion $F(\heartsuit) = \frac{1}{6}\heartsuit^6$. Die innere Funktion ist $3x+4$ (eine lineare Funktion; daher der Name der Regel!) mit Ableitung $(3x+4)' = 3$. Anwenden des Satzes liefert (den Zwischenschritt mit dem $\heartsuit$ lässt man später weg)

$$\int (3x+4)^5\,\mathrm{d}x = \frac{1}{3}\cdot\frac{1}{6}\,\heartsuit^6+c = \frac{1}{3}\cdot\frac{1}{6}\,(3x+4)^6+c = \frac{1}{18}\,(3x+4)^6+c.$$

Mache sicherheitshalber die Probe durch Ableiten. Das ist auch gleich nochmal eine gute Wiederholungsübung zur Kettenregel. Also gut, einmal noch zusammen:

$$\left(\frac{1}{18}\,(3x+4)^6+c\right)' = \frac{1}{18}\cdot 6(3x+4)^5\cdot(3x+4)'+0 = \frac{1}{3}\,(3x+4)^5\cdot 3 = (3x+4)^5. \quad \checkmark$$

Beispiel 2.6 Integriere: $\displaystyle\int \frac{1}{(2-\frac{1}{4}x)^3}\,\mathrm{d}x.$

Zunächst schreiben wir den Integranden um als $(2-\frac{1}{4}x)^{-3}$. Die äußere Funktion ist also $f(\heartsuit) = \heartsuit^{-3}$ mit Stammfunktion

$$F(\heartsuit) = \frac{1}{-3+1}\heartsuit^{-3+1} = -\frac{1}{2}\heartsuit^{-2} = \frac{-1}{2\heartsuit^2}\;.$$

Da $a = -\frac{1}{4}$ ist (Ableitung von $\heartsuit(x) = 2-\frac{1}{4}x$), ergibt Satz 2.2

$$\int \frac{1}{(2-\frac{1}{4}x)^3}\,\mathrm{d}x = \frac{1}{-\frac{1}{4}}\cdot\frac{-1}{2(2-\frac{1}{4}x)^2}+c = \frac{2}{(2-\frac{1}{4}x)^2}+c.$$

Diesmal machst du die Probe aber gefälligst selbst, zackzack.

Obacht: Sobald die innere Funktion nicht mehr linear ist, geht die Regel „Stammfunktion von f geteilt durch innere Ableitung“ komplett in die Hose! So ist z.B. die Stammfunktion von $f(x) = (x^2 - 1)^3$ (innere Ableitung: $2x$) auf keinen Fall

$$F(x) = \frac{1}{2x} \cdot \frac{1}{4} (x^2 - 1)^4.$$

Der Vorfaktor $\frac{1}{2x}$ von F ist nun nämlich *keine* Konstante mehr, d.h. beim Ableiten von F greift jetzt auch die Produktregel. Überzeuge dich, dass $F'(x) \neq f(x)$ ist.

A **2.1** Fülle die Tabelle aus und präge sie dir gut ein! (Das $+c$ kann entfallen.)

$f(x)$	1	x	x^2	$\frac{1}{x^2}$	$\frac{1}{\sqrt{x}}$	$\cos(x)$	$\sin(x)$
$F(x)$							

A **2.2** Bestimme eine Stammfunktion.

a) $f(x) = x^4$ b) $g(x) = \sqrt{x}$ c) $h(x) = \frac{1}{2x^2}$ d) $i(x) = \sin(2x)$

A **2.3** Finde eine Stammfunktion von $\frac{2}{\sqrt{x}}$, deren Schaubild durch $P\,(\,1\,|\,2\,)$ verläuft.

A **2.4** Integriere! (In c) soll $m \neq 1$ sein.)

a) $\int (3x^2 + 4x^3)\,\mathrm{d}x$ b) $\int \left(\sin(x) - \frac{4}{\sqrt{x}}\right)\mathrm{d}x$ c) $\int \frac{m-1}{x^m}\,\mathrm{d}x$

d) $\int \frac{x^4 - 1}{x^2}\,\mathrm{d}x$ e) $\int \left(\frac{1}{2\sqrt{3x+2}} + 2\right)\mathrm{d}x$ f) $\int \pi \cdot \sin(\pi x)\,\mathrm{d}x$

g) $\int \frac{t}{\sqrt[3]{tx}}\,\mathrm{d}x$ h) $\int \frac{\mathrm{d}x}{(1-kx)^2}$

Der folgende Satz klärt zum Abschluss noch die Gestalt der Menge aller Stammfunktionen einer Funktion auf einem Intervall I: Kennt man *eine* Stammfunktion einer Funktion auf I, so kennt man bereits *alle* Stammfunktionen, da sie sich nur um eine additive Konstante unterscheiden. (Dies rechtfertigt im Nachhinein erst unsere $+c$-Schreibweise beim unbestimmten Integral.)

Satz 2.3 Sind F und G beides Stammfunktionen der Funktion f auf dem Intervall I, dann gibt es ein $c \in \mathbb{R}$, so dass

$$G(x) = F(x) + c \qquad \text{für alle } x \in I.$$

Beweis: Die Differenzfunktion $\delta(x) = G(x) - F(x)$ besitzt auf I die Ableitung

$$\delta'(x) = \big(G(x) - F(x)\big)' = G'(x) - F'(x) = f(x) - f(x) = 0\,,$$

also[2] handelt es sich bei δ um eine konstante Funktion, d.h. $\delta(x) = c$ für ein $c \in \mathbb{R}$. Damit ist $G(x) - F(x) = c$, bzw. $G(x) = F(x) + c$ wie behauptet. □

Übrigens: Dieser Satz ist falsch, wenn I kein zusammenhängendes Intervall mehr ist. Da dies für uns in der Schule allerdings keine Relevanz hat, belasten wir uns nicht weiter damit. Der kleine Troll in meinem Kopf hat mich aber dazu genötigt, es zumindest hinzuschreiben.

Schön und gut, jetzt können wir integrieren. Eine Frage drängt sich nun aber so langsam auf: Was bringt einem das bzw. wozu sind Stammfunktionen nütze?
Wie wir bereits wissen, macht die Ableitungsfunktion f' einer differenzierbaren Funktion f Aussagen über die *Steigung* des Schaubildes (und damit z.B. über die Lage von Extremstellen). Im Folgenden werden wir lernen, dass sich mit Hilfe einer Stammfunktion *Flächeninhalte* unter dem Schaubild von f berechnen lassen.

2.2 Das bestimmte Integral

Hmmm, wie könnte man den Inhalt A der in Abbildung 2.1 dargestellten, „krummlinig begrenzten“ Fläche berechnen, also derjenigen Fläche, die vom Schaubild K_f einer Funktion f und der x-Achse zwischen a und b eingeschlossen wird?
Idee: Wir nähern die Fläche durch eine Treppenfigur aus Rechtecken an, da wir deren Inhalt über „Höhe mal Breite“ leicht berechnen können. Lassen wir jetzt die Anzahl der Rechtecke gegen unendlich streben (so, dass die Breite aller Rechtecke gegen 0 geht), dann wird die Approximation der gesuchten Fläche immer genauer.

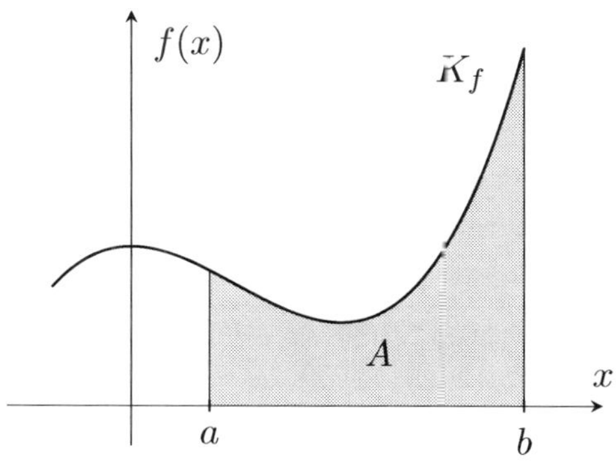

Abbildung 2.1

Diese geniale *Streifenmethode* wurde bereits vom glorreichen ARCHIMEDES[3] verwendet. In Abbildung 2.2 ist eine Näherung der Fläche „von unten her“ dargestellt; erst

[2] Hier sind wir unexakt, da diese Aussage erst mit Hilfe des sogenannten *Mittelwertsatzes der Differenzialrechnung* folgt. Hierbei geht entscheidend ein, dass I ein Intervall ist.

[3] ARCHIMEDES von Syrakus (287 – 212 v.Chr.); griechischer Mathematiker, Physiker und Ingenieur. Neben Euklid einer der bedeutendsten Mathematiker der Antike.

durch $n = 4$, dann durch $n = 8$ Rechtecke. Man erkennt, dass die Approximation der gesuchten Fläche um so genauer wird, je mehr Rechtecke man auf $[a; b]$ wählt. Auf der nächsten Seite wird dieses Vorgehen präzisiert.

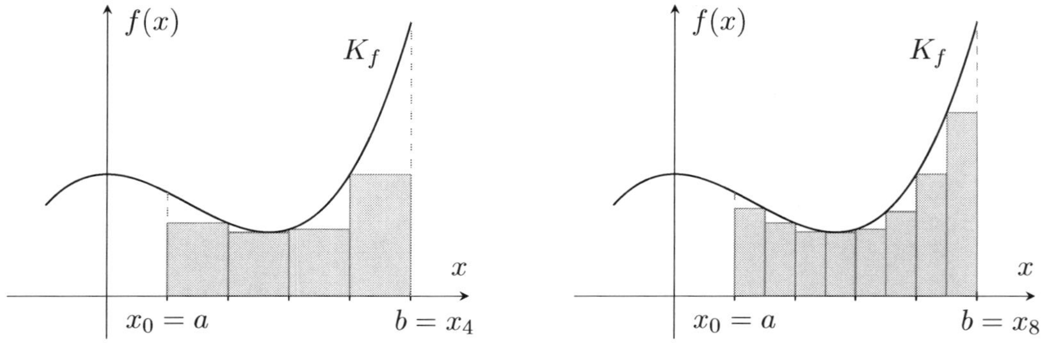

Abbildung 2.2

Weil diese „Unter-Näherung“ der gesuchten Fläche evtl. nicht nah genug kommen könnte, nähern wir uns in Abbildung 2.3 ebenfalls „von oben her“ an.

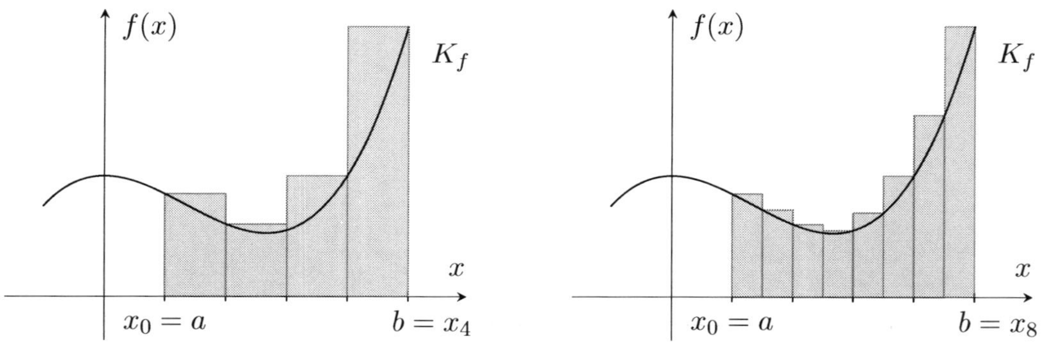

Abbildung 2.3

Wenn im Grenzübergang $n \to \infty$ bei beiden Approximationen dieselbe Zahl rauskommt, haben wir den gesuchten Flächeninhalt A gefunden.

So weit, so gut. Die Sache mit der Treppenfigur-Näherung sollte jeder in seinem mathematischen Schulleben zumindest mal gesehen haben, da sie zu den wichtigsten Ideen in der Mathematik-Geschichte überhaupt gehört. Die zugehörigen Rechnungen sind jedoch nichts für Zartbesaitete, weshalb es vollkommen okay ist, wenn du einfach nur zum Ergebnis auf Seite 33 blätterst und ab dort weiterliest.

Für die Mutigen, die weiterlesen: Sicherheitsgurte angelegt und aufgepasst!

Beispiel 2.7 Wir führen die Streifenmethode für die Quadratfunktion $f(x) = x^2$ auf dem Intervall $[\,0\,;b\,]$ explizit durch, um den Inhalt der Fläche, die von der x-Achse und der Normalparabel auf $[\,0\,;b\,]$ eingeschlossen wird, exakt zu bestimmen.

Zunächst unterteilen wir das Intervall $[\,0\,;b\,]$ wie in Abbildung 2.4 gezeigt in n gleich lange Stücke der Länge $\Delta x = \frac{b-0}{n} = \frac{b}{n}$, d.h. die Unterteilungsstellen x_i der Treppenfigur sind demnach von der Form $x_i = i \cdot \frac{b}{n}$, also $x_0 = 0$, $x_1 = \frac{b}{n}$, $x_2 = 2 \cdot \frac{b}{n}, \ldots, x_{n-1} = (n-1) \cdot \frac{b}{n}$ und schließlich $x_n = b$.

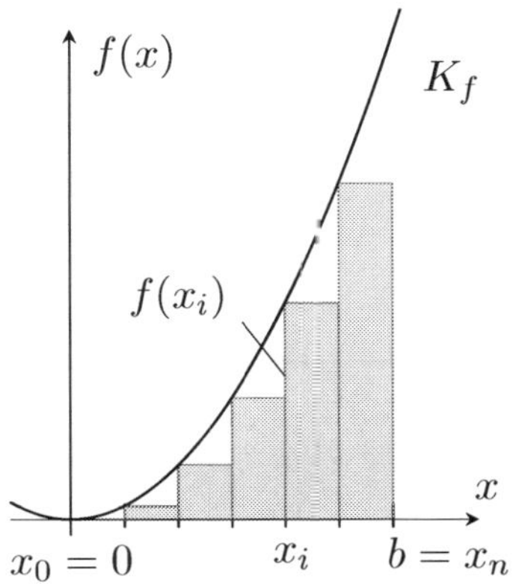

Abbildung 2.4

Die Rechtecke haben alle dieselbe Breite $\Delta x = \frac{b}{n}$, und die Höhe des $(i+1)$-ten Rechtecks ist $f(x_i)$ (siehe Abbildung 2.4), also ist ihr Flächeninhalt $f(x_i) \cdot \Delta x$. So erhält man die *Untersumme*

$$\mathcal{U}_n = f(x_0) \cdot \Delta x + f(x_1) \cdot \Delta x + \ldots + f(x_{n-1}) \cdot \Delta x$$

als untere Näherung für den Flächeninhalt A unter K_f: $\mathcal{U}_n < A$ für alle $n \in \mathbb{N}$.

Entsprechend ist die *Obersumme*[4] (stelle dir die zugehörigen Rechtecksflächen im Schaubild selber vor)

$$\mathcal{O}_n = f(x_1) \cdot \Delta x + f(x_2) \cdot \Delta x + \ldots + f(x_n) \cdot \Delta x$$

eine obere Schranke für den Flächeninhalt: $\mathcal{O}_n > A$ für alle $n \in \mathbb{N}$. Wir bestimmen nun explizite Ausdrücke für $\mathcal{U}_n$ und $\mathcal{O}_n$, was ein klein wenig anstrengend wird.

(1) *Berechnung der Untersumme* $\mathcal{U}_n$:

$$\begin{aligned}
\mathcal{U}_n &= f(x_0) \cdot \Delta x + f(x_1) \cdot \Delta x + f(x_2) \cdot \Delta x + \ldots + f(x_{n-1}) \cdot \Delta x \\
&= f(0) \cdot \frac{b}{n} + f\left(1 \cdot \frac{b}{n}\right) \cdot \frac{b}{n} + f\left(2 \cdot \frac{b}{n}\right) \cdot \frac{b}{n} + \ldots + f\left((n-1) \cdot \frac{b}{n}\right) \cdot \frac{b}{n} \\
&= 0^2 \cdot \frac{b}{n} + \left(\frac{b}{n}\right)^2 \cdot \frac{b}{n} + \left(2 \cdot \frac{b}{n}\right)^2 \cdot \frac{b}{n} + \ldots + \left((n-1) \cdot \frac{b}{n}\right)^2 \cdot \frac{b}{n}
\end{aligned}$$

Der erste Summand ist Null, und wenn wir bei den restlichen Summanden $\left(\frac{b}{n}\right)^3$ ausklammern, erhalten wir

$$\mathcal{U}_n = \left(1^2 + 2^2 + \ldots + (n-1)^2\right) \cdot \frac{b^3}{n^3} \stackrel{\star}{=} \frac{1}{6}\,(n-1)\,n\,(2n-1) \cdot \frac{b^3}{n^3}\,.$$

Bei $\star$ wurde die folgende Summenformel für die ersten n Quadratzahlen verwendet, die wir hier ohne Beweis einfach hinnehmen, nämlich:

$$1^2 + 2^2 + \ldots + n^2 = \frac{1}{6}\,n(n+1)(2n+1)\,.$$

[4] Beachte: Dass die linken Intervallgrenzen $x_0, \ldots, x_{n-1}$ zur Untersumme und die rechten Intervallgrenzen $x_1, \ldots, x_n$ zur Obersumme gehören, klappt nur deswegen, weil die Parabel auf $[\,0\,;b\,]$ monoton wächst.

Beachte, dass oben n durch $n-1$ ersetzt wurde. Eine weitere kleine algebraische Umformung liefert eine noch handlichere Form von $\mathcal{U}_n$:

$$\mathcal{U}_n = \frac{1}{6}\frac{(n-1)\,n\,(2n-1)}{n^3}\cdot b^3 = \frac{1}{6}\frac{n-1}{n}\cdot\frac{n}{n}\cdot\frac{2n-1}{n}\cdot b^3 = \frac{1}{6}\left(1-\frac{1}{n}\right)\left(2-\frac{1}{n}\right)\cdot b^3 .$$

Machen wir nun n immer größer, so wird $\Delta x = \frac{b}{n}$ immer kleiner (es strebt gegen Null), die approximierenden Rechtecksflächen werden immer feiner, und der Unterschied zwischen der Untersumme $\mathcal{U}_n$ und der tatsächlichen Fläche A unter der Parabel wird immer geringer.
Gegen welchen Wert strebt die Untersumme im Grenzübergang $n \to \infty$? Wird n immer größer, so nähert sich $\frac{1}{n}$ immer mehr 0 an[5], d.h. der Ausdruck $1-\frac{1}{n}$ strebt gegen 1. Ebenso strebt $2-\frac{1}{n}$ gegen 2 für $n \to \infty$. Damit ergibt sich für den Grenzwert (Limes) der Untersummen-Folge

$$\lim_{n\to\infty} \mathcal{U}_n = \lim_{n\to\infty} \frac{1}{6}\left(1-\frac{1}{n}\right)\left(2-\frac{1}{n}\right)\cdot b^3 = \frac{1}{6}\cdot 1\cdot 2\cdot b^3 = \frac{1}{3}b^3 .$$

Wegen $\mathcal{U}_n < A$ gilt $\frac{1}{3}b^3 \leqslant A$ (beim Grenzübergang kann Gleichheit auftreten), d.h. wir haben eine untere Schranke für den Flächeninhalt A unter der Parabel gefunden.

(2) *Berechnung der Obersumme* $\mathcal{O}_n$:
Bei der Obersummen-Folge approximieren wir die Fläche A durch Rechtecke, die allesamt etwas zu groß sind. Fast dieselbe Rechnung wie eben liefert

$$\begin{aligned}
\mathcal{O}_n &= f(x_1)\cdot\Delta x + f(x_2)\cdot\Delta x + f(x_3)\cdot\Delta x + \ldots + f(x_n)\cdot\Delta x \\
&= f\left(1\cdot\frac{b}{n}\right)\cdot\frac{b}{n} + f\left(2\cdot\frac{b}{n}\right)\cdot\frac{b}{n} + f\left(3\cdot\frac{b}{n}\right)\cdot\frac{b}{n} + \ldots + f\left(n\cdot\frac{b}{n}\right)\cdot\frac{b}{n} \\
&= \left(\frac{b}{n}\right)^2\cdot\frac{b}{n} + \left(2\cdot\frac{b}{n}\right)^2\cdot\frac{b}{n} + \left(3\cdot\frac{b}{n}\right)^2\cdot\frac{b}{n} + \ldots + \left(n\cdot\frac{b}{n}\right)^2\cdot\frac{b}{n} \\
&= \left(1^2+2^2+\ldots+n^2\right)\cdot\frac{b^3}{n^3} = \frac{1}{6}\,n\,(n+1)(2n+1)\cdot\frac{b^3}{n^3} \\
&= \frac{1}{6}\cdot\frac{n}{n}\cdot\frac{n+1}{n}\cdot\frac{2n+1}{n}\cdot b^3 = \frac{1}{6}\left(1+\frac{1}{n}\right)\left(2+\frac{1}{n}\right)\cdot b^3 .
\end{aligned}$$

Analog zu oben erhalten wir

$$\lim_{n\to\infty} \mathcal{O}_n = \lim_{n\to\infty} \frac{1}{6}\left(1+\frac{1}{n}\right)\left(2+\frac{1}{n}\right)\cdot b^3 = \frac{1}{6}\cdot 1\cdot 2\cdot b^3 = \frac{1}{3}b^3 .$$

Wegen $\mathcal{O}_n > A$ gilt $\frac{1}{3}b^3 \geqslant A$ (beim Grenzübergang kann Gleichheit auftreten), d.h. wir haben eine obere Schranke für den Flächeninhalt A unter der Parabel gefunden.

[5] Wir verwenden hier einen naiven Grenzwertbegriff und überlegen einfach intuitiv, was passiert, wenn n immer größer wird. Für einen etwas präziseren Grenzwertbegriff siehe Kapitel 7.

Ergebnis: Es ist $\mathcal{U}_n < A < \mathcal{O}_n$ für alle $n \in \mathbb{N}$, also folgt

$$\lim_{n\to\infty} \mathcal{U}_n \leqslant A \leqslant \lim_{n\to\infty} \mathcal{O}_n,$$

d.h. es gilt

$$\frac{1}{3}\,b^3 \leqslant A \leqslant \frac{1}{3}\,b^3.$$

Dies ist nur möglich für $A = \frac{1}{3}b^3$.
Damit haben wir bewiesen, dass die Fläche, die über dem Intervall $[\,0\,;b\,]$ von der Normalparabel und der x-Achse eingeschlossen wird, den Inhalt

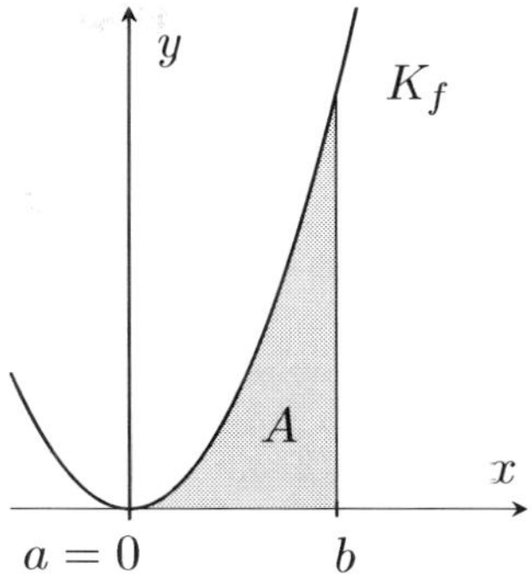

Abbildung 2.5

$$A = \frac{1}{3}\,b^3$$

besitzt. Ab sofort verwenden wir für Flächen dieser Art die *Integralschreibweise*

$$A = \int_0^b x^2 \,\mathrm{d}x\,.$$

Lies: „(*bestimmtes*) *Integral* über x^2 dx von 0 bis b“.

Das Integralzeichen soll dabei an ein langgezogenes S (für Summe) erinnern und das dx an die Breite Δx der approximierenden Rechtecke (die für wachsendes n gegen 0 geht).
Was das bestimmte Integral mit dem früher eingeführten unbestimmten Integral zu tun hat, ist im Moment noch vollkommen unklar!

A 2.5 Berechne mit der Streifenmethode: a) $\displaystyle\int_0^b x \,\mathrm{d}x$ b) $\displaystyle\int_0^b x^3 \,\mathrm{d}x$

(für $b > 0$). Es genügt jeweils die Obersumme! Du brauchst die folgenden Formeln:

$$1 + 2 + \ldots + n = \frac{1}{2}\,n(n+1)$$

$$1^3 + 2^3 + \ldots + n^3 = \frac{1}{4}\,n^2(n+1)^2.$$

Wenn man eine solche Rechnung einmal in seinem Schulleben selbst hinbekommen hat, darf man stolz auf sich sein. Spätzle mit Soß' gibt's aber auch ohne das.

Don't panic; du musst nicht jedes Mal eine solch grauenvolle Rechnung durchführen, um die Fläche unter einer Kurve zu bestimmen! Der wundervolle *Hauptsatz der Differenzial- und Integralrechnung* wird uns etwas weiter unten eine verblüffend einfache Formel in die Hand geben, mit welcher sich Flächen unter Kurven mühelos berechnen lassen (*falls* man eine Stammfunktion finden kann).
Bevor wir zum Zusammenhang zwischen Fläche und Integral kommen, halten wir noch allgemein fest, dass eine Funktion *integrierbar* auf dem Intervall $[\,a\,;b\,]$ heißt, wenn die Grenzwerte von Untersummen- und Obersummenfolge übereinstimmen. Das bestimmte Integral einer solch integrierbaren Funktion ist dann definiert als

$$\int_a^b f(x)\,\mathrm{d}x = \lim_{n\to\infty} \mathcal{U}_n \left(= \lim_{n\to\infty} \mathcal{O}_n \right).$$

Es gibt durchaus Funktionen, bei denen Ober- und Untersummenfolge verschiedene Grenzwerte besitzen, die also nicht integrierbar sind. Da diese für die Schule jedoch wieder keinerlei Relevanz besitzen, belassen wir es bei dieser Bemerkung und verweisen interessierte LeserInnen auf z.B. [ANA] oder [GLO].

Lasset uns kurz innehalten und zusammentragen, was wir bisher kennengelernt haben.

Merke: Das unbestimmte Integral einer Funktion f,

$$\int f(x)\,\mathrm{d}x,$$

steht für die Menge aller Stammfunktionen von f. Das bestimmte Integral

$$\int_a^b f(x)\,\mathrm{d}x$$

hingegen ist eine gewöhnliche Zahl (der Grenzwert der Unter-/Obersummenfolge), welche den Flächeninhalt zwischen K_f und x-Achse auf $[\,a\,;b\,]$ angibt[a]. Es ist bisher allerdings nur sau-kompliziert zu berechnen. Was beide Integralbegriffe miteinander zu tun haben, gilt es erst noch zu klären.

[a]Das stimmt so nur für Funktionen mit $f(x) \geqslant 0$ auf $[\,a\,;b\,]$; siehe nächster Abschnitt.

Damit Text und Bild des nächsten Abschnitts auf einer Seite sind, machen wir hier einen Seitenumbruch. Male doch den folgenden Freiraum mit Buntstiften schön farbig aus, z.B. mit einer glücklichen Kuh mit prallem Euter, die auf einer grünen Weide grast und genussvoll wiederkäut.

2.3 Integral und Fläche

Bisher haben wir nur Flächen unter Schaubildern bestimmt, die *oberhalb* der x-Achse verlaufen. Nun betrachten wir Funktionen, die auch negative Werte annehmen, wie in Abbildung 2.6 dargestellt.

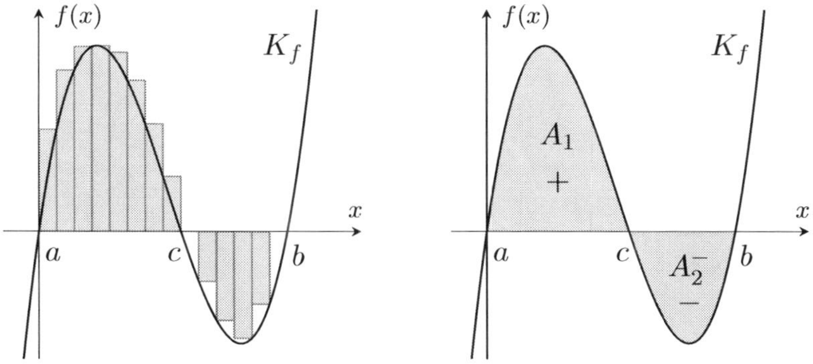

Abbildung 2.6

Zwischen a und c ist wie vorhin $f > 0$, entsprechend ist der Grenzwert der Obersummenfolge, also das bestimmte Integral, positiv und entspricht der gesuchten Fläche unter dem Schaubild,

$$A_1 = \int_a^c f(x)\,\mathrm{d}x > 0\,.$$

Zwischen c und b hingegen ist $f < 0$, also sind die Summanden der Obersummenfolge negativ, $f(x_i)\Delta x < 0$, und damit ist auch ihr Grenzwert – das bestimmte Integral – negativ. Für den *vorzeichenbehafteten Flächeninhalt* A_2^- gilt

$$A_2^- = \int_c^b f(x)\,\mathrm{d}x < 0\,.$$

Würden wir den Inhalt der gesamten grauen Fläche durch $A = A_1 + A_2^-$ ausrechnen, so würde eine Zahl $< A_1$ herauskommen, was natürlich nicht sein darf. Deshalb müssen wir zur Flächenberechnung das Vorzeichen von A_2^- umdrehen: $A_2 = |A_2^-|$ bzw.

$$A_2 = -A_2^- = -\int_c^b f(x)\,\mathrm{d}x > 0\,.$$

Dann ist tatsächlich $A = A_1 + A_2$, wie es sein soll.

Man muss hier also gründlich unterscheiden: Zum einen gibt es das bestimmte Integral

$$I = \int_a^b f(x)\,\mathrm{d}x = A_1 + A_2^-\,,$$

welches die Vorzeichen von f „spürt“ und auch negativ werden kann. Zum anderen gibt es die Fläche, die von K_f und der x-Achse eingeschlossen wird. Diese besteht hier aus zwei Teilflächen, deren Inhalte A_1 und A_2 *stets positiv sein müssen*, d.h.

$$A = A_1 + A_2 = A_1 + |A_2^-| = \int_a^c f(x)\,\mathrm{d}x - \int_c^b f(x)\,\mathrm{d}x.$$

Im Allgemeinen gilt also immer $I \leqslant A$ und $I = A$ nur dann, wenn $f \geqslant 0$ ist.

Integriert man nicht von Hand, so kann man lästige Fallunterscheidungen umgehen, indem man den Inhalt der Gesamtfläche mit Hilfe des *Betrags* der Funktion ausdrückt. Wie man in Abbildung 2.7 erkennen kann, sind beim Schaubild von $|f(x)|$ nämlich einfach die negativen Teile nach oben geklappt, wobei sich der Flächeninhalt aber natürlich nicht ändert. Für den Inhalt der Fläche zwischen dem Schaubild K_f und der x-Achse auf $[\,a\,;b\,]$ gilt also stets

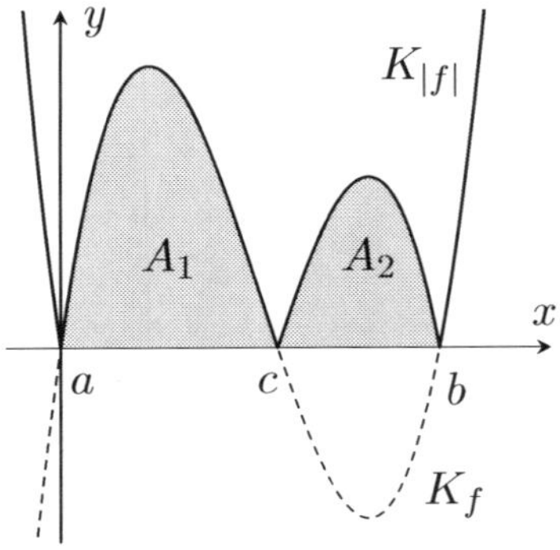

Abbildung 2.7

$$A = \int_a^b |f(x)|\,\mathrm{d}x.$$

Hat man den GTR oder PC zur Verfügung,
so kann man die Gesamtfläche also ohne Fallunterscheidungen (und die dazu nötigen Nullstellenberechnungen!) bestimmen, indem man `abs(f(X))` integriert; `abs` steht dabei für Absolutbetrag und man erhält ihn über `MATH` `NUM 1` (bei Modellen der Sorte TI-83).

Beispiel 2.8 Bestimme die getönte Fläche A sowie das Integral von 0 bis 2π.

Der GTR berechnet den Flächeninhalt zu

$$A = \int_0^{2\pi} |\sin(x)|\,\mathrm{d}x = 4,$$

wenn man ihm über `MATH` `9` Folgendes eingibt:

```
fnInt(abs(sin(X)),X,0,2π).
```

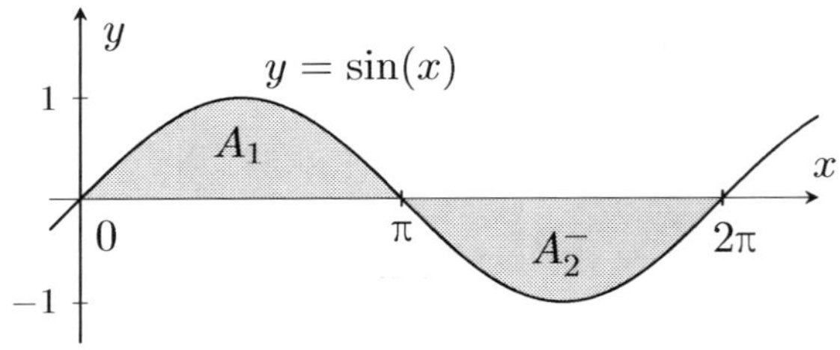

Abbildung 2.8

Das Integral von 0 bis 2π hingegen ist Null:

$$\int_0^{2\pi} \sin(x)\,\mathrm{d}x = \int_0^{\pi} \sin(x)\,\mathrm{d}x + \int_{\pi}^{2\pi} \sin(x)\,\mathrm{d}x = A_1 + A_2^- = A_1 - A_1 = 0,$$

wobei ausgenutzt wurde, dass aufgrund der Symmetrie des Sinus $A_2^- = -A_1$ ist. Man kann das bestimmte Integral also als „*Flächen-Kontostand*“ betrachten, welcher die positiven und negativen Inhalte, die „ein- oder ausgezahlt“ werden, gegeneinander aufrechnet.

Anmerkung: Wir verwenden hier stets die sogenannte *Intervall-Additivität* des Integrals, die auch anschaulich klar sein sollte:

$$\int_a^b f(x)\,\mathrm{d}x = \int_a^c f(x)\,\mathrm{d}x + \int_c^b f(x)\,\mathrm{d}x \qquad \text{für } c \in (\,a\,;b\,).$$

Wenn wir schon dabei sind, treffen wir noch zwei **Festlegungen**; beide werden sich später beim grafischen Integrieren als wichtig erweisen. (Sie garantieren zudem, dass die Additivität des Integrals auch für $c \notin (\,a\,;b\,)$ gilt.)

$$\int_a^a f(x)\,\mathrm{d}x = 0\,, \qquad \int_b^a f(x)\,\mathrm{d}x = -\int_a^b f(x)\,\mathrm{d}x\,.$$

Die erste Definition ist anschaulich klar (Fläche der Breite 0!), die zweite besagt, dass man sich beim Umdrehen der Integrationsrichtung ein Minuszeichen einfängt. (Dies kann man sich anschaulich so vorstellen, dass sich das Vorzeichen der Kästchenbreiten Δx in Ober- oder Untersumme umdreht, wenn man von rechts nach links läuft.)

Merke: Gilt $f(x) \geqslant 0$ auf $[\,a\,;b\,]$ (d.h. K_f verläuft oberhalb oder auf der x-Achse), dann liefert das bestimmte Integral

$$\int_a^b f(x)\,\mathrm{d}x$$

den Flächeninhalt zwischen K_f und der x-Achse auf $[\,a\,;b\,]$.
Ist hingegen $f(x) < 0$ auf $[\,a\,;b\,]$ (d.h. K_f verläuft unterhalb der x-Achse), dann ist

$$\int_a^b f(x)\,\mathrm{d}x < 0$$

und wird als vorzeichenbehafteter Flächeninhalt bezeichnet. Sein Betrag ist der Flächeninhalt zwischen K_f und x-Achse.
Wechselt f sein Vorzeichen auf $[\,a\,;b\,]$, so ist das bestimmte Integral über f nur noch ein „Flächen-Kontostand", der *nicht* mehr den Inhalt der von K_f und der x-Achse eingeschlossenen Fläche auf $[\,a\,;b\,]$ angibt. Um letzteren zu erhalten, muss

$$\int_a^b |f(x)|\,\mathrm{d}x$$

berechnet werden. Wie das alles ohne Taschenrechner oder PC geht, lernen wir erst noch.

A **2.6** Bestimme mit dem GTR das Integral und den Flächeninhalt zwischen K_f und der x-Achse auf $[\,a\,;b\,]$ für das Schaubild der Funktion von Seite 35 mit Funktionsgleichung $f(x) = x \cdot (x-2) \cdot (x-3{,}5)$.

A **2.7** Begründe anhand von Skizzen die folgenden *Symmetrie-Regeln* für Integrale und präge sie dir gut ein, da sie einem oftmals viel Arbeit ersparen!

$$\int_{-a}^{a} f(x)\,\mathrm{d}x = 0\,, \quad \text{falls } K_f \text{ punktsymmetrisch zum Ursprung ist.}$$

$$\int_{-a}^{a} f(x)\,\mathrm{d}x = 2\int_{0}^{a} f(x)\,\mathrm{d}x\,, \quad \text{falls } K_f \text{ symmetrisch zur } y\text{-Achse ist.}$$

Sehr schön, sehr schön; aber so wirklich glücklich und zufrieden können wir uns noch nicht geben. Haben wir doch immer noch keine einfache Methode zur Berechnung von bestimmten Integralen in der Hand (ohne Ober-/Untersummen-Massaker bzw. GTR). Diesen bedauernswerten Umstand gilt es nun schleunigst zu ändern!

2.4 Der Hauptsatz der Differenzial- und Integralrechnung

Vorbemerkung: Im Folgenden wird von *stetigen* Funktionen die Rede sein. Die Stetigkeit spielt jedoch nur beweistechnisch eine Rolle und hat für die Anwendung keine Relevanz, zumal alle fürs Abi wichtigen Funktionen sowieso stetig sind. Deshalb drücken wir uns hier um eine präzise Definition (siehe [ANA] oder [GLO]). Ab und zu liest man als Schuldefinition: „Eine Funktion ist stetig, wenn man ihr Schaubild zeichnen kann, ohne den Bleistift abzusetzen", bzw. wenn „ihr Schaubild keine Sprünge macht". Meinetwegen; zumindest für Polynome oder trigonometrische Funktionen mag man sich das so vorstellen[6].

Wir starten mit einer wichtigen Definition: Für eine stetige Funktion $f\colon [\,c\,;d\,] \to \mathbb{R}$ und $a \in [\,c\,;d\,]$ heißt

$$I_a(x) = \int_a^x f(t)\,\mathrm{d}t$$

Integralfunktion von f zur Grenze a. Da die Variable x bereits in der oberen Integralgrenze vorkommt, wurde die Integrationsvariable in t umbenannt.
Geometrisch gesehen ordnet I_a jedem $x \in [\,c\,;d\,]$ den vorzeichenbehafteten Inhalt der Fläche zu, die das Schaubild K_f zwischen a und x mit der x-Achse einschließt (allerdings nur falls f keinen Vorzeichenwechsel (VZW) macht; sonst ist es nur der „Flächen-Kontostand").

[6] Eine Fußnote kann ich mir trotzdem nicht verkneifen: Gebrochenrationale Funktionen (siehe Kapitel 3), die einen Pol mit VZW besitzen, machen den unglaublichen Sprung von $-\infty$ nach ∞; dennoch sind sie auf ihrem gesamten Definitionsbereich stetig!

Beispiel 2.9 Betrachte die Quadratfunktion $f(t) = t^2$ auf $[\,0\,;d\,]$ ($d > 0$ beliebig). Für $a = 0$ lautet die Integralfunktion gemäß unseres Ergebnisses von Seite 33

$$I_0(x) = \int_0^x f(t)\,\mathrm{d}t = \int_0^x t^2\,\mathrm{d}t = \frac{1}{3}\,x^3.$$

Oho! Das ist ja nix anderes als eine Stammfunktion des Integranden t^2, nur eben in der Variablen x. Anders ausgedrückt: Wenn man die Integralfunktion ableitet, erhält man den Integranden an der Stelle x:

$$I_0'(x) = \left(\frac{1}{3}\,x^3\right)' = x^2 = f(x).$$

Zufall? Die Integralfunktion für $a > 0$ lautet

$$\begin{aligned} I_a(x) &= \int_a^x t^2\,\mathrm{d}t = \int_0^x t^2\,\mathrm{d}t - \int_0^a t^2\,\mathrm{d}t \\ &= \frac{1}{3}\,x^3 - \frac{1}{3}\,a^3, \end{aligned}$$

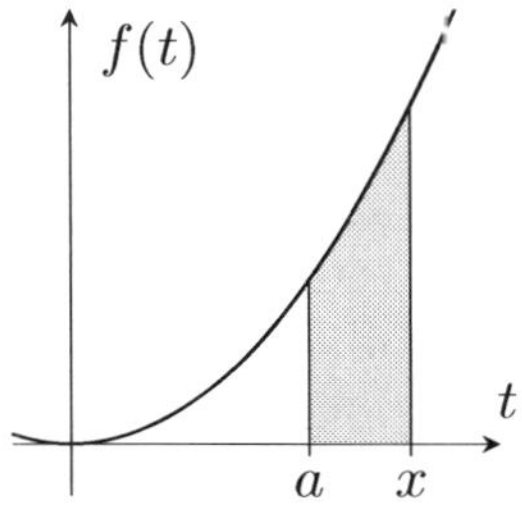

Abbildung 2.9

denn: Den Inhalt der Fläche, die K_f über $[\,a\,;x\,]$ mit der x-Achse einschließt, erhält man als Differenz der Flächeninhalte über $[\,0\,;x\,]$ und $[\,0\,;a\,]$ (siehe Abbildung 2.9). Und wieder ist (da $\frac{1}{3}\,a^3$ beim Ableiten wegfällt):

$$I_a'(x) = \left(\frac{1}{3}\,x^3 - \frac{1}{3}\,a^3\right)' = x^2 = f(x).$$

Schon wieder der Integrand $f(x)$; das kann doch kein Zufall mehr sein. Isses auch nicht, wie der folgende legendäre Satz zeigt, der es uns ab sofort ermöglicht, bestimmte Integrale fast mühelos zu berechnen!

Satz 2.4 (Hauptsatz der Differenzial- und Integralrechnung)
Für eine stetige Funktion $f\colon [\,c\,;d\,] \to \mathbb{R}$ gilt (für beliebige $a, b \in [\,c\,;d\,]$):

(1) Die Integralfunktion $I_a(x)$ *ist* eine Stammfunktion von f, d.h.

$$I_a'(x) = \left(\int_a^x f(t)\,\mathrm{d}t\right)' = f(x) \qquad \text{für alle } x \in (\,c\,;d\,).$$

(2) Ist F eine beliebige Stammfunktion von f, so gilt

$$\int_a^b f(x)\,\mathrm{d}x = F(b) - F(a).$$

Die Aussage (1) des Hauptsatzes kann man in Kürze so zusammenfassen: Bestimmtes Integral (x in der Grenze) und dann Ableiten heben sich gegenseitig auf.
Wenn du das mit der Integralfunktion noch nicht so ganz verstanden hast, kommt nun eine sehr erfreuliche Nachricht: Zur Flächenberechnung brauchst du ausschließlich die Formel in (2), und diese macht die Berechnung bestimmter Integrale zum Kindergeburtstag: Das bestimmte Integral, also das sau-komplizierte Objekt auf der linken Seite (erinnere dich: Grenzwert von Ober-/Untersummenfolge), lässt sich ganz einfach berechnen; man muss lediglich die Grenzen b und a in eine Stammfunktion F einsetzen und die Differenz der Ergebnisse bilden! Dazu muss man F aber natürlich erstmal explizit kennen.
Als Kurzschreibweise für $F(b) - F(a)$ hat sich $[F(x)]_a^b$ eingebürgert, so dass man (2) auch schreiben kann als

$$\int_a^b f(x)\,\mathrm{d}x = \Big[F(x)\Big]_a^b .$$

Beweis: Ein korrekter Beweis von Teil (1) des Hauptsatzes erfordert etwas Mühe, zumal die Stetigkeit von f entscheidend eingeht; siehe [GLO]. (Dass plötzlich runde Klammern bei „für alle $x \in (c; d)$" stehen, liegt übrigens daran, dass (beidseitige) Ableitungen nur auf offenen Intervallen definiert sind, da man sich allen Stellen von rechts und links nähern können muss. Vergiss das gleich wieder.)
Teil (2) ist jedoch eine nette kleine Folgerung aus (1): Da $I_a(x)$ eine Stammfunktion von f (auf einem Intervall) ist, kann sie sich laut Satz 2.3 nur durch eine Konstante $k \in \mathbb{R}$ von jeder anderen Stammfunktion unterscheiden. Somit haben wir

$$I_a(x) - F(x) = k \qquad \text{für alle } x \in [c; d]. \tag{i}$$

Einsetzen von a liefert

$$I_a(a) - F(a) = 0 - F(a) = k,$$

denn es ist

$$I_a(a) = \int_a^a f(t)\,\mathrm{d}t = 0.$$

Somit ist $k = -F(a)$ und aus (i) folgt

$$I_a(x) = F(x) + k = F(x) - F(a). \tag{ii}$$

Setzt man in diese Beziehung $x = b$ ein, so folgt die Behauptung:

$$\int_a^b f(t)\,\mathrm{d}t \overset{\text{def}}{=} I_a(b) \overset{\text{(ii)}}{=} F(b) - F(a).$$

(Da im ersten Integral die obere Grenze nicht mehr x heißt, kann man die Integrationsvariable von t in x umbenennen und erhält die übliche Schreibweise.) ⊟

(Das Zeichen ⊟ macht man am Ende eines Beweises, bei dem Dinge ausgelassen wurden, oder in dem andere unbewiesene Aussagen verwendet wurden.)

Beispiel 2.10 Wir starten mit was ganz Simplem, und zwar berechnen wir den Inhalt der Dreiecksfläche in Abbildung 2.10 mit Hilfe eines Integrals.

Die Funktionsgleichung der Geraden K_f (der ersten Winkelhalbierenden) lautet $f(x) = x$. Da $F(x) = \frac{1}{2}x^2$ eine Stammfunktion von f ist, folgt mit dem Hauptsatz für die gesuchte Fläche

$$A = \int_0^1 x \, \mathrm{d}x = \left[\frac{1}{2}x^2\right]_0^1 = \frac{1}{2} \cdot 1^2 - \frac{1}{2} \cdot 0^2 = \frac{1}{2}\,.$$

Dies ist (glücklicherweise!) natürlich genau das Ergebnis, das wir auch von der Formel $\frac{1}{2}gh$ aus der Elementar-Geometrie erwartet hätten.

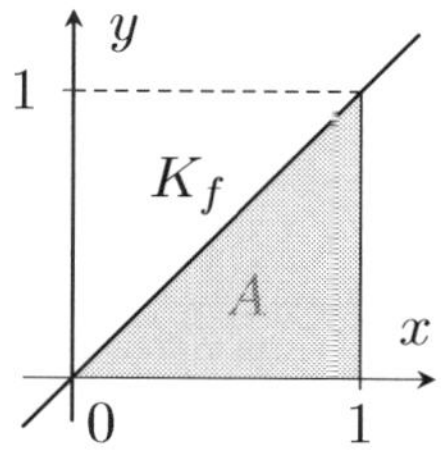

Abbildung 2.10

Beispiel 2.11 Nun können wir auch das Ergebnis von Beispiel 2.7 reproduzieren, diesmal ganz ohne mühevolles Ober- und Untersummengewurschtel. Da $F(x) = \frac{1}{3}x^3$ eine Stammfunktion von $f(x) = x^2$ ist, liefert der freshe Hauptsatz

$$\int_0^b x^2 \, \mathrm{d}x = \left[\frac{1}{3}x^3\right]_0^b = \frac{1}{3} \cdot b^3 - \frac{1}{3} \cdot 0^3 = \frac{b^3}{3}\,.$$

Beispiel 2.12 Es ist $F(x) = -\cos(x)$ eine Stammfunktion von $\sin(x)$, also gilt für das Integral aus Beispiel 2.8 auf Seite 36

$$\int_0^{2\pi} \sin(x) \, \mathrm{d}x = \big[-\cos(x)\big]_0^{2\pi} = -\cos(2\pi) - (-\cos(0)) = -1 + 1 = 0.$$

Um hingegen die von der Sinuskurve mit der x-Achse auf $[0\,;2\pi]$ eingeschlossene Fläche zu berechnen (die offenbar nicht 0 ist), müsstest du

$$\int_0^{2\pi} |\sin(x)| \, \mathrm{d}x$$

ausrechnen. Mehr dazu im nächsten Abschnitt. Jetzt werden erstmal bestimmte Integrale mit dem Haupsatz berechnet, bis es kracht.

Davor halten wir nochmals die Quintessenz dieses Abschnitts fest:

Merke: Nach dem Hauptsatz gilt

$$\int_a^b f(x) \, \mathrm{d}x = \Big[F(x)\Big]_a^b = F(b) - F(a),$$

d.h. bestimmte Integrale werden berechnet, indem man eine Stammfunktion F von f bestimmt und dann einfach die Grenzen b und a in $F(x)$ einsetzt und die Differenz aus $F(b)$ und $F(a)$ bildet.

A 2.8 Berechne die folgenden bestimmten Integrale mit dem Hauptsatz.

a) $\displaystyle\int_0^3 x^2\,\mathrm{d}x$ b) $\displaystyle\int_1^4 \frac{1}{\sqrt{x}}\,\mathrm{d}x$ c) $\displaystyle\int_{\frac{\pi}{2}}^{\pi} \pi\cos(x)\,\mathrm{d}x$

A 2.9 Ebenso. Beachte dabei stets die lineare Verkettung (siehe Satz 2.2).

a) $\displaystyle\int_{-\frac{4}{3}}^{\frac{8}{3}} (5-3x)^2\,\mathrm{d}x$ b) $\displaystyle\int_1^{\frac{3}{2}} \frac{4}{(1-2x)^2}\,\mathrm{d}x$ c) $\displaystyle\int_0^{12} \sqrt{\frac{2}{3}x+1}\,\mathrm{d}x$

d) $\displaystyle\int_{-6}^{1} \frac{1}{\left(\sqrt[3]{2-x}\right)^2}\,\mathrm{d}x$ e) $\displaystyle\int_{\frac{\pi}{\omega}}^{\frac{2\pi}{\omega}} \frac{\omega}{2}\sin(\omega t-\pi)\,\mathrm{d}t$ f) $\displaystyle\int_0^1 \cos^2(\pi\sqrt{x})\,\mathrm{d}z$

A 2.10 Beweise mit dem Hauptsatz[7] die Linearität des bestimmten Integrals:

$$\int_a^b k\,f(x)\,\mathrm{d}x = k\int_a^b f(x)\,\mathrm{d}x;\quad \int_a^b \big(f(x)+g(x)\big)\mathrm{d}x = \int_a^b f(x)\,\mathrm{d}x + \int_a^b g(x)\,\mathrm{d}x.$$

A 2.11 Für jede stetige Funktion $f(x)$ ist laut Hauptsatz die Integralfunktion $I_a(x)$ eine Stammfunktion. Begründe, warum sich aber nicht unbedingt jede Stammfunktion von $f(x)$ als Integralfunktion darstellen lässt. (Tipp: Was ist $I_a(a)$?)

A 2.12 *Nicht jede Funktion besitzt eine Stammfunktion*: Zeichne das Schaubild der HEAVISIDE'schen Sprungfunktion (lies: „theta")

$$\theta(x) = \begin{cases} 1 & \text{für } x \geqslant 0 \\ 0 & \text{für } x < 0. \end{cases}$$

Sie ist in 0 *unstetig*, da ihr Schaubild dort einen Sprung von 0 auf 1 vollzieht. (Wäre sie stetig, besäße sie laut Hauptsatz ja auch automatisch eine Stammfunktion.) Angenommen, es gäbe eine Stammfunktion F mit $F'(x) = \theta(x)$ für alle $x \in \mathbb{R}$. Skizziere den Verlauf eines solchen K_F und beschreibe, was in 0 schief geht.

[7] Dies soll nur eine kleine theoretische Anwendung des Hauptsatzes sein. Da die Linearität im Beweis von Teil (1) des Hauptsatzes bereits eingeht, handelt es sich logisch um einen Zirkelschluss. Korrekt zeigt man die Linearität mit Hilfe der Definition des Integrals (Grenzwert von Ober-/Untersummen).

2.5 Flächenberechnung mit dem Hauptsatz

Merke: Die Fläche, die das Schaubild K_f einer (stetigen) Funktion mit der x-Achse über dem Intervall $[\,a\,;\,b\,]$ einschließt, besitzt den Inhalt

$$A = \int_a^b |f(x)|\,\mathrm{d}x.$$

Um dieses Integral mit dem Hauptsatz zu berechnen, muss man zunächst den Betrag auflösen (da wir keine geschlossene Formel für die Stammfunktion von $|f(x)|$ angeben können). Es gilt

$$|f(x)| = \begin{cases} f(x), & \text{falls } f(x) \geqslant 0 \\ -f(x), & \text{falls } f(x) < 0. \end{cases}$$

Es führt also kein Weg daran vorbei, die Nullstellen von $f(x)$ zu berechnen, und dann getrennt auf den Intervallen mit $f(x) \geqslant 0$ bzw. $f(x) < 0$ zu integrieren.

Beispiel 2.13 Die Fläche unter der Sinus-Kurve auf $[\,0\,;\,2\pi\,]$ (siehe Seite 36) besitzt einen Inhalt von

$$\begin{aligned} A &= \int_0^{2\pi} |\sin(x)|\,\mathrm{d}x = \int_0^{\pi} \sin(x)\,\mathrm{d}x + \int_{\pi}^{2\pi} (-\sin(x))\,\mathrm{d}x \\ &= \big[-\cos(x)\big]_0^{\pi} + \big[\cos(x)\big]_{\pi}^{2\pi} = -\cos(\pi) + \cos(0) + \cos(2\pi) - \cos(\pi) = 4. \end{aligned}$$

Falls du mit dem Auflösen des Betrags noch Schwierigkeiten hast: Es gilt

$$|\sin(x)| = \begin{cases} \sin(x), & \text{falls } \sin(x) \geqslant 0 \\ -\sin(x), & \text{falls } \sin(x) < 0. \end{cases}$$

Man zerlegt das Integrationsintervall $[\,0\,;\,2\pi\,]$ also in Teilintervalle, auf denen der Sinus positiv (bzw. 0) oder negativ ist. Auf $[\,0\,;\,\pi\,]$ ist $\sin(x) \geqslant 0$ (siehe Abbildung 2.8), also kann man dort den Betrag einfach weglassen. Da der Sinus zwischen π und 2π negativ ist, muss dort beim Auflösen von $|\sin(x)|$ das Minuszeichen gesetzt werden. (Dass der Sinus an den Grenzen selbst 0 wird, spielt für das Integral keine Rolle, bzw. es ist wegen $|0| = 0$ sowieso egal.)

Und nun kommt schon wieder ein Seitenumbruch aus ästhetisch-inhaltlichen Gründen. Ich entschuldige mich für die maßlose Papierverschwendung.

Fläche zwischen zwei Schaubildern: Selbst Flächen wie z.B. das getönte Stück in Abbildung 2.11 links lassen sich leichter berechnen, als es auf den ersten Blick vielleicht aussieht.
Wir betrachten zunächst den Fall, dass K_f oberhalb von K_g auf $[a;b]$ verläuft, d.h. dass $f(x) > g(x)$ für alle $x \in [a;b]$ gilt, und dass beide Schaubilder oberhalb der x-Achse liegen. Dann fällt die Berechnung der zwischen K_f und K_g eingeschlossenen Fläche leicht, wenn man einen Blick auf Abbildung 2.11 rechts wirft: Man braucht nichts anderes zu tun, als den Flächeninhalt unter K_g (quer gestreift) von dem Flächeninhalt unter K_f (längs gestreift) abzuziehen. Somit ist

$$A = \int_a^b f(x)\,\mathrm{d}x - \int_a^b g(x)\,\mathrm{d}x = \int_a^b \big(f(x) - g(x)\big)\,\mathrm{d}x.$$

(Dass man beide Integrale zusammenziehen darf, folgt aus Aufgabe 2.10.)

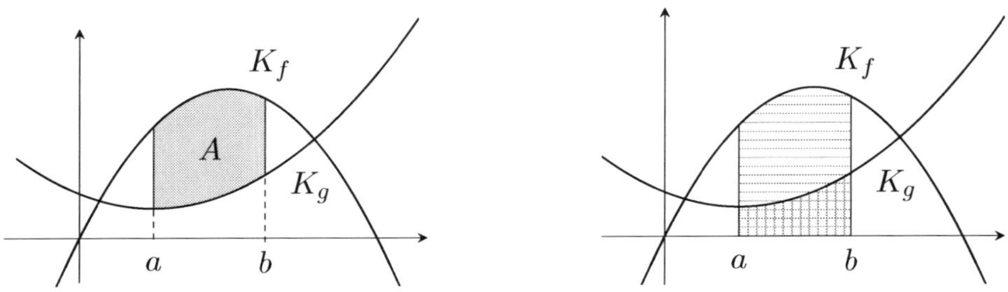

Abbildung 2.11

Verläuft eine der Funktionen ganz oder teilweise unter der x-Achse (siehe Abbildung 2.12), so scheint sich die Flächenberechnung zu verkomplizieren; zumindest sieht nicht mehr jeder auf den ersten Blick eine geeignete Zerlegung in Teilflächen wie in der vorigen Abbildung (oder?). Hier gibt es jedoch einen ganz eleganten Trick, der einem jegliche Mühsal und unnötige Fallunterscheidungen erspart: Man schiebt K_f und K_g genügend weit nach oben, so dass beide oberhalb der x-Achse verlaufen, d.h. man betrachtet statt $f(x)$ und $g(x)$ die Funktionen $f(x)+c$ und $g(x)+c$ mit einer geeigneten Verschiebekonstante $c > 0$. Durch das Verschieben ändert sich der Flächeninhalt natürlich nicht, und da wir nun in der Situation von Abbildung 2.11 sind, lässt er sich berechnen durch

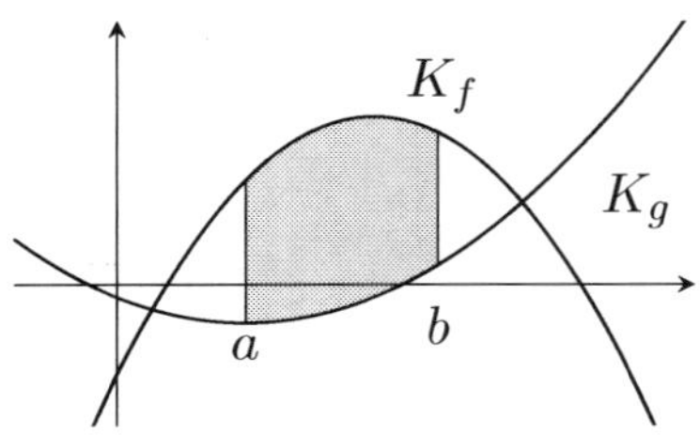

Abbildung 2.12

$$A = \int_a^b \big(f(x)+c-(g(x)+c)\big)\,\mathrm{d}x = \int_a^b \big(f(x)+c-g(x)-c\big)\,\mathrm{d}x = \int_a^b \big(f(x)-g(x)\big)\,\mathrm{d}x,$$

d.h. es gilt genau die gleiche Formel wie vorhin. Ebenso, wenn sogar beide Schaubilder unter der x-Achse verlaufen sollten; völlig wurscht. Man integriert einfach immer „obere minus untere Funktion" von a bis b.

Abbildung 2.13 zeigt die allgemeinste Situation, wo K_f und K_g sich zwischendurch sogar noch schneiden und ihre Rollen als obere und untere Funktion vertauschen. Hier muss man den Betrag $|f(x) - g(x)|$ integrieren, damit sich keine Flächenstücke aufgrund wechselnder Vorzeichen wegheben. Will man das Integral ohne GTR auswerten, bleibt einem wieder nichts übrig, als den Betrag aufzulösen, d.h. Schnittpunkte von K_f und K_g berechnen und schauen, auf welchen Teilintervallen f die obere bzw. die untere Funktion ist. Fassen wir zusammen.

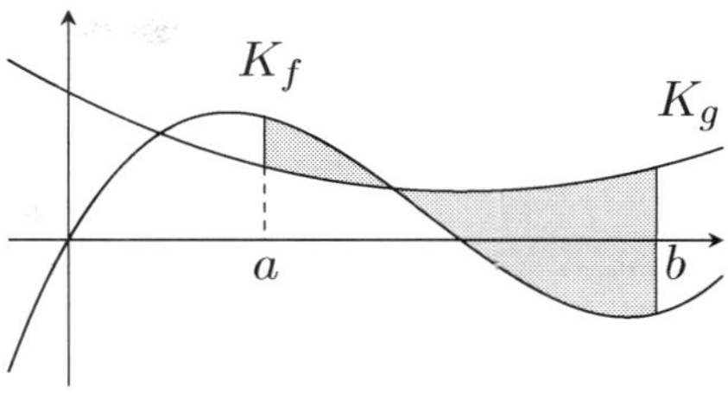

Abbildung 2.13

Merke: Der Inhalt A der zwischen den Schaubildern K_f und K_g zweier Funktionen f und g auf $[\,a\,;b\,]$ eingeschlossenen Fläche ist gegeben durch

$$A = \int_a^b |f(x) - g(x)| \, \mathrm{d}x.$$

Einfache Anwendungen dieser Formel erfolgen in den Übungen. Wir beschließen diesen freudvollen kleinen Abschnitt mit einer etwas saftigeren Anwendung dieser Flächenformel.

Beispiel 2.14 *Flächenberechnung mit Parameter*

Bestimme die Steigung m (> 0) einer Ursprungsgeraden so, dass sie mit der Normalparabel eine Fläche vom Inhalt $\frac{4}{3}$ einschließt.

Zunächst bestimmen wir die Schnittpunkte der Schaubilder von $f(x) = x^2$ und $g(x) = mx$:

$$x^2 = mx \iff x^2 - mx = 0 \iff x(x-m) = 0,$$

was nach dem Satz vom Nullprodukt $x = 0$ oder $x = m$ ergibt. Da $g(x) \geqslant f(x)$, also $f(x) - g(x) \leqslant 0$ auf $[\,0\,;m\,]$ gilt, ist dort[8]

$$|f(x) - g(x)| = -(f(x) - g(x)) = g(x) - f(x),$$

und laut obigem Merkkasten folgt für die eingeschlossene Fläche

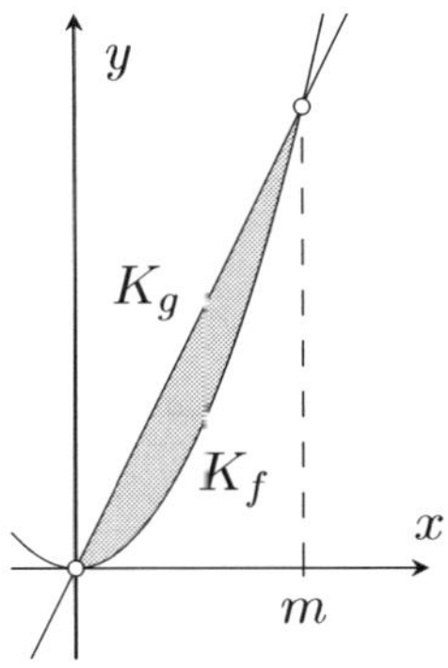

Abbildung 2.14

$$A = \int_0^m |f(x) - g(x)| \, \mathrm{d}x = \int_0^m \big(g(x) - f(x)\big) \, \mathrm{d}x \overset{!}{=} \frac{4}{3}.$$

Auswerten des Integrals liefert

$$\int_0^m \left(mx - x^2 \right) \mathrm{d}x = \left[\frac{m}{2}\,x^2 - \frac{1}{3}\,x^3 \right]_0^m = \frac{m}{2} \cdot m^2 - \frac{1}{3}\,m^3 - 0 = \frac{1}{6}\,m^3,$$

[8]Wer Beträge immer noch nicht mag: Es ist ganz einfach g die obere und f die untere Funktion, also muss man $g(x) - f(x)$ integrieren.

d.h. wir suchen ein m, welches $\frac{1}{6}m^3 = \frac{4}{3}$ oder $m^3 = 8$ erfüllt. Also muss $m = 2$ sein und die gesuchte Gerade besitzt die Gleichung $g(x) = 2x$.

So, und jetzt wird geübt, bis der Füller raucht! Wenn du einen GTR zur Verfügung hast, ist es stets eine gute Idee, deine Ergebnisse mit seiner Hilfe zu bestätigen; so bekommst du gleichzeitig auch genügend Fingerfertigkeit im Tippen. Falls du keinen GTR besitzt, verwende Programme wie Geogebra oder WolframAlpha zur Erstellung der Skizzen in den folgenden Aufgaben.

A 2.13 Die Gerade mit der Gleichung $f(x) = \frac{1}{2}x$ schließt auf $[0;4]$ eine Fläche mit der x-Achse ein. Berechne deren Inhalt mit Hilfe der Integralrechnung sowie elementar.

A 2.14 Skizziere das Schaubild K_f auf $[a;b]$. Berechne den Inhalt der Fläche, die von K_f und der x-Achse auf $[a;b]$ eingeschlossen wird. Vergleiche das Ergebnis mit dem Integral über $f(x)$ von a bis b und erkläre den Unterschied.

a) $f(x) = \cos(x) - 1$ auf $[0;2\pi]$ b) $f(x) = x^2 - 2$ auf $[0;2]$

A 2.15 Berechne den Inhalt der Fläche, die K_f mit der x-Achse einschließt.

a) $f(x) = \frac{1}{2}x^3 - 2x$ b) $f(x) = x^3 + 3x^2 - 4$

Zu b): Wenn du noch nicht weißt, wie man Gleichungen dritten Grades löst (Raten einer Lösung und Polynomdivision), nimm den GTR zur Nullstellenberechnung von f zur Hilfe, oder überspringe diese Aufgabe.

A 2.16 Berechne den Inhalt der von K_f und K_g eingeschlossenen Fläche.

a) $f(x) = x^2+x-1,\quad g(x) = 2x+1$ b) $f(x) = \frac{1}{3}x^3+\frac{1}{3}x^2-2x,\quad g(x) = \frac{1}{3}x^2+x$

A 2.17 Bestimme den Inhalt der Fläche, die vom Schaubild der Funktion $f(x) = x^2 - 2x$, der Tangente an K_f im Tiefpunkt und der Geraden $x = -1$ eingeschlossen wird.

A 2.18 Berechne den Flächeninhalt des Dreiecks in Abbildung 2.15 auf zwei verschiedene Arten:

a) Mit Hilfe der Integralrechnung. (Tipp: Zerlege die Fläche geeignet und fasse die Teilflächen dann als Flächen zwischen zwei Schaubildern auf.)

b) Mit Hilfe deines Mittelstufenwissens (falls noch vorhanden :)). Beachte dabei, dass es sich um ein spezielles Dreieck handelt.

Beachte: Selbst für beliebige Dreiecke funktioniert Methode a) weiterhin problemlos, während es mit Mittelstufengeometrie meist schon haarig wird und ohne Kosinussatz oft gar nicht mehr geht. (In der Kursstufengeometrie lernst du jedoch bald, wie man solche Dreiecksflächen noch viel einfacher berechnet.)

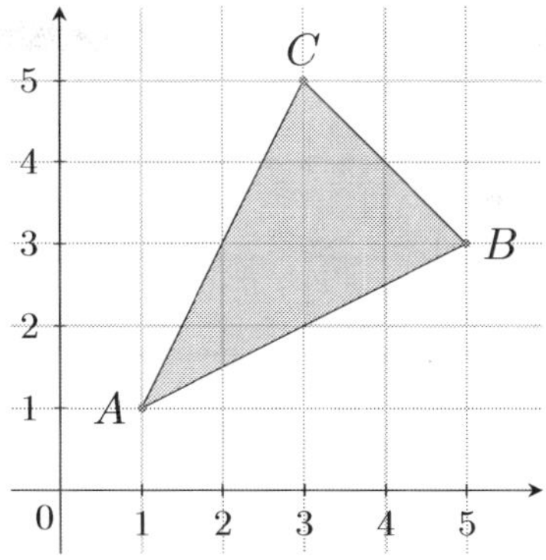

Abbildung 2.15

A 2.19 Das Schaubild der Funktion $f(x) = \frac{1}{2}x^3 - 2x$ aus Aufgabe 2.15 und ihre Normale im Wendepunkt (siehe Seite 70, falls dir Wendepunkte kein Begriff sind) schließen eine Fläche ein. Berechne deren Inhalt. (Tipp: Die Normale steht senkrecht auf der Tangente, also ist ihre Steigung $m_n = -\frac{1}{m_t}$.)

Und zum Schluss noch ein paar nette Parameter-Aufgäble. Aufgaben 2.20 und 2.21 stammen von meinem ehemaligen Kollegen M. Chor, der diese in den 90er Jahren im Mathe-Grundkurs (3-stündig) gestellt hat; so viel also zum heutigen Niveau ...

A 2.20 Gegeben sind die Funktionen $f(x) = \frac{1}{2}x^2 + x$ und $g_c(x) = x + c$ mit $c > 0$. Bestimme c so, dass K_f und K_{g_c} eine Fläche vom Inhalt $\frac{16}{3}$ einschließen.

A 2.21 Betrachte für $a > 0$ die Funktionen

$$f_a(x) = ax^2 \quad \text{und} \quad g_a(x) = \sqrt{\frac{x}{a}}\,; \quad x \geqslant 0.$$

Für welches a hat die von beiden Kurven eingeschlossene Fläche den Inhalt 1?

A 2.22 Die Parabel mit der Gleichung $f(x) = -x^2 + 6x$ begrenzt mit der x-Achse ein Flächenstück. Finde diejenige Ursprungsgerade, welche diese Fläche im Verhältnis 1:7 zerlegt (der kleinere Flächenteil soll dabei oberhalb der Geraden liegen). Gehe dabei ähnlich vor wie in Beispiel 2.14.

2.6 Grafisches Integrieren

Letztes Schuljahr habt ihr gelernt, grafisch abzuleiten, d.h. aus dem Verlauf des Schaubilds einer Funktion f den Verlauf des Schaubilds der Ableitungsfunktion f' zu ermitteln.
Nun gehen wir in die umgekehrte Richtung: Zum Schaubild einer Funktion f soll der Verlauf des Schaubilds einer Stammfunktion F skizziert werden.

Beispiel 2.15 In Abbildung 2.16 ist das Schaubild K_f einer linearen Funktion f dargestellt. Wir wollen das Schaubild einer speziellen Stammfunktion von f, nämlich der Integralfunktion

$$F(x) = I_0(x) = \int_0^x f(t)\,\mathrm{d}t$$

zeichnen, und zwar ganz ohne das Integral auszuführen, sondern rein mit Hilfe des Schaubilds von f. Dazu erinnern wir uns, dass $F(x) = I_0(x)$ (für $x > 0$) den vorzeichenbehafteten Flächeninhalt unter K_f (bzw. allgemeiner den Flächen-Kontostand, falls f einen VZW macht) auf $[\,0\,;x\,]$ beschreibt.

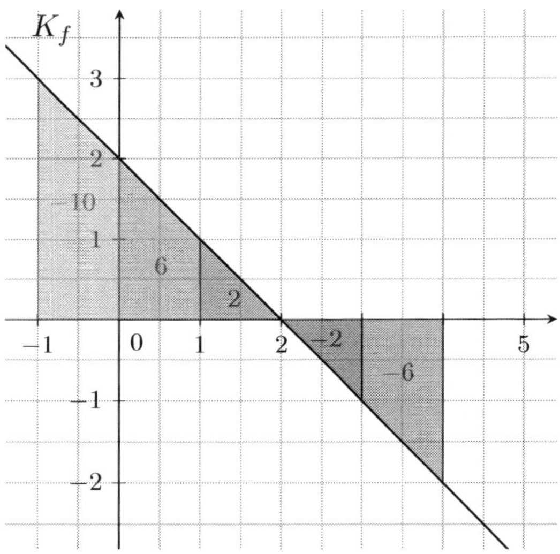

Abbildung 2.16

Jetzt kommt etwas, das selbst die größten Mathe-Opfer können: „Kästchenzählen“. Starten wir mit $x = 1$; da K_f auf $[\,0\,;1\,]$ oberhalb der x-Achse verläuft, ist

$$F(1) = \int_0^1 f(t)\,\mathrm{d}t = \text{(positiver) Flächeninhalt unter } K_f \text{ von 0 bis 1.}$$

Zählt man die Kästchen unter K_f zwischen 0 und 1, so kommt man genau auf 6 Kästchen. Da 1 Kästchen 0,25 cm^2 entspricht (oder neutraler FE für „Flächen-Einheiten“, wenn man sich nicht auf cm beziehen will), ist also

$$F(1) = 0{,}25 \cdot 6 = 1{,}5 \quad \text{(FE)}.$$

Von 1 bis 2 kommen noch 2 Kästchen dazu, so dass gilt:

$$F(2) = \int_0^2 f(t)\,\mathrm{d}t = 0{,}25 \cdot (6+2) = 2 \quad \text{(FE)}.$$

Achtung: Ab $x = 2$ verläuft K_f unter der x-Achse, so dass der vorzeichenbehaftete Flächeninhalt ab dort negativ wird; z.B. ist

$$\int_2^3 f(t)\,\mathrm{d}t = 0{,}25 \cdot (-2) = -0{,}5.$$

Für die Integralfunktion heißt das, dass die neuen Kästchenzahlen vom Wert $F(2) = 2$ jetzt *abgezogen* werden müssen, d.h. der Flächen-Kontostand nimmt ab:

$$F(3) = 0{,}25 \cdot (6+2-2) = 1{,}5 \quad \text{(FE)}$$

Ebenso erhält man den Funktionswert von F an der Stelle 4 durch

$$F(4) = 0{,}25 \cdot (6+2-2-6) = 0 \quad \text{(FE)}.$$

Auch für $x < 0$ muss man **aufpassen**: Um z.B. $F(-1) = \int_0^{-1} f(t)\,\mathrm{d}t$ zu bestimmen, zählt man erstmal wieder und kommt auf 10 Kästchen, die auf $[-1\,;0]$ unter K_f liegen, und zwar oberhalb der x-Achse, d.h. man würde eigentlich ein +-Zeichen erwarten. Da f aber von 0 bis -1 statt von -1 bis 0 integriert wird, also „in die falsche Richtung", fängt man sich trotzdem ein Minuszeichen ein! Mit der Festlegung von Seite 36 ergibt sich:

$$F(-1) = \int_0^{-1} f(t)\,\mathrm{d}t \overset{\text{def}}{=} -\int_{-1}^{0} f(t)\,\mathrm{d}t = -(0{,}25 \cdot 10) = -2{,}5 \quad \text{(FE)}.$$

Nachdem wir nun genügend Punkte auf dem Schaubild von K_F bestimmt haben (erinnere dich: $F(1) = 1{,}5$ bedeutet, dass K_F durch $(\,1\,|\,1{,}5\,)$ verläuft), können wir es bequem zeichnen:

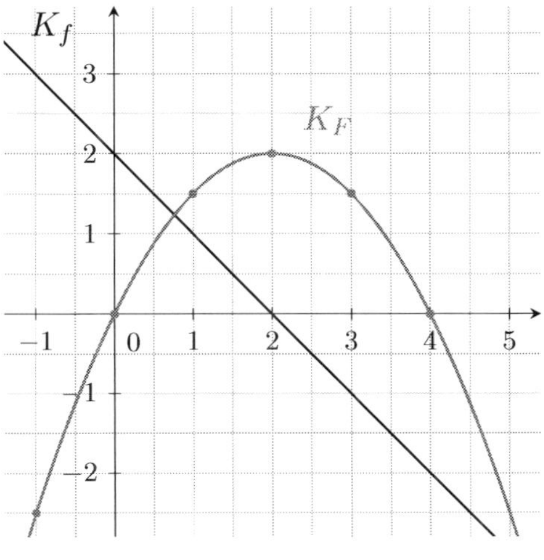

Abbildung 2.17

Es scheint sich um eine Parabel zu handeln. Das ist hier nicht weiter überraschend, da man sofort $f(x) = -x + 2$ ablesen kann und durch Integration

$$F(x) = \int_0^x f(t)\,\mathrm{d}t = \int_0^x (-t+2)\,\mathrm{d}t = \left[-\frac{1}{2}t^2 + 2t\right]_0^x = -\frac{1}{2}x^2 + 2x$$

erhält. Das ist beim grafischen Integrieren aber wie gesagt nicht der Punkt.

Vielmehr soll man sich ja anhand des Verlaufs von K_f an den Verlauf einer Integralfunktion herantasten. Will man sich hierbei nicht auf reines Kästchenzählen beschränken, so helfen einem die folgenden Regeln beim grafischen Integrieren.

Merke: Hilfen beim Zeichnen von Integralfunktionen $F(x) = I_a(x) = \int_a^x f(t)\,\mathrm{d}t$.

- Wegen $I_a(a) = \int_a^a f(t)\,\mathrm{d}t = 0$ besitzt $F(x)$ bei $x = a$ stets eine Nullstelle.
- Nach dem Hauptsatz gilt $F'(x) = f(x)$. Somit besitzt das Schaubild von F bei den Nullstellen von f eine waagerechte Tangente, da dort $F'(x) = f(x) = 0$ gilt. Falls $F' = f$ dort zusätzlich einen Vorzeichenwechsel (VZW) vollzieht, liegt eine Extremstelle von F vor; andernfalls (kein VZW) eine Sattelstelle, also eine Wendestelle mit waagerechter Tangente. (Falls du noch nie etwas von Wendestellen gehört hast, blättere schnell auf Seite 70.)
  Kurz: *Nullstellen von f = Extrem- oder Sattelstellen von F.*
- Wegen $F''(x) = f'(x)$ *sind die Extremstellen von f genau die Wendestellen von F.* (Extremstelle von f bedeutet Nullstelle von f' mit VZW; damit hat $F'' = f'$ ebenfalls eine Nullstelle mit VZW, also liegt eine Wendestelle von F vor.)
- $F'(x) = f(x)$ bedeutet, dass die Steigung von K_F an jeder Stelle x gleich dem y-Wert von K_f dort ist. So hat man einen Anhaltspunkt für die Steilheit von K_F.

Betrachten wir unter diesen Gesichtspunkten nochmals Abbildung 2.17:

- Wegen $a = 0$ ist $F(0) = 0$, d.h. F besitzt bei $x = 0$ eine Nullstelle.
- Bei $x = 2$ vollzieht f einen VZW von Plus nach Minus, demnach muss $x = 2$ eine Hochstelle von F sein (Tangentensteigungen von K_F sind erst positiv, dann negativ!). Den Funktionswert $F(2)$ muss man aber nach wie vor durch Kästchenzählen bestimmen.
- Da f keine Extremstellen hat, besitzt F keine Wendestellen.
- Es ist z.B. $F'(3) = f(3) = -1$ (abzulesen an K_f), d.h. K_F besitzt an der Stelle $x = 3$ eine Tangentensteigung von -1. So kann man zusätzlich prüfen, ob die Kurve K_F einigermaßen akkurat gezeichnet wurde.

Manchmal ist verlangt, dass das Schaubild einer Stammfunktion F durch den Punkt $P\,(\,x_0\,|\,y_0\,)$ verläuft, F also der Zusatzbedingung $F(x_0) = y_0$ genügt. Dazu zeichnet man zunächst die Integralfunktion $I_{x_0}(x)$ und verschiebt diese dann gemäß

$$F(x) = I_{x_0}(x) + y_0,$$

denn dadurch gilt wie gewünscht

$$F(x_0) = \int_{x_0}^{x_0} f(t)\,\mathrm{d}t + y_0 = 0 + y_0 = y_0.$$

Beispiel 2.16 Zeichne diejenige Stammfunktion F der Funktion f aus Abbildung 2.18 links, die durch $(-1\,|-1)$ verläuft. Wir bestimmen zunächst den Verlauf des Schaubilds von

$$G(x) = I_{-1}(x) = \int_{-1}^{x} f(t)\,\mathrm{d}t.$$

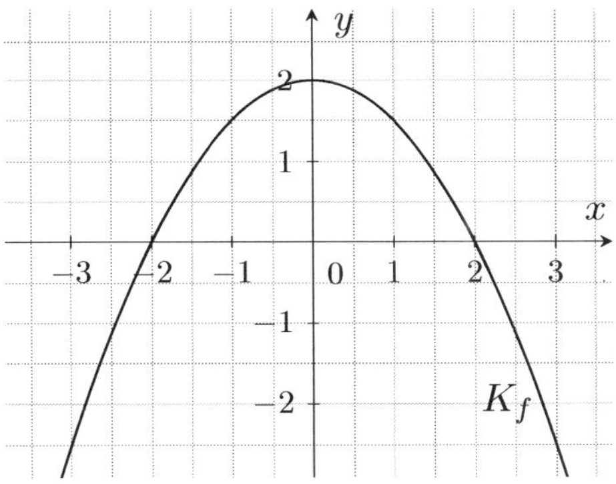

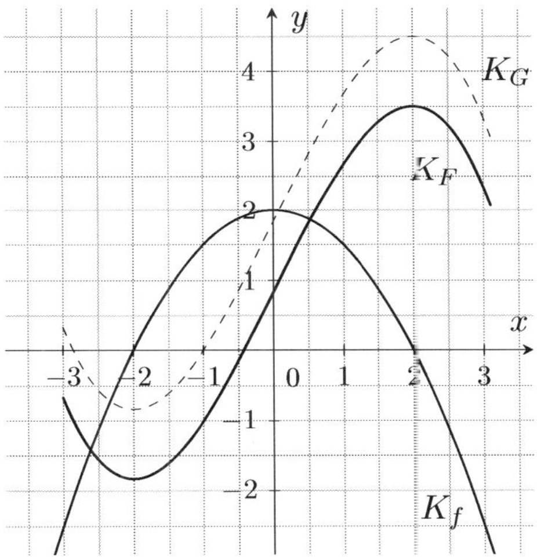

Abbildung 2.18

- Nullstelle bei $x = -1$, da $I_{-1}(-1) = 0$.
- Bei $x = 2$ wechselt $G' = f$ sein Vorzeichen von + nach −, also ist $(2\,|\,G(2))$ Hochpunkt von K_G. Entsprechend: Tiefpunkt von K_G in $(-2\,|\,G(-2))$. Die Funktionswerte erhält man durch Kästchenzählen: $G(2) \approx 0{,}25 \cdot 18 = 4{,}5$, $G(-2) \approx -(0{,}25 \cdot 3{,}5) = -0{,}875$ (Achtung: K_f verläuft zwar oberhalb x-Achse, aber die Integrationsrichtung ist von rechts nach links, daher das Minuszeichen; siehe Seite 49.)
- Bei $x = 0$ liegt eine Extremstelle von f vor ($f(0)$ ist ein Maximum), also besitzt $G'' = f'$ dort eine Nullstelle mit VZW (von + nach −), d.h. 0 ist Wendestelle von G (mit maximaler Steigung). $G(0) \approx 0{,}25 \cdot 7{,}3 \approx 1{,}8$.

Bestimme selbst noch $G(-3)$, um zu prüfen, ob du die Sache mit den Vorzeichen verstanden hast. Um schließlich noch $F(-1) = -1$ zu gewährleisten, müssen wir $F(x) = G(x) - 1$ setzen, denn dann ist $F(-1) = G(-1) - 1 = 0 - 1 = -1$. Das Schaubild K_F erhält man, indem man K_G um 1 runter verschiebt; siehe Abbildung 2.18 rechts.

A 2.23 Ermittle und begründe den Verlauf der Schaubilder der Integralfunktionen $I_a(x)$ zu den dargestellten Schaubildern (Startwert a steht jeweils im Bild).

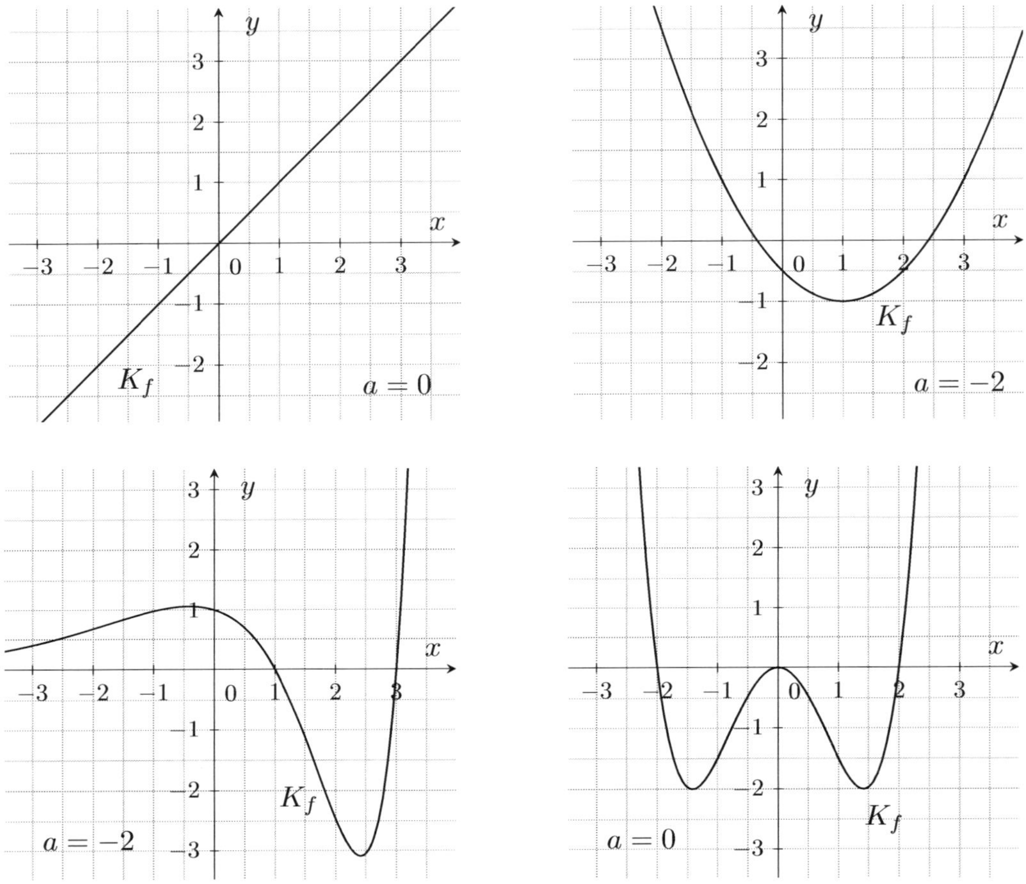

A 2.24 Abbildung 2.19 zeigt den Verlauf des Schaubilds K_f einer Funktion f. Es sei $F(x) = I_0(x)$ die Integralfunktion von f zur Grenze 0 mit Schaubild K_F.

a) Entscheide, ob folgende Aussagen wahr oder falsch sind. Ist eine Aussage wahr, so begründe warum. Ist sie falsch, so berichtige sie.

(1) $F(0) = 1{,}25$.

(2) Ein Hochpunkt von K_F besitzt die x-Koordinate 4.

(3) $x = -1$ und $x = 1$ sind weitere Extremstellen von F.

(4) K_F steigt für $-2 \leqslant x \leqslant 4$.

(5) $F(-1) \approx +0{,}5$.

(6) Es gilt $F(4) - F(-1) \approx 5{,}2$.

b) Zeichne den Verlauf von K_F für $-2 \leqslant x \leqslant 5{,}5$. Beziehe *alle* Ergebnisse von a) dabei mit ein und kennzeichne Extrem- und Wende-/Sattelpunkte von K_F deutlich. (Beachte: In der Nähe von $x = 4$ verläuft K_F sehr „platt".)

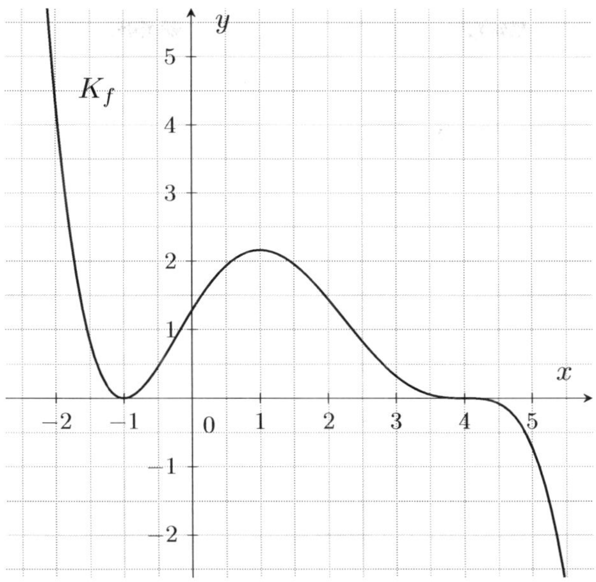

Abbildung 2.19

2.7 Anwendungen der Integralrechnung

2.7.1 Beispiele aus der Physik

Nachdem wir nun die Inhalte von Flächen unterhalb von Schaubildern berechnen können, wollen wir verstehen, welche Bedeutung diese Flächeninhalte haben, wenn die zu integrierende Funktion f eine konkrete (physikalische) Bedeutung hat. Der folgende Merkkasten enthält die hierfür alles entscheidende Formel.
(Um mein Gewissen zu beruhigen: Es muss vorausgesetzt werden, dass die Funktion f differenzierbar und ihre Ableitung f' stetig ist, aber das ist bei uns stets der Fall.)

Merke: Kennt man die Änderungsrate (Ableitung) $f'(t)$ einer Funktion und einen Anfangswert $f(a)$, so lassen sich die Funktionswerte $f(x)$ folgendermaßen rekonstruieren:

$$f(x) = f(a) + \int_a^x f'(t)\,\mathrm{d}t\,.$$

Dies folgt unmittelbar aus dem Hauptsatz, denn da f obviously eine Stammfunktion von f' ist, gilt:

$$\int_a^x f'(t)\,\mathrm{d}t = \big[\,f(t)\,\big]_a^x = f(x) - f(a).$$

Beidseitiges Addieren von $f(a)$ liefert schon die obige Formel.

Wir werden nun lernen (ob es dir passt oder nicht), wie man diese Formel in konkreten Anwendungssituationen zu verwenden hat. Wenn Physik so gar nicht dein Ding ist, dann überspringe die folgenden Ausführungen und lies ab Beispiel 2.17 weiter.

$f(t) = v(t)$: Geschwindigkeits-Zeit-Gesetz

Bewegt sich ein Objekt mit *konstanter Geschwindigkeit* $v(t) = v_0 > 0$, so ist

$$\Delta s = v_0 \cdot \Delta t$$

der in der Zeitspanne $\Delta t = t_2 - t_1$ zurückgelegte Weg Δs, denn für die Geschwindigkeit gilt ja bekanntlich

$$v_0 = \frac{\Delta s}{\Delta t}\ .$$

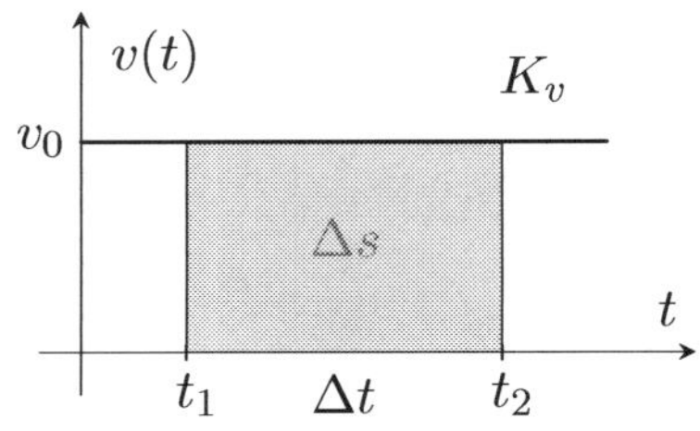

Abbildung 2.20

Geometrisch ist der Weg Δs der *Flächeninhalt des Rechtecks* unterhalb der Gerade K_v zwischen t_1 und t_2, wie du in Abbildung 2.20 siehst.

Jetzt kommt der entscheidende Schritt: Ist die Geschwindigkeit $v(t)$ *nicht konstant*, so lässt sich Δs nicht mehr gemäß $\Delta s = v \cdot \Delta t$ berechnen (es gibt ja gar kein festes v mehr, das man einsetzen könnte). Wir können die Bewegung jedoch durch die eines „Stotter-Fahrzeugs“ annähern, welches sich mit stückweise konstanter Geschwindigkeit bewegt: Dazu unterteilen wir das Zeitintervall $[\,t_1\,;\,t_2\,]$ in n gleiche Intervalle der Länge Δt_n. Auf jedem Teilintervall ist die Geschwindigkeit $v_i = v(\tau_i)$ konstant[9]; siehe Abbildung 2.21. (Dort wurde für die Stützstellen τ_i stets die linke Intervallgrenze gewählt. Das τ ist übrigens ein kleines griechisches Tau; wir verwenden es, wenn t bereits anderweitig besetzt ist.)

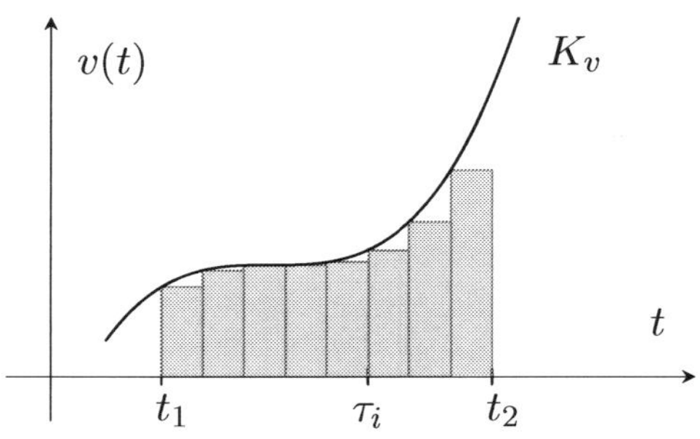

Abbildung 2.21

Die Fläche eines grauen Rechteckchens beträgt $v(\tau_i) \cdot \Delta t_n$ (Höhe mal Breite!) und nach obiger Ausführung ist dies gerade der Weg Δs_i, den das Stotter-Fahrzeug dort zurückgelegt hat. Summieren wir all diese Wegstückchen Δs_i auf, so erhalten wir

$$\Delta s \approx \Delta s_1 + \ldots + \Delta s_n = v(\tau_1) \cdot \Delta t_n + \ldots + v(\tau_n) \cdot \Delta t_n$$

[9]Unphysikalisch hierbei ist, dass v an den Intervallgrenzen magischerweise von $v(\tau_i)$ auf $v(\tau_{i+1})$ hüpft (daher auch der Name Stotter-Fahrzeug). Je größer allerdings n wird, desto kleiner werden diese Hüpfer und desto realistischer beschreibt die Stotter-Näherung die tatsächliche Bewegung.

als Näherung für den tatsächlich zurückgelegten Weg Δs. Im Grenzübergang $n \to \infty$ bzw. $\Delta t_n \to 0$ wird aus dieser Näherung (im Falle $v > 0$) exakt der in der Zeitspanne Δt zurückgelegte Weg Δs und mathematisch gesehen aus der Näherungs-Summe das bestimmte Integral:

$$\Delta s = \lim_{n\to\infty} \left(v(\tau_1)\cdot \Delta t_n + \ldots + v(\tau_n)\cdot \Delta t_n \right) = \int_{t_1}^{t_2} v(t)\, \mathrm{d}t.$$

Wenn dir das alles zu mathematisch war, dann stell dir einfach vor, wie die grauen Rechteckchen immer feiner werden. Dann ist doch anschaulich klar, dass ihre Gesamtfläche sich immer mehr der tatsächlichen Fläche unter der K_v-Kurve annähert. Und weil die Rechtecksflächeninhalte Wegstückchen darstellen, stellt somit auch die Gesamtfläche den zurückgelegten Weg dar. Klarer?
Manch einem mag als Merkhilfe auch die intuitive „Physiker-Notation“ dienen: In einer „infinitesimal kleinen“ Zeitspanne $\mathrm{d}t$ ist $v(t)$ nahezu konstant und die infinitesimale Änderung $\mathrm{d}s$ des Weges beträgt

$$\mathrm{d}s = v(t)\, \mathrm{d}t.$$

Durch Integrieren – also „Aufsummieren“ der Wegstückchen $\mathrm{d}s$ – erhält man den Weg:

$$\Delta s = \int_{t_1}^{t_2} \mathrm{d}s = \int_{t_1}^{t_2} v(t)\, \mathrm{d}t.$$

So viel zur physikalischen Motivation, die für einige von euch sicherlich schmerzhaft war. Ich (als halber Physiker) finde es zwar durchaus wichtig, diese Hintergründe zu verstehen, aber wenn dich dies mehr verwirrt als dass es hilft, dann vergiss diese Seite und merke dir einfach ganz stur das mathematische Vorgehen, das jetzt kommt.

Zuvor kommen aber noch ein paar Bemerkungen über den wichtigen Unterschied zwischen „Ort“ und „zurückgelegter Weg“.

Beispiel 2.17 Ein Käfer krabbelt auf einem Ast nach außen. Zum Zeitpunkt 0 befindet er sich 40 cm vom Baumstamm entfernt, 30 Sekunden später ist er 1 m vom Stamm entfernt.

- Wählen wir den s-Nullpunkt am Baumstamm, so gilt $s(0\text{ s}) = 40$ cm für den Käfer und 30 Sekunden später befindet er sich am Ort mit der s-Koordinate $s(30\text{ s}) = 100$ cm. (In Mathe lassen wir oft die Einheiten weg und schreiben kurz $s(30) = 100$, nachdem wir einmal festgelegt haben, in welcher Einheit Zeit und Strecke gemessen werden.) Der von ihm zurückgelegte Weg beträgt $\Delta s = s(30) - s(0) = 60$ (cm).
- Setzen wir hingegen $s(0) = 0$, d.h. legen wir den s-Nullpunkt auf den Startpunkt des Käfers, so ist sein Ort 30 Sekunden später gegeben durch $s(30) = 60$. Die zurückgelegte Strecke beträgt natürlich auch hier $\Delta s = s(30) - s(0) = 60$ (cm). In diesem Fall sind also Ort und zurückgelegter Weg identisch, da $s(0) = 0$ ist.

Fazit: Während die Ortskoordinate $s(t)$ von der Wahl des Nullpunkts abhängt, ist der zurückgelegte Weg Δs unabhängig von dieser Wahl (er ist „invariant“).

Wir wollen nun mathematisch aus $v(t)$ die $s(t)$-Funktion rekonstruieren, welche angibt, an welchem Ort $s(t)$ sich der Körper zur Zeit t befindet. Da

$$v(t) = s'(t)$$

gilt (siehe Seite 14), v also die Ableitung (Änderungsrate) von s ist, besagt obiger Merkkasten (nachdem wir x in t und a in t_0 umbenannt haben)

$$s(t) = s(t_0) + \int_{t_0}^{t} s'(\tau)\,\mathrm{d}\tau = s(t_0) + \int_{t_0}^{t} v(\tau)\,\mathrm{d}\tau.$$

Fast immer wählt man $t_0 = 0$ und oftmals ist auch die Startposition $s(0) = 0$. Im Fall einer positiven Geschwindigkeitsfunktion $v(t) > 0$ gibt es keine Vorzeichenprobleme zu beachten, d.h. das Integral beschreibt den Flächeninhalt unter der $v(t)$-Kurve, so dass wir festhalten können:

Merke: Bei einer Bewegung mit $v(t) > 0$ und $t_0 = 0$ gilt für den Ort

$$s(t) = s(0) + \int_{0}^{t} v(\tau)\,\mathrm{d}\tau$$

(die Integrationsvariable heißt τ (tau), da t bereits als obere Grenze auftritt), und der zurückgelegte Weg entspricht dem Flächeninhalt im $v(t)$-Diagramm

$$\Delta s(t) = s(t) - s(0) = \int_{0}^{t} v(\tau)\,\mathrm{d}\tau.$$

Wem das alles noch nicht ganz behagt, der halte sich an folgenden ganz pragmatischen Zugang (über Einheiten): Die Einheit von v ist $\frac{\mathrm{m}}{\mathrm{s}}$, und da unter dem Integral $v \cdot \mathrm{d}t$ steht, wobei $\mathrm{d}t$ die Einheit s (Sekunde) hat, kommt als Ergebnis etwas in $\frac{\mathrm{m}}{\mathrm{s}} \cdot \mathrm{s} = \mathrm{m}$ (Meter) raus, also eine Strecke.

Nach all diesem ausschweifenden Gelaber wird es höchste Zeit für ein Beispiel.

Beispiel 2.18 Die Enterprise bewegt sich beim Aufbau des Warp-Beschleunigungsfeldes ab $t > 0$ gemäß dem Geschwindigkeits-Zeit-Gesetz

$$v(t) = a \cdot t \qquad \text{mit} \quad a = 200\,\frac{\mathrm{m}}{\mathrm{s}^2}.$$

Wir berechnen, welchen Weg sie nach 2 Minuten zurückgelegt hat. Dabei nehmen wir an, dass sie zum Zeitpunkt 0 bei $s(0) = 0$ startet (da uns nur die Wegdifferenz interessiert, spielt die Lage des Anfangspunkts sowieso keine Rolle). Laut obiger Formel gilt

$$s(t) = s(0) + \int_{0}^{t} v(\tau)\,\mathrm{d}\tau = 0 + \int_{0}^{t} a\tau\,\mathrm{d}\tau = \left[\frac{1}{2}a\tau^2\right]_0^t = \frac{1}{2}at^2.$$

(Die Nicht-Physikhasser unter euch erinnern sich bestimmt: Dies ist das $s(t)$-Gesetz einer gleichmäßig beschleunigten Bewegung.) Jetzt brauchen wir bloß noch $t = 2$ min = 120 s einzusetzen:

$$s(120 \text{ s}) = \frac{1}{2} \cdot 200 \ \frac{\text{m}}{\text{s}^2} \cdot (120 \text{ s})^2 = 1440000 \text{ m} = 1440 \text{ km}.$$

(Gerade mal schlappe $1{,}5 \cdot 10^{-10}$ Lichtjahre.)

Abschließend behandeln wir noch den Fall, dass die Geschwindigkeit auch negativ wird, ein Objekt sich also auch „rückwärts" bewegen darf. Da dies im Abi eher selten vorkommt, kannst du das auch überspringen.

Beispiel 2.19 Unser kleiner Käfer von vorhin krabbelt 30 Sekunden lang vorwärts und legt dabei wieder 60 cm zurück. Die nächsten 30 Sekunden krabbelt er jedoch um 45 cm zurück. Wählen wir $s(0) = 0$ (t in Sekunden, s in Zentimetern), dann ist $s(30) = 60$ und $s(60) = 60 - 45 = 15$. Die Differenz

$$\Delta s(60) = s(60) - s(0) = 15$$

beschreibt nun aber nicht mehr den zurückgelegten Weg, denn dieser beträgt ja $60 + 45 = 105$ (cm). Das Problem ist, dass der Käfer während der zweiten 30 s eine negative Geschwindigkeit besitzt (seine s-Werte nehmen ab), und die Fläche im $v(t)$-Diagramm somit ein negatives Vorzeichen bekommt. Um dies zu beheben, muss man mit dem Betrag der Geschwindigkeit arbeiten, wodurch alle Flächen ins Positive hochgeklappt werden (Details in Aufgabe 2.27).

Merke: Bei einer beliebigen Bewegung gilt für den Ort weiterhin (falls $t_0 = 0$)

$$s(t) = s(0) + \int_0^t v(\tau) \, \mathrm{d}\tau,$$

aber der zwischen 0 und t zurückgelegte Weg entspricht i.A. nicht mehr dem Integral über $v(t)$, sondern dem Gesamt-Flächeninhalt im $v(t)$-Diagramm auf $[0; t]$, also

$$\Delta s_{\text{ges}}(t) = \int_0^t |v(\tau)| \, \mathrm{d}\tau.$$

Falls es Intervalle mit negativer Geschwindigkeit $v(t) < 0$ gibt, stimmen $\Delta s(t) = s(t) - s(0)$ und $\Delta s_{\text{ges}}(t)$ nicht mehr überein (deshalb auch die andere Schreibweise)!

Beispiel 2.20 Ein Pendelkörper K wie der auf Seite 14 schwingt vertikal an einer Feder um seine Ruhelage ($s = 0$) mit einer Periodendauer von $T = 2$ s. Zum Zeitpunkt 0 befindet er sich 10 cm oberhalb der Ruhelage und sein Geschwindigkeits-Zeit-Gesetz ist gegeben durch

$$v(t) = -0{,}1\,\pi \cdot \sin(\pi t) \qquad (t \text{ in Sekunden, } v \text{ in } \tfrac{\text{m}}{\text{s}}).$$

Wo befindet K sich zur Zeit $t = T$ und welche Strecke hat er bis dahin zurückgelegt?

Mit obigen Formeln folgt sofort (s in Metern)

$$s(2) = s(0) + \int_0^2 v(\tau)\, \mathrm{d}\tau$$
$$= 0{,}1 + 0 = 0{,}1$$

(das Integral verschwindet, da die gleich großen Flächen ober- und unterhalb der t-Achse (Symmetrie!) sich aufgrund ihrer unterschiedlichen Vorzeichen wegheben) und

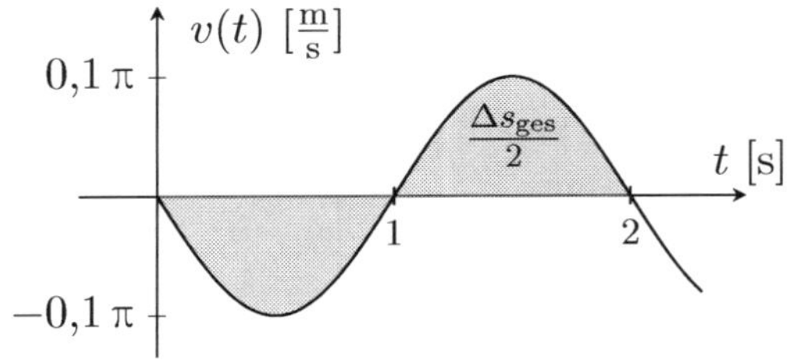

Abbildung 2.22

$$\Delta s_{\text{ges}}(2) = \int_0^2 |v(\tau)|\, \mathrm{d}\tau = 0{,}4.$$

(Die Berechnung des Integrals von Hand sollst du in Aufgabe 2.28 ausführen.)
K befindet sich nach $T = 2$ s also wieder bei +10 cm (klar, da genau eine Periode verstrichen ist) und hat dabei 40 cm zurückgelegt (auch klar?!). Hätte man den Betrag vergessen, wäre das offensichtlich falsche Ergebnis

$$\Delta s_{\text{ges}}(2) = \int_0^2 v(\tau)\, \mathrm{d}\tau = 0 \quad ↯$$

herausgekommen.

✎ ✎ ✎

A 2.25 Abbildung 2.23 zeigt das Geschwindigkeits-Zeit-Diagramm eines Radfahrers. Beschreibe die drei Bewegungsphasen und bestimme den zurückgelegten Weg. (Hinweis: In Phase I wird $v(t)$ durch eine Funktion der Form ct^2 beschrieben.)

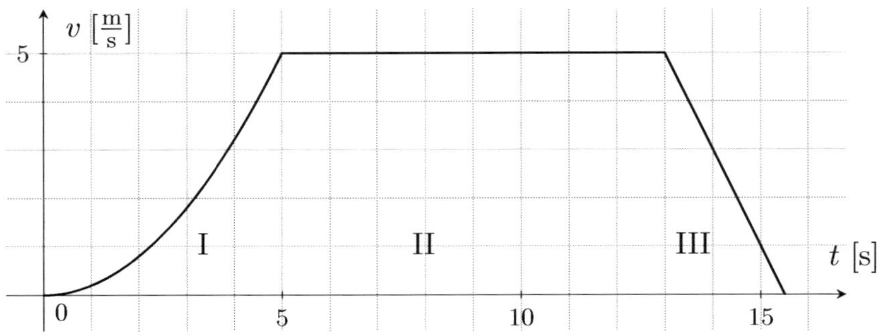

Abbildung 2.23

A **2.26** Die $v(t)$-Funktion eines Curling-Steins lautet (für $0 \leqslant t \leqslant T$; siehe b))

$$v(t) = v_0 - a \cdot t \qquad \text{mit } v_0 = 3\,\tfrac{\mathrm{m}}{\mathrm{s}} \text{ und } a = 0{,}12\,\tfrac{\mathrm{m}}{\mathrm{s}^2}.$$

a) Zeichne das $v(t)$-Diagramm und stelle die $s(t)$-Funktion auf. Wie weit ist der Stein nach 12 s geglitten?

b) Die Zeit T, die er bis zum Stillstand benötigt ($v(T) = 0$), heißt *Bremszeit* und der zugehörige Weg $S = s(T)$ *Bremsweg*. Leite Formeln für T und S her und berechne sie für obige Zahlen.

c) Wie lange dauert es, bis der Stein den halben Bremsweg (ab Abwurf) zurückgelegt hat? Schätze bevor du rechnest.

A **2.27** Zeichne für den Käfer aus Beispiel 2.19 das $v(t)$-Diagramm und bestimme seinen Ort sowie den zurückgelegten Weg nach 60 s. Ansätze mit Hilfe von Integralen aufschreiben (damit du dich daran gewöhnst), obwohl es sich hier nur um Rechtecksflächen handelt.

A **2.28** Bestätige die Zahlenwerte aus Beispiel 2.20 durch Integrieren von Hand. Stelle anschließend das allgemeine $s(t)$-Gesetz für den Pendelkörper K auf.

Die nächsten beiden Anwendungen finde ich physikalisch einfach zu nett, um sie auszulassen. Da sie fürs Abi eher keine Rolle spielen, kannst du sie aber überblättern. Die physikalische Motivation verläuft vollkommen analog zu eben und wird nicht jedes Mal so ausführlich wiederholt. Zeichne dir zur Veranschaulichung ähnliche Bildchen wie dort; einmal für konstantes f, dann für nicht-konstantes f („Stotter-Fahrzeug-Näherung“)!

$f(t) = a(t)$: Beschleunigungs-Zeit-Gesetz

Die Beschleunigung ist die zeitliche Ableitung der Geschwindigkeit:

$$a(t) = v'(t),$$

und wie oben können wir die Funktion v aus ihrer Änderungsrate $v' = a$ rekonstruieren gemäß

$$v(t) = v(0) + \int_0^t a(\tau)\,\mathrm{d}\tau.$$

Wenn man sich an $v' = a$ nicht erinnert, helfen vielleicht die Einheiten: Die Einheit der Beschleunigung a ist $\frac{\mathrm{m}}{\mathrm{s}^2}$, also trägt der Ausdruck $a\ \mathrm{d}t$ die Einheit $\frac{\mathrm{m}}{\mathrm{s}}$, und steht damit für eine (infinitesimale) Geschwindigkeitsänderung, $\mathrm{d}v = a\ \mathrm{d}t$. Integrieren liefert sodann $v = \int a\ \mathrm{d}t$.

A **2.29** Beim freien Fall einer Katze vom Balkon gilt $a(t) = -g$ mit $g = 9{,}81\ \frac{\text{m}}{\text{s}^2}$. (Die s-Achse zeigt dabei entgegen der Fallrichtung nach oben, daher das Minuszeichen vor dem Ortsfaktor g). Leite das $v(t)$- und das $s(t)$-Gesetz der Katze her, wobei $v(0) = 0$ $(\frac{\text{m}}{\text{s}})$ und $s(0) = h$ ist. Wann landet die Katze samtweich auf dem Boden, wenn $h = 5$ m ist?

$f(s) = F(s)$: Kraft-Weg-Gesetz (eindimensional)

Wird ein Körper durch eine ortsabhängige Kraft $F(s)$ um die infinitesimale (d.h. winzigkleine) Strecke ds bewegt, so wird dabei an ihm die infinitesimale Arbeit

$$\mathrm{d}W = F\,\mathrm{d}s$$

verrichtet (falls $\overrightarrow{F}$ und $\overrightarrow{\mathrm{d}s}$ parallel sind!). Durch Integrieren erhält man die insgesamt verrichtete Arbeit W (die dann als Energie E im Körper gespeichert ist), wenn der Körper vom Ort $s = s_1$ zum Ort $s = s_2$ bewegt wird:

$$W = \int_{s_1}^{s_2} F(s)\,\mathrm{d}s.$$

Obwohl in solchen Beispielen oft nur der konkrete Wert der verrichteten Arbeit gefragt ist, lässt sich das allgemeine Arbeits-Weg-Gesetz wie immer angeben als

$$W(s) = W(0) + \int_0^s F(\sigma)\,\mathrm{d}\sigma,$$

wobei man meist $W(0) = 0$ J (Joule) festlegt. Das σ („sigma“) wird als Ersatz für s verwendet, das bereits in der oberen Integralgrenze verbraten wurde.

A **2.30** Ein Thera-Band erfülle das HOOKE'sche Gesetz

$$F(s) = D \cdot s.$$

F ist dabei die Kraft, mit der am Thera-Band gezogen wird und D seine „Federkonstante“, die angibt, wie „hart“ das Band ist. Das Band sei bei $s = 0$ entspannt, und s misst dann die Dehnungsstrecke beim Spannen des Bandes.

a) Leite eine Formel für die zum Spannen dieses Bandes von 0 auf s nötige Arbeit (die dann als Spann-Energie in ihm gespeichert ist) her.

b) Die Federkonstante sei $D = 50\ \frac{\text{N}}{\text{m}}$. Berechne die Arbeit, die verrichtet wird, wenn man das Band von $s = 20$ cm bis $s = 30$ cm spannt.

A 2.31 *Hubarbeit im Gravitationsfeld*

a) Berechne die zu verrichtende Hubarbeit, wenn ein Körper der Masse m nahe der Erdoberfläche von der Höhe h_1 auf die Höhe h_2 angehoben wird. Der Höhenunterschied sei so klein, dass der Ortsfaktor konstant ist. (Für die Nicht-Physiker: Hier gilt $F(s) = mg = \text{konstant}$.)

b) Ist h_2 groß, z.B. wenn man einen Satelliten in eine Umlaufbahn um die Erde „anheben“ will, so muss mit dem NEWTON'schen Gravitationsgesetz

$$F(s) = k \cdot \frac{m}{s^2}$$

gerechnet werden (k ist eine physikalische Konstante, welche das Produkt aus Masse der Erde und der Gravitationskonstanten ist). Berechne erneut die nötige Hubarbeit.

c) Vergleiche die Ergebnisse beider Formeln, wenn ein Klavier der Masse $m = 250\text{ kg}$ vom Erdboden aus ($h_1 = 6{,}37 \cdot 10^6\text{ m} = \text{Erdradius}$) um $\Delta h = 10\text{ m}$ angehoben wird. ($g = 9{,}81\ \frac{\text{N}}{\text{kg}}$, $k = 3{,}989 \cdot 10^{14}\ \frac{\text{m}^3}{\text{s}^2}$.)

$f(t) = I(t)$: (Wasser-)Stromstärke / Zuflussrate

Eine beliebte Abi-Aufgabenstellung ist das Befüllen oder Entleeren eines Wasser-Reservoirs. Ist $V(t)$ das Wasservolumen im Becken zur Zeit t, so hat die Änderungsrate

$$I(t) = V'(t)$$

die Bedeutung einer *Wasserstromstärke* (Einheit z.B. $\frac{l}{\text{min}}$) oder weniger physikalisch ausgedrückt einer *Zu-* bzw. *Abflussrate* (je nach Vorzeichen von $I = V'$: $V'(t) < 0$ bedeutet, dass $V(t)$ abnimmt, also Wasser abfließt). Es ist wieder Zeit für einen fetten Merkkasten.

Merke: Ist $I(t) = V'(t)$ die zeitliche Änderungsrate des Wasservolumens in einem Becken ab $t = 0$, so beträgt das Wasservolumen im Reservoir zur Zeit t

$$V(t) = V(0) + \int_0^t I(\tau)\,\mathrm{d}\tau.$$

Die Wassermenge, die dabei insgesamt durch die Rohre geflossen ist, beträgt

$$\Delta V_{\text{ges}}(t) = \int_0^t |I(\tau)|\,\mathrm{d}\tau.$$

Gibt es Intervalle mit $I(t) < 0$, so stimmen $\Delta V(t) = V(t) - V(0)$ und $\Delta V_{\text{ges}}(t)$ nicht überein (vergleiche Seite 57).

Ebenso kann $I(t)$ aber auch für

- ein Verkehrsaufkommen auf einer Brücke (in $\frac{\text{Fahrzeuge}}{\text{min}}$),
- den Besucherandrang an einer Kinokasse (in $\frac{\text{Menschen}}{\text{min}}$),
- eine Stromstärke in einer Leitung (in $\frac{\text{Coulomb}}{\text{s}}$, d.h. Ampere)

undsoweiterundsofortetceterapehpeh... stehen. Das Vorgehen ist immer exakt dasselbe: Man integriert wie oben nach der Zeit, um den „Bestand“ zur Zeit t (Fahrzeuge, Menschen, Ladungsmenge...) zu erhalten. Jetzt wär doch ein guter Zeitpunkt, die Erkenntnisse und Anwendungen dieses Abschnitts in Form einer kleinen Tabelle zusammenzufassen, die dir später beim Lernen aufs Abi hilft.

A 2.32 Ein Ameisenforscher beobachtet den Eingang eines Erdnestes der gelben Wiesenameise (Lasius flavus). Mit Hilfe ultramoderner Laseroptik-Geräte bestimmt er die Änderungsrate des Ameisenbestands $A(t)$ im Nest (= „Krabbelrate“):

$$k(t) = -2{,}4\,t^3 + 200\,t; \quad 0 \leqslant t \leqslant 14$$

(t in Stunden seit Beobachtungsbeginn, $k(t)$ in Ameisen pro Stunde).

a) Zu Beginn der Messung befanden sich ca. $A(0) = 10\,000$ Ameisen im Nest. Gib die Funktion $A(t)$ an, welche die Anzahl der Ameisen im Nest während der 14 Stunden beschreibt und skizziere ihr Schaubild.

b) Welche Bedeutung hat das Integral $\displaystyle\int_0^t k(\tau)\,\mathrm{d}\tau$?

Berechne es für $t = 4$ und $t = 14$ (Stunden); interpretiere auch das Vorzeichen.

c) Wie viele Ameisen sind nach 14 Stunden noch im Nest und wie viele Ameisen sind in diesem Zeitraum durch den Eingang gekrabbelt (rein oder raus)?

d) Berechne, zu welcher Zeit sich am meisten Ameisen im Nest befanden.

Dies war eine meiner alten Klausuraufgaben. Ein Schüler, der nach mehreren durchgestrichenen Versuchen offenbar keine Lust mehr darauf hatte, schrieb noch den Antwortsatz

„Die Ameisen verrecken alle!“

auf sein Blatt, und hat abgegeben. Ich habe beim Korrigieren Tränen gelacht.

Nun kommt noch eine typische „rechenfreie“ GTR-Aufgabe, wie sie die letzten 10 Jahre im Abitur (z.B. in BaWü) in Mode war – wenn auch mit seriöserem Inhalt.

A 2.33 In einer Wichtelfabrik am Südpol werden Geschenke fabriziert. Aufgrund der Übermüdung der Wichtel und ihres zunehmend bedenklicheren Schnapskonsums ist die Geschenke-Produktionsrate nicht konstant, sondern gegeben durch

$$g(t) = 20\,t^2 \cdot \mathrm{e}^{-0{,}2t} \qquad \text{für } 0 \leqslant t \leqslant 24 \quad (t \text{ in Stunden, } g(t) \text{ in } \tfrac{\text{Geschenke}}{\text{h}}).$$

(Die eulersche Zahl e $\approx$ 2,718 kennt dein GTR; Näheres dazu in Kapitel 5.)

a) Zuerst kommen typische Fragen wie: „Wann ist die Produktionsrate maximal?" oder „Zu welchen Zeitpunkten ändert g sich am stärksten?", die man durch stumpfes GTR-Getippe löst. Da dies nichts mit Integralen zu tun hat, lassen wir das hier.

b) $G(t)$ sei die Anzahl der Geschenke zur Zeit t. Zu Beobachtungsbeginn ist $G(0) = 1000$, da vom Vortag noch Geschenke übrig sind. Wann sind 4000 Geschenke vorhanden?

c) Zum Zeitpunkt $t = 16$ dringt der Grinch in die Fabrik ein und fackelt Geschenke mit einem Flammenwerfer ab. Die Produktionsrate ändert sich daher zu

$$\widetilde{g}(t) = g(t) - 1000 \qquad \text{für } t \geqslant 16.$$

Wie viele Geschenke sind noch übrig, als der Weihnachtsmann zur Zeit $t = 20$ die Katastrophe entdeckt und den Grinch mit einer Armbrust verjagt? (☠)

2.7.2 Der Mittelwert einer Funktion

Die theoretischen Grundlagen für diesen Begriff liefert uns der sogenannte

Mittelwertsatz der Integralrechnung: Ist f eine auf dem Intervall $[\,a\,;b\,]$ stetige Funktion, so gibt es eine Zahl $m \in \mathbb{R}$ mit der Eigenschaft

$$\int_a^b f(x)\,\mathrm{d}x = m \cdot (b-a).$$

Die Zahl m wird oft auch mit $\overline{f}$ bezeichnet und heißt *Mittelwert* von f auf $[\,a\,;b\,]$.

Abbildung 2.24

Auch wenn wir diesen Satz nicht streng beweisen können, da uns Kenntnisse zum Stetigkeitsbegriff und zu den reellen Zahlen fehlen: Dass es ein solches m gibt, ist – zumindest für positive Funktionen $f > 0$ – anschaulich recht klar. Verschiebt man in Abbildung 2.24 die Gerade $y = m$ so lange hoch bzw. runter, dass die beiden dunkelgrauen Flächen gleich groß sind, dann ist doch der Rechtecksinhalt $m \cdot (b-a)$ gleich dem Inhalt der Fläche unter K_f (aufgrund der Inhaltsgleichheit der beiden dunkelgrauen Teilflächen; die linke ist beim Rechteck zu viel, während die rechte dem Rechteck fehlt). Formt man die Gleichung aus dem Satz um, so erhält man eine merk-würdige Formel.

Merke: Der Mittelwert $m = \overline{f}$ einer Funktion f auf $[a\,;b]$ ist

$$\overline{f} = \frac{1}{b-a}\int_a^b f(x)\,\mathrm{d}x.$$

Für positives f ist die Rechtecksfläche unter der Geraden $y = \overline{f}$ gleich groß wie die Fläche unter K_f (jeweils auf $[a\,;b]$).

Beispiel 2.21 Ist $f(t) = v(t) > 0$ die Geschwindigkeitsfunktion einer Bewegung, so gilt

$$\overline{v} = \frac{1}{t_2 - t_1}\int_{t_1}^{t_2} v(t)\,\mathrm{d}t,$$

was die *mittlere Geschwindigkeit* (Durchschnittsgeschwindigkeit) für den Zeitraum $[t_1\,;t_2]$ darstellt. Das Integral ist (für $v > 0$) ja nichts anderes als der zwischen t_1 und t_2 zurückgelegte Weg, d.h. rechts steht

$$\frac{\displaystyle\int_{t_1}^{t_2} v(t)\,\mathrm{d}t}{t_2 - t_1} = \frac{\Delta s}{\Delta t},$$

also die altbekannte Definition der (Durchschnitts-)Geschwindigkeit.
Interpretation: Die Rechtecksfläche unter der Geraden $y = \overline{v}$ im $v(t)$-Diagramm entspricht dem Weg, den ein Fahrzeug, das sich mit konstanter Geschwindigkeit $\overline{v}$ bewegt, in der Zeit Δt zurücklegt. Nach Definition des Mittelwerts ist diese Fläche gleich groß wie die Fläche unter K_v, gibt also den Weg an, den das Fahrzeug mit der Geschwindigkeitsfunktion $v(t)$ in Δt zurückgelegt hat. Zeigt dein Bordcomputer z.B. eine Durchschnittsgeschwindigkeit von $80\,\frac{\text{km}}{\text{h}}$ während der letzten 30 min an, so bist du gleich weit gefahren wie ein Auto, das mit konstanten $\overline{v} = 80\,\frac{\text{km}}{\text{h}}$ eine halbe Stunde lang gefahren ist, sprich $80\,\frac{\text{km}}{\text{h}} \cdot 0{,}5\,\text{h} = 40\,\text{km}$ – und zwar völlig unabhängig davon, wie dein Geschwindigkeitsverlauf $v(t)$ im Einzelnen ausgesehen hat (solange du nicht rückwärts gefahren bist).

Das letzte Beispiel lässt sich verallgemeinern: Ist F eine Stammfunktion von f, so gilt unter Verwendung des Hauptsatzes

$$\overline{f} = \frac{1}{b-a}\int_a^b f(x)\,\mathrm{d}x = \frac{1}{\Delta x}\big[\,F(x)\,\big]_a^b = \frac{1}{\Delta x}\big(F(b) - F(a)\big) = \frac{\Delta F}{\Delta x},$$

wobei wir mit Δx die Differenz der Intervallgrenzen b und a und mit ΔF die Differenz der Stammfunktionswerte an diesen Grenzen abgekürzt haben.
Damit haben wir neben obiger Flächengleichheits-Interpretation eine weitere Interpretation des Mittelwerts einer Funktion gefunden, die in manchen Anwendungen nützlich ist.

Merke: Der Mittelwert $\overline{f}$ einer Funktion f auf $[a\,;b]$ gibt die mittlere Änderungsrate einer Stammfunktion F von f auf diesem Intervall an:

$$\overline{f} = \frac{\Delta F}{\Delta x}\,.$$

Siehe Aufgabe 2.36 für eine Anwendung dieser Formel. Meist ist im Abi jedoch einfach nach dem „mittleren Wasauchimmer" gefragt, und du musst nur die Ursprungsformel (vorige Seite) mit den entsprechenden Zahlen in den GTR tippen und das Ergebnis notieren. Geschenkt! Wenn du dann aber sogar noch die korrekte Interpretation des Mittelwerts in eigenen Worten wiedergeben kannst, zauberst du bestimmt ein Lächeln auf die Wangen des Korrektors.

A **2.34** Berechne den Mittelwert von $f(x) = x$ auf $[0\,;2]$ und interpretiere das Ergebnis geometrisch.

A **2.35** Berechne die mittlere Geschwindigkeit des Curling-Steins aus Aufgabe 2.26 im Intervall $[0\,;T]$ und interpretiere das Ergebnis.

A **2.36** Wie groß ist in Aufgabe 2.32 die mittlere Krabbelrate der Ameisen innerhalb der 14 Stunden Beobachtungsdauer? Bedeutung dieser Zahl?

2.7.3 Volumen von Rotationskörpern

Mit Hilfe der Integralrechnung lassen sich Volumina von Körpern berechnen, die eine Rotationssymmetrie um eine Achse aufweisen. Dabei wird aus der Elementargeometrie lediglich die Formel für das Volumen eines Zylinders mit Radius r und Höhe h reingesteckt, nämlich

$$V = \pi r^2 h.$$

Die zugrundeliegende Idee ist simpel: Man zerschneidet den rotationssymmetrischen Körper näherungsweise in möglichst viele sehr feine Zylinderscheibchen (stell dir vor, du rädelst einen Rettich), und summiert deren Volumina auf. Dieses Vorgehen wollen wir nun an *dem* klassischen Beispiel schlechthin präzisieren – der Kugel.

Beispiel 2.22 Lässt man die Fläche unter einem Halbkreis K_f vom Radius r um die x-Achse rotieren, so erhält man eine Kugel vom Radius r. Abbildung 2.25 zeigt die Idee, wie man sich ihrem Volumen nähern kann. Aus Symmetriegründen genügt es, das Volumen der rechten Halbkugel zu berechnen.

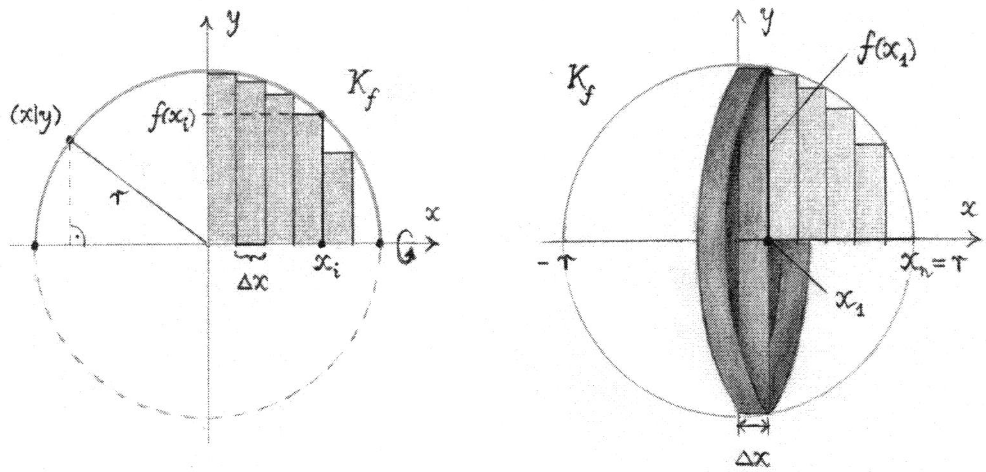

Abbildung 2.25

Wir nähern die Fläche unter dem rechten Viertelkreis durch eine Treppenfigur aus Rechteckchen an, die alle dieselbe Breite Δx haben sollen. Die Höhe des i-ten Rechtecks ist $f(x_i)$, da sein oberer rechter Eckpunkt auf K_f liegt (siehe Abbildung 2.25 links). Rotiert z.B. Rechteck 1 um die x-Achse wie in Abbildung 2.25 rechts skizziert (der Zylinderdeckel ist der Übersichtlichkeit halber ausgespart), so entsteht dabei ein Zylinder mit Radius $r_1 = f(x_1)$ und Höhe $h = \Delta x$. Das Volumen dieses Zylinders ist somit

$$V_1 = \pi r_1^2 h = \pi f(x_1)^2 \Delta x.$$

Ebenso für die Zylinder 2 bis n (Zylinder n hat in diesem Beispiel die Höhe 0, also auch das Volumen 0, aber das stört nicht weiter). Zählt man all diese Zylindervolumina von 1 bis n zusammen, so erhält man eine Näherung für das Volumen der Halbkugel:

$$V_{\text{HK}} \approx V_1 + \ldots + V_n = \pi\, f(x_1)^2 \Delta x + \ldots + \pi\, f(x_n)^2 \Delta x = \pi \cdot \big(\, f(x_1)^2 + \ldots + f(x_n)^2\,\big) \Delta x.$$

Lässt man n immer größer werden, so wird die Treppenfigur immer feiner ($\Delta x \to 0$) und obige Zylindersummen-Näherung für V immer besser. Im Grenzübergang $n \to \infty$ wird die Summe zum bestimmten Integral von 0 bis r über $f(x)^2$, welches nun (mit Vorfaktor π) das exakte Halbkugelvolumen beschreibt:

$$V_{\text{HK}} = \pi \cdot \lim_{n \to \infty} \big(\, f(x_1)^2 + \ldots + f(x_n)^2\,\big) \Delta x = \pi \int_0^r f(x)^2 \, \mathrm{d}x.$$

Das gesamte Kugelvolumen ist dann einfach $2V_{\text{HK}}$. Problem: Wir kennen bis jetzt ja noch gar nicht die Funktion f, deren Schaubild K_f ein Halbkreis ist. Hier hilft uns der gute alte Pythagoras aus der Patsche. Ein Punkt $(\, x \,|\, y\,)$, der auf einem (Halb)Kreis vom Radius r liegt, erfüllt stets

$$x^2 + y^2 = r^2$$

(siehe rechtwinkliges Dreieck in Abbildung 2.25 links). Aufgelöst nach y ergibt dies

$$y = \pm\sqrt{r^2 - x^2}\,,$$

wobei die Wurzel nur für $-r \leqslant x \leqslant r$, also für $|x| \leqslant r$ definiert ist. Da uns nur die obere Hälfte des Kreises interessiert, verwerfen wir das Minuszeichen und erhalten

$$f(x) = \sqrt{r^2 - x^2} \quad \text{mit } |x| \leqslant r$$

als Funktionsgleichung des Halbkreises vom Radius r, der oberhalb der x-Achse verläuft. Jetzt brauchen wir nur noch zu integrieren, wobei angenehmerweise die Wurzel aufgrund des Quadrats in $f(x)^2$ verschwindet.

$$V_{\text{Kugel}} = 2V_{\text{HK}} = 2\pi \int_0^r f(x)^2 \,\mathrm{d}x = 2\pi \int_0^r \sqrt{r^2 - x^2}^{\,2} \,\mathrm{d}x = 2\pi \int_0^r (r^2 - x^2) \,\mathrm{d}x$$

$$= 2\pi \left[r^2 x - \frac{x^3}{3} \right]_0^r = 2\pi \left(r^3 - \frac{r^3}{3} \right) = \frac{4}{3} \pi r^3$$

Ta-dah! Das altbekannte Ergebnis für das Kugelvolumen, nur eben jetzt „selber“ mit Hilfe eines Integrals hergeleitet.

Merke: Rotiert das Schaubild K_f einer Funktion f auf dem Intervall $[\,a\,;b\,]$ um die x-Achse, so besitzt der dabei entstehende Rotationskörper das Volumen

$$V = \pi \int_a^b f(x)^2 \,\mathrm{d}x.$$

Keine Sorge, falls dir die Ausführungen zur Kugel zu kompliziert waren. Es genügt, wenn du die Formel aus dem Kasten anwenden kannst. Die zugehörigen Funktionen f sind dann entweder vorgegeben oder aber leichter zu finden als die Funktionsgleichung eines Halbkreises.

A **2.37** Das Schaubild der Wurzelfunktion $f(x) = \sqrt{x}$ rotiert auf dem Intervall $[\,0\,;4\,]$ um die x-Achse. Skizziere den entstehenden Rotationskörper und berechne sein Volumen.

A **2.38** Berechne mit Hilfe eines Integrals das Volumen der folgenden Körper, indem du sie als Rotationskörper geeigneter Schaubilder auffasst.

a) Zylinder mit Höhe h und Radius r. Warum ist das logisch unsauber?

b) Kegel mit Höhe h und Grundkreisradius r.

c) Kegelstumpf mit Radien $r < R$ und Höhe h. (Ein Kegelstumpf ist ein Kegel, von dem ein Teil der Spitze parallel zur Grundfläche abgeschnitten wurde.) (☠)

d) Kugelkappe (Kappenhöhe $h < 2r$) die entsteht, wenn man eine Kugel vom Radius r parallel zur y-Achse durchschneidet. (☠)

A 2.39 Die graue Fläche aus Abbildung 2.26 rotiert um die x-Achse. Die zugehörigen Funktionen lauten:

$$f(x) = 2\sqrt{4-x} \quad \text{und} \quad g(x) = 2\sqrt{3{,}5-x}$$

mit $D_f = [\,0\,;4\,]$ und $D_g = [\,0\,;3{,}5\,]$ (alle Angaben in cm). Der entstehende Rotationskörper beschreibt die Gestalt eines Glasschälchens. Berechne Gewicht (Dichte von Glas: $2{,}5\,\frac{\text{g}}{\text{cm}^3}$) und Fassungsvermögen dieses Schälchens.

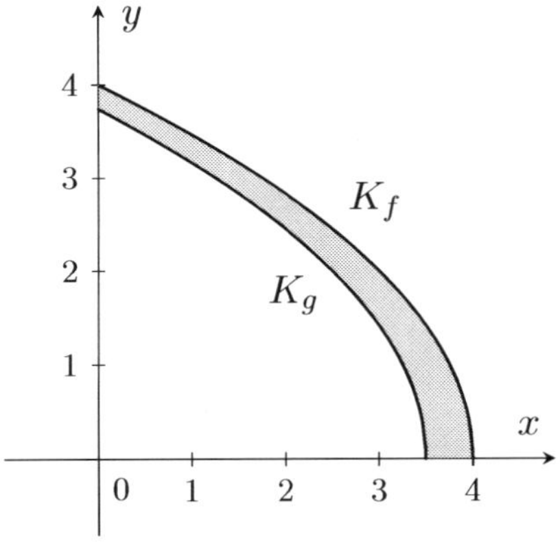

Abbildung 2.26

Achtung: Warum ist

$$V = \pi \int_a^b \big(f(x) - g(x)\big)^2\,\mathrm{d}x$$

nicht die korrekte Formel für das Volumen des Körpers? (Sie enthält in diesem Beispiel sogar zwei Fehler.) Und noch 'ne Falle: Volumen bedeutet bei einem solchen Körper nicht sein Fassungsvermögen (also wie viel ml man in den Hohlraum reinschütten kann), sondern aus wie viel cm^3 Glas er besteht, also welches Volumen der massive Teil einnimmt.

2.8 Uneigentliche Integrale

Zu guter Letzt untersuchen wir, ob es Sinn ergibt, Inhalte von Flächen zu berechnen, bei denen „Unendlichkeiten“ auftreten: Dadurch, dass das Integrationsintervall sich ins Unendliche erstreckt, oder dass der Integrand f an einer (oder mehreren) Stelle(n) $x = x_0$ ins Unendliche abhaut (also dort einen sogenannten Pol besitzt; siehe Seite 80).

Beispiel 2.23 Wir betrachten die Funktion $f(x) = \frac{1}{x^2}$ auf $(\,0\,;\infty\,)$. Besitzt die ins Unendliche reichende Fläche aus Abbildung 2.27, die das Schaubild K_f mit der x-Achse für $x \geqslant 1$ einschließt, einen endlichen Inhalt?

Dazu integrieren wir f zunächst auf dem endlichen Intervall $[\,1\,;b\,]$ mit $b > 1$:

$$A(b) = \int_1^b \frac{1}{x^2}\,\mathrm{d}x = \left[-\frac{1}{x}\right]_1^b = 1 - \frac{1}{b}\,.$$

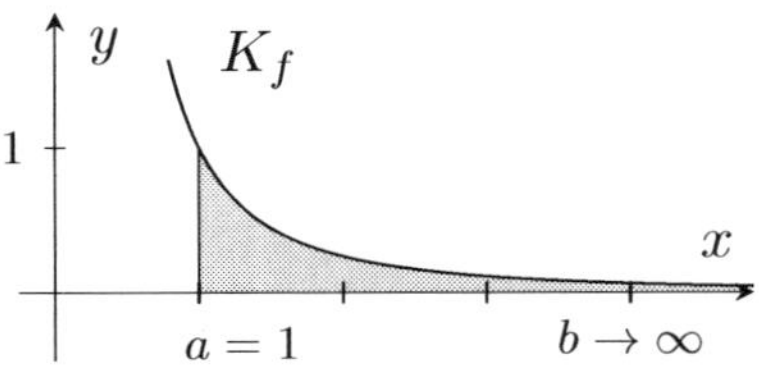

Abbildung 2.27

Man erkennt, dass $A(b)$ für $b \to \infty$ gegen 1 strebt, da $\frac{1}{b}$ sich immer mehr an 0 annähert. Somit besitzt die Fläche einen endlichen Inhalt, obwohl sie sich ins Unendliche erstreckt! Man schreibt dafür

$$\int_1^\infty \frac{1}{x^2}\,\mathrm{d}x \overset{\text{def}}{=} \lim_{b\to\infty} \int_1^b \frac{1}{x^2}\,\mathrm{d}x = \lim_{b\to\infty}\left(1 - \frac{1}{b}\right) = 1,$$

und nennt diesen Grenzwert das *uneigentliche Integral* von f über $[\,1\,;\infty\,)$.

Beispiel 2.24 Betrachte die Funktion $f(x) = \frac{1}{\sqrt{x}}$ auf $(\,0\,;1\,]$.

Die vom Schaubild und der x-Achse zwischen 0 und 1 eingeschlossene Fläche reicht wieder ins Unendliche; dieses Mal, weil der Integrand bei $x = 0$ einen Pol besitzt, denn $\frac{1}{\sqrt{x}} \to +\infty$ für $x \to 0+$ (das $0+$ bedeutet, dass wir uns der 0 von rechts her nähern; für $x < 0$ ist der Integrand ja auch gar nicht definiert). Um zu sehen, ob sie einen endlichen Inhalt besitzt, integrieren wir f zunächst auf dem Intervall $[\,a\,;1\,]$ mit $0 < a < 1$:

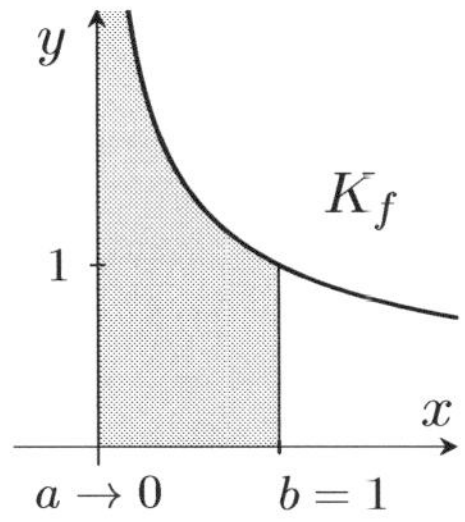

Abbildung 2.28

$$A(a) = \int_a^1 \frac{1}{\sqrt{x}}\,\mathrm{d}x = \big[\,2\sqrt{x}\,\big]_a^1 = 2 - 2\sqrt{a},$$

und lassen dann $a \to 0+$ streben. Da $\sqrt{a} \to 0$ für $a \to 0+$, folgt

$$\int_0^1 \frac{1}{\sqrt{x}}\,\mathrm{d}x \overset{\text{def}}{=} \lim_{a\to 0+} \int_a^1 \frac{1}{\sqrt{x}}\,\mathrm{d}x = \lim_{a\to 0+} \big(2 - 2\sqrt{a}\big) = 2.$$

Auch diesen Grenzwert nennt man uneigentliches Integral.

Beispiel 2.25 Damit nicht der Eindruck entsteht, dass unbestimmte Integrale immer endliche Werte besitzen, noch ein offensichtliches Gegenbeispiel. Die Fläche unter dem Schaubild von $f(x) = 1$ (Parallele zur x-Achse auf der Höhe 1) auf $[\,0\,;\infty\,)$ ist natürlich nicht endlich:

$$\int_0^\infty 1\,\mathrm{d}x \overset{\text{def}}{=} \lim_{b\to\infty} \int_0^b 1\,\mathrm{d}x = \lim_{b\to\infty} \big[\,x\,\big]_0^b = \lim_{b\to\infty} b = \infty.$$

Das „$=\infty$" am Ende bedeutet *nicht*, dass der Flächeninhalt einer Zahl namens ∞ entspricht, sondern dass er größer als jede (noch so große) Zahl ist.
Auch wenn du kein Freund der Limes-Schreibweise bist, und so verlockend die Schreibweise

$$„\int_0^\infty 1\,\mathrm{d}x = \big[\,x\,\big]_0^\infty = \infty - 0 = \infty"$$

auch erscheinen mag, **bittebitte** schreib so etwas n i e hin! Du würdest hierbei so tun, als wäre ∞ eine gewöhnliche Zahl, die man irgendwo einsetzen und mit der man normal rechnen könnte. Isses aber nich und kamma aber nich!

A **2.40** Untersuche, ob diese uneigentlichen Integrale existieren:

a) $\displaystyle\int_4^\infty \frac{1}{\sqrt{x}}\,\mathrm{d}x$ b) $\displaystyle\int_0^2 \frac{1}{x^2}\,\mathrm{d}x$ c) $\displaystyle\int_2^\infty \frac{x-1}{x^3}\,\mathrm{d}x.$

In c): Vor dem Integrieren erst Integranden umformen (Bruch auseinanderziehen)!

A **2.41** Das Schaubild der Funktion $f(x) = \frac{1}{x}$ rotiert auf dem Intervall $[1; \infty)$ um die x-Achse. Untersuche, ob der so entstehende Rotationskörper ein endliches Volumen besitzt. Spannenderweise besitzt die Fläche unter K_f keinen endlichen Inhalt (Aufgabe 5.15)!

A **2.42** Kann man einen Satelliten mit endlicher Hubarbeit, d.h. mit endlich viel Energieaufwand, unendlich weit von der Erde wegschießen? (Siehe Aufgabe 2.31.)(☠)

2.9 Anhang: Wendestellen (short 'n' spicy)

Schau dir den Verlauf des Schaubilds K_f in Abbildung 2.29 a) an: Während sich x der Stelle $x_0 = 2$ von links her nähert, wird die Steigung von K_f immer größer, d.h. $f'(x)$ wächst an (was man auch am Verlauf der Ableitungskurve $K_{f'}$ erkennt); bei x_0 selbst ist die Steigung von K_f am größten, d.h. $f'(x_0)$ ist maximal; danach wird das Schaubild wieder flacher, d.h. $f'(x)$ sinkt. Die Stelle x_0 mit der (lokal) größten Steigung heißt Wendestelle von f.

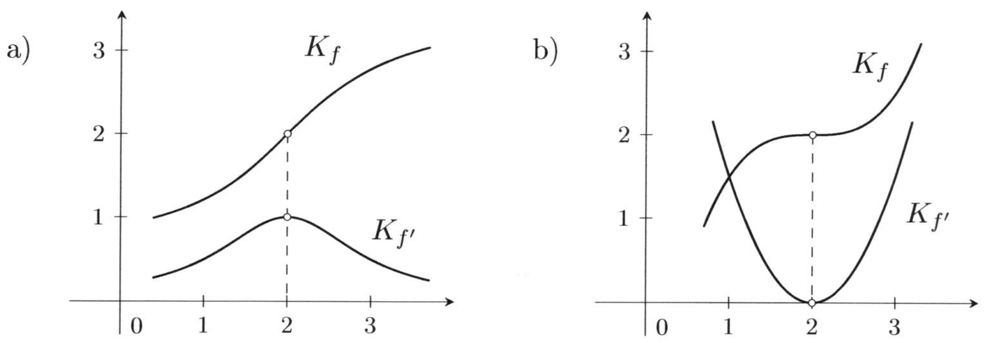

Abbildung 2.29

Auch wenn die Steigung von K_f bei x_0 (lokal) am kleinsten ist, spricht man von einer Wendestelle. Abbildung 2.29 b) zeigt einen solchen Fall; hier ist $f'(2)$ minimal, d.h. $x_0 = 2$ ist eine Wendestelle von K_f. Es handelt sich hier jedoch um eine ganz spezielle Wendestelle, denn es ist zusätzlich $f'(x_0) = 0$, d.h. K_f hat Steigung 0 bei $x_0 = 2$. Eine solche Wendestelle nennt man *Sattelstelle* von f.

Die Definition von *Wendestellen* als die Stellen größter oder kleinster Steigung von K_f – also diejenigen Stellen, an denen f' ein Maximum oder Minimum besitzt – kann man kurz und knackig wie folgt formulieren.

Merke: Die Wendestellen von f sind genau die Extremstellen von f'.

Hier ist unbedingt der Unterschied zwischen „Punkt“ und „Stelle“ zu beachten: Zu sagen „Die Wendepunkte von K_f sind die Extrempunkte von $K_{f'}$“ ist i.A. falsch, wie schon ein Blick auf Abbildung 2.29 a) zeigt: Der Wende*punkt* von K_f ist $W\,(2\,|\,2)$, während der Extrem*punkt* von $K_{f'}$ bei $W\,(2\,|\,1)$ liegt; gleich ist also nur die x-Koordinate $x_0 = 2$, während die y-Koordinaten sich unterscheiden.

Damit lässt sich sofort ein Kriterium zur Berechnung von Wendestellen angeben: Wir suchen einfach die Extremstellen der Funktion $g = f'$, also müssen wir $g'(x) = 0$ setzen und bei den Lösungen dieser Gleichung überprüfen, ob sie $g''(x) \neq 0$ erfüllen. Da aber $g' = (f')' = f''$ und $g'' = f'''$ gilt, erhalten wir

Merke: x_0 ist Wendestelle von f, wenn folgende Bedingungen erfüllt sind

- $f''(x_0) = 0$ (notwendige Bedingung) und
- $f'''(x_0) \neq 0$ (hinreichende Bedingung).

Beispiel 2.26 K_f aus Abbildung 2.29 b) besitzt die Funktionsgleichung

$$f(x) = \frac{1}{2}x^3 - 3x^2 + 6x - 2.$$

Zum Auffinden der Wendestellen wird zunächst dreimal abgeleitet:

$$f'(x) = \frac{3}{2}x^2 - 6x + 6, \qquad f''(x) = 3x - 6, \qquad f'''(x) = 3.$$

Die notwendige Bedingung für Wendestellen, $f''(x) = 3x - 6 \stackrel{!}{=} 0$, liefert $x_0 = 2$ als einzigen Kandidaten für eine Wendestelle. Die hinreichende Bedingung ist erfüllt: $f'''(x_0) = 3 \neq 0$, d.h. $x_0 = 2$ ist tatsächlich Wendestelle von f und $W\,(2\,|\,2)$ der zugehörige Wendepunkt auf K_f (da $f(2) = 2$ ist). Da hier zudem $f'(2) = 0$ gilt (d.h. waagerechte Tangente in W), ist W sogar ein Sattelpunkt.

Hat man Pech, und die hinreichende Bedingung schlägt fehl, da $f'''(x_0) = 0$ ist, muss man den VZW der zweiten Ableitung untersuchen: $f'''(x_0) = 0$ bedeutet nämlich NICHT, dass x_0 keine Wendestelle von f sein könnte!

Merke: x_0 ist Wendestelle von f, wenn f'' bei x_0 einen VZW vollzieht.

Tatsächlich sogar „genau dann, wenn“, soll heißen: Macht f'' *keinen* VZW bei x_0, ist x_0 auch *keine* Wendestelle von f.
In obigem Beispiel gilt $f''(x) = 3x - 6 < 0$ für $x < 2$ und $f''(x) > 0$ für $x > 2$, somit ist $x_0 = 2$ (erneut) als Wendestelle entlarvt, da f'' dort einen VZW macht. (Ob von $+$ nach $-$ oder umgekehrt spielt keine Rolle, außer man interessiert sich zusätzlich noch für das Krümmungsverhalten von K_f, worauf wir hier verzichten.)

3 Gebrochenrationale Funktionen

3.1 Definition und Vorgeplänkel

Eine Funktion wie z.B.

$$f(x) = \frac{x^2 - 2}{x^3 + x - 5x + \pi} \qquad \text{oder} \qquad g(x) = \frac{x^4}{x^2+1} + \frac{1}{x},$$

die sich als Bruch $\frac{z(x)}{n(x)}$ zweier Polynome (ganzrationaler Funktionen) z und n darstellen lässt, heißt *gebrochenrationale Funktion.* Der *Zählergrad* bei $f(x)$, also die höchste im Zählerpolynom $z(x)$ auftretende x-Potenz, ist 2, und der *Nennergrad* ist 3.
Bei $g(x)$ muss man beide Summanden zunächst auf den kleinsten (!) gemeinsamen Nenner bringen, um dies ablesen zu können:

$$g(x) = \frac{x^4}{x^2+1} + \frac{1}{x} = \frac{x^4 \cdot x + 1 \cdot (x^2+1)}{(x^2+1) \cdot x} = \frac{x^5 + x^2 + 1}{x^3 + x}.$$

Nun erkennt man g als gebrochenrationale Funktion mit Zählergrad 5 und Nennergrad 3.

Um das Verhalten gebrochenrationaler Funktionen besser überblicken zu können, empfiehlt sich im Falle „Zählergrad $\geqslant$ Nennergrad“ oftmals eine Umformung mittels *Polynomdivision.* Wenn du hier noch Übungs- oder Nachholbedarf hast, blättere am besten gleich zu Seite 100.

Beispiel 3.1 $\quad f(x) = \dfrac{3x^3 + 2x^2 + 1}{x^2 - 2}$

Polynomdivision liefert folgende alternative Gestalt der Funktionsgleichung.

$$\begin{array}{l}
\big(\ 3x^3 + 2x^2 \qquad + 1\big) : \big(x^2 - 2\big) = 3x + 2 + \dfrac{6x+5}{x^2-2} \\
\underline{-3x^3 \qquad\quad + 6x\qquad} \\
\qquad\quad 2x^2 + 6x + 1 \\
\qquad\quad \underline{-2x^2 \qquad + 4} \\
\qquad\qquad\quad 6x + 5
\end{array}$$

(**Achtung:** Die Minusklammern sind hier alle bereits aufgelöst; so wurde z.B. im ersten Schritt $-(3x^3 - 6x)$ gleich als $-3x^3 + 6x$ geschrieben; siehe auch Seite 100 f.)
Nun erkennt man, dass f sich aus dem ganzrationalen Anteil $3x + 2$, der hier linear ist, und dem gebrochenrationalen Rest-Anteil $\frac{6x+5}{x^2-2}$ zusammensetzt, bei dem jetzt Zählergrad < Nennergrad ist. Welche Vorteile diese Darstellung mit sich bringt, sehen wir in Kürze.

Beispiel 3.2 Auch bei Zählergrad = Nennergrad ist Polynomdivision möglich:

$$f(x) = \frac{3x^2 - 2x + 1}{x^2 + 1} = 3 - \frac{2x + 2}{x^2 + 1}, \qquad \text{denn es ist}$$

$$\begin{array}{l}
\big(\;\; 3x^2 - 2x + 1\big) : \big(x^2 + 1\big) = 3 + \dfrac{-2x-2}{x^2+1}\,. \\
\underline{\;-\,3x^2 \qquad\;\; -\,3\;} \\
\qquad\;\; -\,2x - 2
\end{array}$$

In diesem Fall ist der ganzrationale Anteil also die konstante Funktion 3.

Beispiel 3.3 Bevor man blindlings drauflos polynomdividiert, sollte man stets schauen, ob sich der Funktionsterm auch durch andere Umformungen auf eine einfachere Gestalt bringen lässt. So lässt sich z.B. bei

$$f(x) = \frac{x^3 - 2x^2 + x}{x^2 - 1}$$

im Zähler ein x ausklammern und der Nenner gemäß der dritten binomischen Formel faktorisieren:

$$f(x) = \frac{x^3 - 2x^2 + x}{x^2 - 1} = \frac{x \cdot (x^2 - 2x + 1)}{(x-1)\cdot(x+1)} = \frac{x \cdot (x-1)^2}{(x-1)\cdot(x+1)} = \frac{x\cdot(x-1)}{x+1}\,.$$

Im letzten Schritt wurde $(x-1)$ gekürzt, was nur für $x - 1 \neq 0$, sprich $x \neq 1$ erlaubt ist; $x = 1$ ist aber von vornherein ausgeschlossen, da hier Nenner (und Zähler) von f Null wird. Diese Gestalt von $f(x)$ sieht doch schon wesentlich freundlicher aus als die ursprüngliche. Nun kann man, wenn man möchte, immer noch Polynomdivision durchführen, wenn man den Zähler als $x^2 - x$ umschreibt.

$$\begin{array}{l}
\big(\;\; x^2 \;\; -x\big) : \big(x+1\big) = x - 2 + \dfrac{2}{x+1} \\
\underline{\;-\,x^2 \;\; -\,x\;} \\
\qquad -\,2x \\
\qquad\;\; \underline{2x + 2} \\
\qquad\qquad\;\; 2
\end{array}$$

Somit ist $f(x) = \dfrac{x^2 - x}{x+1} = x - 2 + \dfrac{2}{x+1}\,.$

A 3.1 Bestimme Zähler- und Nennergrad.

a) $f(x) = \dfrac{x^2}{x^3+1} - \dfrac{1}{x}$ b) $g(x) = \dfrac{2x}{(1-x)^2} + \dfrac{x+1}{x^2}$

A 3.2 Schreibe mittels Polynomdivision um.

a) $f(x) = \dfrac{2x^3 - 1}{x^3 - x + 1}$ b) $g(x) = \dfrac{x^5 + x^4 + x^3 + 2}{x^3 + 1}$ c) $h(x) = \dfrac{x+1}{x+2}$

(Mieser Trick bei c), um sich Polynomdivision zu sparen: $x + 1 = (x+2) - 1$.)

A 3.3 Vereinfache: $f(x) = \dfrac{2x^3 + 8x}{2x^4 - 32}\,.$

3.2 Asymptoten

Grob gesagt ist eine *Asymptote* eines Schaubilds K_f eine Linie (oder allgemeiner Kurve), an die K_f sich „anschmiegt“. Wir lernen nun, wie man von der Funktionsgleichung einer gebrochenrationalen Funktion auf ihre Asymptoten kommt, die beim Skizzieren des Schaubilds eine große Hilfe sind.
Generell ist bei Asymptoten zu unterscheiden, ob das Anschmiegen in x-Richtung oder in y-Richtung geschieht.

3.2.1 Horizontales Anschmiegen

Wir betrachten das Verhalten gebrochenrationaler Funktionen für betragsmäßig große x-Werte. Soll auf deutsch heißen: Wir schauen, was mit den Funktionswerten passiert, wenn wir den Betrag $|x|$ groß werden lassen, also für $x \to \infty$ (lies: „x geht gegen Unendlich“, d.h. x wird seeehr groß und positiv), oder $x \to -\infty$ (lies: „x geht gegen Minus Unendlich“, d.h. x wird seeehr negativ); kurz: $x \to \pm\infty$ oder eben $|x| \to \infty$. Dabei unterscheiden wir vier Fälle.

(1) *Zählergrad < Nennergrad.* Betrachte als Beispiel

$$f(x) = \frac{x^2+1}{x^4+2}.$$

Um das Verhalten von $f(x)$ für große $|x|$ besser erkennen zu können, klammern wir in Zähler und Nenner die höchste vorkommende x-Potenz, also x^4, aus:

$$f(x) = \frac{x^2+1}{x^4+2} = \frac{x^4 \cdot \left(\frac{x^2}{x^4} + \frac{1}{x^4}\right)}{x^4 \cdot \left(1 + \frac{2}{x^4}\right)} = \frac{\frac{1}{x^2} + \frac{1}{x^4}}{1 + \frac{2}{x^4}},$$

wobei der zweite Schritt nur für $x \neq 0$ zulässig ist – uns interessieren ja aber ohnehin nur große $|x|$. Schauen wir uns den ersten Ausdruck im Zähler genauer an: Setzen wir große $|x|$-Werte ein wie z.B. $|x| = 1000$ (d.h. $x = \pm 1000$), so wird $\frac{1}{x^2} = \frac{1}{1000000}$ sehr klein. Tatsächlich kommt man beliebig nahe an die Null heran, wenn man nur groß genuge Werte für $|x|$ einsetzt. Das schreibt man kurz so auf (wenn „Limes“ noch ein Fremdwort für dich ist, hilft ein Blick auf Kapitel 7, vor allem Beispiel 7.6):

$$\lim_{|x|\to\infty} \frac{1}{x^2} = 0 \quad \text{(lies: „Limes von } \frac{1}{x^2} \text{ für Betrag } x \text{ gegen Unendlich ist Null“).}$$

Das Gleiche gilt auch für die Ausdrücke $\frac{1}{x^4}$ und $\frac{2}{x^4}$, so dass wir insgesamt

$$\lim_{|x|\to\infty} f(x) = \lim_{|x|\to\infty} \frac{\frac{1}{x^2} + \frac{1}{x^4}}{1 + \frac{2}{x^4}} = \frac{0+0}{1+0} = 0$$

erhalten. Dies bedeutet, dass $f(x)$ beliebig nahe an $y = 0$, also an die x-Achse, herankommt, wenn $|x|$ nur groß genug wird (siehe auch Abbildung 3.1). In diesem Fall heißt die x-Achse deshalb *waagerechte Asymptote* des Schaubilds K_f.

Dies können wir auch ganz allgemein festhalten (der Nachweis verläuft nach genau dem gleichen Schema wie im obigen Beispiel):

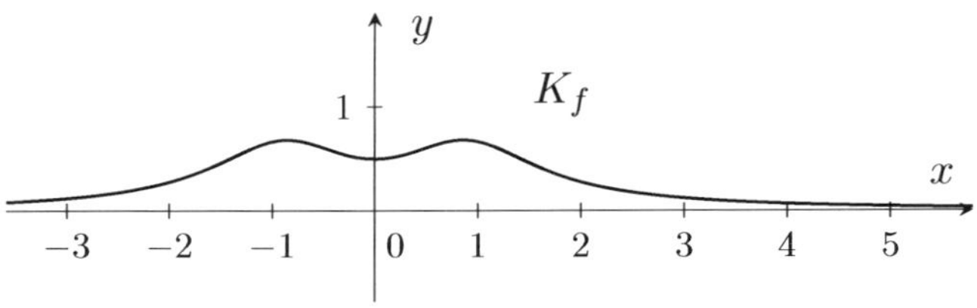

Abbildung 3.1

Merke: Jede gebrochenrationale Funktion mit Zählergrad < Nennergrad besitzt die x-Achse ($y = 0$) als waagerechte Asymptote. Das bedeutet, dass ihr Schaubild sich beliebig nahe an die x-Achse anschmiegt, wenn $|x|$ groß genug wird.

(2) *Zählergrad = Nennergrad.* Betrachte als Beispiel

$$g(x) = \frac{3x^2}{2x^2 + 1}.$$

Wir klammern wieder die höchste x-Potenz des Nenners aus, und kürzen:

$$g(x) = \frac{3x^2}{2x^2 + 1} = \frac{x^2 \cdot 3}{x^2 \cdot \left(2 + \frac{1}{x^2}\right)} = \frac{3}{2 + \frac{1}{x^2}} \quad (\text{für } x \neq 0).$$

Der Zähler ist konstant und der Nenner strebt gegen 2 für $|x| \to \infty$, so dass sich

$$\lim_{|x| \to \infty} g(x) = \lim_{|x| \to \infty} \frac{3}{2 + \frac{1}{x^2}} = \frac{3}{2 + 0} = \frac{3}{2}$$

ergibt. Dies bedeutet, dass $g(x)$ der Funktion $y = \frac{3}{2}$ beliebig nahe kommt, wenn $|x|$ groß genug wird. In diesem Fall ist also die Gerade $y = \frac{3}{2}$, die parallel zur x-Achse verläuft, waagerechte Asymptote des Schaubilds K_g; vergleiche mit Abbildung 3.2.

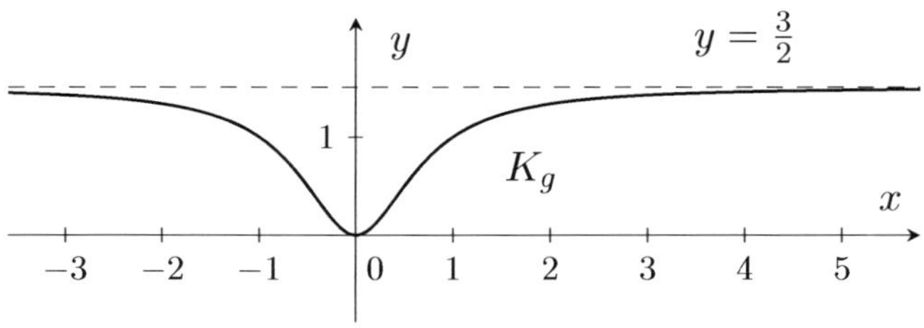

Abbildung 3.2

Ist eine allgemeine gebrochenrationale Funktion

$$g(x) = \frac{a_n x^n + a_{n-1} x^{n-1} + \ldots + a_1 x + a_0}{b_n x^n + b_{n-1} x^{n-1} + \ldots + b_1 x + b_0}$$

mit Zählergrad = Nennergrad = n gegeben, so folgt durch Ausklammern und Kürzen von x^n (für $x \neq 0$)

$$\lim_{|x|\to\infty} g(x) = \lim_{|x|\to\infty} \frac{a_n + \frac{a_{n-1}}{x} + \ldots + \frac{a_1}{x^{n-1}} + \frac{a_0}{x^n}}{b_n + \frac{b_{n-1}}{x} + \ldots + \frac{b_1}{x^{n-1}} + \frac{b_0}{x^n}} = \frac{a_n}{b_n},$$

d.h. die Gleichung der waagerechten Asymptote ist $y = \frac{a_n}{b_n}$.

Merke: Eine gebrochenrationale Funktion der Gestalt

$$f(x) = \frac{ax^n + \ldots}{bx^n + \ldots} \qquad \text{besitzt} \quad y = \frac{a}{b}$$

als waagerechte Asymptote ($a, b \neq 0$, n die höchste Potenz).

Ist obige ausführliche Rechnung nicht verlangt, so kann man z.B. bei

$$f(x) = \frac{-2x^4 + x^2 - 2x}{4x^4 + 5x^3 + x^2}$$

sofort ablesen, dass $y = \frac{-2}{4} = -\frac{1}{2}$ die waagerechte Asymptote von K_f ist.

(3) *Zählergrad* = *Nennergrad* +1. Betrachte als Beispiel

$$h(x) = \frac{x^3}{x^2 + x + 1}.$$

Hier bringt Ausklammern einer x-Potenz keinen Gewinn mehr; stattdessen formt man $h(x)$ mittels Polynomdivision um. Probier das mal selber! (Tipp: Schreibe x^3 für eine übersichtlichere Darstellung als $x^3 + 0x^2 + 0x + 0$.) Ergebnis:

$$h(x) = x - 1 + \frac{1}{x^2 + x + 1} = x - 1 + r(x)$$

mit der Restfunktion $r(x) = \frac{1}{x^2+x+1}$, oder umgeschrieben

$$h(x) - (x - 1) = r(x).$$

Da $r(x) \to 0$ für $|x| \to \infty$ gilt (siehe Fall 1), folgt

$$\lim_{|x|\to\infty} \big(h(x) - (x - 1) \big) = \lim_{|x|\to\infty} r(x) = 0.$$

Somit nähert sich das Schaubild K_h für große $|x|$ beliebig nahe an die Gerade mit der Gleichung $y = x - 1$ an (siehe Abbildung 3.3), die man deshalb als *schiefe Asymptote* von K_h bezeichnet. Allgemein:

Merke: Jede gebrochenrationale Funktion, deren Zählergrad um 1 größer als ihr Nennergrad ist, besitzt eine schiefe Asymptote, deren Gleichung man durch Polynomdivision bestimmt.

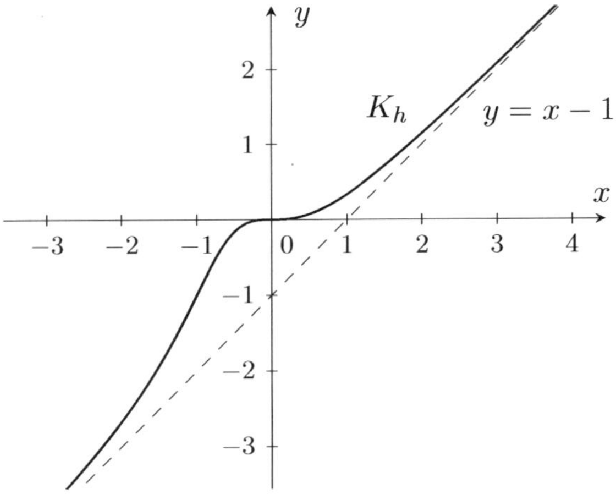

Abbildung 3.3

(4) *Zählergrad* $>$ *Nennergrad* $+1$. Betrachte als Beispiel

$$i(x) = \frac{x^4 - x^2}{x^2 + x + 1} \overset{\text{Pol.div.}}{=} x^2 - x - 1 + \frac{2x + 1}{x^2 + x + 1}\,.$$

(Führe die Polynomdivision zur Übung wieder selbst durch.) Es gilt

$$i(x) - (x^2 - x - 1) = r(x) \quad \text{mit Restfunktion} \quad r(x) = \frac{2x + 1}{x^2 + x + 1}\,.$$

Nach Fall 1 folgt $r(x) \to 0$ für $|x| \to \infty$, so dass auch die Differenzfunktion $i(x) - (x^2 - x - 1)$ für große $|x|$ gegen Null strebt. In diesem Fall ist also die Parabel mit der Gleichung $y = x^2 - x - 1$ eine *Näherungskurve* (das Wort Asymptote verwendet man meist nur für geradlinige Schaubilder) von K_i für große $|x|$; siehe Abbildung 3.4.

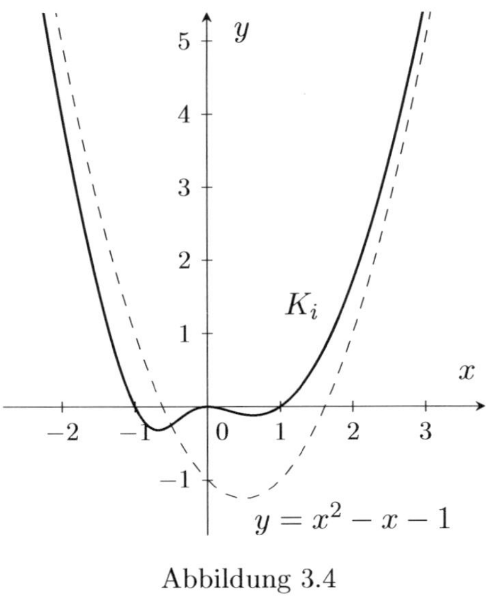

Abbildung 3.4

A **3.4** Bestimme die Asymptote des Schaubilds K_f (mit sauberer Begründung!).

a) $f(x) = \dfrac{2x^2 - 3x}{7 + 4x^2}$ b) $f(x) = \dfrac{2 - 3x}{x^2 + 1}$ c) $f(x) = \dfrac{x^3 + x}{x^2 + 2x + 2}$

3.2.2 Vertikales Anschmiegen

Da der Nenner eines Bruchs nicht 0 werden darf, ist der maximale *Definitionsbereich* („alle x, die man einsetzen darf") einer gebrochenrationalen Funktion $f(x) = \frac{z(x)}{n(x)}$

$$D_f = \{\, x \in \mathbb{R} \mid n(x) \neq 0 \,\}.$$

Nun schauen wir uns genauer an, was passiert, wenn man sich einer *Definitionslücke* x_0 annähert, also einem x_0 mit $n(x_0) = 0$. Hierbei interessieren uns zunächst nur sogenannte *Polstellen* (kurz: Pole); das sind solche Definitionslücken, bei denen $f(x)$ Richtung ∞ oder $-\infty$ „abhaut".
Wir demonstrieren das Vorgehen zunächst am denkbar einfachsten Beispiel. Risiken und Nebenwirkungen: Die Erklärungen hierzu sind fast schmerzhaft ausführlich, da meiner Erfahrung nach viele SchülerInnen sich an dieser Stelle schwer tun.

Beispiel 3.4 Der maximale Definitionsbereich der Funktion

$$f(x) = \frac{1}{x}$$

ist offenbar $D_f = \mathbb{R}\backslash\{0\}$ (lies „Err ohne Null"), denn $x_0 = 0$ ist die einzige Nullstelle des Nenners und damit die einzige Definitionslücke.
Wie man in Abbildung 3.5 erkennt, schmiegt sich das Schaubild für $x \to 0$ an die y-Achse, also an die Gerade mit der Gleichung $x = 0$, an. Deshalb nennt man die y-Achse hier *senkrechte Asymptote* von K_f.
Das Besondere hierbei ist, dass die Richtung des Anschmiegens davon abhängt, ob man sich von links oder von rechts der Definitionslücke $x_0 = 0$ nähert: Schleicht man sich von links an die Null heran, so stürzt K_f ins negativ Unendliche ab[1] (siehe Abb. 3.5!), d.h. es gilt

$$f(x) \to -\infty.$$

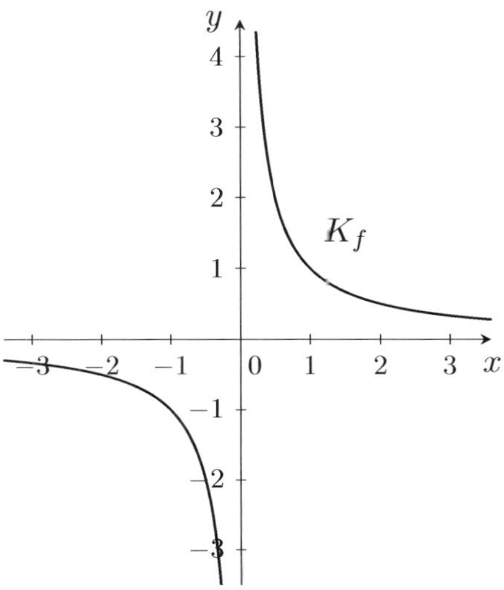

Abbildung 3.5

[1]Zumindest wenn das Schaubild so weiterverläuft, wie man es erwarten würde – auf dem Papier kann man ja immer nur einen begrenzten Ausschnitt von K_f erkennen!

Nähert man sich der Stelle $x_0 = 0$ von rechts her, so gilt hingegen

$$f(x) \to +\infty,$$

denn die Funktionswerte wachsen unbegrenzt Richtung positiv Unendlich an.
Aus diesem Grund heißt $x_0 = 0$ hier *Pol mit Vorzeichenwechsel*. Eine spaßige Abkürzung hierfür ist *PmZ* (sprich: „Pimz" für: „Pol mit Zeichenwechsel"), die wir ab jetzt verwenden – aber bitte nicht im Abi.
Wir führen noch eine Schreibweise ein. In diesem Beispiel gilt

$$\lim_{x \to 0-} f(x) = -\infty \qquad \text{und} \qquad \lim_{x \to 0+} f(x) = +\infty.$$

Dabei bedeutet $x \to 0-$, dass wir uns $x_0 = 0$ von *links* her nähern, während $x \to 0+$ bedeutet, dass wir von *rechts* kommen. Das sollte noch relativ einleuchtend sein; schwieriger ist das korrekte Verständnis der Bedeutung des ∞-Zeichens, lies also die folgende Erklärung gründlich durch!
Wichtig: $\lim_{x \to 0-} f(x) = -\infty$ heißt *nicht*, dass $-\infty$ eine Zahl ist, die als Grenzwert (Limes) herauskommt. Es ist vielmehr eine abkürzende Schreibweise dafür, dass $f(x)$ negativer, also kleiner, als jede beliebige negative Zahl wird (wie z.B. -1 Trilliarde), wenn man für x eine Zahl einsetzt, die nahe genug links von der 0 liegt (im Beispiel: $0 > x > -1$ Trilliardstel, da dann $f(x) = \frac{1}{x} < -1$ Trilliarde gilt). Ebenso bedeutet $\lim_{x \to 0+} f(x) = +\infty$ *nicht*, dass irgendwann $f(x) = +\infty$ gilt (was gar nicht möglich ist, da $+\infty$ keine Zahl ist!), sondern dass $f(x)$ größer als jede beliebige positive Zahl wird, wenn man x nur nahe genug (rechts von) der Null wählt.
Lies den letzten Abschnitt am besten nochmal und mach dann erstmal Mittagspause, um die vielen Symbole und Infos zu verdauen.

Hoffe es hat geschmeckt! Weiter im Text: Wir lernen jetzt, wie man auch ohne Kenntnis des Schaubilds entscheiden kann, ob ein PmZ vorliegt. So kann man das Verhalten von $f(x)$ besser verstehen, noch bevor man K_f zeichnet. Man setzt in Gedanken Zahlen ein, die sich von links bzw. rechts her der 0 nähern und erkennt[2]:

- Für $x \to 0-$ ist $f(x) = \frac{1}{x} < 0$ (da $x < 0$) und wird betragsmäßig „immer größer" (korrekter: es übersteigt jede Schranke), da der Nenner sich immer mehr der Null nähert, d.h. es gilt

  $$\lim_{x \to 0-} f(x) = -\infty.$$

- Für $x \to 0+$ ist $f(x) = \frac{1}{x} > 0$ (da $x > 0$) und wird unbeschränkt größer, da der Nenner sich immer mehr der Null nähert, d.h. es gilt

  $$\lim_{x \to 0+} f(x) = +\infty.$$

Wenn dir das zu abstrakt war, kannst du auch konkrete Zahlen links und rechts von 0 einsetzen, die betragsmäßig immer kleiner werden. Für $x \to 0-$ z.B. $-0{,}01$; $-0{,}001$, usw.:

$$f(-0{,}01) = \tfrac{1}{-0{,}01} = -100; \quad f(-0{,}001) = \tfrac{1}{-0{,}001} = -1000\ldots$$

[2] Das ist natürlich kein strenger Beweis, aber für unsere Zwecke bereits vollkommen ausreichend.

Ebenso von rechts her, also z.B. $x = 0{,}01$; $x = 0{,}001$, usw.:

$$f(0{,}01) = \tfrac{1}{0{,}01} = 100; \quad f(0{,}001) = \tfrac{1}{0{,}001} = 1000\ldots$$

Spätestens jetzt ist zu vermuten, dass $\lim_{x\to 0-} f(x) = -\infty$ und $\lim_{x\to 0+} f(x) = +\infty$ gilt und es sich bei $x_0 = 0$ somit um einen PmZ handelt.

Beispiel 3.5 Das in Abbildung 3.6 dargestellte Schaubild der Funktion

$$f(x) = \frac{1}{x^2}$$

besitzt ebenfalls die y-Achse als senkrechte Asymptote. Allerdings ist $x_0 = 0$ hier ein *PoZ* („Pol ohne Zeichenwechsel"), denn es gilt beim Heranschleichen sowohl von links als auch von rechts an die Null, dass $f(x) = \frac{1}{x^2} > 0$ ist (aufgrund des Quadrats im Nenner) und unbeschränkt größer wird, sprich

$$\lim_{x\to 0-} f(x) = \lim_{x\to 0+} f(x) = +\infty.$$

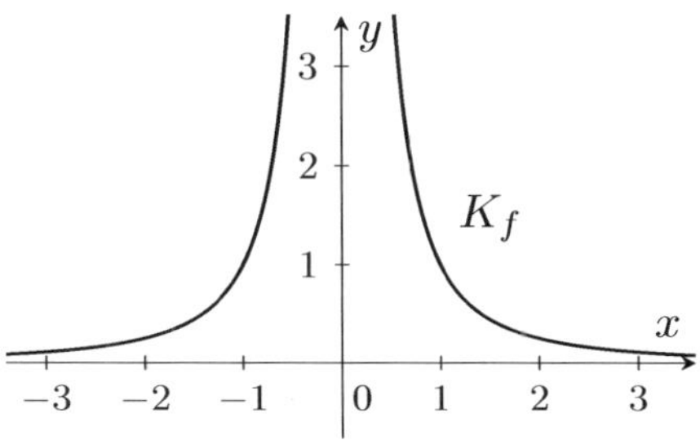

Abbildung 3.6

Beispiel 3.6 Wir untersuchen

$$f(x) = \frac{x}{x-1}$$

nahe der Definitionslücke $x_0 = 1$.

- Für $x \to 1-$ wird der Zähler x positiv, während der Nenner $x - 1$ negativ ist (setze z.B. $x = 0{,}9$ ein). Somit ist der Bruch insgesamt negativ, und da der Nenner sich immer mehr der Null nähert (während der Zähler gegen 1 geht), gilt

$$\lim_{x\to 1-} f(x) = -\infty.$$

- Für $x \to 1+$ hingegen ist der Bruch positiv, da sowohl Zähler als auch Nenner positiv sind (setze z.B. $x = 1{,}1$ ein). Da der Nenner sich wieder der Null nähert, wächst der Bruch über alle Schranken, d.h.

$$\lim_{x\to 1+} f(x) = +\infty,$$

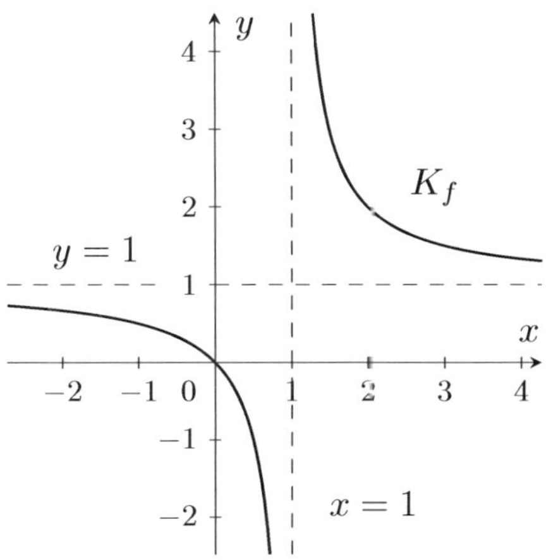

Abbildung 3.7

Dies zeigt, dass $x_0 = 1$ ein PmZ von $f(x)$ ist und das Schaubild K_f die Gerade $x = 1$ (Parallele zur y-Achse durch $x_0 = 1$) als senkrechte Asymptote besitzt. In Abbildung 3.7 erkennt man zudem $y = \frac{1}{1} = 1$ als waagerechte Asymptote (vergleiche Fall 2 in 3.2.1).

Beispiel 3.7 Dasselbe Spielchen für

$$f(x) = \frac{x-2}{(x+1)^2}.$$

Wir müssen nachschauen, was in der Nähe von $x_0 = -1$ von rechts und links her abgeht. Der Nenner strebt für $x \to -1$ wie gewohnt gegen Null und ist dabei aufgrund des Quadrats immer positiv (falls $x \neq -1$). Der Zähler ist beidesmal negativ (er liegt in der Nähe von -3), so dass wir insgesamt

$$\lim_{x\to(-1)-} f(x) = \lim_{x\to(-1)+} f(x) = -\infty$$

erhalten. Somit ist $x = -1$ ein PoZ von $f(x)$ und K_f stürzt dort nach unten ab.

Zum Verschnaufen halten wir kurz das Minimal-Wissen zu Polstellen fest.

Merke: Strebt $f(x) \to \infty$ oder $-\infty$, wenn man sich einer Stelle x_0 von links bzw. rechts nähert, so ist x_0 ein Pol der gebrochenrationalen Funktion f, und die Gerade $x = x_0$ (Parallele zur y-Achse durch die Stelle x_0) ist senkrechte Asymptote des Schaubilds K_f. Ob es sich um einen PoZ (kein VZW bei x_0) oder einen PmZ (VZW bei x_0) handelt, kann man durch (gedankliches) Einsetzen von Zahlen links und rechts von x_0 („nahe genug" bei x_0) in $f(x)$ rausfinden.

PoZ oder PmZ erkennen geht aber auch noch einfacher. Schau dir die Funktionen der letzten vier Beispiele nochmals kurz an. Wenn im Nenner ein quadratischer Ausdruck wie $x^2 = (x-0)^2$ oder $(x+1)^2$ stand, lag ein PoZ vor, während bei linearem Nenner wie x^1 oder $(x-1)^1$ ein PmZ auftrat. Es scheint also darauf anzukommen, ob die Hochzahl im Nenner gerade oder ungerade ist. Das kann man ganz leicht verallgemeinern.

Satz 3.1 Ist f eine gebrochenrationale Funktion der Gestalt

$$f(x) = \frac{z(x)}{(x-x_0)^k \cdot r(x)} \quad (k \in \mathbb{N}) \qquad \text{mit } z(x_0) \neq 0 \text{ und } r(x_0) \neq 0,$$

$$\text{dann besitzt } f \text{ bei } x_0 \text{ einen } \begin{cases} \text{PoZ, wenn } k \text{ eine gerade Zahl ist.} \\ \text{PmZ, wenn } k \text{ ungerade ist.} \end{cases}$$

Beweisskizze (nur für Spezialisten!): Um uns von links oder rechts an x_0 anzunähern, setzen wir $x_0 - h$ bzw. $x_0 + h$ (mit $h > 0$) in $f(x)$ ein und lassen dann h gegen Null streben. Ist k gerade, so gilt $(-1)^k = 1$ und es folgt

$$f(x_0 \pm h) = \frac{z(x_0 \pm h)}{(\pm h)^k \cdot r(x_0 \pm h)} = \frac{1}{h^k} \cdot \frac{z(x_0 \pm h)}{r(x_0 \pm h)}.$$

Strebt nun h gegen Null, so nähert sich der Nenner der Zahl $z(x_0)$ (da z als Polynom *stetig* ist, also grob gesagt „keine Sprünge macht"), die nach Voraussetzung $\neq 0$ ist. Der Nenner hingegen strebt gegen $0 \cdot r(x_0) = 0$ (auch hier geht die Stetigkeit des Polynoms r ein). Der gesamte Bruch nähert sich somit ∞ oder $-\infty$, je nach Vorzeichen von Zähler und Nenner. Somit ist x_0 ein Pol, und zwar ohne VZW, denn: Es macht keinen Unterschied, ob man von links ($f(x_0 - h)$) oder von rechts ($f(x_0 + h)$) kommt, denn sowohl $z(x_0 \pm h)$ als auch $r(x_0 \pm h)$ haben ab einem gewissen, klein genugen h ein festes Vorzeichen, das sie nicht mehr wechseln. Das liegt daran, dass sie beide nach Voraussetzung keine Nullstelle bei x_0 besitzen und aufgrund ihrer Stetigkeit daher keine Sprünge mehr von Minus nach Plus (also über die x-Achse) oder umgekehrt machen können, wenn man sich nahe genug bei x_0 befindet. Ob das nun verständlich war oder nicht, x_0 ist jedenfalls ein PoZ.
Ist k ungerade, so gilt $(-1)^k = -1$, und mit ähnlichen Argumenten wie eben folgt hier die Existenz eines PmZ, da $f(x_0 - h)$ und $f(x_0 + h)$ sich nun für kleines h aufgrund des Faktors -1 im Vorzeichen unterscheiden. ⊟

Dieser scheinbar abschreckende Satz ist in der Anwendung ganz handzahm.

Beispiel 3.8 Wir schauen uns die gebrochenrationale Funktion

$$f(x) = \frac{x+1}{(x-3)^4}$$

an ihrer Definitionslücke $x_0 = 3$ genauer an. Der Zähler $z(x) = x + 1$ erfüllt offenbar $z(x_0) \neq 0$, da $z(3) = 4$ ist. Der Nenner ist von der Gestalt $(x-3)^4 \cdot r(x)$ mit $r(x) = 1$, also gilt hier sowieso $r(x_0) \neq 0$. Somit sind die Forderungen von Satz 3.1 erfüllt, und er liefert mit einem Schlag, dass $x_0 = 3$ ein PoZ von f ist, da 4 eine gerade Zahl ist. Um zu erkennen, dass hier $f(x) \to +\infty$ strebt, muss man aber dennoch in Gedanken kurz eine Zahl nahe 3 einsetzen (Zähler positiv, Nenner sowieso wegen hoch 4).

Beispiel 3.9 Betrachte die gebrochenrationale Funktion

$$f(x) = \frac{x^2 - 2x}{(x-5)^3(x+2)^2}$$

mit den beiden Definitionslücken 5 und -2 (= Nullstellen des Nenners). Beginnen wir mit $x_0 = 5$: Der Zähler $z(x) = x^2 - 2x$ wird für $x_0 = 5$ nicht Null. Den Nenner schreiben wir als $(x-5)^3 \cdot r(x)$ mit $r(x) = (x+2)^2$, welches ebenfalls $r(5) \neq 0$ erfüllt. Damit ist Satz 3.1 anwendbar und entlarvt $x_0 = 5$ als PmZ, da 3 eine ungerade Hochzahl ist.
Genausogut hätten wir aber auch $x_1 = -2$ als x_0 wählen können. Dann ist der Nenner als $(x+2)^2 \cdot s(x)$ mit $s(x) = (x-5)^3$ aufzufassen, und es ist $z(x_1) \neq 0$ sowie $s(x_1) \neq 0$. Satz 3.1 besagt nun, dass $x_1 = -2$ ein PoZ ist, da die Hochzahl von $(x+2)^2 = (x-x_1)^2$ gerade ist.

Die wenigsten werden bisher wohl verstehen, was die seltsame Forderung $z(x_0) \neq 0$ und $r(x_0) \neq 0$ in Satz 3.1 soll. Das nächste Beispiel zeigt, warum sie unentbehrlich ist.

Beispiel 3.10 Wir untersuchen die Funktion

$$f(x) = \frac{x^2 - 5x + 6}{(x-2)^2(x+1)^2}$$

auf PoZe und PmZe. Auf den ersten Blick könnte man vermuten, dass es sich sowohl bei $x_0 = 2$ und $x_1 = -1$ um PoZe handelt (aufgrund der 2 als Hochzahl). Da das Zählerpolynom $z(x) = x^2 - 5x + 6$ jedoch die Nullstelle 2 besitzt, sind die Voraussetzungen des Satzes nicht erfüllt, da $z(2) = 0$ gilt. Mitternachtsformel oder Vieta (Seite 177) liefern 2 und 3 als Nullstellen des Zählers, weshalb dieser sich als $z(x) = (x-2)(x-3)$ darstellen lässt. Damit folgt

$$f(x) = \frac{(x-2)(x-3)}{(x-2)^2(x+1)^2} = \frac{x-3}{(x-2)(x+1)^2},$$

und nun ist Satz 3.1 für $x_0 = 2$ anwendbar, da weder Zähler noch Rest des Nenners, also $(x+1)^2$, die 2 als Nullstelle enthält. Demnach ist 2 ein PmZ, weil $(x-2)^1$ eine ungerade Hochzahl besitzt. Analog erkennt man -1 als PoZ, aufgrund der geraden Hochzahl in $(x+1)^2$.

Aha! Das Problem war also ein gemeinsamer Faktor $(x-2)$ in Zähler und Nenner, den man erst noch kürzen musste. Die Forderung $z(x_0) \neq 0$ und $r(x_0) \neq 0$ stellt nun sicher, dass weder $z(x)$ noch $r(x)$ den Faktor $(x - x_0)$ enthalten. (Denn jedes Polynom p mit $p(x_0) = 0$ lässt sich als $p(x) = (x - x_0) \cdot g(x)$ mit einem geeigneten Polynom $g(x)$ faktorisieren, wie man mittels Polynomdivision mit Rest zeigen kann.)

3.2.3 Nicht jede Definitionslücke muss ein Pol sein

In 3.2.2 mag der Eindruck entstanden sein, dass jede Definitionslücke automatisch ein Pol sein muss. Wie die Überschrift dezent andeutet, ist das nicht so.

Beispiel 3.11 Wir machen aus der Funktion $g(x) = 1$, $D_g = \mathbb{R}$, „mit Gewalt" eine echt gebrochenrationale Funktion, indem wir sie als

$$f(x) = \frac{x}{x}$$

schreiben. Kürzen von x zeigt, dass $f(x) = g(x)$ gilt, allerdings nicht auf ganz $\mathbb{R}$, sondern nur auf $D_f = \mathbb{R} \setminus \{0\}$, weil $f(x)$ an der Stelle 0 gar nicht definiert ist (bzw. weil Kürzen durch 0 nicht erlaubt ist). Hier ist jedoch offenbar $\lim_{x \to 0} f(x) = 1$ und nicht $\pm\infty$, so dass $x_0 = 0$ kein Pol ist sondern eine sogenannte *hebbare Lücke*. Im Schaubild von $f(x)$ fehlt im Vergleich zu $g(x)$ einfach nur ein Punkt, nämlich $(\,0\,|\,1\,)$.

Bei einer Definitionslücke x_0, also einer Nullstelle des Nenners, bei der auch der Zähler 0 wird, d.h. $f(x_0) =$ „$\frac{0}{0}$", muss man also genauer hinschauen.

Beispiel 3.12 Betrachte die beiden Funktionen

$$f_1(x) = \frac{x^2 - 2x + 1}{x - 1} \quad \text{und} \quad f_2(x) = \frac{x^2 - 2x + 1}{(x-1)^3}$$

auf dem gemeinsamen Definitionsbereich $D_{f_1} = D_{f_2} = \mathbb{R}\setminus\{1\}$. Da der Zähler für $x_0 = 1$ jeweils verschwindet, machen wir zunächst eine Umformung, um über Pol oder hebbare Lücke entscheiden zu können. Die zweite binomische Formel hilft:

$$f_1(x) = \frac{x^2 - 2x + 1}{x - 1} = \frac{(x-1)^2}{x-1} = x - 1 \quad \text{und} \quad f_2(x) = \frac{(x-1)^2}{(x-1)^3} = \frac{1}{x-1}$$

für $x \in \mathbb{R}\setminus\{1\}$. Nun erkennt man, dass $f_1(x)$ an der Stelle $x_0 = 1$ eine hebbare Lücke besitzt (mit $\lim_{x\to 1} f_1(x) = 0$), während $f_2(x)$ dort einen PmZ hat. Das Schaubild von f_1 ist die Gerade mit der Gleichung $y = x - 1$ ohne den Punkt $(1\,|\,0)$.

Merke: *Definitionslücken-Checkliste für* $f(x) = \frac{z(x)}{n(x)}$.

(1) Finde eine Nullstelle x_0 des Nenners $n(x)$; diese ist Definitionslücke von f.

(2) Klammere $(x - x_0)$ so oft es geht im Nenner aus, bis $n(x) = (x - x_0)^k \cdot r(x)$ da steht (mit $r(x_0) \neq 0$).

(3A) Gilt $z(x_0) \neq 0$, dann ist x_0 eine Polstelle von f und $x = x_0$ senkrechte Asymptote von K_f. Bei geradem k ist x_0 ein PoZ, bei ungeradem k ein PmZ.

(3B) Falls $z(x_0) = 0$ ist, enthält auch der Zähler den Faktor $(x - x_0)$. Klammere ihn so oft wie möglich aus und kürze mit dem Nenner. Die gekürzten Zähler und Nenner nennen wir $\overline{z}(x)$ und $\overline{n}(x)$. Zwei mögliche Fälle:

- a) Nach Kürzen gilt jetzt $\overline{n}(x_0) \neq 0$. Dann ist x_0 eine hebbare Lücke.
- b) Falls weiterhin $\overline{n}(x_0) = 0$ gilt, ist x_0 ein Pol; go back to (3A).

A 3.5 Bestimme alle Asymptoten und skizziere mit deren Hilfe die Schaubilder a), b) und d) grob (eventuell noch ein oder zwei Punkte ausrechnen).

a) $f(x) = \dfrac{-1}{(x+\pi)^2}$ b) $f(x) = \dfrac{x^2}{x^2 - 4}$ c) $f(x) = \dfrac{x^2 - 3x - 10}{x \cdot (x+2)^3}$

d) $f(x) = \dfrac{2x^2 - 4x}{x \cdot (x-2)^4}$ e) $f(x) = \dfrac{(x-3)^m}{(x-3)^n}$ $(m, n \in \mathbb{N})$

A **3.6** *(Lustiges Schaubilder-Raten)*

Ordne jedem der 6 Schaubilder begründet (genau) eine Funktionsgleichung zu.

a) $\dfrac{x^3 - x + 2}{x^2 - 1}$ b) $\dfrac{x^2 + 1}{x^2 - 1}$ c) $\dfrac{x^2}{(x-1)^2}$ d) $\dfrac{x}{x-1}$

e) $\dfrac{2x}{(x-1)^2}$ f) $\dfrac{4x}{x^4 - 1}$ g) $\dfrac{x^3 - x^2 + 1}{4(x-1)}$ h) $\dfrac{x-1}{x}$

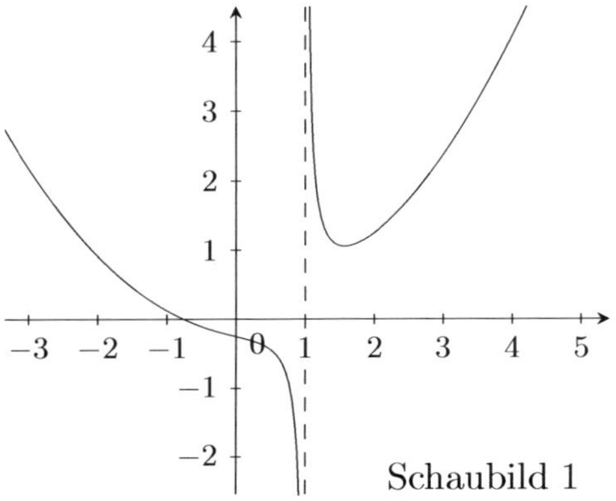

Schaubild 1

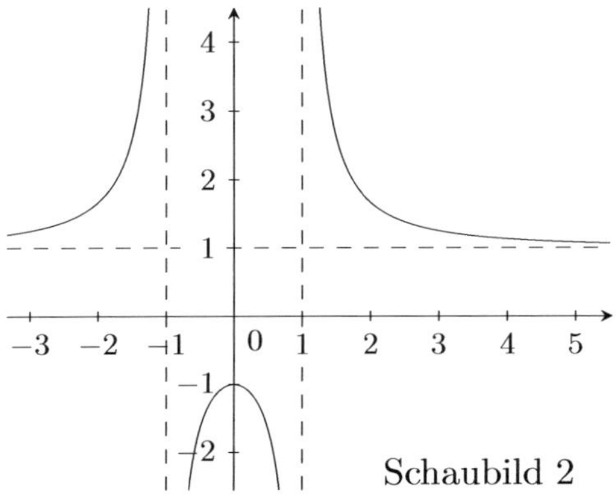

Schaubild 2

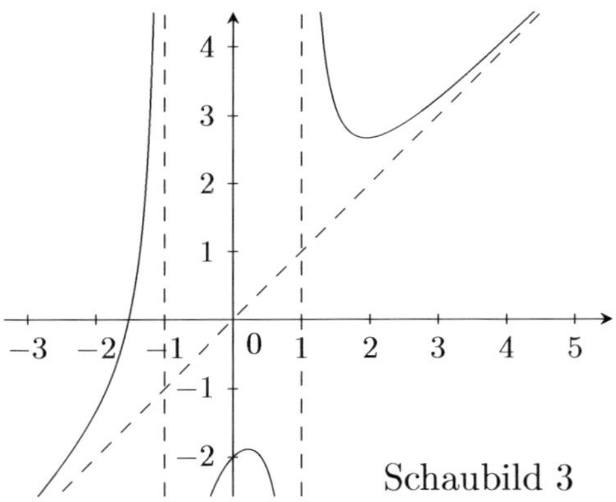

Schaubild 3

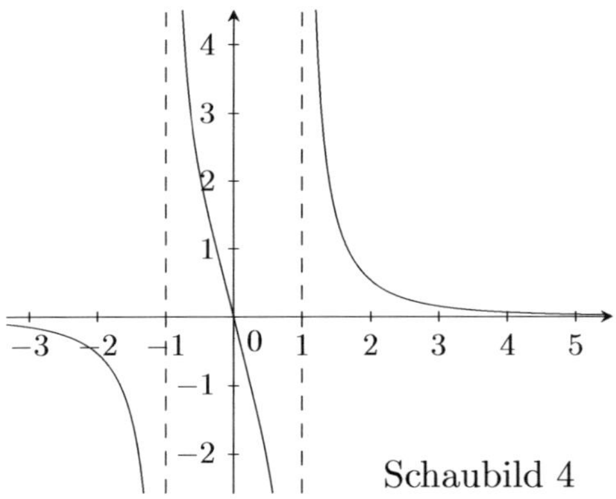

Schaubild 4

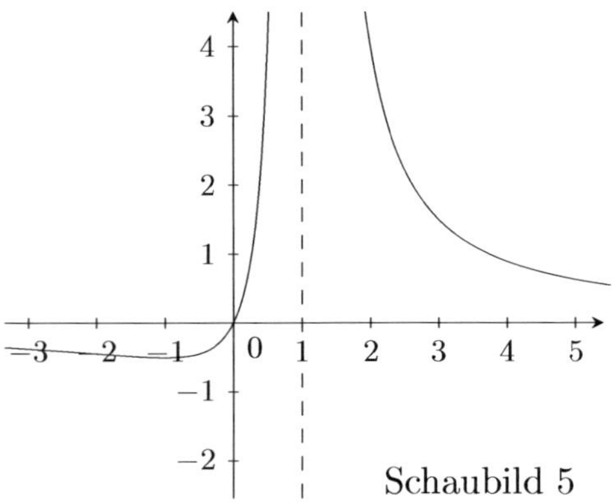

Schaubild 5

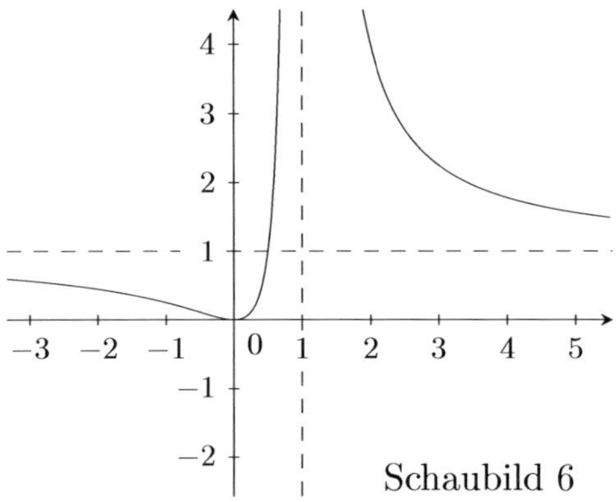

Schaubild 6

A 3.7 Finde eine gebrochenrationale Funktion, deren Schaubild

- die Gerade $x + 1$ als schiefe Asymptote,
- einen PoZ bei $x_0 = 0$,
- einen PmZ bei $x_0 = 2$,
- und eine hebbare Lücke bei π besitzt.

A 3.8 Gib zu den folgenden Schaubildern eine mögliche Funktionsgleichung an.

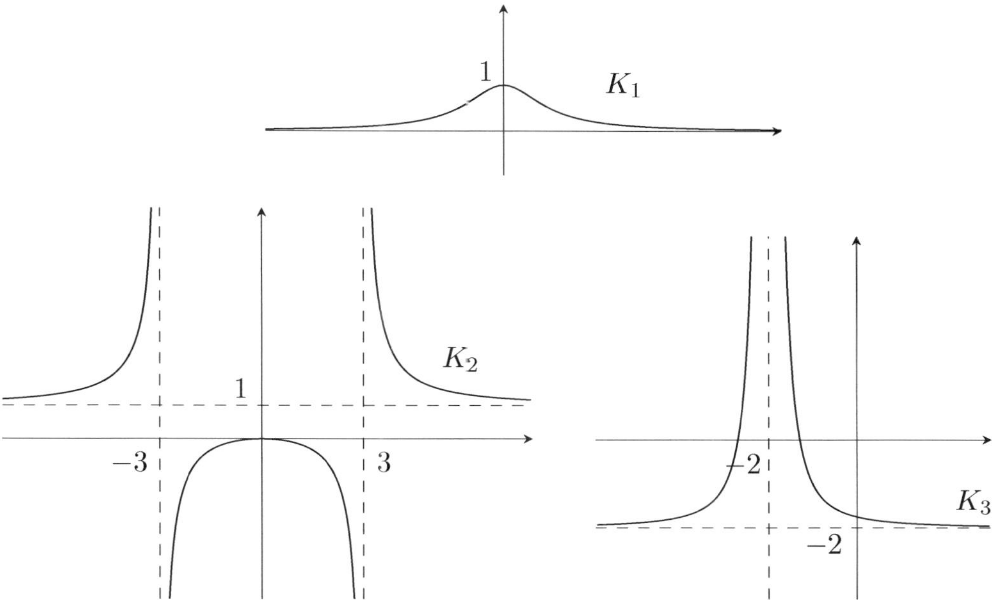

3.3 Elemente der Funktionsuntersuchung

Da vollständige Funktionsuntersuchungen („Kurvendiskussionen“) im heutigen Abitur immer seltener vorkommen (in GTR-Ländern eigentlich gar nicht mehr), beschränken wir uns hier nur auf ein paar einzelne Aspekte. Für den Pflichtteil ist meist nur das asymptotische Verhalten, das wir bereits diskutiert haben, von Bedeutung.

3.3.1 Symmetrie

Wir erinnern uns zunächst, was Symmetrie des Schaubilds K_f einer Funktion $f(x)$ bedeutet. Da du das bereits letztes Schuljahr gründlich behandelt haben solltest, ist die Darstellung hier etwas knapper als gewohnt. Suche dir aus den Schaubildern in den Aufgaben 3.6 und 3.8 (mindestens) eines aus, welches die Symmetriearten 1) – 3) illustriert.

1) K_f ist symmetrisch zur y-Achse, wenn gilt:

$$f(-x) = f(x) \quad \text{für } \textit{alle } x \in D_f.$$

2) K_f ist punktsymmetrisch zum Ursprung, wenn gilt:

$$f(-x) = -f(x) \quad \text{für } \textit{alle } x \in D_f.$$

Bei 1) und 2) spricht man von „einfacher Achsen- bzw. Punktsymmetrie", während die nächsten beiden Arten „allgemeine Achsen- bzw. Punktsymmetrie" heißen. Überlege dir, warum 1) und 2) ein Spezialfall von 3) und 4) sind.

3) K_f ist symmetrisch zur Achse $x = x_0$, wenn gilt:

$$f(x_0 - x) = f(x_0 + x) \quad \text{für } \textit{alle } x \in \mathbb{R} \text{ mit } x_0 \pm x \in D_f.$$

4) K_f ist punktsymmetrisch zum Punkt $(x_0 \mid y_0)$, wenn gilt:

$$\frac{f(x_0 - x) + f(x_0 + x)}{2} = y_0 \quad \text{für } \textit{alle } x \in \mathbb{R} \text{ mit } x_0 \pm x \in D_f.$$

Dies bedeutet, dass der Mittelwert der Funktionswerte $f(x_0 - x)$ und $f(x_0 + x)$ stets y_0 ist. Mache dir an Abbildung 3.8 klar, warum das genau die gewünschte Punktsymmetrie ausdrückt.

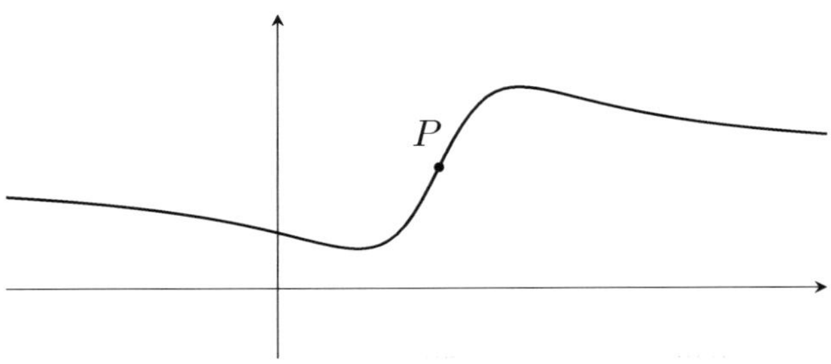

Abbildung 3.8

A 3.9 Untersuche die zu den folgenden Funktionen gehörigen Schaubilder auf einfache Symmetrie.

a) $f(x) = \dfrac{x^3}{x-1}$ b) $g(x) = \dfrac{x^3 + 2x}{(x-1)\cdot(x+1)}$ c) $h(x) = \dfrac{x^2 + x}{x^4 + 1}$

A 3.10 Zur Erinnerung: Ein Polynom heißt *gerade*, wenn alle auftretenden x-Hochzahlen gerade sind (0 zählt auch dazu), also ist z.B. $p(x) = x^4 - 2x^2 + 1$ ein gerades Polynom (die 1 wird als $1x^0$ betrachtet). Entsprechend treten in einem *ungeraden Polynom* nur ungerade Hochzahlen auf.

a) Welche Symmetrie weisen die Schaubilder von geraden bzw. ungeraden Polynomen auf? Begründe.

b) Untersuche die gebrochenrationale Funktion $f(x) = \frac{z(x)}{n(x)}$ auf einfache Symmetrie

(i) wenn z und n beide gerade oder beide ungerade

(ii) wenn z gerade und n ungerade oder umgekehrt

sind. Vergleiche nun mit Aufgabe 3.9 b).

A 3.11

a) Untersuche K_f von $f(x) = \frac{1}{(x-2)^2}$ auf allgemeine Achsensymmetrie.

b) Weise nach, dass die Schaubilder der folgenden beiden Funktionen symmetrisch zum Schnittpunkt ihrer jeweiligen Asymptoten sind. (Aufwändig!)

(i) $g(x) = \dfrac{x^2}{x+1}$ (ii) $h(x) = \dfrac{x^2-4}{x-1}$

3.3.2 Nullstellen

Eine Zahl x_0 ist Nullstelle der gebrochenrationalen Funktion $f(x) = \frac{z(x)}{n(x)}$, wenn

$z(x_0) = 0$ *und* $n(x_0) \neq 0$ gilt.

(Verschwinden sowohl Zähler als auch Nenner, ist x_0 eine Polstelle oder eine hebbare Lücke; siehe oben). Zur Nullstellenbestimmung einer gebrochenrationalen Funktion muss man also einfach die Nullstellen des Zählerpolynoms bestimmen und sich davon überzeugen, dass der Nenner dort nicht auch Null ist.

A 3.12 Bestimme die Nullstellen der folgenden Funktionen.

a) $f(x) = \dfrac{1}{x}$ b) $f(x) = \dfrac{x^2-4x}{x^2+1}$ c) $f(x) = \dfrac{x^4-4x^2+3}{x^3-x}$

3.3.3 Extrem- und Wendestellen

Wir erinnern uns: Die *notwendige Bedingung für Extremstellen* (die nicht am Rand von D_f liegen) lautet

$$f'(x) = 0.$$

Ist x_0 ein Kandidat für eine Extremstelle, d.h. $f'(x_0) = 0$, dann kann man auf die *hinreichende Bedingung* $f''(x_0) < 0$ (x_0 ist dann Hochstelle) bzw. $f''(x_0) > 0$ (womit x_0 Tiefstelle wäre) hoffen. Ist jedoch $f''(x_0) = 0$, so führt (fast) kein Weg am Prüfen des VZWs von $f'(x)$ bei x_0 vorbei (siehe aber Fußnote nächste Seite). Wechselt f' dort sein Vorzeichen, so liegt eine Extremstelle vor, andernfalls liegt keine Extremstelle vor. Dies sollte dir wieder alles (dunkel) von letztem Jahr in Erinnerung sein.
Beim Auffinden von Wendestellen geht man analog vor, nur jeweils „mit einem Strich mehr" (siehe Seite 70).

Beispiel 3.13 Wir bestimmen die Extrem- und Wendepunkte des Schaubilds von

$$f(x) = \frac{x^2}{x-1}.$$

Zunächst berechnen wir die ersten beiden Ableitungen mit der Quotientenregel.

$$f'(x) = \frac{(x^2)' \cdot (x-1) - x^2 \cdot (x-1)'}{(x-1)^2} = \frac{2x \cdot (x-1) - x^2 \cdot 1}{(x-1)^2} = \frac{x^2 - 2x}{(x-1)^2}$$

$$f''(x) = \frac{(2x-2) \cdot (x-1)^2 - (x^2-2x) \cdot 2(x-1) \cdot 1}{(x-1)^4} = \dots \quad \textbf{Stopp!}$$

Bevor du zusammenfasst, unbedingt $(x-1)$ ausklammern und kürzen (dies geht ab jetzt bei jeder weiteren Ableitung, siehe dazu auch Aufgabe 1.17!), also:

$$f''(x) = \frac{(2x-2) \cdot (x-1) - 2(x^2-2x)}{(x-1)^3} = \frac{2x^2 - 2x - 2x + 2 - 2x^2 + 4x}{(x-1)^3} = \frac{2}{(x-1)^3}.$$

Trick: Man kann hier die Quotientenregel jedoch auch komplett umgehen, wenn man zunächst Polynomdivision durchführt!

$$\begin{array}{l} \left(\ \ x^2\right) : \left(x-1\right) = x + 1 + \dfrac{1}{x-1} \\ \underline{-x^2 + x} \\ \qquad x \\ \quad \underline{-x + 1} \\ \qquad 1 \end{array}$$

Somit ist $f(x) = x + 1 + (x-1)^{-1}$ und wir erhalten mühelos

$$f'(x) = 1 - (x-1)^{-2}, \quad \text{sowie} \quad f''(x) = 2(x-1)^{-3}.$$

Um die Nullstellen von $f'(x)$ zu finden, ist in der Regel die erste Darstellung, wo alles auf einem Bruchstrich steht, etwas angenehmer. Der Zähler von $f'(x)$, also $x^2 - 2x = x(x-2)$, besitzt die Nullstellen $x_1 = 0$ und $x_2 = 2$ (NPS). Da diese keine Nullstellen des Nenners von f' sind, gilt $f'(x_1) = 0 = f'(x_2)$ und wir haben zwei potenzielle Extremstellen gefunden. Die hinreichende Bedingung mit f'' liefert

- $f''(0) = \frac{2}{(-1)^3} = -2 < 0$, d.h. $H(0\,|\,0)$ ist Hochpunkt von K_f und
- $f''(2) = \frac{2}{1^3} = 2 > 0$, also ist $T(2\,|\,4)$ der Tiefpunkt von K_f.

Da $f''(x)$ offenbar niemals Null wird, besitzt K_f keine Wendepunkte.

Zum (leidigen) Thema „VZW als hinreichende Bedingung“: Ist $f'(x_0) = 0$ und dummerweise auch $f''(x_0) = 0$, so folgt daraus *nicht*, dass x_0 keine Extremstelle sein könnte. Man MUSS in diesem Fall prüfen, ob f' sein Vorzeichen bei x_0 wechselt[3]. Dazu nimmt man ein positives, beliebig kleines h, und vergleicht die Vorzeichen von $f'(x_0 - h)$ und $f'(x_0 + h)$:

- Gilt $f'(x_0-h) < 0$ und $f'(x_0+h) > 0$, dann ist x_0 eine Tiefstelle. (Stelle dir auch anschaulich vor, warum das so ist: Etwas links von x_0 ist die Tangentensteigung negativ ($f'(x_0 - h) < 0$), und etwas rechts davon ist sie positiv ($f'(x_0 + h) > 0$). Somit muss $(\,x_0\,|\,f(x_0)\,)$ doch ein Tiefpunkt sein, gell?)
- Gilt $f'(x_0 - h) > 0$ und $f'(x_0 + h) < 0$, dann ist x_0 eine Hochstelle.
- Haben beide Ausdrücke dasselbe Vorzeichen, liegt kein VZW von f' vor, und man weiß dann sicher, dass x_0 keine Extremstelle sein kann.

Die allgemeine Berechnung von $f'(x_0 \pm h)$ ist bei gebrochenrationalen Funktionen allerdings oft stressig, und man kann dann mit gutem Gewissen einfach eine kleine Zahl für h einsetzen. (Wenn man sichergestellt hat, dass zwischen $x_0 - h$ und $x_0 + h$ keine weitere Definitionslücke oder Nullstelle von f liegt, ist dieses Vorgehen übrigens auch formal korrekt, und man kann dann evtl. sogar h so geschickt wählen (z.B. $x_0 - h = 0$), dass man bequem rechnen kann.)

A 3.13 Bestimme die Extremstellen der folgenden Funktionen.

a) $f(x) = \dfrac{x^2 + 9}{x}$ b) $f(x) = \dfrac{x^2 - 2x + 2}{(x+1)^2}$ c) $f(x) = \dfrac{x^2 - 2}{x^2 + 1}$

Verwende (spätestens) bei c) den VZW von f' als hinreichende Bedingung.

A 3.14 Weise nach, dass $x = 0$ *keine* Wendestelle der Funktion

$$f(x) = \frac{6x}{x^3 + 4}$$

ist, obwohl $f''(0) = 0$ gilt. ☠

[3]ES SEI DENN man hat zufällig schon $f'''(x_0) \neq 0$ nachgewiesen. Dann ist x_0 nämlich sicher eine Wendestelle und kann damit nicht gleichzeitig auch eine Extremstelle sein. Allerdings ist das Berechnen von f''' bei gebrochenrationalen Funktionen oft sehr aufwändig. Aber dieser Trick ist trotzdem so toll, dass er eigentlich mehr als eine Fußnote verdient hat.

3.4 Parameter- und Extremwertaufgaben

Die Methoden, die in diesem Abschnitt entwickelt werden, sind nicht auf gebrochenrationale Funktionen beschränkt, sondern für jede beliebige Funktionsklasse anwendbar.

3.4.1 Funktionsscharen

Beispiel 3.14 Für jedes reelle $t > 0$ (d.h. $t \in \mathbb{R}_{>0}$) sei eine gebrochenrationale Funktion gegeben durch

$$f_t(x) = \frac{x}{x^2 + t^2}\,.$$

Die Menge $\{ f_t \mid t > 0 \}$ dieser unendlich vielen Funktionen nennt man *Funktionsschar*. Die zusätzliche Unbekannte t heißt *Parameter*.
Die Menge $\{ K_t \mid t > 0 \}$ aller Schaubilder nennt man *Kurvenschar*, während man ein einzelnes K_t als *Scharkurve* bezeichnet. In Abbildung 3.9 sind einige Scharkurven K_t (kurz für K_{f_t}) gezeichnet und zwar für die Parameterwerte $t \in \{ \frac{1}{5}, \frac{1}{3}, \frac{1}{2}, \frac{3}{4}, 1, 2 \}$.

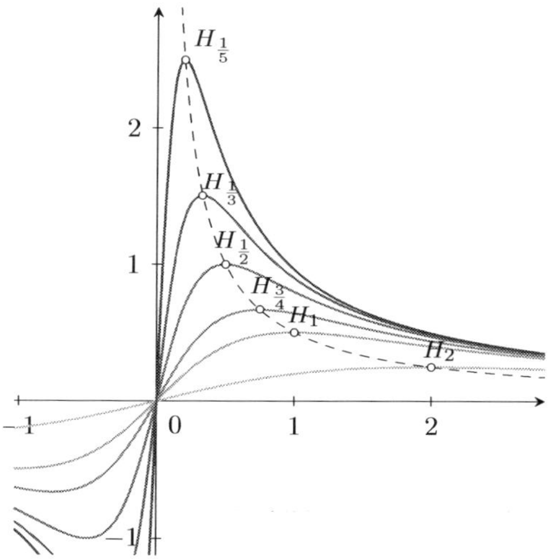

Abbildung 3.9

Man erkennt, dass jede Kurve K_t einen Hochpunkt H_t besitzt. Vergessen wir alle Scharkurven und schauen uns nur die Hochpunkte H_t an, so scheinen diese alle auf einer Kurve, einer sogenannten *Ortskurve* oder *Ortslinie*, zu liegen. Wir wollen jetzt eine Funktionsgleichung $y = k(x)$ dieser Ortskurve aller Hochpunkte H_t bestimmen. Dazu müssen wir zunächst die Koordinaten eines Hochpunkts H_t in Abhängigkeit von t berechnen. Beim Ableiten nach x wird das t^2 wie eine feste Zahl behandelt, d.h.

$$f_t'(x) = \frac{1 \cdot (x^2 + t^2) - x \cdot (2x + 0)}{(x^2 + t^2)^2} = \frac{-x^2 + t^2}{(x^2 + t^2)^2}\,,$$

und damit $f_t'(x) = 0$ wird, muss also

$$-x^2 + t^2 = 0 \qquad \text{bzw.} \qquad |x| = \sqrt{t^2} = t$$

gelten (beachte $t > 0$ beim Ziehen der Wurzel, d.h. $|t| = t$). Somit sind $x_1 = t$ und $x_2 = -t$ die Extremstellenkandidaten. Man rechnet nach, dass $f_t''(t) < 0$ ist (tue dies, wenn du mir nicht glaubst!), während $f_t''(-t) > 0$ ist. Somit ist $x_1 = t$ die einzige Hochstelle, mit zugehörigem y-Wert

$$y = f_t(t) = \frac{t}{t^2 + t^2} = \frac{t}{2t^2} = \frac{1}{2t},$$

so dass der Hochpunkt des Schaubilds K_t bei $H_t\left(t \,|\, \frac{1}{2t}\right)$ liegt. Die *Parameterdarstellung* der Ortskurve lautet somit

$$k\colon \begin{cases} x(t) = t & (1) \\ y(t) = \dfrac{1}{2t} & (2) \end{cases} \quad \text{für } t > 0.$$

Um zur *parameterfreien Darstellung* der Gestalt $y = k(x)$ zu gelangen, müssen wir das t rausschmeißen. Dazu lösen wir Gleichung (1) nach t auf, was hier keinen Aufwand mehr erfordert, da ja schon $x = t$ da steht, und setzen es in Gleichung (2) ein:

$$y = \frac{1}{2x} = k(x).$$

Achtung: Das ist noch nicht die korrekte Angabe der Ortskurve, da aufgrund der Vorgabe $t > 0$ auch nur $x > 0$ zulässig ist (denn laut Gleichung (1) ist ja $x = t$). Die korrekte Funktionsgleichung der Ortskurve lautet

$$k(x) = \frac{1}{2x} \quad \text{mit } x > 0.$$

Ihr Schaubild ist in Abbildung 3.9 gestrichelt eingezeichnet. (Das Schaubild der Funktion $\frac{1}{2x}$ mit Definitionsbereich $\mathbb{R} \setminus \{0\}$ hätte auch einen Ast für negative x-Werte, auf dem aber keine Hochpunkte der K_t liegen, sondern – in diesem Fall – die Tiefpunkte.)

Ebensogut kann das Aufstellen der Ortskurve der Tief- oder Wendepunkte einer Kurvenschar gefragt sein. Das prinzipielle Vorgehen ist aber stets das gleiche.

Merke: Ermitteln der Ortskurve spezieller Punkte einer Kurvenschar.

(1) Bestimmen der Koordinaten der gesuchten Punkte P (meist Extrem- oder Wendepunkte) in Abhängigkeit vom Parameter. Ist z.B. die Ortskurve der Hochpunkte verlangt, so werden erstmal wie gewohnt die Hochpunkte von K_t berechnet, nur eben, dass der Parameter t dabei mitgeschleppt wird. Man erhält so die Parameterdarstellung $P_t\left(x(t) \,|\, y(t)\right)$.

(2) Rauswerfen des Parameters: Die Gleichung für $x(t)$ wird nach t aufgelöst und dieses t wird in $y(t)$ eingesetzt. Dadurch erhält man die Funktionsgleichung der Ortskurve in der gewohnten Form $y(x)$.

(3) Definitionsbereich der Ortskurvengleichung bestimmen: Einsetzen aller erlaubten Parameterwerte t in $x(t)$ zeigt, für welche x-Werte die Ortskurve überhaupt definiert ist.

Beispiel 3.15 Eine weitere beliebte Fragestellung im Zusammenhang mit Kurvenscharen ist die nach gemeinsamen Punkten:

Gibt es einen Punkt S, durch den alle Scharkurven verlaufen?

Wir demonstrieren anhand der obigen Beispiel-Schar $\{ K_t \mid t > 0 \}$, wie man das rechnerisch untersucht. Wenn *alle* Scharkurven durch einen Punkt verlaufen, dann doch insbesondere auch K_1 und K_2, also diejenigen mit $t = 1$ und $t = 2$ (wähle hier möglichst einfache Parameterwerte; $t = 0$ ist hier leider ausgeschlossen). Überprüfen wir durch Gleichsetzen der Funktionsgleichungen, ob diese beiden sich schneiden:

$$f_1(x) = f_2(x): \qquad \frac{x}{x^2+1} = \frac{x}{x^2+4} \quad \Longleftrightarrow \quad x \cdot (x^2+4) = x \cdot (x^2+1).$$

Nachdem wir $x = 0$ als erste Lösung erkannt haben, dürfen wir durch $x \neq 0$ teilen, und es bleibt

$$x^2 + 4 = x^2 + 1, \quad \text{d.h.} \quad 4 = 1 \quad ⚡.$$

Dieser Widerspruch zeigt, dass $x = 0$ die einzige Lösung von $f_1(x) = f_2(x)$ ist, und damit der einzige Kandidat für eine gemeinsame Schnittstelle aller Scharkurven. Nun wird $x = 0$ in ein $f_t(x)$ mit beliebigem $t > 0$ eingesetzt:

$$f_t(0) = \frac{0}{0^2 + t^2} = 0.$$

Da das Ergebnis nicht mehr von t abhängt, erfüllen *alle* $f_t(x)$ die Bedingung $f_t(0) = 0$ und somit verlaufen alle Scharkurven durch $S\,(0\,|\,0)$ (was man aufgrund von Abbildung 3.9 auch vermutet hätte). Damit ist der einzige gemeinsame Punkt der Schar bestimmt.
Wer gut allgemein rechnen kann, spart sich etwas Arbeit, indem er gleich $f_t(x) = f_s(x)$ für beliebige Parameter $t \neq s$ setzt, und schaut, ob diese Gleichung Lösungen besitzt, die nicht von t und s abhängen (siehe Aufgabe 3.15). Für die meisten von euch ist aber obiges Vorgehen mit selbstgewählten Zahlen vermutlich einfacher.

Merke: Aufspüren gemeinsamer Punkte einer Kurvenschar.

(1) Zwei Kurven K_t und K_s mit möglichst einfachen Parameterwerten $t \neq s$ werden auf gemeinsame Punkte untersucht, indem $f_t(x) = f_s(x)$ nach x aufgelöst wird. Jede Lösung x_0 liefert einen Kandidaten $S\,(x_0\,|\,y_0)$ mit $y_0 = f_t(x_0) = f_s(x_0)$ für einen gemeinsamen Scharpunkt. Gibt es keine Lösung, dann haben K_t und K_s keine gemeinsamen Punkte, und die ganze Schar erst recht nicht.

(2) Punktprobe durchführen: x_0 in $f_t(x)$ mit allgemeinem t einsetzen und so weit wie möglich zusammenfassen. Fliegt t dabei raus, dann gilt $f_t(x_0) = y_0$ für jeden Parameterwert t der Schar, d.h. S ist gemeinsamer Scharpunkt. Falls nein, $f_t(x_0)$ also noch von t abhängt, ist S kein solcher Punkt.

Übrigens: In (1) brauchst du y_0 noch gar nicht auszurechnen, weil es in Schritt (2) ggf. automatisch rauskommt.

3.4.2 Ein Tangentenproblem

Ist K_f das Schaubild einer Funktion $f(x)$ und $P \in K_f$ ein Punkt darauf, so kannst du (hoffentlich!) die Gleichung der Tangente an K_f in P aufstellen. Wir lernen jetzt die Antwort auf folgende Frage zu finden:

> „Wie viele Tangenten lassen sich von einem Punkt P aus an K_f legen?“

Hierbei braucht der Punkt P *nicht* auf dem Schaubild K_f zu liegen, so dass wir also Tangenten auch „von außen“ an K_f legen. Dies ist eine beliebte Fragestellung im Abitur; meist in „Anwendungsaufgaben“ wie Aufgabe 3.20 verpackt.

Beispiel 3.16 Wir betrachten das Schaubild der Funktion $f(x) = \frac{1}{x^2}$ und den Punkt $P\left(\frac{1}{2} \mid 1\right) \notin K_f$; siehe Abbildung 3.10.

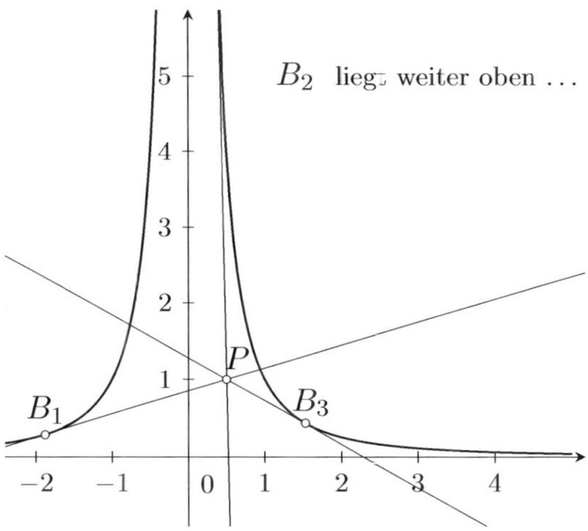

Abbildung 3.10

Rein anschaulich sollte es genau drei Tangenten an K_f geben, die durch P verlaufen, was wir nun rechnerisch untersuchen wollen.
Problem: Wie findet man die Berührpunkte $B(b \mid f(b)) \in K_f$ der Tangente(n) an das Schaubild? Ganz einfach; man geht vollkommen stur nach folgendem Schema vor.

(1) Aufstellen der allgemeinen Tangentengleichung in dem (noch unbekannten!) Berührpunkt $B(b \mid f(b)) \in K_f$: Es ist $f'(x) = -2x^{-3} = -\frac{2}{x^3}$ und damit ergibt sich (setze $x_0 = b$ in Aufgabe 1.3)

$$\begin{aligned} t_b(x) &= f'(b) \cdot (x-b) + f(b) = -\frac{2}{b^3} \cdot (x-b) + \frac{1}{b^2} \\ &= -\frac{2}{b^3} \cdot x + \frac{2b}{b^3} + \frac{1}{b^2} = -\frac{2}{b^3}\, x + \frac{3}{b^2}\,. \qquad (\star) \end{aligned}$$

So sehen alle erdenklichen Tangenten an K_f aus, wenn man beliebige $b \neq 0$ einsetzt.

(2) Nun bestimmen wir diejenigen Werte von b, für welche die Tangente t_b (präziser: K_{t_b}) durch den Punkt P verläuft. Dazu führen wir eine *Punktprobe* durch: Damit $P\left(\frac{1}{2} \mid 1\right)$ auf K_{t_b} liegt, muss

$$t_b\left(\frac{1}{2}\right) = 1$$

gelten. Dies führt auf folgende Gleichung:

$$t_b\left(\frac{1}{2}\right) = -\frac{2}{b^3} \cdot \frac{1}{2} + \frac{3}{b^2} = -\frac{1}{b^3} + \frac{3}{b^2} = \frac{-1+3b}{b^3} \overset{!}{=} 1,$$

oder umgeformt $b^3 - 3b + 1 = 0$.

(3) Jetzt müssen wir nur noch die Gleichung aus (2) lösen, um die Lage und Anzahl der Tangenten-Berührpunkte zu erhalten. Da wir diese Gleichung dritten Grades nicht von Hand lösen können, müssen wir den GTR bemühen. Dieser liefert als Nullstellen der Funktion $b^3 - 3b + 1$

$$b_1 \approx -1{,}88, \quad b_2 \approx 0{,}35, \quad b_3 \approx 1{,}53.$$

Da eine Gleichung dritten Grades maximal drei Lösungen haben kann, haben wir alle bs gefunden. Somit gibt es genau drei Tangenten, die man von P aus an K_f legen kann. Die Berührpunkte $B\left(b \mid \frac{1}{b^2}\right)$ lauten näherungsweise

$$B_1\left(-1{,}88 \mid 0{,}28\right), \quad B_2\left(0{,}35 \mid 8{,}16\right), \quad B_1\left(1{,}53 \mid 0{,}43\right).$$

(4) Falls die Tangentengleichungen explizit gefragt sind, setzt man die b-Werte aus (3) in $(\star)$ ein, worauf wir hier aber verzichten.

Merke: Tangente vom Punkt P aus an ein Schaubild K_f legen.

(1) Allgemeine Tangentengleichung: $t_b(x) = f'(b) \cdot (x-b) + f(b)$. Der Parameter b ist die x-Koordinate des unbekannten Berührpunkts $B\left(b \mid f(b)\right) \in K_f$.

(2) Da die Tangente durch $P\left(x_P \mid y_P\right)$ verlaufen soll, muss $t_b(x_P) = y_P$ gelten (Punktprobe). Dies stellt eine Gleichung für den gesuchten Parameter b dar (denn x_P und y_P sind stinknormale Zahlen).

(3) Man löst die Gleichung aus (2) und erhält so alle Berührstellen.

(4) Falls gefragt, setzt man die b-Werte aus (3) in $t_b(x)$ ein und erhält die Gleichungen derjenigen Tangenten von K_f, die durch P verlaufen.

3.4.3 Extremwertaufgaben

Wir frischen kurz das letztjährige Wissen auf.

Schema zum Lösen von Extremwertaufgaben:

(1) Man stellt einen Term für die Größe auf, die extremal (maximal oder minimal) werden soll, wie z.B. der Flächeninhalt A eines Rechtecks. Dieser Term hängt in der Regel von zwei Variablen ab, z.B. ist $A = A(b, h)$ eine Funktion der Breite b und der Höhe h des Rechtecks. Da wir eine solche Funktion in zwei Variablen nicht auf Extrema untersuchen können, folgt der wichtigste Schritt beim Lösen einer jeden Extremwertaufgabe:

(2) Rauswerfen einer Variablen mit Hilfe der *Nebenbedingung.* In Beispiel 3.17 etwa liegen zwei Eckpunkte des zu untersuchenden Rechtecks auf dem Schaubild einer Funktion f. Dadurch lässt sich eine Beziehung zwischen den zwei Variablen b und h herstellen und eine der beiden, z.B. h, ersetzen.
So erhält man die *Zielfunktion*, die nur noch von einer Variablen abhängt, im Beispiel $A(b)$. Angabe des Definitionsbereichs D_A der Zielfunktion nicht vergessen, z.B. kann die Menge der erlaubten b-Werte durch Bedingungen aus der Aufgabenstellung eingeschränkt sein.

(3) Nun werden Maxima bzw. Minima der Zielfunktion bestimmt: $A'(b) = 0$ als notwendige Bedingung und $A''(b) < 0$ bzw. > 0 (oder VZW von A') als hinreichende Bedingung. Achtung: Ist der Definitionsbereich der Zielfunktion nicht ganz $\mathbb{R}$, sondern z.B. $D_A = [0\,;4]$, so müssen noch die *Randwerte* gesondert untersucht werden: Man prüft durch direktes Einsetzen, ob $A(0)$ oder $A(4)$ ebenfalls Maxima bzw. Minima von A sind. (Dies kann an den Rändern des Definitionsbereichs nämlich der Fall sein, *ohne* dass $A'(0) = 0$ oder $A'(4) = 0$ gilt!)

(4) Falls verlangt, gibt man noch $A_{\max}$ oder $A_{\min}$ explizit an. Auf jeden Fall schreibt man einen Antwortsatz.

Beispiel 3.17 Dem Schaubild K_f der Funktion

$$f(x) = \frac{2}{x^2 + 1}$$

und der x-Achse wird ein Rechteck „einbeschrieben“, welches symmetrisch zur y-Achse liegt. Abbildung 3.11 zeigt drei solcher Rechtecke.

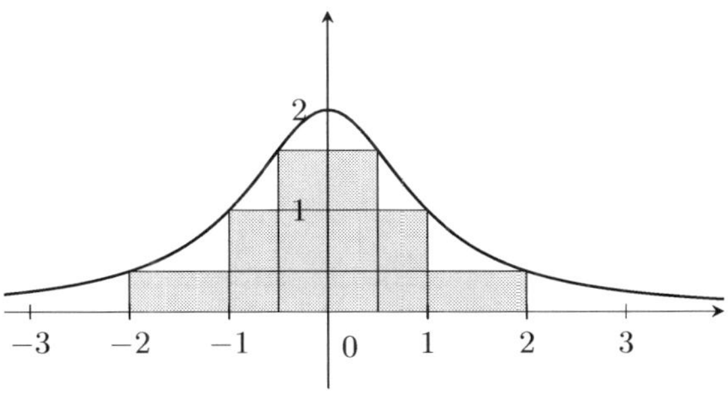

Abbildung 3.11

Frage: Für welche Wahl der Eckpunkte wird der Inhalt des Rechtecks maximal?

Wir gehen anhand des obigen Schemas vor:

(1) Der Flächeninhalt $A = bh$ des Rechtecks soll maximal werden. Dazu müssen wir erst einen Zusammenhang zwischen Breite b und Höhe h suchen. Die x-Koordinate des rechten unteren Eckpunkts nennen wir u mit $u \geqslant 0$ (völlig egal, welchen Buchstaben du hier wählst).

(2) Hier gibt es zwei Nebenbedingungen: Da das Rechteck symmetrisch zur y-Achse liegt, hat der linke untere Eckpunkt die x-Koordinate $-u$, d.h. die Breite des Rechtecks ist $b = 2u$.
Für die Höhe h gilt $h = f(u)$, da der rechte obere Eckpunkt auf K_f liegt. Beides in A eingesetzt liefert uns die Zielfunktion in Abhängigkeit von u:

$$A(u) = bh = 2uf(u) = 2u \cdot \frac{2}{u^2+1} = \frac{4u}{u^2+1}\,.$$

Die Zielfunktion ist definiert für beliebige $u \geqslant 0$, also ist $D_A = [\,0\,;\infty\,)$.

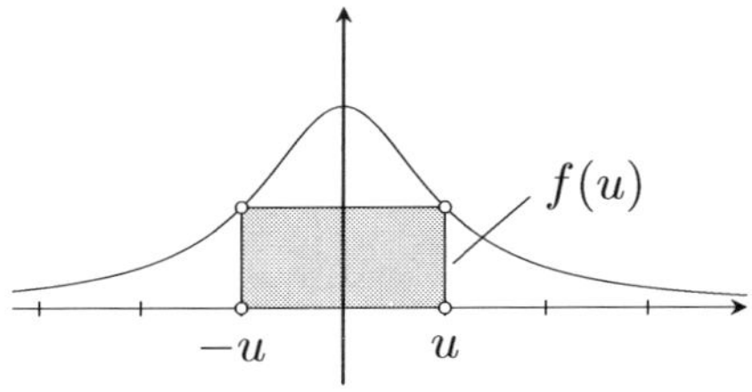

Abbildung 3.12

(3) Berechnen des Maximums der Zielfunktion. (Wenn es im Abi nicht explizit „berechnen“ heißt, nimmst du sofort den GTR!) Mit der Quotientenregel erhältst du (ja, *dich* meine ich; nachrechnen!)

$$A'(u) = -4\,\frac{u^2-1}{(u^2+1)^2}\,,$$

so dass $A'(u) = 0$ auf $u^2 - 1 = 0$, d.h. $u = 1$ führt (beachte $u \geqslant 0$, d.h. $u_2 = -1$ entfällt). Auf nochmal ableiten hab ich keine Lust, also untersuchen wir den VZW von A' bei 1. Der Nenner von $A'(u)$ ist aufgrund des Quadrats stets positiv. Für $u < 1$ ist $u^2 < 1$, d.h. $u^2 - 1 < 0$ und daher $A'(u) = -4\frac{u^2-1}{(u^2+1)^2} > 0$. Ebenso sieht man $A'(u) < 0$ für $u > 1$, d.h. A' vollzieht bei $u = 1$ einen VZW von $+$ nach $-$, sprich $u = 1$ ist Hochstelle von A.
Randwerte: $A(0) = 0$, was auch geometrisch klar ist, da das Rechteck hier zu einem Strich entartet (Breite 0). Für $u \to \infty$ wird das Rechteck zwar immer breiter, dafür aber auch immer flacher. Welcher Effekt überwiegt, kann man anschaulich nicht erkennen. Aber ein Blick auf $A(u)$ zeigt, dass

$$\lim_{u\to\infty} A(u) = \lim_{u\to\infty} \frac{4u}{u^2+1} = 0$$

gilt (das Flacherwerden überwiegt also das Breiterwerden). Somit ist $A(1) = 2$ sogar ein globales Maximum.

(4) Da die Eckpunkte gefragt sind, brauchen wir noch $f(1) = 1$.
Antwort: Das einbeschriebene Rechteck mit den Eckpunkten $(1\,|\,0)$, $(1\,|\,1)$, $(-1\,|\,1)$ und $(-1\,|\,0)$ besitzt maximalen Flächeninhalt (mit $A_{\text{max}} = 2$).

A 3.15 Untersuche die zur Funktionsschar

$$f_a(x) = \frac{a}{x + a - 1}\,; \quad a \neq 0$$

gehörige Kurvenschar auf gemeinsame Punkte.

A 3.16 Gegeben ist die Funktionsschar

$$f_t(x) = \frac{2tx}{x^2 + t}\,, \quad t > 0.$$

a) Gib die Gleichung der Ortskurve der Hochpunkte H_t aller Schaubilder K_t in parameterfreier Form an.
b) Der Hochpunkt welcher Kurve K_t besitzt den kleinsten Abstand zum Punkt $P\,(1\,|\,0)$? (Tipp: Entfernung über Pythagoras berechnen. Aufgabe 3.17 erspart dir viel Ärger, wenn du das Minimum von Hand bestimmst.)

A 3.17 Es sei $f(x)$ eine differenzierbare Funktion mit $f(x) > 0$.
Zeige, dass $w(x) = \sqrt{f(x)}$ und $f(x)$ ihre Extrema an derselben Stelle annehmen.

A 3.18 Betrachte die Funktionsschar aus Beispiel 3.14,

$$f_t(x) = \frac{x}{x^2 + t^2}\,.$$

a) Für welches t besitzen Hoch- und Tiefpunkt von K_t den kleinsten Abstand voneinander? Wie groß ist der minimale Abstand? (Tipp: Pythagoras, again.)
b) Nun sei $t = 1$. Die Punkte $P\,(u\,|\,0)$, $Q\,(u\,|\,f_1(u))$ mit $u > 0$ und der Ursprung O bilden ein Dreieck. Untersuche dessen Flächeninhalt auf Extrema. Schätze zuvor anschaulich, welche Art von Extremum vorliegen könnte.

A 3.19 Wie viele Tangenten lassen sich von $P\,(0\,|\,1)$ aus an das Schaubild von

$$f(x) = \frac{2x^3 + 1}{x^2} \qquad \text{legen?}$$

A 3.20 Das Schaubild K_f der Funktion f mit der Gleichung

$$f(x) = \frac{4 - x^2}{4 + x^2}$$

stellt für $0 \leqslant x \leqslant 2$ den Querschnitt eines Hügels dar (1 LE entspricht 10 m in echt). Auf dem Gipfel $G(0\,|\,1)$ des Hügels sitzt ein Orang-Utan (Augenhöhe im Sitzen: 1,2 m) und hält Ausschau nach paarungswilligen Weibchen. Unten im Flachland, d.h. auf der x-Achse mit $x \geqslant 2$, sitzt ein Weibchen (Kopfhöhe im Sitzen: 1 m) und mampft Grünzeug. In welchem Bereich darf es sitzen, wenn es von den gierigen Blicken des Männchens verschont bleiben möchte? Ansätze per Hand; Lösen per GTR.

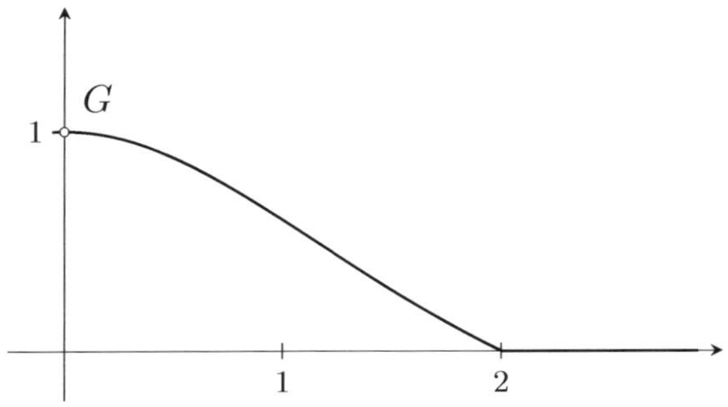

Abbildung 3.13

3.5 Anhang: Polynomdivison

Wir wiederholen die Polynomdivision anhand von Beispielen. Sie verläuft immer nach demselben Schema und mit etwas Übung wird sie dir gut gelingen!

Beispiel 3.18 Wir teilen das Polynom $f(x) = x^3 + x^2 - 17x + 15$ durch $g(x) = x - 1$. Das geht ganz stur nach folgendem Schema:

$$\begin{aligned}
&(x^3 + x^2 - 17x + 15) : (x - 1) = x^2 + 2x - 15.\\
&\underline{-(x^3 - x^2)} \leftarrow \cdot (x-1)\\
&\quad 2x^2 - 17x + 15\\
&\quad \underline{-(2x^2 - 2x)} \leftarrow \cdot (x-1)\\
&\qquad -15x + 15\\
&\qquad \underline{-(-15x + 15)} \leftarrow \cdot (x-1)\\
&\qquad\qquad 0
\end{aligned}$$

(1) Die höchste x-Potenz von f, also x^3, wird durch die höchste x-Potenz von g, also x, geteilt (hätten beide einen Vorfaktor $\neq 1$, so wären diese Vorfaktoren auch durcheinander zu teilen): $\frac{x^3}{x} = x^2$. Dieses Ergebnis ist die höchste x-Potenz des Quotienten $\frac{f(x)}{g(x)}$ und wird hinter das Gleichzeichen geschrieben.

(2) Nun wird dieses x^2 komplett mit $g(x) = (x-1)$ multipliziert (oben grau angedeutet), das Ergebnis wird unter $f(x)$ geschrieben und von $f(x)$ abgezogen. Beachte dabei, alle Vorzeichen umzudrehen! Die höchste x-Potenz muss hierbei wegfallen.

(1′) Nun geht's auch schon wieder von vorne los, nur dass man jetzt anstelle von $f(x)$ die Differenz $2x^2 - 17x + 15$ verwendet. Dies ergibt $\frac{2x^2}{x} = 2x$ als nächsten Term des Quotientenpolynoms.

(2′) Dieses $2x$ wird wieder komplett mit $g(x) = (x-1)$ multipliziert (grau), das Ergebnis unter $2x^2 - 17x + 15$ geschrieben und davon abgezogen.

So verfährt man weiter, bis bei der Subtraktion entweder 0 rauskommt, oder ein Restterm $\neq 0$ stehen bleibt, dessen Grad kleiner als der von $g(x)$ ist (in obigem Beispiel ist $\text{Grad}(g) = 1$, also wäre nur Grad 0, d.h. eine Zahl, als Restterm möglich). Wie man bei einem Restterm $\neq 0$ verfährt, siehst du in den Beispielen 3.20 und 3.21: Bleibt am Ende unterm Strich der Restterm $r(x) \neq 0$ (mit $\text{Grad}(r) < \text{Grad}(g)$) stehen, so schreibt man ganz einfach $\frac{r(x)}{g(x)}$ als letzten Summanden des Ergebnisses der Polynomdivision auf.

Beispiel 3.19 Versuche alle Schritte der folgenden Polynomdivision selbst nachzuvollziehen; trage als Hilfe evtl. noch die grauen Pfeile mit ein (das macht man später dann nicht mehr).

$$
\begin{array}{l}
(x^3 - 4x^2 + x + 6) : (x+1) = x^2 - 5x + 6 \\
\underline{-(x^3 + \ \ x^2)} \\
\qquad\quad -5x^2 + \ \ x + 6 \\
\qquad \underline{-(-5x^2 - 5x)} \\
\qquad\qquad\qquad 6x + 6 \\
\qquad\qquad\quad \underline{-(6x + 6)} \\
\qquad\qquad\qquad\qquad 0
\end{array}
$$

Beispiel 3.20 Manchmal fehlt in $f(x)$ eine x-Potenz, wie z.B. das x^2 im Polynom $f(x) = x^3 - 7x - 7 = x^3 + 0x^2 - 7x - 7$. Hier empfiehlt es sich, bei der Polynomdivision eine Lücke frei zu lassen, damit man die Potenzen wie gewohnt untereinander schreiben kann. Die Lücke steht dann als Platzhalter für $0x^2$ (was man hinschreiben kann, wenn man möchte).

$$
\begin{array}{l}
\big(\ x^3 \qquad\quad - 7x - 7\big) : \big(x+1\big) = x^2 - x - 6 + \dfrac{-1}{x+1} \\
\underline{\ - x^3 - x^2} \\
\qquad\quad - x^2 - 7x \\
\qquad\quad \underline{\ \ \ x^2 \ + x} \\
\qquad\qquad\quad - 6x - 7 \\
\qquad\qquad\quad \underline{\ \ \ \ 6x + 6} \\
\qquad\qquad\qquad\quad - 1
\end{array}
$$

Achtung! Im ersten Schritt müsste eigentlich $-(x^3 + x^2)$ stehen, aber die Minusklammer wurde gleich aufgelöst zu $-x^3 - x^2$ und es wird dann $-x^3 - x^2$ *addiert*, anstatt $(x^3 + x^2)$ zu *subtrahieren*. Das würde ich dir bei der schriftlichen Durchführung der Polynomdivision *nicht* empfehlen! Behalte also lieber die Klammerschreibweise bei, ich lasse sie ab jetzt aus Bequemlichkeit jedoch immer weg[4].
Auch ob man die -7 bei $-x^2 - 7x$ schon dazuschreiben will, ist Geschmackssache.

Beispiel 3.21 Zum Schluss noch'n Beispiel, wo auch mal durch ein Polynom vom Grad 2 geteilt wird und ein Restterm vom Grad 1 übrig bleibt. Vollziehe auch hier jeden Schritt nach (beachte wieder die Minusklammer-Bemerkung von vorhin). Dass der x^3-Term wegfällt, ist hier übrigens Zufall.

$$\begin{array}{l}
(\quad x^4 + 2x^3 - 3x^2 - 5x + 2) : (x^2 + 2x - 1) = x^2 - 2 + \dfrac{-x}{x^2 + 2x - 1} \\
\underline{-x^4 - 2x^3 + x^2} \\
\qquad\qquad - 2x^2 - 5x + 2 \\
\qquad\qquad \underline{\quad 2x^2 + 4x - 2} \\
\qquad\qquad\qquad -x
\end{array}$$

A 3.21 Führe die Polynomdivision aus!

a) $(x^2 - 2x + 1) : (x - 1)$

b) $(x^3 - 37x^2 + x - 37) : (x - 37)$

c) $(3x^3 - 6x^2 - 5x + 10) : (3x^2 - 5)$

d) $(x^3 + 5x^2 + x - 11) : (x^2 + x - 3)$

e) $(x^3 + 6x + 8) : (x^2 - x + 8)$

[4]genauer gesagt: Das Polynomdivisions-Paket von LaTeX macht dies automatisch, und dieses zu verwenden hat den großen Vorteil, dass ich nicht alle Abstände von Hand hinpfriemeln muss so wie in den letzten beiden Beispielen...

4 Trigonometrische Funktionen

4.1 Das Bogenmaß

Das Bogenmaß eines Winkels sollte dir bereits aus der Mittelstufen-Mathematik (oder noch schlimmer: aus Physik) bekannt sein, aber da es erfahrungsgemäß vielen SchülerInnen Probleme bereitet, stellen wir es nochmal ganz ausführlich vor. Es handelt sich letztendlich nur um eine weitere Art, die Größe eines Winkels anzugeben; allerdings bringt das Arbeiten im Bogenmaß Vorteile für die Analysis (siehe Seite 111).
Misst man in Abbildung 4.1 den Winkel α von Punkt A zum Punkt P (bezogen auf den Ursprung O), die beide auf einem Kreis vom Radius r liegen, so erhält man $\alpha = 180°$ im Gradmaß.

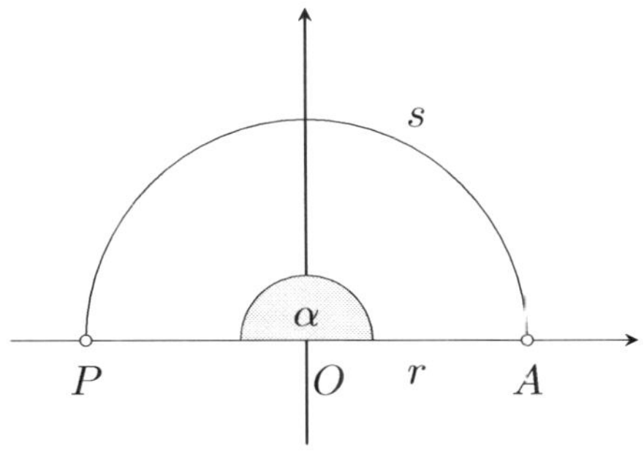

Abbildung 4.1

Eine weitere Möglichkeit, die Größe des Winkels anzugeben, wäre aber auch, die Strecke s zu messen, die ein Käfer zurücklegen muss, um auf dem Kreis von A nach P zu krabbeln. Diese *Bogenlänge* s selbst ist noch kein sinnvolles Maß für den Winkel, da sie offensichtlich von der Größe des Radius r abhängt, der aber für den Winkel keine Rolle spielen darf. Teilt man jedoch s durch den Radius r, so erhält man eine Größe, die unabhängig von r ist, da (Teile des) Umfang(s) $u = 2\pi r$ und Radius r eines Kreises proportional zueinander sind:

$$x = \frac{\text{Bogenlänge}}{\text{Radius}} = \frac{s}{r}\,.$$

Dieses x nennt man das *Bogenmaß* des Winkels. In unserem obigen Beispiel ist der Bogen von A nach P ein Halbkreis, also gilt für die Bogenlänge

$$s = \frac{1}{2}\,u = \frac{1}{2}\,2\pi r = \pi r$$

und für das Bogenmaß des Winkels $\alpha = 180°$ ergibt sich

$$x = \frac{s}{r} = \frac{\pi r}{r} = \pi.$$

Im Gegensatz zum Gradmaß hat das Bogenmaß keine Einheit, da man ja Meter durch Meter teilt; manchmal schreibt man jedoch „rad“ (für *Radiant*) dazu, um anzudeuten, dass es sich um eine Winkelangabe im Bogenmaß handelt. Das kennst du vom Taschenrechner, wo du zwischen `RAD` und `DEG` wählen kannst.

Man hätte oben also auch „$x = \pi$ rad“ schreiben können. Beim Rechnen lässt man das rad jedoch meistens weg.

Um einen Winkel α vom Gradmaß ins Bogenmaß umzurechnen, verwendet man einen ganz einfachen Zusammenhang: „α verhält sich zu 180° wie x zu π“, d.h.

$$\frac{\alpha}{180^\circ} = \frac{x}{\pi}\,.$$

Beispiel 4.1 Um $\alpha = 60^\circ$ ins Bogenmaß umzurechnen, stellst du einfach obige Formel um:

$$\frac{\alpha}{180^\circ} = \frac{x}{\pi} \quad\Longrightarrow\quad x = \frac{\alpha}{180^\circ}\cdot\pi = \frac{60^\circ}{180^\circ}\cdot\pi = \frac{1}{3}\cdot\pi = \frac{\pi}{3}\,.$$

Somit entspricht das Gradmaß $\alpha = 60^\circ$ dem Bogenmaß $x = \frac{\pi}{3}$ (rad). Dies ist auch ohne große Rechnung klar, da 60° ein Drittel von 180° sind, und $180^\circ = \pi$ (rad) gilt.

Ab jetzt arbeiten wir nur noch am *Einheitskreis* $\mathbb{E}$, also am Kreis vom Radius $r = 1$. Dies hat den Vorteil, dass hier aufgrund von $x = \frac{s}{r} = \frac{s}{1} = s$ die Bogenlänge s gleich dem Bogenmaß x ist, d.h. man kann x direkt als Länge eines Kreisbogens einzeichnen und muss es nicht erst noch über $\frac{s}{r}$ umrechnen; siehe Abbildung 4.2.

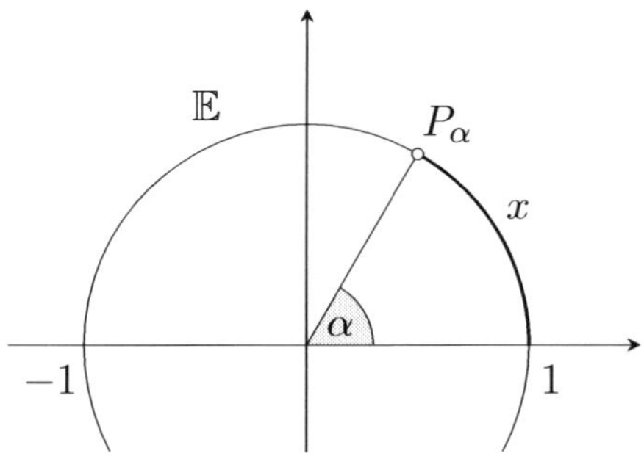

Abbildung 4.2

Merke: Ist $0^\circ \leqslant \alpha < 360^\circ$ ein Winkel im Gradmaß und $P_\alpha \in \mathbb{E}$ der zugehörige Punkt auf dem Einheitskreis, so ist das Bogenmaß x dieses Winkels nichts anderes als die Länge des Kreisbogens, der $(1\,|\,0)$ mit P_α verbindet (gegen den Uhrzeigersinn). Es gilt

$$x = \frac{\alpha}{180^\circ}\cdot\pi \text{ (rad)}.$$

Die Formel gilt auch für $\alpha \geqslant 360^\circ$, allerdings ist x dann nicht die Länge des „kurzen“ Bogenstücks zu P_α, sondern es kommen ein oder mehrere Kreisumfänge dazu, also $n\cdot 2\pi$ mit einem $n \in \mathbb{N}$.

A **4.1** Vervollständige folgende Tabelle.

α	$90°$		$360°$		$765°$
x [rad]		$\frac{\pi}{4}$		$\frac{2\pi}{3}$	

A **4.2** Zeichne die zu den Bogenmaßen $x_1 = \frac{\pi}{4}$, $x_2 = \frac{\pi}{2}$, $x_3 = \pi$, $x_4 = \frac{3\pi}{2}$, $x_5 = 2\pi$ und $x_6 = 7\pi$ gehörigen Punkte $P_1, \ldots, P_6$ auf dem Einheitskreis ein.

4.2 Basics

Erinnere dich: Ist α ein Winkel eines rechtwinkligen Dreiecks, so sind Sinus, Kosinus[1] und Tangens dieses Winkels definiert als

$$\sin\alpha = \frac{\mathrm{Gk}_\alpha}{\mathrm{Hyp}}\,,$$

$$\cos\alpha = \frac{\mathrm{Ak}_\alpha}{\mathrm{Hyp}}\,,$$

$$\tan\alpha = \frac{\mathrm{Gk}_\alpha}{\mathrm{Ak}_\alpha}\,.$$

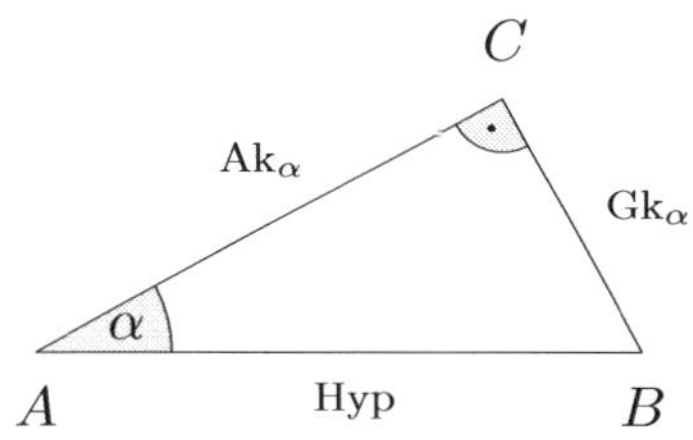

Abbildung 4.3

Dabei ist Gk_α die Abkürzung für die Länge der Gegenkathete von α (also derjenigen Kathete, die α gegenüber liegt), Ak_α steht für die Länge der Ankathete von α und Hyp für die Länge der Hypotenuse (also der Seite, die sich gegenüber des rechten Winkels befindet). Der Index $_\alpha$ weist darauf hin, dass die Begriffe „An- und Gegenkathete“ vom Winkel abhängen. So ist nicht etwa die Seite BC stets *die* Gegenkathete im Dreieck ABC, sondern nur in Bezug auf den Winkel α; für den Winkel β bei B wäre BC die Ankathete. Bearbeite Aufgabe 4.3, wenn du hier noch unsicher bist.
Manche Schüler mögen die Eselsbrücke „Gaga Hühnerhof-AG“: Man schreibt GAGA und darunter HHAG (dabei stehen G, A und H für die Längen von Gegenkathete, Ankathete und Hypotenuse) und muss sich dann nur merken, dass die Brüche dieser Größen sin, cos, tan und cot (Kotangens, das ist der Kehrbruch von Tangens; brauchen wir aber nie) ergeben:

sin	cos	tan	cot
G	A	G	A
H	H	A	G

Wenn's hilft, bitteschön ...

[1] Laut Duden als „Kosinus“ und nicht „Cosinus“ zu schreiben. In der Fachsprache (z.B. an Unis) ist aber auch Cosinus gebräuchlich.

In Tabelle 4.1 siehst du einige spezielle Werte von Sinus und Kosinus, die man auswendig kennen sollte. Woher diese Werte kommen, zeigt Aufgabe 4.4.

α	$30°$	$45°$	$60°$
$\sin\alpha$	$\frac{1}{2}$	$\frac{\sqrt{2}}{2}$	$\frac{\sqrt{3}}{2}$
$\cos\alpha$	$\frac{\sqrt{3}}{2}$	$\frac{\sqrt{2}}{2}$	$\frac{1}{2}$

Tabelle 4.1

Ist x das Bogenmaß des Winkels α, dann kommt x nicht mehr als Größe in einem rechtwinkligen Dreieck vor (weil x die Länge eines Kreisbogens ist), aber da x und α denselben Winkel beschreiben, legt man einfach fest:

$$\sin x \overset{\text{def}}{=} \sin\alpha \qquad \text{und} \qquad \cos x \overset{\text{def}}{=} \cos\alpha.$$

So ist z.B. $\sin\frac{\pi}{6} = \frac{1}{2}$, da $\alpha = 30°$ das Gradmaß zu $x = \frac{\pi}{6}$ ist und $\sin 30° = \frac{1}{2}$ gilt.

Die Definitionen für Sinus & Co. am rechtwinkligen Dreieck sind allerdings nur sinnvoll für Winkel α mit $0° < \alpha < 90°$, denn für $\alpha \geqslant 90°$ gibt es ja kein rechtwinkliges Dreieck mehr, welches α als Innenwinkel enthält.
Mit Hilfe des Einheitskreises $\mathbb{E}$ lassen sich Sinus & Co. jedoch leicht auf beliebige Winkel ausdehnen. Betrachte zunächst das graue rechtwinklige Dreieck in Abbildung 4.4 links: Da wir uns auf $\mathbb{E}$ bewegen, hat dessen Hypotenuse die Länge 1, und es gilt:

$$\cos\alpha = \frac{u}{1} = u \qquad \text{sowie} \qquad \sin\alpha = \frac{v}{1} = v.$$

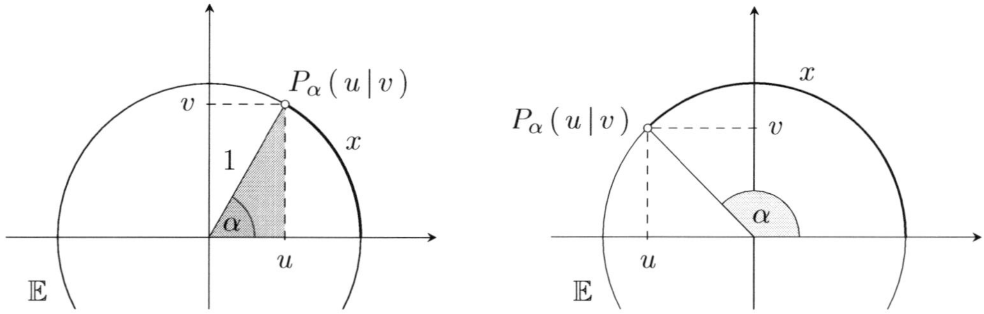

Abbildung 4.4

Somit sind die Koordinaten u und v des zum Winkel α (bzw. Bogenmaß x) gehörenden Punkts $P_\alpha \in \mathbb{E}$ (bzw. P_x) nichts anderes als Kosinus und Sinus des Winkels:

$$P_\alpha\,(\cos\alpha \,|\, \sin\alpha) \qquad \text{bzw.} \qquad P_x\,(\cos x \,|\, \sin x).$$

Jetzt kommt's: Ist α ein *beliebiger* Winkel und $P_\alpha\,(u\,|\,v)$ der zugehörige Punkt auf $\mathbb{E}$, dann *definieren* wir dessen Koordinaten einfach als Kosinus und Sinus von α, ohne dass wir ein Dreieck dazu brauchen.

Hast du also in Abbildung 4.4 rechts die Koordinaten u und v gefunden (zeichnerisch oder rechnerisch), dann kennst du auch $\cos\alpha = u$ und $\sin\alpha = v$.

Beispiel 4.2 Zu $\alpha = 0°$ gehört der Punkt $P_{0°}\,(1\,|\,0) \in \mathbb{E}$. Da dessen x-Koordinate 1 (dieses x hier nicht mit dem Bogenmaß verwechseln) und die y-Koordinate 0 beträgt, gilt laut unserer neuen Definition[2]

$$\cos 0° = 1 \qquad \text{und} \qquad \sin 0° = 0,$$

bzw. im Bogenmaß: $\cos 0 = 1$ und $\sin 0 = 0$. Da man „0 nach rechts und 1 nach oben" laufen muss, um zu $P_{90°}\,(0\,|\,1) \in \mathbb{E}$ zu gelangen, gilt

$$\cos 90° = 0 \qquad \text{und} \qquad \sin 90° = 1,$$

bzw. im Bogenmaß: $\cos\frac{\pi}{2} = 0$ und $\sin\frac{\pi}{2} = 1$.

Somit können wir Tabelle 4.1 erweitern.

α	$0°$	$30°$	$45°$	$60°$	$90°$
$\sin\alpha$	0	$\frac{1}{2}$	$\frac{\sqrt{2}}{2}$	$\frac{\sqrt{3}}{2}$	1
$\cos\alpha$	1	$\frac{\sqrt{3}}{2}$	$\frac{\sqrt{2}}{2}$	$\frac{1}{2}$	0

Tabelle 4.2

Merkregel für die Sinus-Zeile: $\frac{\sqrt{0}}{2}$, $\frac{\sqrt{1}}{2}$, $\frac{\sqrt{2}}{2}$, $\frac{\sqrt{3}}{2}$, $\frac{\sqrt{4}}{2}$. Bei der Kosinus-Zeile genau andersrum; allerdings braucht man sich diese Werte nicht extra merken, da sie aufgrund von $\cos\alpha = \sin(90° - \alpha)$ aus den Sinuswerten folgen (siehe auch Aufgabe 4.5).

Beispiel 4.3 Wir bestimmen $\cos\alpha$ und $\sin\alpha$ für $\alpha = 135°$ (sprich $x = \frac{3\pi}{4}$). Der Winkel α' in Abbildung 4.5 beträgt

$$\alpha' = 180° - \alpha = 180° - 135° = 45°,$$

d.h. $P_{135°}$ ist der Spiegelpunkt von $P_{45°}$ an der y-Achse. Da wir $\sin 45° = \frac{\sqrt{2}}{2} = \cos 45°$ wissen, folgt

$$P_{135°}\left(-\tfrac{\sqrt{2}}{2}\;\middle|\;\tfrac{\sqrt{2}}{2}\right).$$

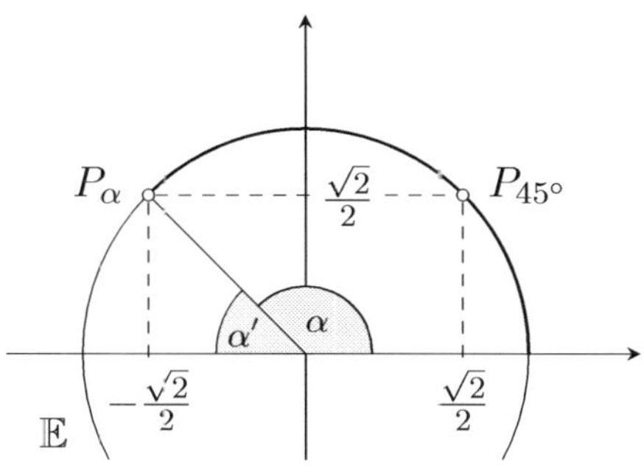

Abbildung 4.5

Somit gilt

$$\cos 135° = -\frac{\sqrt{2}}{2} \qquad \text{und} \qquad \sin 135° = \frac{\sqrt{2}}{2}.$$

Bearbeite jetzt Aufgabe 4.7 so hart, dass du am Ende den Einheitskreis samt aller (Ko)Sinus-Werte deutlich vor deinem geistigen Auge siehst.

[2]Unsere alte Definition ist nicht anwendbar, da es kein rechtwinkliges Dreieck mit $\alpha = 0°$ gibt!

Merke: Ist P_α der zum Winkel α bzw. zum Bogenmaß x gehörige Punkt auf dem Einheitskreis, so besitzt er die Koordinaten

$$P_\alpha(\cos\alpha \mid \sin\alpha) \qquad \text{bzw.} \qquad P_x(\cos x \mid \sin x).$$

Anders ausgedrückt: $\cos\alpha$ gibt an, wie weit du nach rechts (oder links, falls $\cos\alpha < 0$) laufen musst, um dich auf Höhe von P_α zu befinden; $\sin\alpha$ gibt an, wie weit du dazu nach oben (oder unten) laufen musst.
Somit kann man Sinus und Kosinus von α (bzw. von x) als *vorzeichenbehaftete Längen der Pfeile* in Abbildung 4.6 ablesen. Zeigt ein Pfeil nach rechts oder nach oben, dann nimmt man einfach seine Länge; zeigt er nach links oder nach unten, so ist ein Minuszeichen vor dessen Länge zu setzen. Im Bild ist also $\cos\alpha < 0$ und $\sin\alpha > 0$.

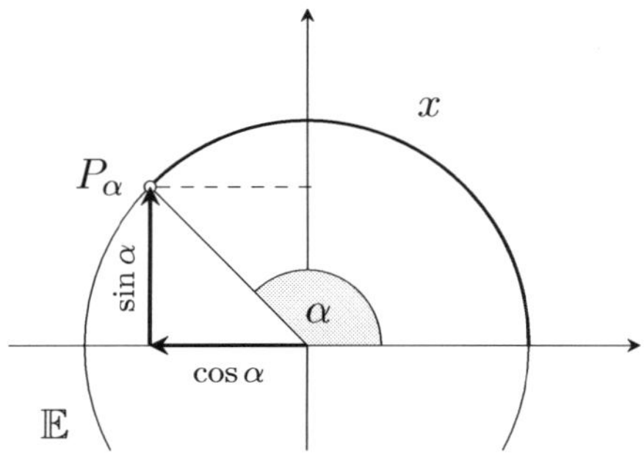

Abbildung 4.6

A **4.3** Die Seitenlängen des Dreiecks in Abbildung 4.7 betragen (ca.)

$a = 1{,}69$ cm, $b = 3{,}63$ cm, $c = 4$ cm.

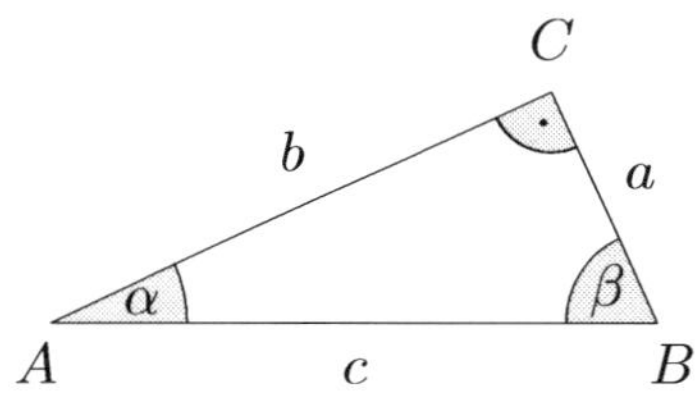

Abbildung 4.7

a) Bestimme Sinus, Kosinus und Tangens der Winkel α und β. Was fällt beim Vergleich der Werte auf? Begründe.

b) Berechne die Größe der Winkel α und β. (Den *Arcussinus*, also die Umkehrung des Sinus, erhält man mit $\sin^{-1}$ am Taschenrechner.)

c) Nun sei $\alpha = 30°$ und $c = 4$ cm.
Berechne daraus die Kathetenlängen des rechtwinkligen Dreiecks ABC.

A **4.4** Leite die Werte von Tabelle 4.1 her, indem du geeignete rechwinklige Dreiecke betrachtest.

A **4.5** Beweise am Einheitskreis, dass für alle $x \in [0; 2\pi)$ (und damit automatisch auch für alle $x \in \mathbb{R}$) der „*trigonometrische Pythagoras*“gilt:

$$\sin^2 x + \cos^2 x = 1.$$

Folgere, dass sich die Kosinus-Zeile in Tabelle 4.2 aus der Sinus-Zeile ergibt.

A 4.6 *Symmetrien von Sinus und Kosinus*

Beweise am Einheitskreis, dass für $x \in [\,0\,;\frac{\pi}{2}\,)$ die folgenden Symmetrieregeln gelten. Dabei bedeutet „$-x$“, dass das Bogenmaß $x > 0$ *im* Uhrzeigersinn abgetragen wird, d.h. dass man auf $\mathbb{E}$ „nach unten läuft“.

a) $\sin(-x) = -\sin x, \qquad \cos(-x) = \cos x.$

b) $\sin(\pi - x) = \sin x, \qquad \cos(\pi - x) = -\cos x,$

$\sin(\pi + x) = -\sin x, \qquad \cos(\pi + x) = -\cos x.$

Tatsächlich gelten diese Regeln für alle $x \in [\,0\,;2\pi\,)$ (und damit auch für alle $x \in \mathbb{R}$), aber um dir lästige Fallunterscheidungen zu ersparen, darfst du dich auf $x \in [\,0\,;\frac{\pi}{2}\,)$ beschränken. Nett, gell?

A 4.7 Bestimme mit Hilfe des Einheitskreises die Werte von Sinus und Kosinus für die folgenden Grad- bzw. Bogenmaße: $120°$, π, $225°$, $\frac{3\pi}{2}$, $330°$, $480°$.

A 4.8 *Tangens am Einheitskreis*

Es sei P_α ein Punkt auf $\mathbb{E}$ mit $\alpha \in (\,0\,;90°\,)$

a) Zeige, dass gilt

$$\tan\alpha = \frac{\sin\alpha}{\cos\alpha}\,.$$

Jetzt geben wir eine geometrische Interpretation des Tangens an $\mathbb{E}$. Dazu sei t die Tangente an $\mathbb{E}$ im Punkt $T\,(\,1\,|\,0\,)$.

b) Verlängere die Strecke OP_α, bis sie t schneidet. Wo in dem entstehenden Dreieck kann man nun $\tan\alpha$ ablesen? Der Tangens heißt deshalb so, weil er etwas mit dieser Tangente zu tun hat.

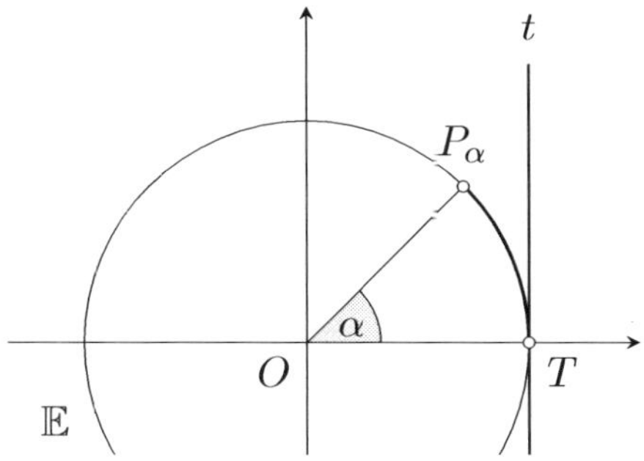

Abbildung 4.8

Mit Hilfe dieser geometrischen Interpretation können wir den Tangens auf beliebige Winkel fortsetzen: Egal wo P_α liegt, verlängere die Strecke OP_α, bis sie (bzw. falls sie) t in S_α schneidet und definiere $\tan\alpha$ als die vorzeichenbehaftete Länge des Pfeils $\overrightarrow{TS_\alpha}$: Zeigt $\overrightarrow{TS_\alpha}$ nach unten, ist $\tan\alpha = -|\overrightarrow{TS_\alpha}| < 0$, ansonsten ist $\tan\alpha = |\overrightarrow{TS_\alpha}| \geqslant 0$.

c) Für welche Winkel ist der Tangens nicht definiert und wie verhält er sich nahe dieser Winkel? Zeige, dass für alle anderen Winkel weiterhin a) gilt.

d) Ergänze in Tabelle 4.2 die Zeile für den Tangens. Was ist $\tan 135°$?

Übrigens: Ist x das Bogenmaß von α, so definieren wir $\tan x = \tan\alpha$.

e) Zeige, dass $\tan(x + \pi) = \tan x$ gilt.

4.3 Schaubilder

4.3.1 Grundfunktionen Sinus und Kosinus

Wir schauen einem Punkt zu, der auf dem Einheitskreis $\mathbb{E}$ rotiert. Er starte bei 0 und drehe sich gegen den Uhrzeigersinn. Befindet er sich beim Bogenmaß x, so lesen wir seine y-Koordinate ab, sprich $\sin x$ (d.h. die Länge des Pfeils in Abbildung 4.9 samt Vorzeichen), und tragen den Punkt $(\, x \mid \sin x \,)$ in einem x-y-Koordinatensystem ab. Vervollständige die Abbildung, indem du an den markierten Punkten die entsprechenden Pfeile (am besten verschiedenfarbig) abträgst.

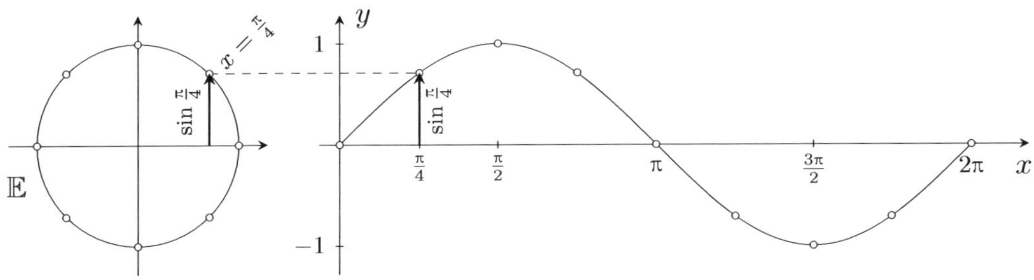

Abbildung 4.9

So erhalten wir die *Sinuskurve*, d.h. das Schaubild K_f mit[3]

$$f(x) = \sin(x).$$

Bislang zwar nur für $x \in [\,0\,;2\pi\,]$, aber die Fortsetzung liegt auf der Hand: Bei $x = 2\pi$ ist der rotierende Punkt einmal ganz um $\mathbb{E}$ gelaufen und befindet sich wieder an seinem Startpunkt, d.h. die Kurve läuft ab hier exakt weiter wie ab $x = 0$. Bei $x = 4\pi$ ist der Punkt zweimal um $\mathbb{E}$ rum, und auch ab hier wiederholt sich die Kurve, usw.; d.h. wir kennen die Sinuskurve für alle $x \geqslant 0$.
Aufgrund der Symmetrieeigenschaft des Sinus,

$$\sin(-x) = -\sin(x)$$

(siehe Aufgabe 4.6), ist die Sinusfunktion punktsymmetrisch zum Ursprung, also erhält man $K_{\sin}$ für $x < 0$ durch Spiegeln des „rechten" Teils der Kurve am Ursprung. Damit kennen wir die Sinuskurve auf ganz $\mathbb{R}$:

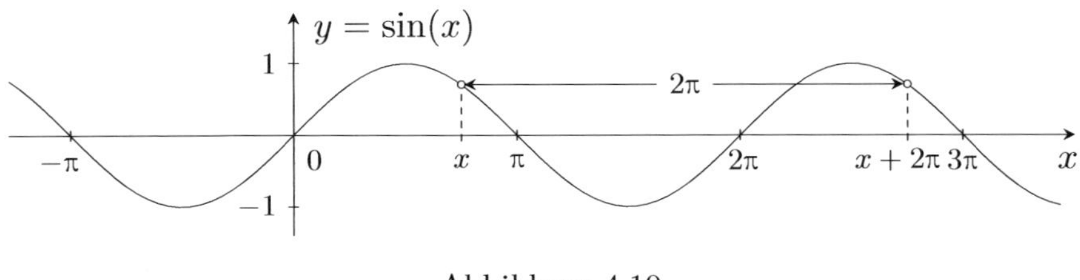

Abbildung 4.10

[3] In Einklang mit der Schreibweise $f(x)$ schreiben wir für die Sinusfunktion $\sin(x)$ statt nur $\sin x$. Du kannst die Klammern aber auch weglassen, wenn sie dich nerven.

Eine wichtige Eigenschaft der Sinusfunktion, die wir bei anderen Funktionen bisher nicht kennen, ist ihre *Periodizität*: Läuft man auf der x-Achse um 2π weiter, egal von welchem x aus, so hat die Sinusfunktion dort wieder denselben Funktionswert wie an der Startstelle (siehe Abbildung 4.10). Formelmäßig ausgedrückt:

$$\sin(x + 2\pi) = \sin(x) \qquad \text{für alle } x \in \mathbb{R}.$$

Dies stimmt zwar auch für 4π, 6π usw., aber 2π ist die *kleinste* (positive) Zahl mit dieser Eigenschaft und heißt daher *Periode* der Sinusfunktion.
Die Nullstellen der Sinusfunktion liegen bei $x = 0$, π, 2π usw. (dort, wo der rotierende Punkt auf $\mathbb{E}$ sich auf der Horizontal-Achse befindet), und aus Symmetriegründen auch bei den entsprechenden negativen Werten. Dies kann man kurz so aufschreiben: Die Nullstellen der Sinusfunktion liegen bei

$$x_k = k \cdot \pi, \quad k \in \mathbb{Z}.$$

Denn wenn k alle ganzen Zahlen $\mathbb{Z} = \{\dots, -2, -1, 0, 1, 2, \dots\}$ durchläuft, dann nimmt x_k wie gewünscht die Werte in $\{\dots, -2\pi, -\pi, 0, \pi, 2\pi, \dots\}$ an.
Die Extremstellen der Sinuskurve liegen genau in der Mitte zwischen den Nullstellen (dort, wo der rotierende Punkt auf $\mathbb{E}$ sich am höchsten bzw. tiefsten Punkt befindet). Das Maximum beträgt 1 und wird für $x = \frac{\pi}{2}$ angenommen, während das Minimum -1 bei $x = \frac{3\pi}{2}$ entsteht. Aufgrund der 2π-Periodizität gilt

$$\sin(x) = 1 \quad \text{für } x = \tfrac{\pi}{2} + k \cdot 2\pi,\ k \in \mathbb{Z}$$

und entsprechend $\sin(x) = -1$ für $x = \frac{3\pi}{2} + k \cdot 2\pi$, $k \in \mathbb{Z}$.
All diese Tatsachen sollten dir zwar längst bekannt sein, aber wiederholen schadet ja nix. Die Ableitungsregel des Sinus ist uns ebenfalls vertraut (siehe Kapitel 1):

$$\sin'(x) = \cos(x),$$

die aber so nur gilt, wenn x das Bogenmaß des Winkels ist! Im Gradmaß gilt nämlich $\sin'(\alpha) = \frac{\pi}{180°}\cos(\alpha)$ („ $'$ " bedeutet hier Ableitung nach α). Um das störende $\frac{\pi}{180°}$ zu vermeiden, arbeiten wir bei trigonometrischen Funktionen in der Analysis stets mit dem Bogenmaß.

> **Merke:** Die Sinusfunktion ist 2π-periodisch, d.h. $p = 2\pi$ ist die kleinste (positive) Zahl mit der Eigenschaft $\sin(x + 2\pi) = \sin(x)$ für alle $x \in \mathbb{R}$.
> Die Sinuskurve verläuft punktsymmetrisch zum Ursprung und ihre Nullstellen liegen bei $x_k = k \cdot \pi$, $k \in \mathbb{Z}$.
> Ihre Extrempunkte sind $H_k\left(\frac{\pi}{2} + k \cdot 2\pi \,\middle|\, 1\right)$ und $T_k\left(\frac{3\pi}{2} + k \cdot 2\pi \,\middle|\, -1\right)$ mit $k \in \mathbb{Z}$.
> Für die Ableitung gilt $\sin'(x) = \cos(x)$ (wichtig: x im Bogenmaß).

A **4.9** Dasselbe Spielchen für die Kosinuskurve (in Abbildung 4.9 einzeichnen). „Begründe" $\sin'(x) = \cos(x)$ grafisch anhand beider Schaubilder.

4.3.2 Verschieben

a) in y-Richtung: Das ist der einfachste Fall, denn bei

$$f(x) = \sin(x) \pm d,$$

$d > 0$ eine beliebige aber feste Zahl, wird einfach jeder Sinuswert $\sin(x)$ um die Zahl d erhöht bzw. vermindert. Bei „$+d$" wird dadurch die gewöhnliche Sinuskurve um d nach oben verschoben, und für „$-d$" wird sie um d nach unten verschoben[4]. Siehe Abbildung 4.11 für $d = 1{,}5$.

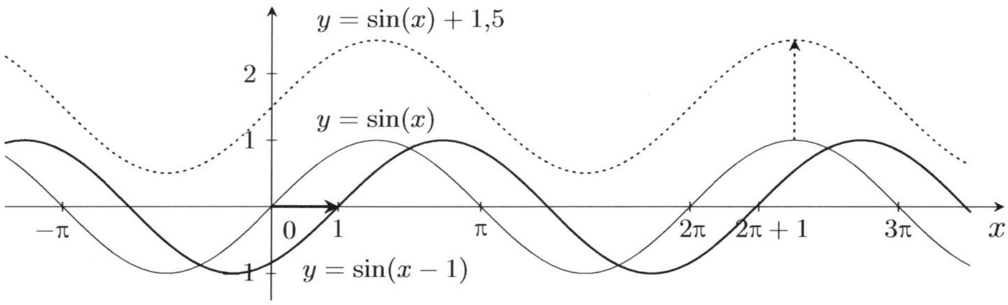

Abbildung 4.11

b) in x-Richtung: Auf den ersten Blick könnte man meinen, dass z.B. bei

$$f(x) = \sin(x - 1)$$

eine Verschiebung um 1 nach *links* stattfindet (denn -1 heißt ja „1 ins Negative"), was aber laut Abbildung 4.11 *falsch* ist, denn die gewöhnliche Sinuskurve wurde um 1 nach *rechts* verschoben! Das kann man folgendermaßen verstehen: Die erste Nullstelle von $\sin(\heartsuit)$ liegt normalerweise bei 0; wurde das Argument aber zu $\heartsuit = x - 1$ abgeändert, dann muss man $x = +1$ einsetzen, um auf $\heartsuit = 0$ zu kommen, d.h. die erste Nullstelle von $\sin(x-1)$ liegt bei $x = 1$, also 1 weiter rechts. Generell werden alle Funktionswerte bei $\sin(x-1)$ erst um 1 „später" angenommen als bei $\sin(x)$, d.h. das Schaubild wurde um 1 nach rechts verschoben.
Ganz allgemein (nicht nur für $f(x) = \sin(x)$) wird beim Übergang von $f(x)$ zu $f(x-1)$ das Schaubild von f um 1 nach rechts verschoben, bzw. bei $f(x - c)$ mit $c > 0$ um c nach rechts. Für $c < 0$ umgekehrt: Für z.B. $c = -2$, also $f(x + 2)$, wird K_f um 2 nach links verschoben, denn man muss z.B. $x = -2$ einsetzen, um $f(0)$ zu erhalten, was bei $f(x)$ erst für $x = 0$ angenommen wird.

Merke: Es seien c, d *positive* reelle Zahlen.
Das Schaubild von $\sin(x) \pm d$ ist eine um d in y-Richtung verschobene Sinuskurve („+": um d nach oben; „−": um d nach unten).
Das Schaubild von $\sin(x \pm c)$ ist eine um c in x-Richtung verschobene Sinuskurve („+": um c nach links(!); „−": um c nach rechts(!)).

[4]Man kann auch gleich beide Fälle in $\sin(x) + d$ mit $d \in \mathbb{R}$ zusammenfassen.

4.3.3 Stauchen und Strecken

a) in y-Richtung: Multipliziert man $\sin(x)$ mit $a > 0$, d.h. bildet man

$$f(x) = a \cdot \sin(x),$$

dann wird einfach jeder Funktionswert mal a genommen. Für $a > 1$ wird dadurch die Sinuskurve in y-Richtung gestreckt, während sie für $0 < a < 1$ gestaucht wird. Ist $a < 0$, so wird zusätzlich zur Streckung/Stauchung um $|a|$ noch das Vorzeichen eines jeden Funktionswerts umgedreht, d.h. das Schaubild wird an der x-Achse gespiegelt.

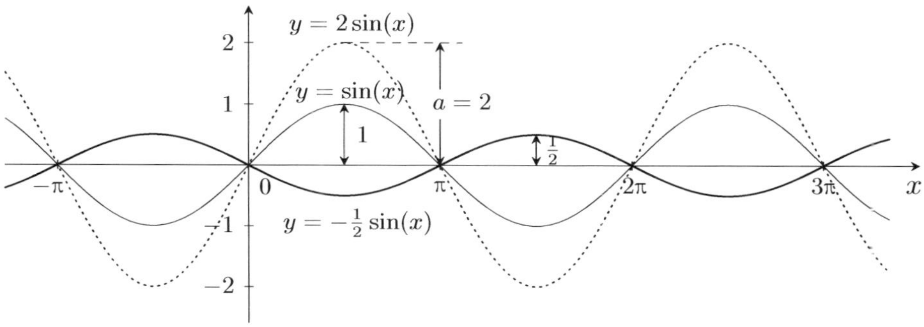

Abbildung 4.12

Unter der *Amplitude* einer Sinuskurve versteht man den größten Abstand der Kurve zu ihrer „Mittelwert-Linie", sprich zur x-Achse, falls die Sinuskurve nicht in y-Richtung verschoben wurde. In Abbildung 4.12 sieht man: Die normale Sinuskurve besitzt die Amplitude 1, die gestreckte Kurve die Amplitude 2, und die gestauchte Kurve $|-\frac{1}{2}| = \frac{1}{2}$ (Achtung: Die Amplitude ist immer positiv).

Merke: Die Amplitude der Sinuskurve $y = a \cdot \sin(x)$ ist $|a|$.
Im Fall $0 < |a| < 1$ wird die normale Sinuskurve in y-Richtung gestaucht, für $|a| > 1$ wird sie gestreckt. Bei $a < 0$ wird sie zusätzlich noch an der x-Achse gespiegelt.

b) in x-Richtung: Dies ist der wichtigste Fall, da hierbei die Periode der Sinuskurve geändert wird, was in Anwendungsaufgaben eine Rolle spielt (welche „alltägliche" Sinuskurve besitzt schon eine Periode von 2π?). Wir betrachten

$$f(x) = \sin(bx)$$

mit $b > 0$. Das genügt, denn bei negativem Vorfaktor folgt aufgrund der Symmetrie des Sinus

$$\sin(-bx) = -\sin(bx)$$

und wir sind wieder im Fall „Vorfaktor > 0", inklusive einer Spiegelung an der x-Achse.

In Abbildung 4.13 erkennst du, dass für $b = 2$ die Periode der normalen Sinuskurve halbiert wird, während $b = \frac{1}{2}$ zu einer Verdopplung der Periode führt. Dies ist auch leicht zu verstehen: Der gewöhnliche Sinus, $\sin(\heartsuit)$, wiederholt sich zum ersten Mal, sobald $\heartsuit = 2\pi$ wird. Ist nun $\heartsuit = 2x$, so muss x nur noch π sein, damit $\heartsuit = 2\pi$ wird, d.h. $\sin(2x)$ wiederholt sich bereits ab $x = \pi$ zum ersten Mal, d.h. die Periode ist $\frac{2\pi}{2} = \pi$. Für $\heartsuit = \frac{1}{2}x$ (also $b = \frac{1}{2}$) muss hingegen $x = 4\pi$ sein, damit $\heartsuit = 2\pi$ wird, d.h. die Periode von $\sin(\frac{1}{2}x)$ steigt auf $\frac{2\pi}{\frac{1}{2}} = 4\pi$.

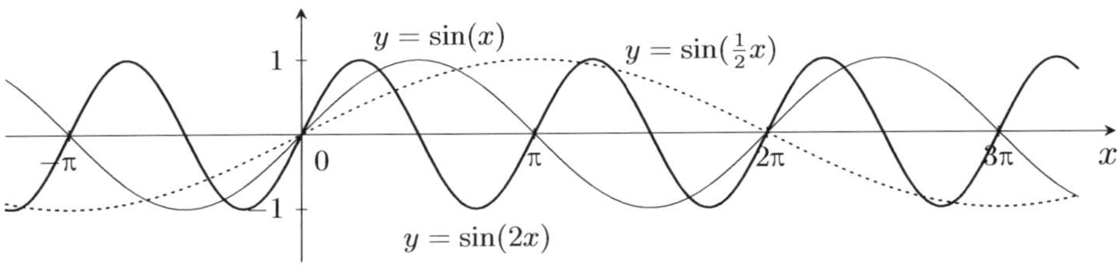

Abbildung 4.13

Diese Erkenntnis lässt sich leicht auf beliebiges $b > 0$ verallgemeinern.

Merke: Der Faktor $b > 0$ in $f(x) = \sin(bx)$ ändert die Periode p von 2π zu

$$p = \frac{2\pi}{b}.$$

Für $b > 1$ sinkt die Periode, d.h. die Sinuskurve ist in x-Richtung gestaucht („sie oszilliert schneller“). Im Fall $0 < b < 1$ steigt die Periode (wir teilen durch eine Zahl kleiner 1), d.h. die Sinuskurve ist in x-Richtung gestreckt.

4.3.4 Die allgemeine Sinusfunktion

Wenn wir an allen vier Schrauben in der Funktionsgleichung drehen, erhalten wir die sogenannte *allgemeine Sinusfunktion*[5]

$$f(x) = a \cdot \sin\big(b(x - c)\big) + d$$

mit Konstanten a, b, c, $d \in \mathbb{R}$, wobei wir $b > 0$ voraussetzen dürfen (siehe Ausklammerargument oben). Sie besitzt folgende Eigenschaften:

- ihre Amplitude ist $|a|$,
- ihre Periode ist $\frac{2\pi}{b}$,
- sie ist um c in x-Richtung verschoben (Vorzeichen von c bestimmt, ob nach links oder rechts),
- sie ist um d in y-Richtung verschoben (Vorzeichen von d bestimmt, ob nach oben oder unten).

[5] Falls du dich über die Diskriminierung des Kosinus wunderst, den wir hier ja gar nie erwähnen: Jede Kosinuskurve kann als eine geeignet verschobene Sinuskurve dargestellt werden.

Beispiel 4.4 Ordne in Abbildung 4.14 die Schaubilder den Funktionsgleichungen

$$f_1(x) = \frac{1}{2}\sin\Big(4\Big(x + \frac{\pi}{4}\Big)\Big) + 2 \qquad \text{und} \qquad f_2(x) = \frac{3}{2}\sin\Big(\frac{1}{4}(x - \pi)\Big) - 1$$

zu. Zeichne zudem Amplitude, Periode und Verschiebungen in x- und y-Richtung mit ein. Tipp: Es hilft, vor allem bei der gestrichelten Kurve, die „Mittelwert-Linie" einzuzeichnen, also die Parallele zur x-Achse, die genau in der Mitte zwischen Hoch- und Tiefpunkten der Kurve verläuft. Diese besitzt die Gleichung $y = d$, denn ein in y-Richtung unverschobener Sinus besitzt $y = 0$ (die x-Achse) als Mittelwert-Linie.

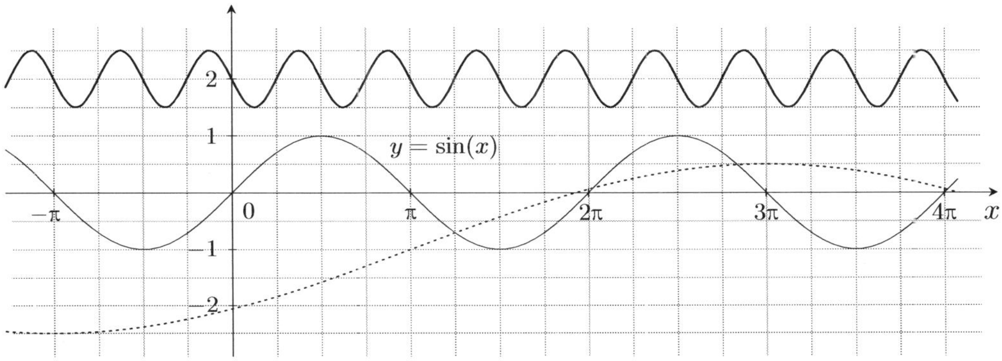

Abbildung 4.14

Interessanter ist der Fall, wo nur ein Schaubild gegeben ist und man die zugehörige Funktionsgleichung bestimmen soll. Betrachte dazu das gepunktete Schaubild.

- Da man die volle Periode am Schaubild hier nicht erkennen kann, muss man anders vorgehen. Man liest den Hochpunkt $H\,(\,3\pi\,|\,0{,}5\,)$ und den benachbarten Tiefpunkt $T\,(\,-\pi\,|\,-2{,}5\,)$ ab. Der x-Abstand zwischen beiden, $3\pi - (-\pi) = 4\pi$, ist eine halbe Periode, also ist $p = 8\pi$, d.h. $b = \frac{2\pi}{p} = \frac{1}{4}$.
- Die Mittelwert-Linie ist hier $y = \frac{1}{2}(y_{\max} + y_{\min}) = \frac{-2}{2} = -1$, also ist $d = -1$.
- Die Mittelwert-Linie schneidet die Kurve bei $x = \pi$, woran man erkennt, dass eine Verschiebung um π nach rechts vorliegt, also $c = \pi$ ist.
- Der y-Abstand der Mittelwert-Linie zum Hochpunkt beträgt $0{,}5 - (-1) = 1{,}5$, was der Amplitude a entspricht. Alternativ kann man auch die Tatsache verwenden, dass der y-Abstand von Tief- und Hochpunkt der doppelten Amplitude entspricht, also $a = \frac{1}{2}(y_{\max} - y_{\min}) = \frac{0{,}5-(-2{,}5)}{2} = \frac{3}{2}$.

Merke: Kennt man Maximum und Minimum einer Sinuskurve, dann erhält man ihre Amplitude a und ihre y-Verschiebung d durch

$$a = \frac{y_{\max} - y_{\min}}{2} \qquad \text{und} \qquad d = \frac{y_{\max} + y_{\min}}{2}\,.$$

Die Gleichung der Mittelwert-Linie ist $y = d$.

Beispiel 4.5 Es gibt eine böse Falle, in die man nicht tappen darf. Betrachte

$$f_1(x) = \sin\Big(\frac{1}{2}(x-\pi)\Big) \qquad \text{und} \qquad f_2(x) = \sin\Big(\frac{1}{2}\,x-\pi\Big).$$

Aufgrund des Faktors $\frac{1}{2}$ ist die Periode beider Funktionen $\frac{2\pi}{\frac{1}{2}} = 4\pi$, und das „$-\pi$" bewirkt eine Verschiebung um π nach rechts – aber bei welcher der beiden?

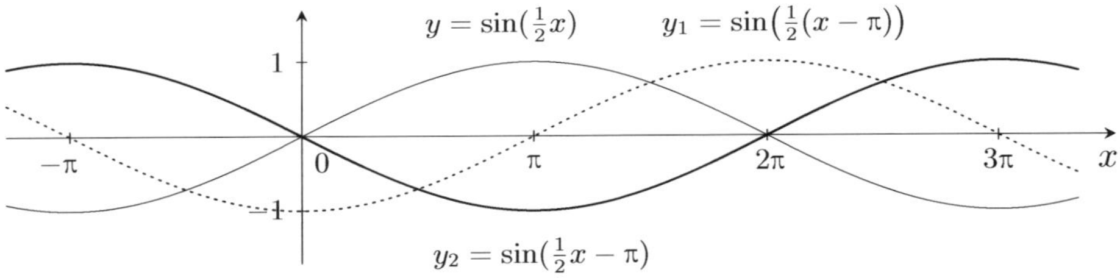

Abbildung 4.15

Laut Abbildung 4.15 nur bei K_{f_1}, denn das Schaubild K_{f_2} entsteht aus dem von $\sin(\frac{1}{2}x)$ durch Verschiebung um 2π nach rechts.
Wenn man sich unsicher ist und keine Schaubilder zur Hand hat, setze man einfach Zahlen ein: Bei einer Verschiebung um π nach rechts wandert die ursprüngliche Nullstelle von $\sin(\frac{1}{2}x)$ von $x=0$ auf $x=\pi$. Wenn man jedoch π in f_2 einsetzt, ergibt sich $f_2(\pi) = \sin(\frac{1}{2}\pi - \pi) = \sin(-\frac{\pi}{2}) = -1 \neq 0$. Bei f_1 hingegen erhält man wie gewünscht $f_1(\pi) = \sin(\frac{1}{2}(\pi-\pi)) = \sin(0) = 0$.
Noch besser: Man bringt f_2 durch Ausklammern von $\frac{1}{2}$ auf Standardform $\sin(b(x-c))$,

$$f_2(x) = \sin\Big(\frac{1}{2}\,x-\pi\Big) = \sin\Big(\frac{1}{2}\,(x-2\pi)\Big),$$

und erkennt nun auf einen Blick, dass 2π die korrekte Verschiebung nach rechts ist.

Merke: Das Schaubild von $\sin(b(x-c))$ entsteht durch Verschieben des Schaubilds von $\sin(bx)$ um c in x-Richtung.
An einer Funktionsgleichung der Form $f(x) = \sin(bx - \tilde{c})$ lässt sich die Verschiebung NICHT direkt ablesen; erst nach Ausklammern von b erhält man $f(x) = \sin\big(b(x - \frac{\tilde{c}}{b})\big)$ und erkennt $\frac{\tilde{c}}{b}$ als korrekte Verschiebezahl von $\sin(bx)$.

✎ ✎ ✎

A 4.10 Gib die Funktionsgleichungen der drei Schaubilder in Abbildung 4.16 als allgemeine Sinusfunktionen an.

A 4.11 Zeichne die Schaubilder von

$$f_1(x) = -2\sin(2x-\pi) \qquad \text{und} \qquad f_2(x) = \sin(2\pi x + \pi) + 1.$$

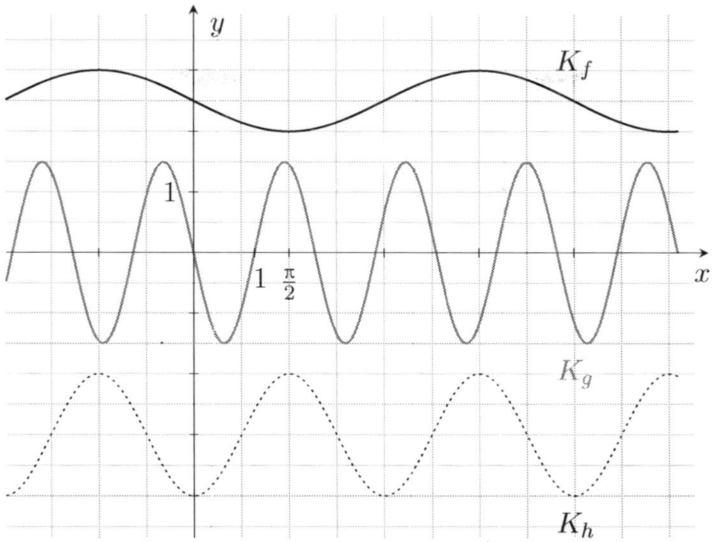

Abbildung 4.16

A **4.12** Gib die Funktionsgleichung einer Sinusfunktion an, deren Schaubild in $\left(\frac{\pi}{2} \mid 3{,}5\right)$ einen Hochpunkt und in $(\pi \mid 0{,}5)$ einen Tiefpunkt besitzt.
Zusatz: Gib möglichst viele solcher Funktionsgleichungen an.

4.3.5 Die Tangenskurve

So sieht es aus ...

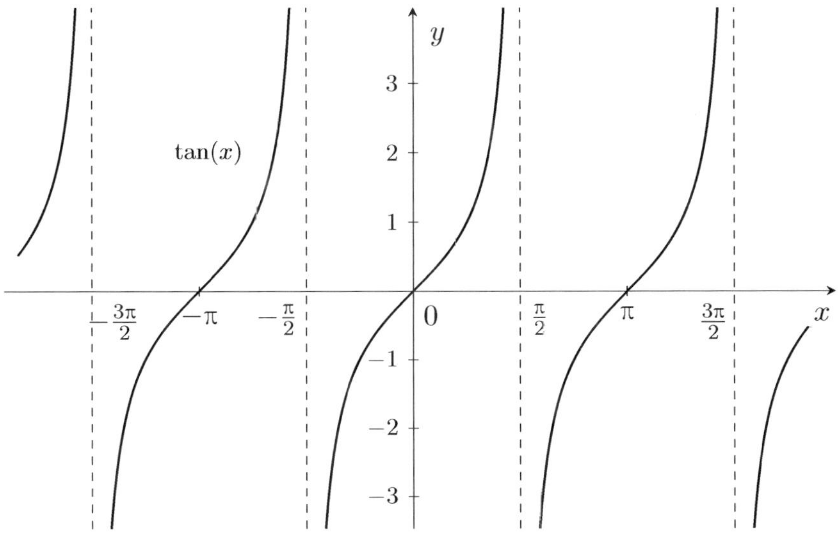

Abbildung 4.17

... wenn man das Schaubild von

$$f(x) = \tan(x) = \frac{\sin(x)}{\cos(x)}$$

zeichnet. Folgende Dinge springen ins Auge (siehe dazu auch Aufgabe 4.8):

- Die Tangensfunktion ist an den Nullstellen des Kosinus (der im Nenner steht), also für $x \in N = \{\ldots, -\frac{3\pi}{2}, -\frac{\pi}{2}, \frac{\pi}{2}, \frac{3\pi}{2}, \ldots\}$, nicht definiert. Die Tangenskurve besitzt an diesen Stellen PmZe (Pole mit Zeichenwechsel).
- Die Periode des Tangens ist π, d.h. π ist die kleinste Zahl mit der Eigenschaft, dass für alle $x \in D_{\tan} = \mathbb{R} \setminus N$ gilt

$$\tan(x + \pi) = \tan(x).$$

- Die Tangenskurve ist punktsymmetrisch zum Ursprung, d.h.

$$\tan(-x) = -\tan(x) \qquad \text{für alle } x \in D_{\tan}.$$

- Die Nullstellen des Tangens sind die Nullstellen des Sinus: $x = k \cdot \pi$ mit $k \in \mathbb{Z}$.

Da die Tangenskurve im (BaWü-)Abitur keine Rolle mehr spielt, begnügen wir uns mit diesem Kurzabriss. Beim Lösen von trigonometrischen Gleichungen ist eine Kenntnis der Eigenschaften des Tangens allerdings manchmal nützlich.

4.4 Beschreiben periodischer Vorgänge

Viele Prozesse in der Natur und Technik verlaufen zeitlich oder räumlich periodisch und lassen sich (zumindest näherungsweise) durch Sinusfunktionen beschreiben.

Beispiel 4.6 In Abbildung 4.18 ist die Tageslänge T, also die Zeitspanne zwischen Sonnenauf- und -untergang, in Reutlingen für 2017 dargestellt. Die Kringel geben die tatsächliche Tageslänge am jeweils ersten des Monats an; t steht dabei für den t-ten Tag des Jahres 2017, beginnend mit $t = 1$ (d). Man erkennt den nahezu sinusförmigen Verlauf der Tageslänge, d.h. dass die 12 Messpunkte in guter Näherung auf einer Sinuskurve liegen. Die „beste" solche Sinuskurve bestimmt man mittels Sinus-Regression (GTR oder Geogebra; siehe Aufgabe 4.14). Ihre Funktionsgleichung lautet

$$T(t) = 3{,}83 \cdot \sin\big(0{,}0167(t - 78{,}2)\big) + 12{,}09;$$

t in Tagen (d), T in Stunden (h). Bedeutung der Parameter:

- $d = 12{,}09$ beschreibt die Lage der Mittelwert-Linie, d.h. über das Jahr gemittelt beträgt die Tageslänge in Reutlingen ca. 12 h.
- Die Amplitude $a = 3{,}83$ beschreibt die maximale Abweichung von diesem Mittelwert. Der längste Tag ist demnach $d+a \approx 15{,}9$ (h) lang, während der kürzeste Tag $d - a \approx 8{,}3$ (h) dauert.

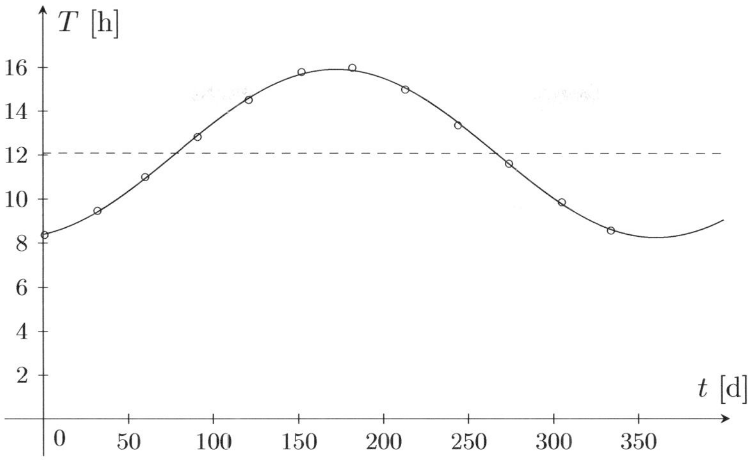

Abbildung 4.18

- $b = 0{,}0167$ bestimmt die Periode der Sinuskurve, die hier $p = \frac{2\pi}{b} \approx 376$ (d) beträgt[6]. Hieran erkennt man deutlich, dass es sich nur um eine Näherungskurve handelt, denn „in echt“ sollte natürlich $p = 365$ (d) sein (genauer: $365\frac{1}{4}$).
- $c = 78{,}2$ ist die Verschiebung in t-Richtung um ca. 78 Tage nach rechts.

Schauen wir uns noch an, wie gut die Vorhersagen unseres Modells mit den tatsächlichen Werten übereinstimmen: Der längste Tag (Sommersonnenwende am 21. Juni 2017) dauerte real 16 h 4 min, also 16,07 h, d.h. der Maximalwert von 15,9 h unserer Näherungskurve ist um ca. 1 % zu klein.
Der kürzeste Tag (Wintersonnenwende am 21. Dezember 2017) hat in echt eine Dauer von 8 h 16 min, d.h. 8,27 h, was unser Modellwert von 8,3 h nur um 0,4 % überschreitet. Die Sinus-Regressionskurve liefert hier also eine sehr gute Näherung.
Noch ein Blick in die Zukunft: Unser Modell liefert für den 14. Februar 2018, also für $t = 410$ (d) ($365 + 31 + 14$ ab 1. Januar 2017), eine Tageslänge von $T(410) = 9{,}50$ (h), was vom tatsächlichen Wert 10 h 8 min bereits erheblich abweicht. Dies konnte man schon daran erahnen, dass die Periodendauer unserer Näherungskurve ca. 11 Tage zu groß ist.

Übrigens: Die tatsächliche Berechnung der Tageslänge ist weitaus komplizierter als unsere simple Sinus-Näherung erahnen lässt. Lass einfach mal die folgende Formel auf dich wirken, während du mit den Ohren schlackerst!

$$T(\varphi, \alpha) = \frac{24}{\pi} \arccos\left(-\frac{\tan(\varphi)\sin(\delta_0)}{\sqrt{\cot^2(\alpha) + \cos^2(\delta_0)}} \right) + \frac{1}{9} \frac{1}{\sqrt{\cos^2(\varphi) - \sin^2(\varepsilon_0)\sin^2(\alpha)}}$$

Die Zeitabhängigkeit steckt dabei im Winkel $\alpha = \alpha(t)$. Was die Symbole im Einzelnen bedeuten und eine Herleitung dieser Formel findest du in [Kle].

[6]Eigentlich verwendet man stets den Buchstaben T für eine zeitliche Periodendauer, aber T ist hier bereits für die Tageslänge vergeben. Deal with it!

Beispiel 4.7 Der Höchststand der Sonne über einem festen Ort (gemessen als Winkel gegenüber dem Horizont) ändert sich im Laufe eines Jahres nahezu sinusförmig. Mathematisch gesehen läuft dies völlig analog zum vorigen Beispiel, weshalb wir auf Details verzichten.

A 4.13 Eine Stimmgabel schwingt mit einer Frequenz von $f = 440$ Hz. Zeichnet man den dabei erzeugten Ton mit Mikrofon und Oszilloskop (bzw. im 21. Jahrhundert eher mit einem Smartphone und geeigneter App) auf, so sieht man eine nahezu perfekte Sinuskurve mit der Gleichung

$$s(t) = \widehat{s} \cdot \sin(\omega t).$$

Erläutere die Bedeutung der beiden Parameter und rechne ω aus. Für eine zeitliche Periode schreibt der Physiker T statt p und für den entsprechenden Vorfaktor im Sinus dann ω (omega) statt b.

A 4.14 *Temperaturschwankungen im Schwabenländle*

Tabelle 4.3 zeigt die mittlere Tagestemperatur in Reutlingen in den ungeraden Monaten[7] des Jahres 2016. (Das ϑ ist ein kleines griechisches Theta und steht für die Temperatur in Grad Celsius; der Querstrich bedeutet Mittelwert.)

t [Monate]	1	3	5	7	9	11
$\overline{\vartheta}$ [°C]	2,6	4,7	13,6	20,0	17,4	4,5

Tabelle 4.3

a) Ist es sinnvoll, den Verlauf von $\overline{\vartheta}(t)$ mit Hilfe einer Sinus-Funktion zu modellieren? Stelle dazu die Messwerte grafisch dar.

   Anleitung: Bei Geogebra kannst du direkt die Punkte als (1 , 2.6) in der Eingabezeile eintippen (Achtung: Kommazahlen werden mit Punkt statt Komma eingegeben). Beim GTR ist es etwas komplizierter:

   – Erfasse die Messwerte zunächst mit dem Listeneditor `STAT` `EDIT`; die t-Werte in `L1`, die $\overline{\vartheta}(t)$-Werte in `L2`.
   – Aktiviere mit `[STAT PLOT]` (`2nd` `Y=`) `Plot 1 – On` das Plot-Menü.
   – Stelle mit `WINDOW` einen geeigneten Zeichenbereich ein und plotte die Punkte mit `GRAPH` (der Funktionseditor `Y=` muss dabei leer sein).

b) Lege durch diese Punkte eine Sinus-Regressionskurve.

   Anleitung: Mit Geogebra ein Kinderspiel; einfach TrendSin[{A, B, C, D, E, F}] eingeben, wobei A, ..., F deine eingegebenen Messpunkte sind. Mit GTR:

[7] Die Tagestemperaturen sind selbst bereits ein Mittelwert über die Temperaturen im Tagesverlauf, und diese werden dann nochmals über den Monat gemittelt.

- Wähle im STAT [CALC]-Menü Punkt `C: SinReg` aus (Sinus-Regression).
- Gib im Hauptmenü `SinReg L1, L2, Y1` ein.
- Der GTR bestimmt die Regressionsfunktion `a*sin(bx+c)+d`, die er unter `Y1` abspeichert und die mit GRAPH gezeichnet werden kann.

c) Wie groß ist nach diesem Modell die mittlere Tagestemperatur im April und August? Vergleiche mit den realen Werten 8,9 °C (April) und 19,3 °C (August).

A 4.15 *Gezeiten*

Auf dem ostfriesischen Inselchen Spiekeroog betrug der Wasserstand an einer Messstelle am 21. Juli 2017 um 4:18 Uhr 0,6 m (Niedrigwasser / Ebbe) und um 10:31 Uhr 3,3 m (Hochwasser / Flut).

a) Die Wasserhöhe lässt sich näherungsweise durch eine Sinusfunktion modellieren. Bestimme deren Funktionsgleichung aus den beiden gegebenen Werten.

b) Wann ist laut diesem Modell ein zweites Mal Ebbe und Flut am 21. Juli? Vergleiche mit den realen Werten: Ebbe um 16:59 Uhr mit 0,5 m und Flut um 23:04 Uhr mit 3,3 m.

c) Der Weltmeister im Auf-einem-Bein-im-Meer-stehen-und-dabei-Nasebohren ist für einen neuen Rekordversuch auf Spiekeroog. Wie lange kann er bei einer Nasenhöhe von 1,7 m an diesem Tag maximal im Meer stehen? (Grafisch lösen, falls kein GTR oder Geogebra zur Verfügung steht.)

d) Wie groß ist der mittlere Wasserstand (siehe Seite 63) an diesem Tag? Achtung: Warum kann man den Mittelwert hier nicht direkt an der Sinusfunktion ablesen?

e) Um wie viel Uhr nimmt der Wasserstand am schnellsten zu und wie groß ist die maximale Änderungsrate? Zusatz: Welche anschauliche Bedeutung besitzt diese Zahl?

4.5 Trigonometrische Gleichungen

Eine Gleichung wie z.B.

$$\sin(x) - \cos(x) = 0 \qquad \text{oder} \qquad \sin^2(x) = \tan(x),$$

in der die gesuchte Variable x im Argument einer oder mehrerer trigonometrischer Funktionen steht, heißt *trigonometrische Gleichung*. Das x darf auch „normal" vorkommen, wie z.B. in $\sin(x) = x - 1$, allerdings hat man dann selten eine Chance, die Gleichung noch exakt von Hand lösen zu können. Beginnen wir mit einem einfachen Beispiel.

Beispiel 4.8 Wir bestimmen alle $x \in [\,0\,;2\pi\,]$ mit

$$\sin(x) = \frac{1}{2}\,.$$

Die Lösung $x_1 = \frac{\pi}{6}$ ($\alpha_1 = 30°$) erkennt man sofort, zumindest wenn man brav Tabelle 4.2 auswendig gelernt hat. Falls nicht, muss man mit dem Taschenrechner

$$x = \arcsin(0{,}5) \qquad (\text{oder } \sin^{-1}(0{,}5))$$

ausrechnen (am besten im Gradmaß `DEG`, da man sonst von 0,5236 eher nicht auf den exakten Wert $\frac{\pi}{6}$ kommt; neuere Taschenrechner zeigen jedoch den Bruch an).
Die Besonderheit an trigonometrischen Gleichungen ist nun, dass es aufgrund der Symmetrie und Periodizität von sin, cos und tan meist noch weitere Lösungen gibt. Um diese zu finden, kann man sich das Schaubild oder den Einheitskreis zu Hilfe holen (siehe dazu auch Aufgabe 4.6!).

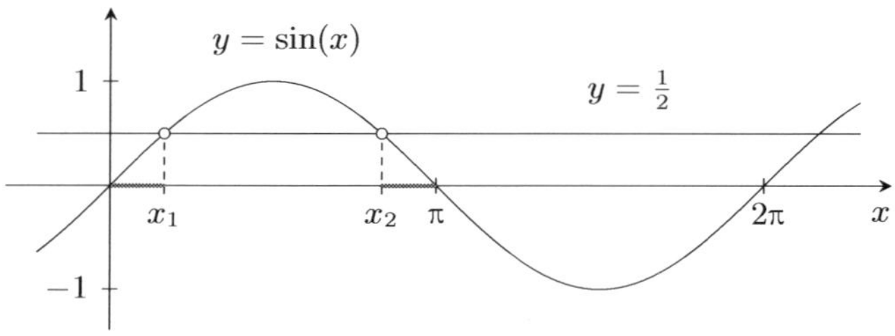

Abbildung 4.19

Schauen wir zuerst das Schaubild an: $\sin(x) = \frac{1}{2}$ bedeutet, dass wir die Schnittpunkte der Sinuskurve mit der Geraden $y = \frac{1}{2}$ suchen. Aus Symmetriegründen – oder mit Hilfe der Beziehung $\sin(\pi - x) = \sin(x)$ aus Aufgabe 4.6 – erkennt man

$$x_2 = \pi - x_1 = \frac{5\pi}{6}$$

als zweite Lösung, und außerdem sieht man, dass es in $[\,0\,;2\pi\,]$ keine weiteren Lösungen mehr gibt. Somit lautet die Lösungsmenge $L = \{\,x_1, x_2\,\} = \{\,\frac{\pi}{6}, \frac{5\pi}{6}\,\}$.

Alternativ kann man auch an $\mathbb{E}$ arbeiten: Wir suchen alle Punkte $P \in \mathbb{E}$, deren y-Pfeil die Länge $\frac{1}{2}$ besitzt und nach oben zeigt. Hat man P_1 (mit $x_1 = \frac{\pi}{6}$) gefunden, so sieht man, dass P_2, der Spiegelpunkt von P_1 an der y-Achse, ebenfalls zum Sinuswert $\frac{1}{2}$ gehört. Sein Bogenmaß ist $x_2 = \pi - x_1 = \frac{5\pi}{6}$ (bzw. sein Gradmaß $\alpha_2 = 180° - \alpha_1 = 150°$), da Q das Bogenmaß π (180°) besitzt. Im 3. und 4. Quadranten gibt es keine weiteren Lösungen, da die Sinuswerte dort negativ sind (die Pfeile zeigen nach unten).

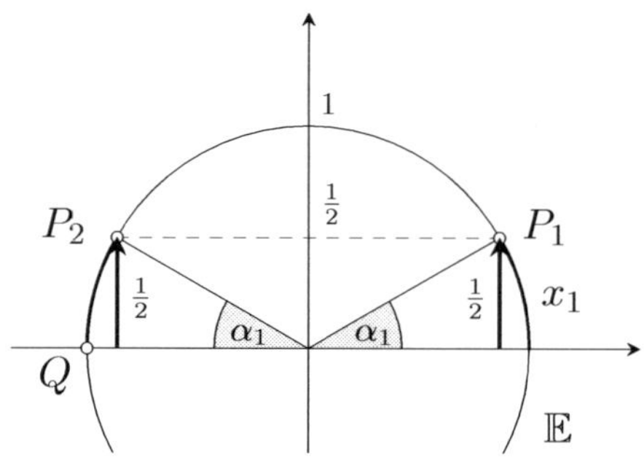

Abbildung 4.20

Beachte: Die Definitionsmenge der Gleichung, hier also die Vorgabe „$x \in [0;2\pi]$“ bestimmt entscheidend das Aussehen der Lösungsmenge mit, wie die nächsten Beispiele zeigen. Dies ist bei trigonometrischen Gleichungen generell der Fall, weil die auftretenden Funktionen periodisch sind.

Beispiel 4.8′ Für welche $x \in [0;4\pi]$ gilt $\sin(x) = \frac{1}{2}$?

Die Lösungen $x_1 = \frac{\pi}{6}$ und $x_2 = \frac{5\pi}{6}$ kennen wir bereits. Da die Sinuskurve die Periode 2π besitzt, bzw. da man nach 2π einmal ganz um den Einheitskreis herum ist, sind nun auch $x_3 = \frac{\pi}{6} + 2\pi$ und $x_4 = \frac{5\pi}{6} + 2\pi$ weitere Lösungen, d.h. es ist $L' = \{\frac{\pi}{6}, \frac{5\pi}{6}, \frac{13\pi}{6}, \frac{17\pi}{6}\}$.

Beispiel 4.8″ Für welche $x \in \mathbb{R}$ gilt $\sin(x) = \frac{1}{2}$?

Nun sind sogar (x_1 und x_2 wie eben)

$$x_{1,k} = x_1 + k \cdot 2\pi \qquad \text{und} \qquad x_{2,k} = x_2 + k \cdot 2\pi$$

für alle beliebigen $k \in \mathbb{Z}$ Lösungen (mache dir das auch nochmal bildlich an der Sinuskurve bzw. an $\mathbb{E}$ klar!). Somit besitzt die Lösungsmenge diesmal nicht nur zwei oder vier, sondern gleich unendlich viele Elemente:

$$L'' = \{ x_1 + k \cdot 2\pi, x_2 + k \cdot 2\pi \mid k \in \mathbb{Z} \}.$$

Beispiel 4.8‴ Für welche $x \in (0;\frac{\pi}{6})$ gilt $\sin(x) = \frac{1}{2}$?

Diesmal gibt es gar keine Lösungen, denn $x_1 = \frac{\pi}{6}$ liegt nicht im offenen Intervall $(0;\frac{\pi}{6})$, d.h. es ist $L''' = \{\ \}$.

Beispiel 4.9 Welche $x \in [0;2\pi]$ erfüllen

$$\cos(x) = -\frac{\sqrt{3}}{2}\,?$$

Fangen wir diesmal mit dem Einheitskreis an: Aus Tabelle 4.2 weiß man $\cos(x_0) = +\frac{\sqrt{3}}{2}$ für $x_0 = \frac{\pi}{6}$ ($\alpha_0 = 30°$). Weil aber der negative Wert verlangt ist, muss man den Punkt P_0 mit Bogenmaß $x_0 = \frac{\pi}{6}$ an der y-Achse spiegeln und erhält den Punkt P_1 mit $x_1 = \pi - \frac{\pi}{6} = \frac{5\pi}{6}$ ($\alpha_1 = 180° - \alpha_0 = 150°$) als erste Lösung. Ein müder Blick auf Abbildung 4.21 lässt einen sofort $x_2' = -x_1$ als zweite Lösung erkennen. Da allerdings $x_2' = -\frac{5\pi}{6}$ nicht in $[0;2\pi]$ liegt, muss man erst noch 2π addieren, um $x_2 = x_2' + 2\pi = \frac{7\pi}{6}$ ($\alpha_2 = 210°$) als zweite Lösung im Definitionsbereich zu erhalten.

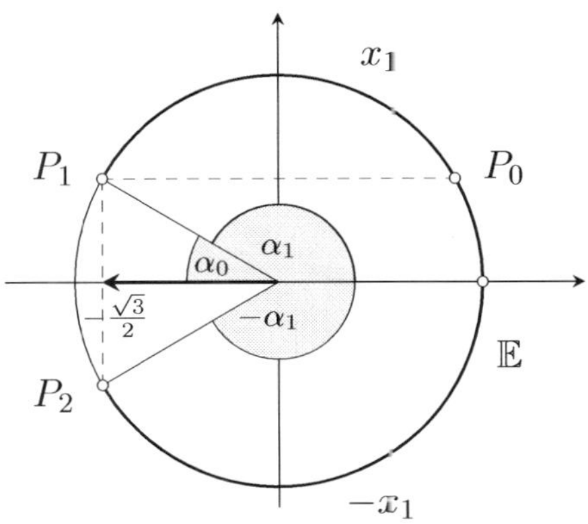

Abbildung 4.21

Alternativ kommt man auch ganz ohne negative Vorzeichen direkt auf x_2, wenn man $x_2 = \pi + x_0$ ($\alpha_2 = 180° + \alpha_0$) rechnet.

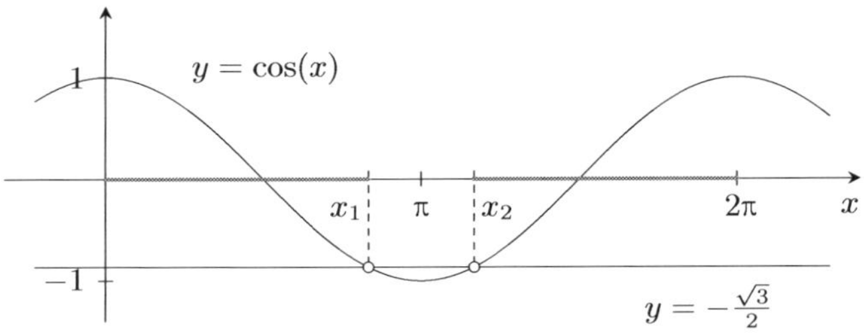

Abbildung 4.22

Versuche nun selbst anhand des Schaubilds in Abbildung 4.22 ebenfalls auf $L = \{\frac{5\pi}{6}, \frac{7\pi}{6}\}$ zu kommen und entscheide danach, welche Methode dir lieber ist (ich persönlich bevorzuge immer $\mathbb{E}$).

Beispiel 4.10 Welche $x \in \mathbb{R}$ erfüllen

$$\sin(2x - 1) = 0?$$

Dies sieht auf den ersten Blick schwierig(er) aus, da es sich um die Nullstellen einer in x-Richtung gestauchten und verschobenen Sinuskurve handelt. Aber durch die Substitution

$$2x - 1 = u$$

verwandelt sich die Gleichung in ein harmloses

$$\sin(u) = 0,$$

mit Lösungen $u = k \cdot \pi$, $k \in \mathbb{Z}$. Die Rücksubstitution $u = 2x - 1$ ergibt

$$x = \frac{u+1}{2} = \frac{k\pi + 1}{2}, \quad k \in \mathbb{Z},$$

also lautet die Lösungsmenge $L = \{k \cdot \frac{\pi}{2} + \frac{1}{2} \mid k \in \mathbb{Z}\}$.

Beispiel 4.11 Wir bestimmen alle $x \in \mathbb{R}$ mit

$$1 - 2\sin(x) = \cos^2(x).$$

Dies sieht zunächst total hoffnungslos aus, weil Sinus *und* Kosinus auftreten, eins davon sogar noch im Quadrat. Aber der trigonometrische Pythagoras (Aufgabe 4.5) hilft hier weiter:

$$\sin^2(x) + \cos^2(x) = 1 \quad \Longleftrightarrow \quad \cos^2(x) = 1 - \sin^2(x).$$

Dies eingesetzt in obige Gleichung ergibt

$$1 - 2\sin(x) = 1 - \sin^2(x) \quad \Longleftrightarrow \quad \sin^2(x) - 2\sin(x) = 0.$$

Die Substitution

$$\sin(x) = u$$

führt letztendlich auf die quadratische Gleichung

$$u^2 - 2u = 0.$$

Erster Schülerimpuls: Teilen durch u. Schlechte Idee, weil du dabei $u = 0$ vergessen wirst und dir dadurch Lösungen flöten gehen können. Zweiter Schülerimpuls: Mitternachtsformel. Schon besser, aber aufwändig und es besteht die Gefahr sich aufgrund von $c = 0$ zu verrechnen (z.B. „$4ac = 4a$ da $c = 0$“ und ähnliche Scherze) Ausklammern hingegen ist hier die beste Idee:

$$u \cdot (u-2) = 0 \quad \overset{\text{NPS}}{\Longleftrightarrow} \quad u = 0 \quad \vee \quad u - 2 = 0$$

(das „$\vee$“ ist für Leute, die zu faul sind, „oder“ zu schreiben). Die Rücksubstitution $u = \sin(x)$ führt auf

$$\sin(x) = 0 \quad \vee \quad \sin(x) = 2.$$

Die erste Gleichung besitzt die Lösungen $x = k\pi$, $k \in \mathbb{Z}$, während die zweite Gleichung keine Lösungen besitzt, da stets $\sin(x) \leqslant 1$ gilt. Somit lautet die Lösungsmenge $L = \{\, k\pi \mid k \in \mathbb{Z} \,\}$.

A 4.16 Bestimme die Lösungsmenge (sofern möglich ohne TR).

a) $\cos(x) = 0, \;\; x \in \mathbb{R}$

b) $\sin(x) + \sqrt{2} = -\sin(x), \;\; x \in \mathbb{R}$

c) $4\cos(x) + 1 = \cos(x), \;\; x \in [\,\pi\,;3\pi\,]$

d) $\sin^2(x) = 0{,}49, \;\; x \in [\,0\,;4\pi\,]$

e) $\pi\sin(2\pi x - \pi) - \pi = 0, \;\; x \in \mathbb{R}$

f) $\frac{1}{2}\cos(\pi x + 5) - 1 = 0, \;\; x \in \mathbb{R}_{>0}$

A 4.17 Ebenso. Die Definitionsmenge sei hier immer $D = [\,-\pi\,;\pi\,)$.

a) $\cos^2(x) - 2\cos(x) = 0$

b) $3\cos^2(x) - 1 = \sin^2(x)$

c) $2\cos^2(x) - 7\cos(x) = -3$

d) $10\sin^2(x) = 9 + 3\cos(x)$

e) $\sin(x) + 3\tan(x) = 0$

f) $\sin(x) - 2\cos(x) = 0$

A 4.18 Gib eine Gleichung mit Lösungsmenge $L = \{\, \pi + k \cdot 4\pi \mid k \in \mathbb{Z} \,\}$ an. (☠)

A 4.19 Für welche $x \in \mathbb{R}$ gilt $\cos(2x) = \cos(5x - 1)$? ☠

4.6 Extremwertprobleme

Da das generelle Vorgehen bereits aus Kapitel 3 bekannt ist, starten wir gleich mit einem etwas knackigeren Problem.

Beispiel 4.12 Um die Wohnzimmerwand deiner neuen Villa zu schmücken, kaufst du dir einen Rembrandt. Als das Bild ins Wohnzimmer transportiert wird, muss es um das in Abbildung 4.23 dargestellte Eck manövriert werden. Ist dies möglich, ohne den Rembrandt zu beschädigen, wenn er $\ell = 8$ m lang ist und $a = 4$ m sowie $b = 2$ m betragen?

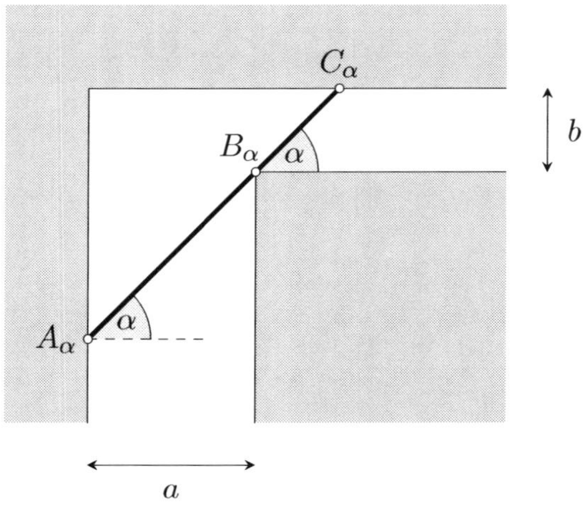

Abbildung 4.23

Wir ignorieren zunächst die Bildlänge ℓ, und berechnen erst die Maximallänge $l(\alpha)$ eines Bildes, das man beim Winkel α (mit $0° < \alpha < 90°$) noch ins Eck quetschen kann. Anschaulich klar ist, dass diese erreicht wird, wenn das Bild wie in Abbildung 4.23 das Eck in B_α streift. Durch Einzeichnen zweier rechtwinkliger Hilfsdreiecke (mit $A_\alpha B_\alpha$ bzw. $B_\alpha C_\alpha$ als Hypotenusen) erkennt man, dass

$$l(\alpha) = \overline{A_\alpha B_\alpha} + \overline{B_\alpha C_\alpha} = \frac{a}{\cos(\alpha)} + \frac{b}{\sin(\alpha)}$$

gilt. Nun müssen wir das Minimum dieser Funktion finden, denn dieses bestimmt, wie lange ein Bild höchstens sein darf, um gerade noch ums Eck manövriert werden zu können. Hat man keinen GTR zur Verfügung, so muss man von Hand ableiten, wozu wir aber im Bogenmaß arbeiten müssen. Ist also x das Bogenmaß des Winkels α, so gilt es das Minimum der Funktion

$$l(x) = \frac{a}{\cos(x)} + \frac{b}{\sin(x)} = a\big(\cos(x)\big)^{-1} + b\big(\sin(x)\big)^{-1}, \quad 0 < x < \frac{\pi}{2},$$

zu bestimmen. Ableiten mit Hilfe der Kettenregel ergibt:

$$\begin{aligned} l'(x) &= (-1)\cdot a\big(\cos(x)\big)^{-2}\cdot\big(-\sin(x)\big) + (-1)\cdot b\big(\sin(x)\big)^{-2}\cdot\cos(x) \\ &= \frac{a\sin(x)}{\cos^2(x)} - \frac{b\cos(x)}{\sin^2(x)} \end{aligned}$$

Die notwendige Bedingung für Extrema, $l'(x) = 0$, führt auf

$$\frac{a\sin(x)}{\cos^2(x)} = \frac{b\cos(x)}{\sin^2(x)} \quad\Longleftrightarrow\quad \frac{\sin^3(x)}{\cos^3(x)} = \tan^3(x) = \frac{b}{a}$$

(beachte: sin und cos sind $\neq 0$ für $x \in (0\,;\frac{\pi}{2})$, also ist Multiplizieren und Teilen munter erlaubt). Somit ist

$$x_0 = \arctan\sqrt[3]{\frac{b}{a}} = \arctan\sqrt[3]{\frac{1}{2}} \approx 0{,}671 \quad (\alpha_0 \approx 38{,}4°)$$

der einzige Extremstellenkandidat. Da $l''(x_0)$ auszurechnen stressig wird, gehen wir bei der hinreichenden Bedingung anders vor: Es gilt $l(x) \to +\infty$ für $x \to 0$ und für $x \to \frac{\pi}{2}$ (check this!), also muss irgendwo zwischendrin ein Minimum liegen. Da x_0 die einzige Stelle mit Ableitung 0 ist, muss dort das gesuchte Minimum auftreten. Die Minimallänge beträgt

$$l_{\min} = l(x_0) \approx 8{,}32 \text{ m.}$$

Ein Bild der Länge 8,32 m passt also gerade noch so ums Eck, wobei $\alpha_0 \approx 38{,}4°$ der kritischste Winkel ist. Da unsere Bildlänge von $\ell = 8$ m kleiner als $l_{\min}$ ist, kommt der Rembrandt unbeschadet um die Ecke.

A **4.20** Der niederbayrische Landwirt Franz-Xaver Güllenbichler möchte für seine preisgekrönte Kuh eine neue Viehtränke mit trapezförmigem Querschnitt zimmern. Dazu nagelt er zunächst drei gleiche Bretter der Breite b und Länge l aneinander; siehe Abbildung 4.24 (Deckbretter vorne und hinten fehlen noch).

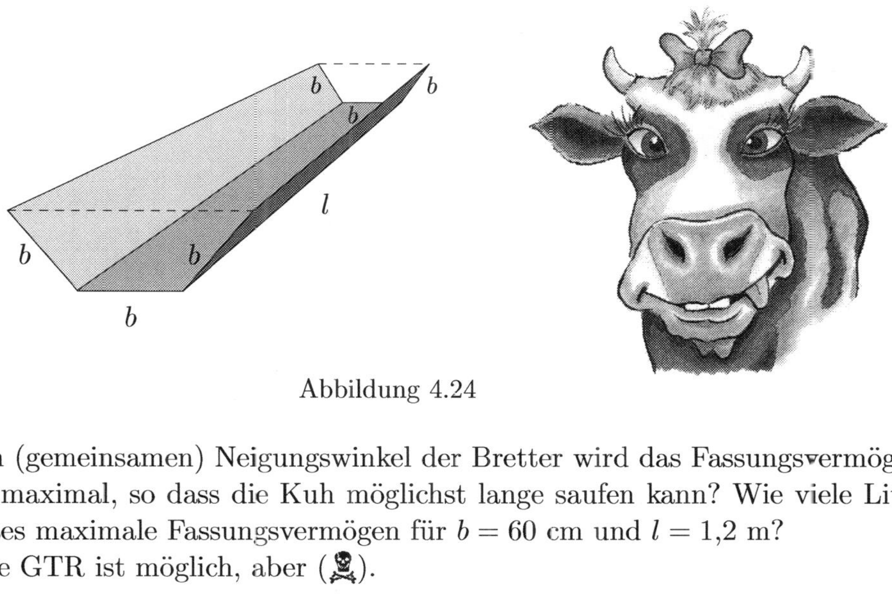

Abbildung 4.24

Für welchen (gemeinsamen) Neigungswinkel der Bretter wird das Fassungsvermögen der Tränke maximal, so dass die Kuh möglichst lange saufen kann? Wie viele Liter beträgt dieses maximale Fassungsvermögen für $b = 60$ cm und $l = 1{,}2$ m?
Lösung ohne GTR ist möglich, aber (☠).

A **4.21** Dem Einheitskreis $\mathbb{E}$ wird wie in Abbildung 4.25 ein gleichschenkliges Dreieck einbeschrieben. Dabei ist der Punkt $A(-1\,|\,0)$ fest und die Strecke BC verläuft stets parallel zur y-Achse.
Wie müssen die Eckpunkte B und C gewählt werden, damit das Dreieck ABC maximalen Flächeninhalt besitzt und wie groß ist dieser maximale Inhalt? (Tipp: Führe am Ursprung einen geeigneten Winkel ein, mit dessen Hilfe sich der Flächeninhalt des Dreiecks ausdrücken lässt.)

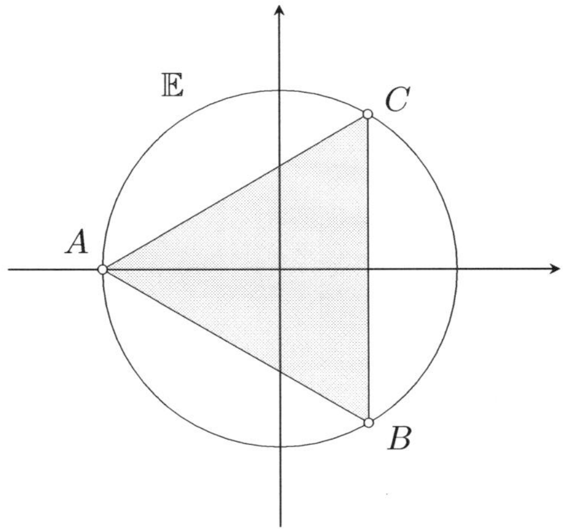

Abbildung 4.25

An dieser Stelle endet das Kapitel, obwohl es noch so schöne Themen gäbe wie etwa die Funktionsuntersuchung komplizierterer trigonometrischer Funktionen wie z.B.

$$f(x) = \sin^2(x) - 2\cos(2x).$$

Da so etwas aber schon lange der Vergangenheit angehört (zumindest in BaWü), gehen wir hierauf nicht mehr ein.

5 Exponentialfunktion? Aber natürlich!

In diesem Kapitel lernst du eine Funktion kennen, welche die gechillte Eigenschaft hat, beim Ableiten einfach unverändert zu bleiben. Dies sollte selbst den Antimathematikern zumindest kurz ein erfreutes Lächeln ins Gesicht zaubern.

5.1 Der blöde Strich kann mir gar nichts

Gehen wir mal ganz pragmatisch vor und knallen alles Wichtige ganz unvermittelt hin. Hier ist sie: Die berühmte e-*Funktion*

$$f(x) = \mathrm{e}^x, \quad D_f = \mathbb{R},$$

mit der *eulerschen Zahl*

$$\mathrm{e} \approx 2{,}71828\ ,$$

die zu Ehren des großartigen Leonhard Euler (1707 – 1783; schweizer Übermathematiker und Physiker) so heißt. Für $f(x) = \mathrm{e}^x$ gilt

$$f'(x) = \mathrm{e}^x = f(x),$$

d.h. die e-Funktion ändert sich beim Ableiten nicht. Punkt. Mehr brauchst du eigentlich nicht zu wissen und wenn Mathe nicht so dein Ding ist, blättere gleich auf Seite 131.

✇ Mein Mathematiker-Herz blutet natürlich an dieser Stelle und ich hoffe, dass trotzdem einige hier weiterlesen. Bist du dabei? Super!
Warum es so wünschenswert ist (besides the obvious) eine Funktion zu kennen, die vom Ableiten unbeeindruckt bleibt, sehen wir so richtig erst im nächsten Kapitel, wenn wir sogenannte Differenzialgleichungen lösen. Versuchen wir einfach mal aus Spaß an der Freude, eine solche Funktion zu entdecken. Potenzfunktion x^n oder allgemeiner Polynome kommen nicht in Frage, da sich ihr Grad beim Ableiten um 1 verringert, somit kann nicht $f'(x) = f(x)$ gelten. Bei trigonometrischen Funktionen klappt es ebenfalls nicht und bei gebrochenrationalen auch nicht (kannst ja mal ein bisschen rumprobieren, wenn du zu viel Zeit hast). Probieren wir's doch mal mit einer Exponentialfunktion

$$f(x) = a^x, \quad D_f = \mathbb{R},$$

zur Basis $a > 0$ (und natürlich $a \neq 1$, da sonst f konstant 1 ist). Gibt es vielleicht ein a, so dass $(a^x)' = a^x$ gilt? Hierzu müssen wir auf die Definition der Ableitung als Differenzialquotient zurückgreifen, da wir bisher keine Regel zum Ableiten von Exponentialfunktion kennen (es ist *nicht* $(a^x)' = x \cdot a^{x-1}$; diese Potenzregel gilt nur, wenn die Variable x die Basis ist und nicht der Exponent!). Vielleicht erinnerst du dich, dass definitionsgemäß

$$f'(x) = \lim_{h \to 0} \frac{f(x+h) - f(x)}{h}$$

für die Ableitung gilt, in diesem Fall also

$$(a^x)' = \lim_{h\to 0} \frac{a^{x+h} - a^x}{h} \,.$$

Unter Verwendung des Gesetzes $a^{x+h} = a^x \cdot a^h$ können wir den Bruch umschreiben:

$$\frac{a^{x+h} - a^x}{h} = \frac{a^x \cdot a^h - a^x}{h} = \frac{a^x \cdot (a^h - 1)}{h} \,,$$

so dass für die Ableitung folgt

$$(a^x)' = \lim_{h\to 0} \frac{a^x \cdot (a^h - 1)}{h} = a^x \cdot \lim_{h\to 0} \frac{a^h - 1}{h} \,.$$

(Da a^x nicht von h abhängt, darf man es vor den Limes ziehen.) Aha! Es gilt also

$$(a^x)' = \heartsuit_a \cdot a^x \qquad \text{mit} \quad \heartsuit_a = \lim_{h\to 0} \frac{a^h - 1}{h} \,,$$

d.h. die Ableitung von $f(x) = a^x$ ist proportional zu f selbst:

$$f'(x) = \heartsuit_a \cdot f(x) \qquad \text{mit einer Konstante } \heartsuit_a \in \mathbb{R}.$$

[Für die mathematisch Feinsinnigeren: Wir haben uns ja bisher gar nicht davon überzeugt, ob der Limes von $\frac{a^h - 1}{h}$ für $h \to 0$ überhaupt *existiert*; schließlich streben ja sowohl Zähler als auch Nenner gegen 0. Ich sage euch: Er existiert, aber das müsst ihr mir an dieser Stelle einfach glauben, beweisen können wir das mit unseren bescheidenen Mitteln hier nicht. Du kannst dich aber mit dem Taschenrechner davon überzeugen, dass z.B. für $a = 2$ der Limes $\heartsuit_a$ eine Zahl in der Nähe von 0,693 zu sein scheint, indem du immer kleinere h-Werte einsetzt. Interessant ist noch Folgendes: Aufgrund von $a^0 = 1$ gilt

$$\lim_{h\to 0} \frac{a^h - 1}{h} = \lim_{h\to 0} \frac{a^{0+h} - a^0}{h} = \lim_{h\to 0} \frac{f(0+h) - f(0)}{h} = f'(0),$$

d.h. die ominöse Konstante $\heartsuit_a$ ist nichts anderes als die Ableitung von $f(x) = a^x$ an der Stelle 0. Und da jedes Schaubild einer solchen Exponentialfunktion offenbar eine wohldefinierte Tangente in 0 besitzt (stelle dir das Schaubild vor!), können wir zumindest anschaulich die Existenz des Limes hinnehmen und nun beruhigten Gewissens weitermachen.]

Aber ich schweife ab; am schönsten wäre jetzt doch, es gäbe eine Basis a mit der Eigenschaft $\heartsuit_a = 1$, denn dann wäre wie gewünscht $(a^x)' = 1 \cdot a^x = a^x$. Wir suchen also ein a, das wir ab jetzt e nennen, mit der Eigenschaft

$$\lim_{h\to 0} \frac{\mathrm{e}^h - 1}{h} = 1 \qquad \text{bzw.} \qquad \frac{\mathrm{e}^h - 1}{h} \approx 1 \quad \text{für } h \text{ sehr nahe bei 0.}$$

Auflösen der letzten Ungefähr-Gleichung nach e ergibt $\mathrm{e}^h - 1 \approx h$, d.h. $\mathrm{e}^h \approx 1 + h$, und wenn wir jetzt noch „hoch $\frac{1}{h}$“ machen, und den Limes $h \to 0$ anwenden, um aus dem $\approx$ (vermutlich!?) wieder ein sauberes $=$ zu machen, erhalten wir nach viel „handwaving“:

$$e = \lim_{h \to 0} (1+h)^{\frac{1}{h}}.$$

Brüche als Hochzahlen sind eher ungut, weshalb es noch den kosmetischen Trick gibt, $\frac{1}{h}$ durch n zu ersetzen und anstelle von $h \to 0$ den Limes $n \to \infty$ zu betrachten (denn dann geht $h = \frac{1}{n}$ ja wie gehabt gegen 0). Schlussendlich ergibt sich das wunderschöne Ergebnis:

$$e = \lim_{n \to \infty} \left(1 + \frac{1}{n}\right)^n \approx 2{,}71828.$$

Eine Vermutung für die Existenz dieses Limes bzw. für einen Näherungswert von e erhältst du wieder durch Einsetzen großer n mit Hilfe des Taschenrechners. Wer an mathematisch korrekten Betrachtungen zur Zahl e interessiert ist, sei auf [GLO] verwiesen (Achtung, schwere Kost!). Man kann übrigens auch zeigen (was noch schwerer ist), dass e irrational, also nicht als Bruch darstellbar ist. Anders ausgedrückt: Die Dezimalentwicklung 2,71828... von e bricht niemals ab und wird nie periodisch. ✤

So, herzlich willkommen zurück, jetzt geht's für alle weiter. Da $f'(x)$ die Steigung des Schaubilds K_f an der Stelle x beschreibt, lässt sich die Eigenschaft

$$f'(x) = f(x)$$

der e-Funktion $f(x) = e^x$ geometrisch folgendermaßen deuten: Die Steigung von K_f an der Stelle x ist genauso groß wie der Funktionswert $f(x)$ an dieser Stelle! So ist $f(1) = e \approx 2{,}7$ für $x = 1$ (Länge der vertikal gestrichelten Linie in Abbildung 5.1), d.h. die Tangente an K_f an der Stelle 1 sollte eine Steigung von ebenfalls ca. 2,7 haben. Passt, wie man ganz leicht ablesen kann, da die Tangente die x-Achse bei 0 schneidet und das Steigungsdreieck somit Katheten der Länge $\Delta x = 1$ und $\Delta y = f(1) = e$ besitzt.

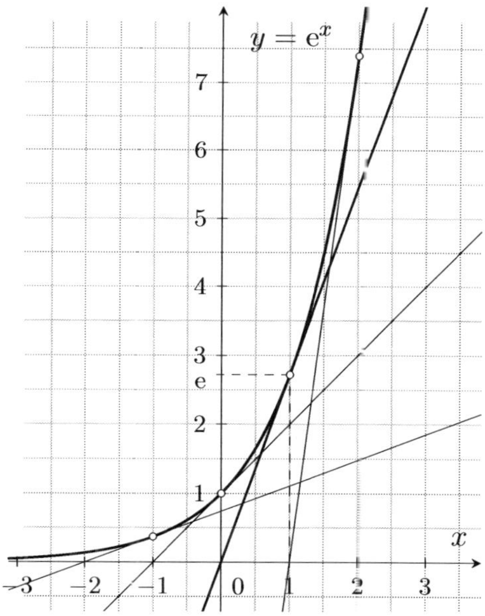

Abbildung 5.1

Überzeuge dich auf dieselbe Weise davon, dass $f'(0) = f(0) = 1$ gilt. Und falls du's immer noch nicht ganz verstanden hast, lass dir von deinem Nebensitzer erklären, wie man $f'(2) = f(2)$ bzw. $f'(-1) = f(-1)$ in Abbildung 5.1 ablesen kann.

Let's wrap it up:

Merke: Die Funktion $f(x) = \mathrm{e}^x$, $D_f = \mathbb{R}$, mit der eulerschen Zahl $\mathrm{e} \approx 2{,}71828$ als Basis heißt *natürliche Exponentialfunktion.* Sie ändert sich beim Ableiten (und damit auch beim Aufleiten) nicht, d.h.

$$(\mathrm{e}^x)' = \mathrm{e}^x \qquad \text{und} \qquad \int \mathrm{e}^x \,\mathrm{d}x = \mathrm{e}^x + c.$$

Die Steigung von K_f ist somit an jeder Stelle so groß wie der Funktionswert $f(x)$.

Die bereits bekannten (bzw. vermutlich schon wieder vergessenen) Potenzgesetze gelten auch zur Basis e. Präge sie dir gut ein!

Merke: Für beliebige Hochzahlen r, $s \in \mathbb{R}$ gilt

$$\mathrm{e}^{r+s} = \mathrm{e}^r \cdot \mathrm{e}^s, \qquad (\mathrm{e}^r)^s = \mathrm{e}^{r \cdot s},$$

wobei $\mathrm{e}^0 = 1$ und $\mathrm{e}^{-r} = \frac{1}{\mathrm{e}^r}$ (für $r > 0$) definiert wird.

Bevor es ans Üben geht, noch ein paar nützliche Grenzwerte. Wie jede Exponentialfunktion mit Basis > 1 wächst auch die e-Funktion für $x \to \infty$ unbeschränkt an, d.h.

$$(1) \quad \lim_{x \to \infty} \mathrm{e}^x = \infty \qquad \text{und damit} \qquad (2) \quad \lim_{x \to -\infty} \mathrm{e}^x = 0.$$

Der zweite Grenzwert folgt aus dem ersten, denn:

$$\lim_{x \to -\infty} \mathrm{e}^x = \lim_{x \to +\infty} \mathrm{e}^{-x} = \lim_{x \to +\infty} \frac{1}{\mathrm{e}^x} \overset{(1)}{=} 0$$

(beim Ersetzen von x durch $-x$ wird $x \to -\infty$ zu $-x \to -\infty$, was gleichbedeutend mit $x \to \infty$ ist). **Wichtig:** Obwohl der Grenzwert von e^x für $x \to -\infty$ Null ergibt, wird die e-Funktion selbst *niemals Null*, ihr Schaubild schneidet also *nie* die x-Achse, obwohl es sich ihr für $x \to -\infty$ immer mehr annähert!

Merke: Es ist $\mathrm{e}^x > 0$ für alle $x \in \mathbb{R}$, d.h. die e-Funktion hat keine Nullstelle.

Für das unersättliche Wachstum der e-Funktion für $x \to \infty$ gilt: Sie wächst so gewaltig an, dass sie dabei jede Potenzfunktion platt macht, soll heißen:

$$\lim_{x \to \infty} x^n \cdot \mathrm{e}^{-x} = \lim_{x \to \infty} \frac{x^n}{\mathrm{e}^x} = 0 \qquad \text{für jedes } n \in \mathbb{N}.$$

Entsprechend gilt

$$\lim_{x \to \infty} p(x) \cdot \mathrm{e}^{-x} = 0$$

für jedes beliebige Polynom p. All die Tatsachen auf dieser Seite nehmen wir ohne Beweis einfach hin; aber es gibt Schlimmeres, gell?

Beispiel 5.1 Gegeben ist die Funktion $f(x) = \mathrm{e}^{1-x}$, $D_f = \mathbb{R}$.

a) Bestimme Ableitung und Stammfunktion(en) von f.

b) Wie geht K_f aus dem Schaubild der gewöhnlichen e-Funktion hervor?

c) Das Schaubild K_f begrenzt mit der x-Achse für $x \geqslant 0$ eine Fläche, die sich ins Unendliche erstreckt. Untersuche, ob diese Fläche einen endlichen Inhalt besitzt.

Lösung:

a) Bei f handelt es sich um eine Verkettung, $f(x) = \mathrm{e}^{\heartsuit(x)}$ mit $\heartsuit(x) = 1 - x$, also muss beim Ab- und Aufleiten die Kettenregel beachtet werden. Die äußere Ableitung ist aber geschenkt, da sich die e-Funktion beim Ableiten ja nicht verändert, d.h. man lässt einfach e^{1-x} komplett stehen. Die innere Ableitung ist $\heartsuit'(x) = (1-x)' = -1$, also folgt

$$f'(x) = \mathrm{e}^{1-x} \cdot (-1) = -\mathrm{e}^{1-x}.$$

Beim Integrieren bleibt e^{1-x} als „äußere Aufleitung" stehen, geteilt durch die innere Ableitung -1 (siehe Satz 2.2), d.h.

$$\int \mathrm{e}^{1-x}\,\mathrm{d}x = \frac{1}{-1}\,\mathrm{e}^{1-x} + c = -\mathrm{e}^{1-x} + c.$$

Somit sind $F_c(x) = -\mathrm{e}^{1-x} + c$, $c \in \mathbb{R}$, alle Stammfunktionen von f.

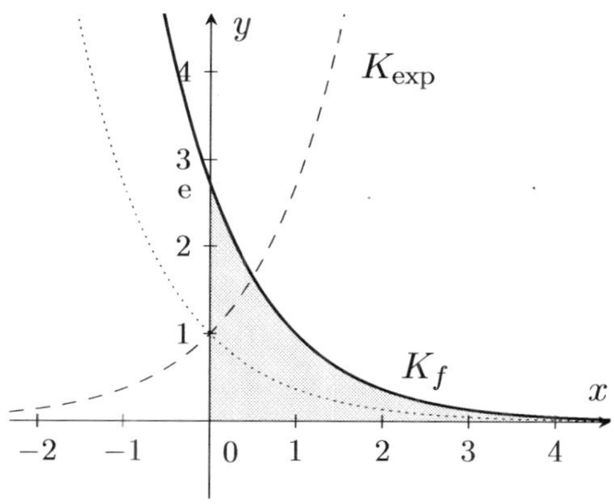

Abbildung 5.2

b) Bezeichnen wir e^x als $\exp(x)$, dann ist

$$f(x) = \mathrm{e}^{1-x} = \mathrm{e}^1 \cdot \mathrm{e}^{-x} = \mathrm{e} \cdot \exp(-x),$$

also entsteht K_f aus K_{exp} durch (siehe auch Abbildung 5.2)

- Spiegelung an der y-Achse; das bewirkt das Minuszeichen vor dem x in $\exp(-x)$: Alle x-Werte werden mit ihrem negativen Brüderlein vertauscht (also an der y-Achse gespiegelt), wodurch auch das Schaubild an der y-Achse gespiegelt wird. So taucht bei $\exp(-x)$ z.B. der Funktionswert $\mathrm{e} = \exp(1)$ jetzt an der Stelle $x = -1$ statt bei $x = 1$ auf.

- Streckung mit dem Faktor $\mathrm{e} \approx 2{,}7$ in y-Richtung, denn jeder Funktionswert $\exp(-x)$ wird durch den Vorfaktor in $f(x) = \mathrm{e} \cdot \exp(-x)$ mit e multipliziert.

c) Wir bestimmen zunächst die auf $[0\,;b]$ eingeschlossene Fläche für ein $b > 0$, wobei wir $F_0(x) = -\mathrm{e}^{1-x}$ als Stammfunktion von f wählen.

$$A_b = \int_0^b f(x)\,\mathrm{d}x = \left[-\mathrm{e}^{1-x}\right]_0^b = -\mathrm{e}^{1-b} - (-\mathrm{e}^{1-0}) = \mathrm{e} - \mathrm{e}^{1-b}.$$

Für $b \to \infty$ strebt $\mathrm{e}^{1-b} = \mathrm{e}^1 \cdot \mathrm{e}^{-b}$ gegen 0, so dass die ins Unendliche reichende Fläche einen endlichen Inhalt besitzt, und zwar

$$A = \int_0^\infty f(x)\,\mathrm{d}x = \lim_{b\to\infty} A_b = \lim_{b\to\infty} (\mathrm{e} - \mathrm{e}^{1-b}) = \mathrm{e}.$$

Die Techniken für Parameter- und Extremwertaufgaben wurden bereits in Kapitel 3 entwickelt, weshalb wir solche Aufgabentypen in die Übungen verschieben, zumal komplexere e-Aufgaben dieser Art inzwischen aus der Mode gekommen sind (zumindest im baden-württembergischen Abitur). Dementsprechend ist das Übungsmaterial hierzu eher spärlich.

✎ ✎ ✎

A 5.1 Bestimme die erste Ableitung.

a) $f(x) = \mathrm{e}^{2x} + 2x$ b) $f(x) = x \cdot \mathrm{e}^{-x}$ c) $f(x) = \frac{1}{2}\mathrm{e}^{-x^2}$ d) $f(x) = \mathrm{e}^{\cos(\pi x)}$

A 5.2 Gib eine Stammfunktion an. a) $f(x) = \mathrm{e}^{\frac{1}{3}x-3}$ b) $f(x) = (\mathrm{e}^x)^2$

A 5.3 Beschreibe, wie das Schaubild K_f aus dem Schaubild $K_{\exp}$ der natürlichen Exponentialfunktion entsteht, und skizziere dann K_f (ohne GTR-Hilfe!).

a) $f(x) = 2 - \mathrm{e}^{-x}$ b) $f(x) = \mathrm{e}^{\frac{1}{2}x-1}$

A 5.4 Die Fläche aus Beispiel 5.1 c) rotiert um die x-Achse. Berechne das Volumen des dabei entstehenden Rotationskörpers.

A 5.5 *Tangents are easy*

a) Berechne die Gleichung der Tangente an das Schaubild von $f(x) = \mathrm{e}^x$ bei $x_0 = 0$.

b) Zeige allgemein, dass die Tangente an der Stelle x_0 an K_f die x-Achse stets an der Stelle $x_0 - 1$ schneidet (siehe auch Abbildung 5.1). Wie kann man also Tangenten an das Schaubild der natürlichen Exponentialfunktion ganz leicht zeichnen? (☠)

A 5.6 Es sei K_t die Tangente an das Schaubild K_f von $f(x) = \mathrm{e}^{\frac{1}{2}x}$ an der Stelle $x_0 = 0$. Berechne den Inhalt der Fläche, die zwischen K_t und K_f auf $[0\,;2]$ liegt.

A 5.7 Finde (mindestens) eine Tangente, die sich vom Punkt $(2|2)$ aus an das Schaubild von $f(x) = \mathrm{e}^{x-1}$ legen lässt (siehe Abschnitt 3.4.2; der zweite Berührpunkt ist nur mit GTR-Hilfe bestimmbar).

A 5.8 Gegeben ist die Funktionsschar

$$f_t(x) = (x - t)\,\mathrm{e}^{-\frac{x}{t}}; \quad t > 0.$$

a) Bestimme die Ortskurve der Hochpunkte aller Scharkurven K_t, $t > 0$.

b) Welcher Punkt auf K_1 besitzt den kleinsten Abstand zum Ursprung? (GTR!)

5.2 Wir holen uns ein x runter

Um Gleichungen wie

$$\mathrm{e}^x = 5$$

zu lösen, müssen wir das x nach unten holen. Dies erledigt der Logarithmus zur Basis e für uns, auch *natürlicher Logarithmus* genannt:

$$\log_{\mathrm{e}} = \ln \qquad \text{(lies: „ell-enn“).}$$

Nun treibt der Logarithmus vielen SchülerInnen den kalten Angstschweiß auf die Stirn, dabei will er gar nichts Böses. Du musst dir eigentlich nur merken, dass „der ln das e-hoch killt“, denn es ist

$$\ln(\mathrm{e}^x) = x \quad \text{für alle } x \in \mathbb{R},$$

da e-hoch-Nehmen und Logarithmieren-zur-Basis-e Umkehrrechenarten voneinander sind, sich also gegenseitig aufheben (ebenso wie Wurzelziehen und Quadrieren). Logarithmieren wir also beide Seiten obiger Gleichung, bleibt auf der linken Seite nur noch $\ln(\mathrm{e}^x) = x$ stehen und wir erhalten

$$\mathrm{e}^x = 5 \quad \overset{\ln}{\Longrightarrow} \quad x = \ln 5 \approx 1{,}609 \quad \text{(TR).}$$

(Bei $\ln(5)$ lässt man die Klammern weg; auch $\ln(x)$ schreibt man oft nur als $\ln x$.) Braucht man zwar seltener, aber auch umgekehrt gilt

$$\mathrm{e}^{\ln(x)} = x, \quad \text{allerdings nur für } x > 0.$$

Die Einschränkung $x > 0$ kommt daher, dass $\ln(x)$ für $x \leqslant 0$ nicht definiert ist, denn

> „der natürliche Logarithmus $\ln(x)$ ist diejenige Zahl, mit der man e potenzieren muss, um x als Ergebnis zu erhalten[1]“,

[1] OK, beim Tippen dieses Satzes wird mir wieder klar, warum der Logarithmus bei SchülerInnen oft unbeliebt ist...

und Zahlen $x \leqslant 0$ können nun mal nicht als Ergebnis von $\mathrm{e}^{\text{wasauchimmer}}$ vorkommen, da Letzteres stets positiv ist.
Begrabe ab jetzt deine Feindschaft mit Logarithmen; es genügt schon, wenn du den folgenden Kasten anwenden kannst.

Merke: e-hoch und ln fressen sich gegenseitig auf, d.h. es gilt

$$\ln(\mathrm{e}^x) = x \quad (x \in \mathbb{R}) \qquad \text{und} \qquad \mathrm{e}^{\ln(x)} = x \quad (x > 0).$$

Dies lässt sich auch an den Schaubildern schön erkennen. Wir starten in Abbildung 5.3 mit $x = 1$ und setzen es in die e-Funktion ein, um bei $\mathrm{e}^1 = \mathrm{e}$ zu landen (verfolge die grau gestrichelten Linien!). Füttern wir die ln-Funktion mit diesem e^1, so erhalten wir als Ergebnis $\ln \mathrm{e}^1 = 1$, also genau unseren Startwert.

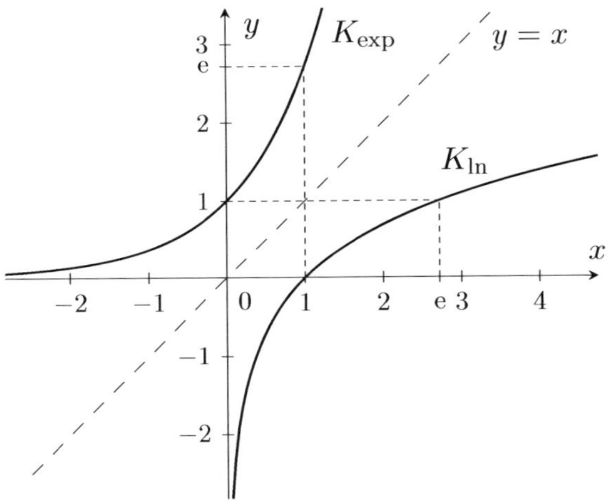

Abbildung 5.3

Und das gilt ebenso für jeden beliebigen Startwert $x \in \mathbb{R}$, da eben e-hoch und ln Umkehrfunktionen voneinander sind. Geometrisch hat dies zur Folge, dass ihre Schaubilder durch Spiegelung an der ersten Winkelhalbierenden $y = x$ ineinander übergehen. Wieder verwirrt und frustriert? Dann vergiss diese Erklärung und konzentriere dich auf die nächsten Rechenbeispiele. Aber merk dir wenigstens grob den Verlauf der ln-Kurve und dass $\ln 1 = 0$ ist (weil eben $\mathrm{e}^0 = 1$ gilt).

Beispiel 5.2 Löse die Gleichung

$$3 - \mathrm{e}^{-2x} = 2{,}5$$

nach x auf. Zuerst isolieren wir das e-hoch, indem wir -3 und $\cdot(-1)$ auf beiden Seiten der Gleichung rechnen:

$$-\mathrm{e}^{-2x} = 2{,}5 - 3 = -0{,}5 \quad \Longleftrightarrow \quad \mathrm{e}^{-2x} = 0{,}5.$$

Nun wird der natürliche Logarithmus auf beiden Seiten angewandt. Aufgrund von

$$\ln(\mathrm{e}^{-2x}) = -2x$$

(e und ln canceln sich) muss dann nur noch durch -2 geteilt werden, um x zu erhalten:

$$\ln(\mathrm{e}^{-2x}) = -2x = \ln 0{,}5 \quad \Longleftrightarrow \quad x = \frac{\ln 0{,}5}{-2} \approx 0{,}347.$$

Ein **böser Fehler**, den man gleich zu Beginn machen könnte, wäre den ln sofort anzuwenden:

$$\ln(3 - \mathrm{e}^{-2x}) = \ln 2{,}5 \quad \overset{\texttt{Fail!}}{\Longleftrightarrow} \quad \ln 3 - \ln(\mathrm{e}^{-2x}) = \ln 2{,}5.$$

Man darf den ln nämlich *nicht* in eine Summe oder Differenz reinziehen, d.h. i.A. ist

$$\ln(x \pm y) \neq \ln(x) \pm \ln(y) \;!$$

Die Umkehrung des ersten Potenzgesetzes für die e-Funktion ergibt (siehe Aufgabe 5.11)

$$\ln(x \cdot y) = \ln(x) + \ln(y),$$

d.h. der ln macht aus einem Produkt eine Summe (und entsprechend aus einem Quotienten eine Differenz), aber einen Ausdruck wie $\ln(r + s)$ kann man *nicht weiter vereinfachen.* Schreib dir das hinter die Ohren!

Beispiel 5.3 Löse die Gleichung

$$\mathrm{e}^{2x} - \mathrm{e}^{x} - 2 = 0.$$

Hier bringt alles Umgeforme und Logarithmieren erst mal gar nix, wenn man nicht folgenden Trick erkennt: Nach Potenzgesetz 2 gilt

$$\mathrm{e}^{2x} = (\mathrm{e}^{x})^2,$$

d.h. die ursprüngliche Gleichung verwandelt sich in

$$(\mathrm{e}^{x})^2 - \mathrm{e}^{x} - 2 = 0,$$

was man als quadratische Gleichung erkennt, nur dass die gesuchte Variable nicht als x, sondern als e^x auftritt. Deshalb *substituieren* wir $\mathrm{e}^x = u$ und erhalten

$$u^2 - u - 2 = 0.$$

Diese stinknormale quadratische Gleichung löst man mit Hilfe der Mitternachtsformel (oder dem Satz von Vieta; siehe Seite 177). Um dich nicht zu sehr zu verhätscheln, machst du das jetzt bitte mal selber. Ich warte.

So, mir ist langweilig, hoffe du hast $u_1 = 2$ und $u_2 = -1$ als Lösungen erkannt.
Die *Rücksubstitution* $u = \mathrm{e}^x$ dürfen wir natürlich nicht vergessen, da wir ja x und nicht u haben wollen.

$$\mathrm{e}^{x_1} = u_1 = 2 \quad \text{ergibt} \quad x_1 = \ln 2 \approx 0{,}693, \quad \text{während}$$

$$\mathrm{e}^{x_2} = u_2 = -1 \quad \text{keine Lösung liefert, da } \mathrm{e}^{\heartsuit} \text{ nie negativ werden kann,}$$

bzw. weil der ln für negative x-Werte nicht definiert ist (siehe Abbildung 5.3), d.h. $\ln(-1)$ existiert nicht! Die Lösungsmenge der Gleichung ist somit $L = \{\ln 2\}$.

A 5.9 Löse die Gleichungen nach x auf.

a) $\mathrm{e}^{2x+1} = 10$ b) $\mathrm{e}^{3-x} = -3$ c) $50 - 44 \cdot \mathrm{e}^{-2x} = 21$ d) $\mathrm{e}^{2x} + 12 = 7\mathrm{e}^x$

e) $\mathrm{e}^x + 1 - 6\mathrm{e}^{-x} = 0$ f) $\ln(2x) = \frac{1}{2}$

A 5.10 Löse $S - c \cdot \mathrm{e}^{-kt} = y$ nach k auf.

A 5.11 *Logarithmengesetze*

Folgere aus den Potenzgesetzen von Seite 132 die folgenden Rechenregeln für den natürlichen Logarithmus. Entscheide zudem, für welche Argumente x, y sie gelten. ☠

$$\ln(x \cdot y) = \ln(x) + \ln(y) \qquad \text{und} \qquad \ln(x^y) = y \cdot \ln(x).$$

A 5.12 Zeige, dass die Ableitung einer beliebigen Exponentialfunktion $f(x) = a^x$ zur Basis $a \in \mathbb{R}_{>0}$ gegeben ist durch (☠)

$$(a^x)' = (\ln a)\, a^x.$$

(Tipp: Du musst a^x zunächst in eine e-Funktion umschreiben.)

5.3 Die Ableitung von $\ln(x)$, da kenn i nix, is' $\frac{1}{x}$

Diesen legendären Merkspruch habe ich in meinem ersten Berufsjahr an einem Münchner Gymnasium aufgeschnappt, wo der Schulleiter renitente Schüler so lange zum Nachsitzen verdonnerte (teils bis 20 Uhr!), bis ihnen solche Sprüche einfielen.
Wir setzen voraus, dass die ln-Funktion differenzierbar ist, also für alle $x > 0$ eine Ableitung besitzt (was einen beim Anblick des schön glatten Verlaufs der ln-Kurve

in Abbildung 5.3 natürlich nicht verwundert), und bestimmen nun das Aussehen der Ableitungsfunktion mit Hilfe der Kettenregel. Dazu leiten wir einfach die Beziehung

$$e^{\ln(x)} = x \quad (x > 0)$$

auf beiden Seiten ab. Rechts steht dann $(x)' = 1$, und auf der linken Seite liefert die gute alte Kettenregel

$$\left(e^{\ln(x)}\right)' = e^{\ln(x)} \cdot \ln'(x) = x \cdot \ln'(x).$$

(Beachte, dass die äußere Ableitung hier geschenkt ist, weil die e-Funktion einfach ganz behäbig stehen bleibt.) Da dieser Ausdruck gleich $(x)' = 1$ sein muss, folgt

$$x \cdot \ln'(x) = 1 \quad \Longrightarrow \quad \ln'(x) = \frac{1}{x}\,.$$

Somit kennen wir die Ableitung von $\ln(x)$ und haben gleichzeitig auch das Problem von Seite 26 gelöst: Dort schauten wir nämlich ganz verdutzt, als wir keine Stammfunktion der simplen Funktion $\frac{1}{x} = x^{-1}$ finden konnten.

Merke: Für $x > 0$ gilt

$$\ln'(x) = \frac{1}{x} \qquad \text{und} \qquad \int \frac{1}{x}\,dx = \ln(x) + c.$$

Beispiel 5.4 Wir bestimmen die Ableitung von

$$f(x) = \ln(x^2 + 1).$$

Die äußere Funktion ist $\ln(\heartsuit)$ mit Ableitung $\frac{1}{\heartsuit}$, während $(x^2 + 1)' = 2x$ die innere Ableitung ist. Somit liefert die Kettenregel

$$f'(x) = \frac{1}{\heartsuit(x)} \cdot \heartsuit'(x) = \frac{1}{x^2 + 1} \cdot 2x = \frac{2x}{x^2 + 1}\,.$$

So, und damit können wir's auch schon gut sein lassen, denn dies war bereits das wichtigste Grundlagenwissen über e und ln fürs Abi.

A **5.13** Bestimme die erste Ableitung auf zwei Arten (entweder mit Hilfe der Kettenregel, oder zuerst mit den Logarithmengesetzen vereinfachen).

a) $f(x) = \ln(2x)$ b) $f(x) = \ln(x^2)$ c) $f(x) = \ln\left(e^{\cos(x)}\right)$

A 5.14 In Abbildung 5.4 siehst du das Schaubild der Funktion

$$f(x) = \frac{2}{x}; \quad x > 0.$$

Berechne den Inhalt der grauen Fläche.

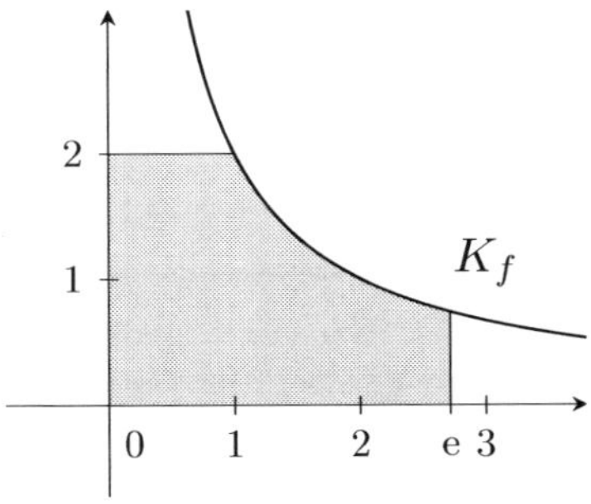

Abbildung 5.4

A 5.15 Die „Normal-Hyperbel“, also das Schaubild der Funktion $f(x) = \frac{1}{x}$, schließt mit der x-Achse auf $[1; \infty)$ eine Fläche ein. Untersuche, ob diese einen endlichen Inhalt besitzt.

A 5.16 Zeige, dass sogar für alle $x \in \mathbb{R} \setminus \{0\}$ gilt (☠)

$$\big(\ln(|x|)\big)' = \frac{1}{x} \qquad \text{und} \qquad \int \frac{1}{x}\, dx = \ln(|x|) + c.$$

6 Wachstums- und Zerfallsprozesse

Da wir inzwischen die e-Funktion und ihre Ableitung kennengelernt haben, können wir nun Wachstums- und Zerfallsprozesse mit Hilfe von sogenannten *Differenzialgleichungen* modellieren. Dadurch sind wir jetzt z.B. beim beschränkten Wachstum nicht mehr auf lästige Rekursionsformeln wie in der Mittelstufe angewiesen.

Quellenangaben: Beispiel 6.7 sowie die Aufgaben 6.8 und 6.19 wurden aus [HEU] adaptiert, ebenso die Idee zu Aufgabe 6.20. Abschnitt 6.6 ist ebenfalls an [HEU] angelehnt. Mit freundlicher Genehmigung von Vieweg-Teubner bzw. Springer Spektrum.

6.1 Wachsen ohne Ende: Exponentielles Wachstum

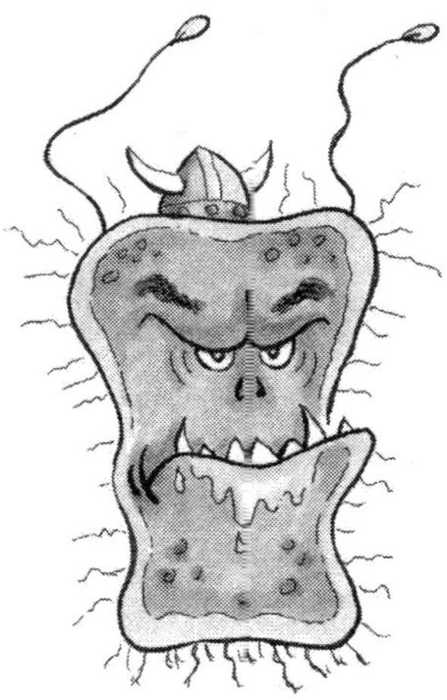

Im Magen eines gestressten Managers, der kurz vor einem Magengeschwür steht, befindet sich eine Population des Bakteriums *Helicobacter pylori*. Bezeichnen wir mit $N(t)$ die Anzahl der Bakterien zur Zeit t, so ist die *Wachstumsgeschwindigkeit* oder *Zuwachsrate* der Population die Ableitung (bzw. momentane Änderungsrate) $N'(t)$.
Nun treffen wir über die Bakterien-Vermehrung eine plausible Annahme:

> Je mehr Bakterien vorhanden sind, d.h. je größer $N(t)$ ist, desto größer ist auch die Wachstumsgeschwindigkeit $N'(t)$.

(Oder denke an eine Kaninchenpopulation: Je mehr Kaninchen vorhanden sind, desto mehr Rammeleien pro Zeiteinheit, desto schneller wächst der Bestand.)

Der einfachste Zusammenhang[1] wäre Proportionalität zwischen Wachstumsgeschwindigkeit $N'(t)$ und Bestand $N(t)$, also $N'(t) \sim N(t)$, d.h.

$$N'(t) = k\,N(t)$$

mit einer Konstanten $k > 0$. Diese Beziehung beschreibt das Wachstum der Population „im Kleinen“ und besagt:

> Die Wachstumsgeschwindigkeit $N'(t)$ ist proportional zum gerade vorhandenen Bestand $N(t)$, d.h. wenn n-mal so viele Bakterien vorhanden sind, vermehrt sich der neue Bestand auch n-mal so schnell wie der alte.

Da k die Größe von N' mitbestimmt, heißt k *Wachstumskonstante.*

Mathematisch gesehen haben wir es hier mit einer sogenannten *Differenzialgleichung (DGL)* zu tun, weil $N'(t) = k\,N(t)$ einen Zusammenhang zwischen der gesuchten

[1] Inwieweit dieses einfache Modell dann tatsächlich das reale Wachstum der Bakterien beschreibt, lässt sich nur im Experiment untersuchen.

Funktion $N(t)$ und ihrem Differenzialquotienten (Ableitung) $N'(t)$ herstellt (mehr Infos zu DGLen auf Seite 152). Um sie zu lösen, müssen wir eine Funktion finden, deren Ableitung die Funktion selbst ist – bis auf einen Vorfaktor k. Das riecht stark nach e-Funktion, da sie sich ja wunderbarerweise beim Ableiten selbst reproduziert. Versuchen wir's doch mal mit dem Ansatz

$$N(t) = c\,\mathrm{e}^{kt}\,, \quad c \in \mathbb{R}.$$

Mit der (Faktor- und) Kettenregel erhalten wir für alle $t \in \mathbb{R}$

$$N'(t) = \left(c\,\mathrm{e}^{kt}\right)' = c \cdot \left(\mathrm{e}^{kt}\right)' = c \cdot k\,\mathrm{e}^{kt} = k \cdot \underbrace{c\,\mathrm{e}^{kt}}_{=N(t)} = k\,N(t),$$

d.h. die Funktionen $N(t) = c\,\mathrm{e}^{kt}$ sind für beliebiges $c \in \mathbb{R}$ Lösungsfunktionen der DGL, die man aus diesem Grund auch als DGL des *exponentiellen Wachstums* bezeichnet. Die Konstante c brauchen wir, um die Anfangsbedingung einzuarbeiten: Sind zu Beobachtungsbeginn ($t = 0$) N_0 Bakterien vorhanden, so ist

$$N_0 = N(0) = c\,\mathrm{e}^{k \cdot 0} = c.$$

In Abbildung 6.1 ist die zu

$$N(t) = N_0\,\mathrm{e}^{kt}$$

gehörige Wachstumskurve dargestellt. Es gilt $N(t) \to \infty$ für $t \to \infty$, d.h. eine exponentiell wachsende Population überschreitet jede obere Schranke. Deswegen ist exponentielles Wachstum für große Zeitspannen kein realistisches Modell. Hat eine Population eine gewisse Größe erreicht, so treten stets entwicklungshemmende Faktoren auf (Nahrungs- und Platzmangel, Seuchen, Zeugungsunlust, etc.), die wir erst beim beschränkten bzw. logistischen Wachstum berücksichtigen werden.

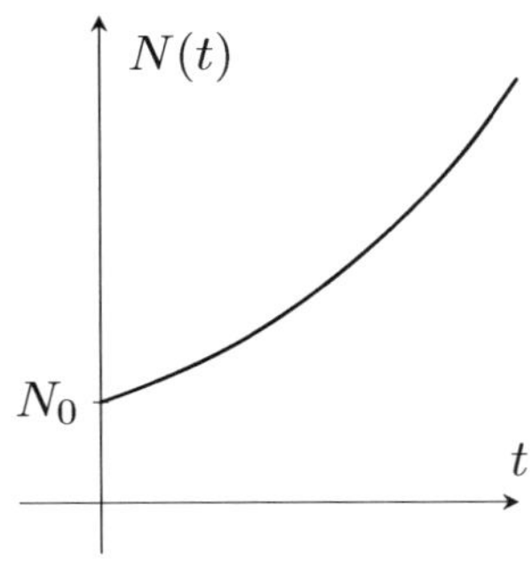

Abbildung 6.1

Merke: Beim *exponentiellen Wachstum* ist die Wachstumsgeschwindigkeit $N'(t)$ proportional zum gerade vorhandenen Bestand $N(t)$. Die zugehörige DGL („lokales Wachstumsgesetz“) lautet

$$N'(t) = k\,N(t),$$

wobei $k > 0$ die *Wachstumskonstante* des Vorgangs ist. Die Lösung der DGL des exponentiellen Wachstums, also das „globale Wachstumsgesetz“, ist gegeben durch

$$N(t) = N_0\,\mathrm{e}^{kt}\,,$$

wobei N_0 der Anfangsbestand zur Zeit $t = 0$ ist.

Beispiel 6.1 Zu Beginn seien $N_0 = 10^6$ H.pylori-Bakterien im Magen eines Managers vorhanden. Während einer Stress-Phase gehen wir von exponentiellem Wachstum mit Wachstumskonstante $k = 0{,}03$ (Einheit: $\frac{1}{\mathrm{h}}$) aus[2]. Wie viele Bakterien besiedeln dann nach 2 Tagen den Magen?
Wir müssen nichts anderes tun, als Zahlen in das Wachstumsgesetz $N(t) = N_0\,\mathrm{e}^{kt}$ einzusetzen, allerdings dürfen wir nicht vergessen, Tage in Stunden umzurechnen (da k in Einsdurchstunde angegeben wird):

$$N(48) = 10^6 \cdot \mathrm{e}^{0{,}03\cdot 48} \approx 4{,}22 \cdot 10^6.$$

Nach zwei Tagen sind also ca. 4,22 Millionen Bakterien vorhanden. Wenn du wissen willst, ob der arme Manager davon bereits Magenschmerzen oder ein Geschwür bekommt, frag deinen Arzt oder Apotheker.

Beispiel 6.2 Eine Horde Ratten besteht zunächst aus $N_0 = 18$ Viechern, aber bereits nach 23 Tagen zählt man 42 Ratten. Auf welche Zahl würde der Rattenbestand innerhalb eines Jahres ansteigen, wenn man exponentielles Wachstum zugrunde legt?

Ansatz für die Zahl der Ratten: $N(t) = 18 \cdot \mathrm{e}^{kt}$, wobei die Wachstumskonstante k noch zu bestimmen ist. Nach $t = 23$ d (d für lat. „dies", also Tag) gilt

$$N(23) = 42, \quad \text{d.h.} \quad 18 \cdot \mathrm{e}^{k\cdot 23} = 42.$$

Teilen durch 18 und Logarithmieren ergibt

$$\mathrm{e}^{23k} = \frac{42}{18} = \frac{7}{3} \quad \Longleftrightarrow \quad \ln \mathrm{e}^{23k} = \ln \frac{7}{3}\,.$$

Da e-hoch vom ln gekillt wird, ist $\ln \mathrm{e}^{23k} = 23k$ und wir erhalten schließlich

$$k = \frac{1}{23} \ln \frac{7}{3} \approx 0{,}037\ (\tfrac{1}{\mathrm{d}}).$$

Den exakten Wert unbedingt zum Weiterrechnen speichern! Beachte: In Mathe lässt man die Einheit von k meist weg (hier: 1/Tag), muss dann aber dringend anmerken, in welcher Einheit die Zeit t gemessen wird! Das exponentielle Wachstumsgesetz würde somit

$$N(t) = 18 \cdot \mathrm{e}^{0{,}037\,t} \quad (t \text{ in Tagen})$$

lauten, und nach einem Jahr ergäbe sich

$$N(365) = 18 \cdot \mathrm{e}^{0{,}037\cdot 365} \approx 1{,}24 \cdot 10^7 = 12{,}4 \cdot 10^6,$$

d.h. 12,4 Millionen Ratten. Exponentielles Wachstum ist hier also (glücklicherweise) kein realistisches Modell.

[2] Die Zahlen sind frei erfunden.

Zur Vorbereitung des nächsten Beispiels machen wir eine wichtige allgemeine Beobachtung: Aufgrund der Gleichung

$$\mathrm{e}^{s+t} = \mathrm{e}^s \cdot \mathrm{e}^t$$

besitzt ein exponentiell wachsender Bestand eine ganz besondere Eigenschaft: Ist Δt eine feste Zeitspanne, so gilt

$$N(t+\Delta t) = N_0\,\mathrm{e}^{k(t+\Delta t)} = N_0\,\mathrm{e}^{kt+k\Delta t} = \underbrace{N_0\,\mathrm{e}^{kt}}_{=N(t)} \cdot \mathrm{e}^{k\Delta t} = N(t)\cdot \mathrm{e}^{k\Delta t}.$$

Das bedeutet aber, dass der Quotient

$$\frac{N(t+\Delta t)}{N(t)} = \mathrm{e}^{k\Delta t}$$

unabhängig von der Zeit t ist (die rechte Seite enthält ja nur noch die Konstante k und den festen Zeitschritt Δt, aber kein t mehr). Zahlenbeispiel: Es sei $\Delta t = 0{,}5$ (h) und $\mathrm{e}^{k\Delta t} = 1{,}2$. Dann ist für $t = 0$

$$\frac{N(0+\Delta t)}{N(0)} = 1{,}2 = 120\,\%, \quad \text{d.h.} \quad N(\Delta t) = 120\,\% \cdot N(0),$$

also ist der Bestand in der ersten halben Stunde um 20 % gewachsen[3]. Aber auch für $t = 1$ (h) gilt – wie wir eben allgemein gezeigt haben

$$\frac{N(1+\Delta t)}{N(1)} = 1{,}2 = 120\,\%, \quad \text{d.h.} \quad N(1+\Delta t) = 120\,\% \cdot N(1).$$

Allllsoo: Warten wir ab $t = 1$ h für $\Delta t = 30$ min, so wächst der Bestand ebenfalls um 20 % an. Und das gleiche gilt für $t = 2$ h oder 3 h oder völlig wurscht wann: In der nächsten halben Stunde kommen immer 20 % von $N(t)$ hinzu.

Merke: Beim exponentiellen Wachstum ist der prozentuale Zuwachs pro Zeitschritt Δt immer derselbe, egal zu welcher Zeit t.

Beispiel 6.3 Das Wachstum der Fläche $A(t)$ einer Hefepilzkultur wird drei Stunden lang beobachtet (in Zeitschritten von $\Delta t = 0{,}5$ h). Die Messwerte sind in der folgenden Tabelle zusammengetragen. Prüfe, ob exponentielles Wachstum vorliegt.

t in h	0	0,5	1	1,5	2	2,5	3
A in cm^2	6,0	7,5	8,6	10,8	13,5	16,3	19,6

Zunächst berechnen wir die Quotienten $\frac{A(t+\Delta t)}{A(t)}$:

$$1{,}25 \qquad 1{,}15 \qquad 1{,}26 \qquad 1{,}25 \qquad 1{,}21 \qquad 1{,}20 \qquad \varnothing = 1{,}22$$

[3] Falls du Prozentrechnen nie verstanden hast: $1{,}2 = \frac{120}{100} = 120\,\%$, da % nix anderes als $\frac{1}{100}$ bedeutet. Und es ist $120\,\% \cdot N_0 = (100\,\% + 20\,\%) \cdot N_0 = 100\,\% \cdot N_0 + 20\,\% \cdot N_0 = N_0 + 20\,\% \cdot N_0$, d.h. zu N_0 kommen nochmal 20 % von sich selbst dazu. Klar(er)?

Da der Zuwachs pro Δt nicht konstant ist, kann kein perfektes exponentielles Wachstum vorliegen. Aber da die Abweichungen vom Durchschnittswert 1,22 nicht zu groß sind, versuchen wir, mit diesem weiterzuarbeiten. Wir wählen als Wachstumsmodell also einen Hefepilz, dessen Fläche um konstante 22 % pro halbe Stunde zunimmt. Laut obiger Rechnung ist der Quotient $\frac{A(t+\Delta t)}{A(t)}$ stets $\mathrm{e}^{k\Delta t}$, und mit $\Delta t = 0{,}5$ (h) folgt

$$\mathrm{e}^{k\Delta t} = 1{,}22 \quad \Longleftrightarrow \quad k\Delta t = \ln 1{,}22 \quad \Longleftrightarrow \quad k = \frac{\ln 1{,}22}{0{,}5} \approx 0{,}4 \ \left(\tfrac{1}{\mathrm{h}}\right) .$$

Abbildung 6.2 zeigt, dass die Wachstumskurve

$$A(t) = A_0 \mathrm{e}^{kt} = 6 \cdot \mathrm{e}^{0{,}4\,t} \quad (A \text{ in cm}^2,\ t \text{ in Stunden})$$

die Messpunkte gut erfasst, d.h. zumindest während der drei ersten Stunden wächst der Hefepilz annähernd exponentiell.

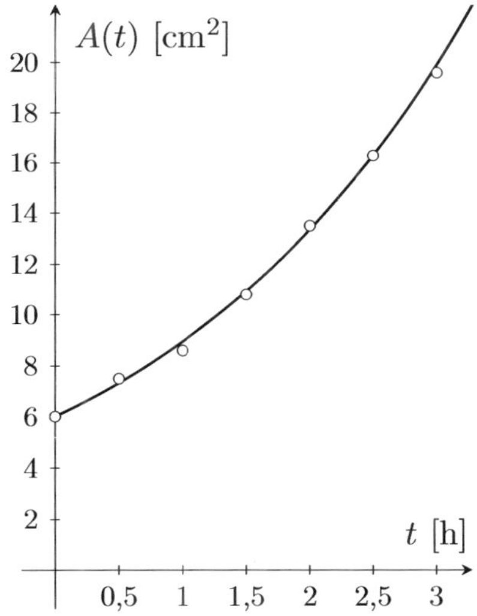

Abbildung 6.2

[Alternative Lösung mit Hilfe *exponentieller Regression* (für GTR-Besitzer): Man gibt unter `STAT` im `EDIT`-Menü die t- und $A(t)$-Werte als Listen `L1` bzw. `L2` ein. Dann zum Hauptbildschirm zurück und über `STAT CALC 0:ExpReg` die exponentielle Regression aufrufen: `ExpReg L1, L2, Y1`. (Hat man außer `L1` und `L2` keine weiteren Listen gespeichert, kann man nur `ExpReg Y1` tippen.) Der Funktionseditor muss dabei *leer* sein! Dann gibt der GTR eine Regressionskurve aus, die er auch gleich als `Y1` speichert: $y = a \cdot b^x$ mit $a \approx 6$ und $b = 1{,}487$. Umrechnen in eine e-Funktion ergibt: $y = 6 \cdot b^x = 6 \cdot \left(\mathrm{e}^{\ln b}\right)^x = 6 \cdot \mathrm{e}^{\ln(1{,}487)\cdot x} \approx 6 \cdot \mathrm{e}^{0{,}4 \cdot x}$, in sehr guter Übereinstimmung mit unserem obigen Ergebnis. Schaltet man unter `STATPLOT` (`2nd Y=`) den `Plot1` auf `On`, so kann man sich über `GRAPH` sowohl die Messpunkte als auch die Regressionskurve anschauen und beurteilen, wie gut diese zusammenpassen; aufgrund der miesen Auflösung des GTR scheinen die Punkte fast perfekt auf der Kurve zu liegen.]

Mit Hilfe der *Verdopplungszeit* T_V, also der Zeitspanne, in der sich eine Population verdoppelt, kann man sich den Verlauf eines exponentiellen Wachstumsprozesses am besten vorstellen. Wir bestimmen zunächst die Zeitspanne, nach welcher der Anfangsbestand N_0 sich verdoppelt hat. Es gilt

$$N(T_V) = 2N_0 \iff N_0 e^{kT_V} = 2N_0 \iff e^{kT_V} = 2,$$

und durch Logarithmieren folgt $kT_V = \ln 2$, also

$$T_V = \frac{\ln 2}{k} .$$

Interessanterweise ist dieses T_V beim exponentiellen Wachstum völlig unabhängig vom aktuellen Bestand $N(t)$: Nicht nur der Schritt von N_0 auf $2N_0$ wird durch T_V beschrieben, sondern für jede beliebige Zeit t gilt

$$N(t + T_V) = N_0 e^{k(t+T_V)} = N_0 \left(e^{kt} \cdot e^{kT_V}\right) = N_0 e^{kt} \cdot e^{\ln 2} = 2N_0 e^{kt} = 2N(t).$$

Die Population braucht also, egal wie groß sie gerade ist, immer dieselbe Zeit T_V, um sich zu verdoppeln. (Wer die allgemeine Rechnung auf Seite 144 verstanden hat, ist hiervon natürlich nicht überrascht; es handelt sich hier lediglich um den Spezialfall $\Delta t = T_V$, so dass $k\Delta t = \ln 2$ und damit $e^{k\Delta t} = e^{\ln 2} = 2$ gilt.)

Merke: Die Verdopplungszeit beim exponentiellen Wachstum beträgt

$$T_V = \frac{\ln 2}{k} .$$

Sie ist unabhängig vom momentanen Bestand, d.h. für jedes beliebige t (> 0) gilt

$$N(t + T_V) = 2N(t).$$

Beispiel 6.4 Die Weltbevölkerung lässt sich von 1960 – 2000 relativ gut durch

$$N(t) = N_0 e^{kt} \quad \text{mit} \quad N_0 = 3 \text{ Mrd} \quad \text{und} \quad k = 0{,}0178 \ (\tfrac{1}{\text{a}})$$

beschreiben, wobei $t = 0$ (a) im Jahr 1960 gesetzt wird (a für lat. „annus" (mit zwei „n"!), d.h. Jahr). Nach diesem Modell beträgt die Verdopplungszeit

$$T_V = \frac{\ln 2}{k} = \frac{\ln 2}{0{,}0178} \approx 39 \text{ (a)},$$

d.h. im Jahre 1999 haben ca. 6 Mrd Menschen unseren Planeten bevölkert. Laut einer Tabelle der UN waren es in der Tat 6,04 Mrd, in sehr guter Übereinstimmung mit dem exponentiellen Wachstumsmodell. Würde die Weltbevölkerung mit derselben Wachstumskonstante, also auch derselben Verdopplungszeit, weiter wachsen, so wären wir im Jahre 2038 bereits 12 Mrd Menschen, was sicherlich (hoffentlich!) nicht stimmt. (Laut UN-Schätzung werden es „nur" 9 Mrd sein.)

Beispiel 6.5 Eine Population von Fruchtfliegen (*Drosophila melanogaster*), die zu Beginn aus 10 Fliegen besteht, vermehre sich innerhalb der ersten 8 Tage nahezu exponentiell mit einer Verdopplungszeit von 3,2 Tagen. Gib die zugehörige DGL an und stelle das Wachstumsgesetz auf. Wie viele Fruchtfliegen sind nach 8 Tagen vorhanden? Wir bestimmen zunächst die Wachstumskonstante (exakten Wert speichern!):

$$k = \frac{\ln 2}{T_V} = \frac{\ln 2}{3{,}2} \approx 0{,}217 \; (\tfrac{1}{\mathrm{d}}).$$

Die DGL des Fruchfliegenwachstums lautet somit (näherungsweise)

$$N'(t) = 0{,}217 \cdot N(t)$$

mit zugehöriger Lösung (Wachstumsgesetz)

$$N(t) = N_0 \, \mathrm{e}^{kt} = 10 \, \mathrm{e}^{0{,}217\,t}, \quad 0 \leqslant t \leqslant 14 \quad (t \text{ in Tagen}).$$

Nach 8 Tagen ist (gespeicherten Wert von k verwenden!)

$$N(8) = 10 \, \mathrm{e}^{0{,}217 \cdot 8} \approx 56{,}6,$$

d.h. es sind 56 Fruchtfliegen vorhanden[4] (im Rahmen des exponentiellen Modells). Bitte beim Formulieren des Antwortsatzes Hirn einschalten und nicht etwa schreiben „Es sind 56,6 Fruchtfliegen vorhanden“ (ohne Spaß jetzt, es gibt auch ganz schmerzfreie Schüler, die sogar 56,569 als Antwort angeben würden).

Anmerkung: Arbeitet man lieber mit T_V als mit k, so kann man das Wachstumsgesetz auch als Exponentialfunktion zur Basis 2 darstellen:

$$N(t) = N_0 \, \mathrm{e}^{kt} = N_0 \, \mathrm{e}^{(\ln 2/T_V) \cdot t} = N_0 \, \mathrm{e}^{\ln 2 \cdot t/T_V} = N_0 \left(\mathrm{e}^{\ln 2}\right)^{t/T_V} = N_0 \, 2^{t/T_V},$$

und kommt zum selben Ergebnis $N(8) = 10 \cdot 2^{\frac{8}{3{,}2}} \approx 56{,}6$.

Beispiel 6.6 Noch ein letztes Beispiel, das die Computer-Nerds unter euch ansprechen wird. Laut dem *Moore'schen Gesetz* (einer kühnen Faustregel, die der Intel-Mitbegründer Gordon Moore in den 1960er-Jahren aufgestellt hat) wächst der „transistor count“, also die Anzahl der Transistoren auf einem Mikroprozessor, exponentiell mit einer Verdopplungszeit von ungefähr zwei Jahren. Starten wir mit $N_0 = 2300$ (Intel 4004) im Jahr 1971, so ergibt sich aufgrund von $T_V \approx 2$ (a) eine Voraussage von

$$N(t) = N_0 \, 2^{t/T_V} = N_0 \, 2^{\frac{t}{2}}$$

für den transistor count im Jahr $1971 + t$. Nach 20 Jahren, also ca. 10 Verdopplungszeiten später, wäre dann

[4] Wenn ich an meinen Biomüll in der Küche im Sommer denke, kommt mir das recht wenig vor. Frag deinen Biolehrer, ob T_V stimmt. :)

$$N(20) = N_0\, 2^{10} \approx 2{,}4 \text{ Mio.}$$

Und tatsächlich war der Pentium aus dem Jahr 1993 mit ca. 3 Millionen Transistoren bestückt (auf 1-2 Jahre und ein paar Hunderttausend Transistoren lassen wir es hier nicht ankommen; zum einen ist der Wert für T_V ja nur grob geschätzt, zum anderen hängt die genaue Zahl natürlich stark vom Hersteller ab).
Nach 30 Jahren müssten es bereits 75 Mio sein, was bei Pentium-CPUs Anfang der 2000er Jahre recht gut hinkommt. Inzwischen hat sich das Wachstum etwas verlangsamt: Für 2016 sagte das Moore'sche Gesetz etwas zu hoch

$$N(45) = N_0\, 2^{\frac{45}{2}} \approx 13{,}6 \text{ Mrd}$$

Transistoren voraus. Der mächtigste Ein-Chip-Prozessor von Intel brachte es 2016 aber immerhin auf atemberaubende 7,2 Mrd Transistoren (auf 4,6 cm^2 Fläche!).

A 6.1 Das Bakterium *Bifido adolescentis* ist ein wichtiger Bewohner der menschlichen Darmflora (sofern er nicht durch übermäßigen Antibiotika-Konsum plattgeschossen wurde) und besitzt neuesten Studien zufolge sogar antivirale Wirkung auf das Hepatitis-B-Virus. Spielt für die Aufgabe natürlich keine Rolle, ist aber trotzdem interessant. Die Vermehrung eines solchen Bakterienstammes mit 100 000 Mitgliedern wird in einer Nährflüssigkeit untersucht, wobei man exponentielles Wachstum mit einer Verdopplungszeit von etwa 1,5 h beobachtet. Wie lange dauert es, bis 10^8 Bifidobakterien vorhanden sind?

A 6.2 Auf der Heizung im Klassenzimmer liegt eine vergessene Vesperbox. Ein Schimmelpilz, der sich auf dem darin befindlichen Käsebrot ausbreitet, wächst annähernd exponentiell. Seine Anfangsfläche zu Beobachtungsbeginn ($t = 0$) beträgt 3 cm^2 und die Wachstumskonstante ist $k = 0{,}06\ (\frac{1}{\text{h}})$.

a) Wie groß ist seine Fläche nach einem Tag?

b) Welche Verdopplungszeit liegt vor?

c) Um wie viel Prozent nimmt seine Fläche stündlich zu?

d) Wie lange dauert es, bis er die gesamte Oberseite des Käsebrotes ($A = 80\ \text{cm}^2$) überwuchert hat?

e) Wie groß ist seine momentane Wachstumsgeschwindigkeit zum Zeitpunkt $t = 10$ (h)? (Zusatz: Was bedeutet diese Zahl anschaulich?)

A **6.3** Zeige allgemein: Vermehrt sich ein exponentiell wachsender Bestand in der Zeit T um $p\%$, so ist die Wachstumskonstante gegeben durch

$$k = \frac{\ln(1 + p\,\%)}{T} \,.$$

Wie erhält man aus dieser Formel die Verdopplungszeit T_V?

A **6.4** Eine Kolonie von *E.coli*-Bakterien wird in eine Nährflüssigkeit gebracht. 30 Minuten später besteht sie aus 400 Mitgliedern und nochmal 60 Minuten darauf aus 3195.
Wie groß ist die Verdopplungszeit der Bakterien und wie viele Mitglieder hat die Kolonie 4 Stunden nach Beginn des Experiments?
(Tipps: Eine geschickte Wahl des Zeitnullpunkts sowie Aufgabe 6.3 ersparen Arbeit.)

6.2 Bis nix mehr da ist: Exponentieller Zerfall

Wir erläutern den exponentiellen Zerfall anhand des Klassikers „radioaktiver Zerfall“. Zur Zeit t seien $N(t)$ Atome einer radioaktiven Substanz vorhanden. Es ist plausibel und experimentell sehr gut bestätigt, dass die *Zerfallsgeschwindigkeit* $N'(t)$ proportional zum gerade vorhandenen Bestand ist[5]: Je mehr Atome da sind, desto mehr (ihrer Kerne) werden pro Zeiteinheit zerfallen. Damit lautet die DGL des radioaktiven Zerfalls

$$N'(t) = -k\,N(t)$$

mit einer *Zerfallskonstanten* $k > 0$. Das Minuszeichen trägt der Tatsache Rechnung, dass der Bestand abnimmt: Da $N(t)$ mit zunehmender Zeit immer kleiner wird, gilt

$$\Delta N = N(t + \Delta t) - N(t) < 0 \quad \text{und damit auch} \quad N'(t) = \lim_{\Delta t \to 0} \frac{\Delta N}{\Delta t} < 0$$

(negative Wachstumsgeschwindigkeit = Abnahmegeschwindigkeit des Bestands).
Nach den Ausführungen zum exponentiellen Wachstum ist es nun ein Leichtes, die Lösung dieser DGL anzugeben: Ist $N_0 = N(0)$ der Anfangsbestand der radioaktiven Substanz, so lautet das *exponentielle Zerfallsgesetz*

$$N(t) = N_0\,\mathrm{e}^{-kt}.$$

Man bestätigt leicht durch Ableiten, dass dieses $N(t)$ tatsächlich obige DGL löst, denn es ist (Kettenregel beachten!)

$$N'(t) = \left(N_0\,\mathrm{e}^{-kt}\right)' = N_0 \cdot \left(\mathrm{e}^{-kt}\right)' = N_0 \cdot (-k)\,\mathrm{e}^{-kt} = -k \cdot \underbrace{N_0\,\mathrm{e}^{-kt}}_{=N(t)} = -k\,N(t).$$

[5]Entscheidend ist hierbei allerdings, dass es sich um eine *große Anzahl* von Atomen handelt! Für wenige Atome oder gar nur ein Atom sind keinerlei Voraussagen über die Zerfallszeitpunkte möglich.

In Abbildung 6.3 ist der Verlauf der exponentiellen Zerfallskurve dargestellt. Man erkennt, dass sich der Bestand nach Verstreichen der *Halbwertszeit* T_H jeweils halbiert. Aus dem Ansatz

$$N(T_\mathrm{H}) = \frac{1}{2}\,N_0$$

erhält man völlig analog zum exponentiellen Wachstum die Beziehung

$$T_\mathrm{H} = \frac{\ln 2}{k}$$

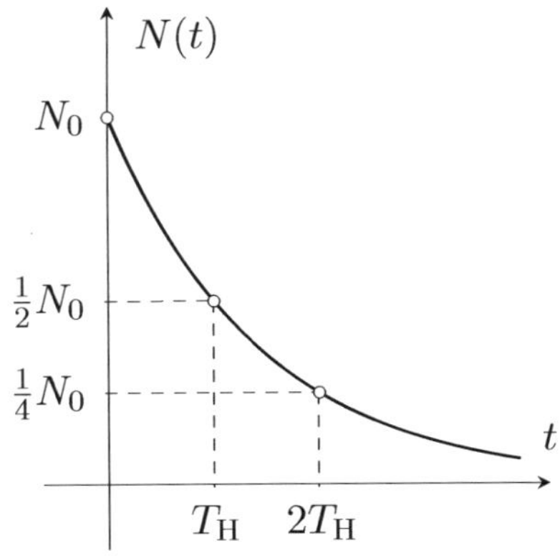

Abbildung 6.3

für die Halbwertszeit des radioaktiven Zerfallsprozesses. Man kann auch wieder nachrechnen, dass sie nicht vom momentanen Bestand $N(t)$ abhängt, sondern dass $N(t)$ sich nach Verstreichen von T_H auf die Hälfte reduziert hat – egal für welches t (siehe Aufgabe 6.5).

Merke: Beim *exponentiellen Zerfall* ist die Zerfallsgeschwindigkeit $N'(t)$ proportional zum momentanen Bestand $N(t)$. Die zugehörige DGL („lokales Zerfallsgesetz") lautet

$$N'(t) = -k\,N(t).$$

wobei $k > 0$ die *Zerfallskonstante* des Vorgangs ist. Sie hängt über

$$k = \frac{\ln 2}{T_\mathrm{H}}$$

mit der *Halbwertszeit* zusammen. Die Lösung der DGL des exponentiellen Zerfalls, also das „globale Zerfallsgesetz", ist gegeben durch

$$N(t) = N_0\,\mathrm{e}^{-kt}.$$

Anwendungsbeispiele zum radioaktiven Zerfall finden sich in den Aufgaben.

Beispiel 6.7 Wäsche auf dem Balkon trocknet mit einer zeitlichen Rate, die proportional zu der noch vorhandenen Feuchtigkeit F ist:

$$F'(t) = -k\,F(t) \qquad (k > 0 \ \text{konstant}).$$

Für Bettwäsche, die an einem warmen Sommertag aufgehängt wird, kann man eine Proportionalitätskonstante von $k = 0{,}85\ \left(\frac{1}{\mathrm{h}}\right)$ annehmen. Wie lange dauert es, bis ein Laken nur noch ein Hundertstel seiner ursprünglichen Feuchtigkeit hat und wie groß ist die Halbwertszeit des Trocknens? (Dieses Beispiel wurde aus [HEU] adaptiert.)

Da es sich um die DGL des exponentiellen Zerfalls handelt, nimmt die Feuchtigkeit des Lakens gemäß der Funktion

$$F(t) = F_0\,\mathrm{e}^{-kt}$$

ab, wobei F_0 die Feuchtigkeit zu Beginn bezeichnet. Der Ansatz $F(t) = \frac{1}{100}F_0$ liefert

$$F_0\,\mathrm{e}^{-kt} = 0{,}01\,F_0 \quad\Longleftrightarrow\quad \mathrm{e}^{-kt} = 0{,}01 \quad\overset{\ln\,;\,:(-k)}{\Longleftrightarrow}\quad t = \frac{\ln(0{,}01)}{-k} \approx 5{,}4\ (\mathrm{h}).$$

(Beachte: $\ln \mathrm{e}^{-kt} = -kt$.) Die Halbwertszeit des Trocknungsvorgangs beträgt $T_\mathrm{H} = \frac{\ln 2}{k} \approx 0{,}82$ (h), also ca. 50 min.

A 6.5 Leite die Formel für die Halbwertszeit T_H bei exponentiellem Zerfall her und zeige, dass $N(t + T_\mathrm{H}) = \frac{1}{2}N(t)$ für beliebiges t gilt.

A 6.6 Der Zerfall von 4,8 mg Iod-131 ($T_\mathrm{H} = 8$ d) wird beobachtet.

a) Nach wie vielen Tagen sind 3 mg zerstrahlt?

b) Wie viel Prozent der Ausgangsmasse sind nach zwei Wochen noch vorhanden?

A 6.7 Eine Probe Radium-224 verliert durch Zerstrahlung pro Tag etwa 17,3 % seiner Masse. Wie groß ist die Halbwertszeit von Radium-224?
Wenn du gut rechnen kannst, leite zunächst eine allgemeine Formel für die Zerfallskonstante k in Abhängigkeit von der Massenabnahme um p % her (wie in Aufgabe 6.3).

A 6.8 Radioaktives Strontium-90 mit einer Halbwertszeit von $T_\mathrm{H} = 28$ Jahren wird bei Atombombenexplosionen frei und verseucht die pflanzliche Nahrung von Mensch und Tier. Auf einer Insel ist der Strontium-90-Gehalt nach einem Atombombentest 150-mal höher als die Toleranzgrenze. Wann ist diese Insel frühestens wieder gefahrlos bewohnbar? (Aus [HEU].)

A 6.9 *Radiocarbonmethode zur Datierung fossiler Objekte*

Das radioaktive Kohlenstoffisotop ^{14}C zerfällt mit einer Halbwertszeit von $T_\mathrm{H} =$ 5730 a. In der Atmosphäre ist das Verhältnis von ^{14}C zum stabilen Kohlenstoff ^{12}C nahezu konstant (^{14}C zerfällt zwar laufend, wird aber durch die Weltraumstrahlung auch ständig neu erzeugt). Lebende Organismen weisen dasselbe Verhältnis auf, da sie durch Stoffwechselvorgänge in ständigem Austausch mit ihrer Umwelt stehen. Stirbt ein Organismus, so hört dieser Austausch auf, ^{14}C zerfällt, ohne dass Nachschub kommt, und das Verhältnis von ^{14}C zu ^{12}C ändert sich. Dadurch lässt sich das Alter fossiler Funde recht gut bestimmen.

Die Untersuchung einer Probe des „Ötzi“ ergab, dass die mumifizierte Leiche nur noch 51 % des normalen ^{14}C-Gehalts eines lebenden Menschen aufweist. Wann ist Ötzi ungefähr gestorben?

6.3 Kleiner Exkurs über Differenzialgleichungen

Bei allen Gleichungen, die euch bisher in der Schule begegnet sind, wie z.B.

$$5x^2 + 3 = 3x + 7 \qquad \text{oder} \qquad \sin(x + \tfrac{\pi}{4}) = 1$$

war die gesuchte Größe x immer eine *Zahl*. Bei einer Differenzialgleichung (DGL) wie z.B.

$$f(x) + 3f'(x) = -4f''(x)$$

ist die gesuchte Lösung hingegen eine *Funktion* f, und die DGL stellt eine Beziehung zwischen der Funktion und ihren Ableitungen (also Differenzialquotienten) her. Das Lösen von DGLen ist eine hochkomplexe Angelegenheit, und wir können mit unserer sehr bescheidenen Schulmathematik nur auf einfachste Beispiele eingehen.

Beispiel 6.8 Die einfachste DGL der Welt lautet

$$f'(x) = 0, \quad x \in \mathbb{R}.$$

Alle konstanten Funktionen $f(x) = c$, $c \in \mathbb{R}$, sind hier (die einzigen) Lösungsfunktionen, denn sie (und nur sie) besitzen 0 als Ableitung auf ganz $\mathbb{R}$.

Beispiel 6.9 Ebenso einfach zu lösen ist die DGL

$$f''(x) = 0, \quad x \in \mathbb{R}$$

(eine DGL *zweiter Ordnung*, da sie die zweite Ableitung enthält). Hier sind alle linearen Funktionen $f(x) = ax + b$ mit zwei frei wählbaren Parametern $a, b \in \mathbb{R}$ Lösungsfunktionen. Der Nachweis ist simpel: Für $f(x) = ax + b$ ist $f'(x) = a$ und $f''(x) = 0$.

Beispiel 6.10 Die DGL

$$f'(x) = f(x), \quad x \in \mathbb{R}$$

besitzt als Lösungen alle Funktionen, die mit ihrer ersten Ableitung übereinstimmen. Wie wir bereits wissen, hat die e-Funktion diese schöne Eigenschaft, d.h. alle Funktionen der Gestalt

$$f(x) = c \cdot \mathrm{e}^x$$

(mit beliebigem Parameter $c \in \mathbb{R}$; wobei $c = 0$ zum offensichtlichen, aber uninteressanten Fall $f = 0$ gehört) sind Lösungen dieser DGL. Aufgabe 6.14 zeigt, dass dies sogar alle Lösungen sind. Durch Einfügen eines Faktors $\pm k$ erhalten wir die DGL des natürlichen Wachstums bzw. Zerfalls:

$$f'(x) = \pm k f(x)$$

mit den Lösungen

$$f(x) = c \cdot \mathrm{e}^{\pm kx}.$$

A 6.10 Finde Lösungen der folgenden DGL:

$$f''(x) = -f(x), \quad x \in \mathbb{R},$$

oder allgemeiner

$$f''(x) = -\omega^2 f(x), \quad x \in \mathbb{R}.$$

A 6.11 Weise nach, dass $f(x) = \tan(x)$ die folgende DGL löst:

$$f'(x) = 1 + f(x)^2, \quad x \in \left(-\tfrac{\pi}{2}\,;\,\tfrac{\pi}{2}\right).$$

A 6.12 Im nächsten Abschnitt wird die DGL

$$f'(t) = k\,\big(S - f(t)\big), \quad t \in \mathbb{R},$$

(mit positiven Konstanten k und S) eine zentrale Rolle spielen. Weise nach, dass

$$f(t) = S + c\,\mathrm{e}^{-kt}$$

für jedes $c \in \mathbb{R}$ eine Lösung dieser DGL ist. Setze dazu $f(t)$ separat in beide Seiten der DGL ein. Vereinfache die rechte Seite dann so weit, bis sie mit der linken übereinstimmt.

A 6.13 Rechne nach, dass (für jedes $c \in \mathbb{R}$) die Funktion

$$f(t) = \frac{cS}{c + (S - c)\,\mathrm{e}^{-kSt}}$$

eine Lösung der folgenden DGL ist (k und S sind wieder positive Konstanten)

$$f'(t) = k\,f(t)\,\big(S - f(t)\big), \quad t \in \mathbb{R}.$$

A 6.14 Zeige, dass jede Lösung f der DGL

$$f'(x) = f(x), \quad x \in \mathbb{R},$$

von der Form $f(x) = c \cdot \mathrm{e}^x$ mit einer Konstante $c \in \mathbb{R}$ ist. (Tipp: Zeige, dass $f(x) \cdot \mathrm{e}^{-x}$ konstant ist, indem du es ableitest.)

6.4 Bis hierher und nicht weiter: Beschränktes Wachstum

Bei fast allen realen Wachstumsprozessen (außer vielleicht der Expansion des Universums) ist dem Bestand f eine obere Grenze gesetzt, d.h. es gibt eine Zahl S, so dass $f(t) < S$ für alle Zeiten t gilt. Die kleinste solche obere Schranke S heißt *Sättigungsgrenze*.
Ein vernünftiger Ansatz für eine DGL, welche „einfaches" beschränktes Wachstum[6] beschreibt, ist

$$f'(t) = k\big(S - f(t)\big) \qquad (\star)$$

mit einer positiven Konstante $k > 0$. Die Wachstumsgeschwindigkeit $f'(t)$ ist jetzt nicht mehr zum Bestand $f(t)$ proportional, sondern zum Unterschied zwischen $f(t)$ und der Sättigungsgrenze S. Je näher der Bestand an S heranwächst, desto kleiner wird $S - f(t)$ und damit die Wachstumsgeschwindigkeit, d.h. das Wachstum geht immer langsamer vonstatten.
In Aufgabe 6.12 fiel bereits die Lösung $f(t)$ dieser DGL vom Himmel und du solltest nur nachrechnen, dass $(\star)$ vom angegebenen $f(t)$ gelöst wird. Nun wollen wir die DGL tatsächlich lösen, d.h. wir wollen aus der DGL das Aussehen der Lösungsfunktion $f(t)$ herleiten. Dazu bedienen wir uns eines Tricks: Wir stellen zunächst eine DGL für die Hilfsfunktion

$$M(t) = S - f(t),$$

das sogenannte *Sättigungsmanko*, also den Unterschied zwischen S und aktuellem Bestand $f(t)$, auf. Ableiten von M ergibt

$$M'(t) = \big(S - f(t)\big)' = -f'(t) \overset{(\star)}{=} -k\big(S - f(t)\big) = -k\,M(t).$$

Es gilt also

$$M'(t) = -k\,M(t),$$

d.h. bei einem durch die DGL $(\star)$ beschriebenen Wachstumsprozess zerfällt das Sättigungsmanko $M(t)$ exponentiell! Nach unseren Erkenntnissen aus Abschnitt 6.2 besitzt M somit die Gestalt

$$M(t) = c\,\mathrm{e}^{-kt}.$$

Löst man $M(t) = S - f(t)$ nach $f(t)$ auf, so erhält man

$$f(t) = S - M(t) = S - c\,\mathrm{e}^{-kt},$$

wobei die Konstante c sich aus der Anfangsbedingung $f(0) = f_0$ ergibt:

$$f(0) = S - c\,\mathrm{e}^0 \overset{!}{=} f_0 \quad \text{liefert} \quad c = S - f_0.$$

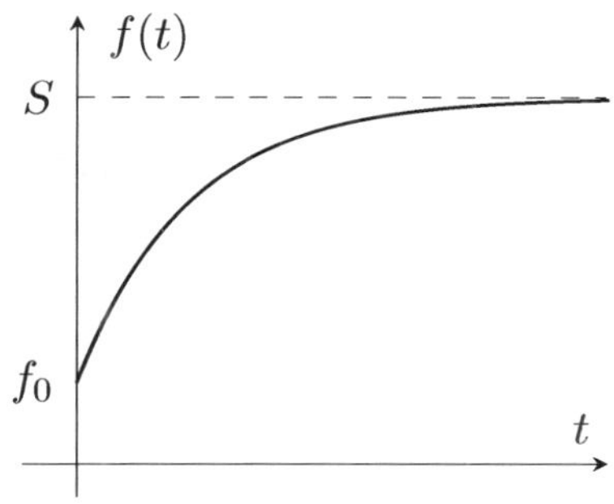

Abbildung 6.4

Damit lautet die Lösungsfunktion von $(\star)$

$$f(t) = S - (S - f_0)\,\mathrm{e}^{-kt}.$$

Ihr Verlauf ist in Abbildung 6.4 dargestellt: K_f steigt streng monoton, es ist stets $f(t) < S$ und aufgrund von $\mathrm{e}^{-kt} \to 0$ für $t \to \infty$ (beachte: $k > 0$) gilt

$$\lim_{t\to\infty} f(t) = S,$$

d.h. der Bestand kommt für zunehmende Zeit der Sättigungsgrenze S beliebig nahe.

Merke: Beim (einfachen) beschränkten Wachstum ist die Wachstumsgeschwindigkeit $f'(t)$ proportional zum Sättigungsmanko, d.h. dem Unterschied zwischen dem aktuellen Bestand und der Sättigungsgrenze S. Die zugehörige DGL lautet

$$f'(t) = k\,\big(S - f(t)\big)$$

mit einer Konstanten $k > 0$. Die Lösung dieser DGL zum Anfangswert $f(0) = f_0$ ist

$$f(t) = S - (S - f_0)\,\mathrm{e}^{-kt}.$$

Merken kann man sich das am besten so: Es ist $f(t) = S - M(t)$, wobei $M(t)$ das exponentiell sinkende Sättigungsmanko $M(t) = M_0\,\mathrm{e}^{-kt}$ mit $M_0 = S - f_0$ (Unterschied zwischen Startwert f_0 und Sättigungsgrenze S) bezeichnet.

Das qualitative Verhalten von $f(t)$ lässt sich bereits an der DGL ganz ohne Kenntnis der Lösung $f(t)$ ablesen: Zu Beginn ist die Wachstumsgeschwindigkeit $f'(0) = k(S - f_0)$ maximal. Denn aufgrund von $f'(0) > 0$ wächst $f(t)$ an, folglich nimmt das Sättigungsmanko $S - f(t)$ ab, und mit ihm auch die Wachstumsgeschwindigkeit $f'(t) = k\big(S - f(t)\big)$. Der Kurvenverlauf von $f(t)$ wird also zunehmend flacher; letztendlich strebt $f'(t) \to 0$ und der Wachstumsprozess kommt (fast) zum Erliegen.

[6] In Beispiel 6.17 wird ein etwas komplizierterer beschränkter Wachstumsprozess vorgestellt.

So, jetzt aber schnell viele Beispiele, denn diese Art von Wachstum ist zunächst doch etwas gewöhnungsbedürftig. Wir starten mit einer ganz simplen und sterilen Einsetz-Übung, damit du dich an die Funktion $f(t)$ gewöhnst.

Beispiel 6.11 Ein beschränkter Wachstumsprozess werde durch die DGL

$$f'(t) = 0{,}8 \cdot \big(24 - f(t)\big)$$

beschrieben. Wie lautet die Lösungsfunktion $f(t)$ zum Startwert $f_0 = 4$ und welchen Wert hat f zur Zeit $t = 5$?
Du solltest erkennen, dass es sich um die DGL des beschränkten Wachstums handelt[7] mit $k = 0{,}8$ und Sättigungsgrenze $S = 24$. Wenn du die Lösung $f(t)$ parat hast, ist die Aufgabe geschenkt: Einfach $f(t)$ hinschreiben und Zahlen einsetzen. Punkt. Hier soll aber nochmal erläutert werden, wie man sich die Gestalt von $f(t)$ selber rekonstruieren und damit hoffentlich auch leichter merken kann.
Falls dir also im Abi oder in der Klausur die Gleichung für die Lösung $f(t)$ nicht mehr einfällt und du keine Formelsammlung zur Verfügung hast, versuche dir Abbildung 6.4 ins Gedächtnis zu rufen. Die Kurve K_f verläuft stets unterhalb der gestrichelten Sättigungsgeraden $y = S$, d.h. von S wird immer etwas abgezogen:

$$f(t) = S - \heartsuit(t).$$

Das $\heartsuit$, was von S weggeht, nimmt exponentiell ab (schau dir in Abbildung 6.4 den Unterschied zwischen $y = S$ und K_f zu verschiedenen Zeiten an; der wird doch für größeres t immer kleiner und zwar nicht linear, sondern schneller), d.h. $\heartsuit(t) = c\,\mathrm{e}^{-kt}$. Somit ist

$$f(t) = S - c\,\mathrm{e}^{-kt},$$

und c bekommst du aus der Bedingung $f(0) = f_0 = 4$, d.h. (da $\mathrm{e}^0 = 1$)

$$4 = f(0) = S - c\,\mathrm{e}^0 = S - c, \quad \text{also} \quad c = S - 4 = 20.$$

Oder du merkst dir einfach gleich, dass c der Unterschied von f und S zum Zeitpunkt $t = 0$ ist, sprich $c = S - f_0$. So oder so, die Lösung der DGL lautet

$$f(t) = S - (S - 4) \cdot \mathrm{e}^{-kt} = 24 - 20 \cdot \mathrm{e}^{-0{,}8t}.$$

Einsetzen von $t = 5$ ergibt

$$f(5) = 24 - 20 \cdot \mathrm{e}^{-0{,}8 \cdot 5} \approx 23{,}6.$$

Eine Alltagssituation, die zu diesem Beispiel passt, wäre folgende: Du holst etwas aus dem Kühlschrank ($f_0 = 4\,^\circ$C) und wartest, bis es sich fast auf Zimmertemperatur ($S = 24\,^\circ$C) erwärmt hat. Ein solcher Erwärmungsprozess verläuft ziemlich genau nach der DGL des beschränkten Wachstums.

[7] gut, das ist in diesem Abschnitt jetzt keine große Überraschung; ich meine eher, wenn im Abi so eine DGL dasteht . . .

Beispiel 6.12 *Nochmal Ratten*

Das Paarungsverhalten von sechs Ratten, die in einem Käfig gehalten werden, der maximal 50 Ratten fasst, wird in zweimonatigen Abständen beobachtet.

t in Monaten	0	2	4	6	8	10	12
Anzahl Ratten	6	21	33	38	41	45	47

Da der Zuwachs pro Zeitschritt zunächst deutlich abnimmt, kann es sich keinesfalls um exponentielle Vermehrung handeln. Das ist auch biologisch einleuchtend: Sobald die Ratten merken, dass es eng wird im Käfig (oder das Futter knapper), wird ihre Zeugungslust nachlassen.
Wir versuchen, die Vermehrung der Ratten als beschränkten Wachstumsprozess zu modellieren, indem wir für die Anzahl $R(t)$ der Ratten den Ansatz

$$R(t) = S - (S - R_0)\,\mathrm{e}^{-kt} = 50 - 44\,\mathrm{e}^{-kt}$$

machen. Die Konstante k bestimmen wir aus $R(2) = 21$:

$$R(2) = 50 - 44 \cdot \mathrm{e}^{-2k} \overset{!}{=} 21 \quad \Longleftrightarrow \quad k = -\frac{1}{2}\ln\frac{50-21}{44} \approx 0{,}21 \quad \left(\tfrac{1}{\text{Monat}}\right).$$

(Führe die fehlenden Zwischenschritte zur Berechnung von k selbst aus! Falls das nicht klappt, schau dir die Lösung von Aufgabe 5.9 c) gut an.)
Wie Abbildung 6.5 zeigt, beschreibt die Funktion

$$R(t) = 50 - 44 \cdot \mathrm{e}^{-0{,}21\,t}$$

die Anzahl der Ratten während der 12 Monate bereits recht gut.

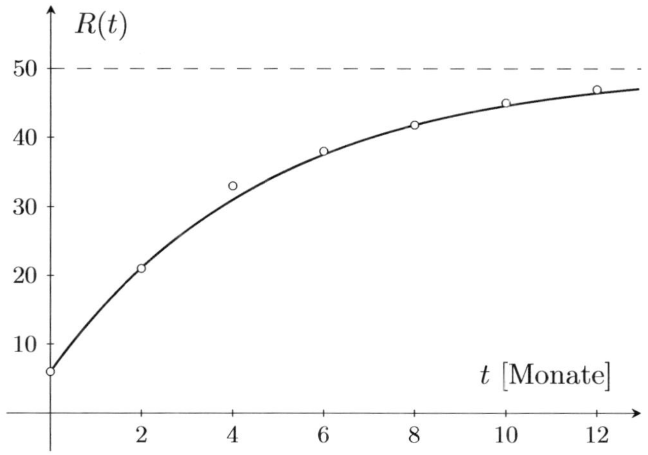

Abbildung 6.5

[Um eine noch bessere Anpassung an die Messdaten zu erreichen, führt man exponentielle Regression für das Sättigungsmanko durch: Überträgt man obige Tabelle auf die Funktion $M(t) = 50 - R(t)$, so liefert der GTR die Regressionsfunktion (überzeuge dich hiervon)

$$M(t) = 44{,}3 \cdot 0{,}804^t = 44{,}3 \cdot \mathrm{e}^{t\ln 0{,}804} = 44{,}3 \cdot \mathrm{e}^{-0{,}218\,t},$$

so dass sich hier $R(t) = 50 - 44{,}3 \cdot \mathrm{e}^{-0{,}218\,t}$ ergibt. Der Kurvenverlauf ist von obigem allerdings kaum zu unterscheiden.]

Beispiel 6.13 *Auflösen eines Salzes*

Kochsalz besitzt eine recht gute Wasserlöslichkeit: Die Sättigunsmenge beträgt (bei 20 °C) $S = 357$ g pro Liter. Gibt man diese Menge unter Rühren in 1 l destilliertes Wasser, so stellt man fest, dass die Löslichkeitsgeschwindigkeit, d.h. die Wachstumsrate der bereits gelösten Salzmenge $m(t)$, proportional zur Menge des noch lösbaren Salzes, $S - m(t)$, ist. Die DGL, die diesen Prozess beschreibt, lautet also

$$m'(t) = k\big(S - m(t)\big),$$

d.h. es handelt sich um einfaches beschränktes Wachstum mit Lösungsfunktion

$$m(t) = S - \big(S - m(0)\big) \cdot \mathrm{e}^{-kt} = S\big(1 - \mathrm{e}^{-kt}\big),$$

wobei wir $m(0) = 0$ verwendet haben. Wenn sich innerhalb der ersten Minute 120 g NaCl lösen, ergibt sich für die Proportionalitätskonstante $k \approx 0{,}41\ \big(\frac{1}{\text{min}}\big)$ (check this!). Für die „Halbzeit" T_{H}, d.h. die Zeit, nach der die Hälfte des Salzes gelöst ist, folgt

$$m(T_{\mathrm{H}}) = S\big(1 - \mathrm{e}^{-k\,T_{\mathrm{H}}}\big) \stackrel{!}{=} \frac{1}{2} S \quad \Longleftrightarrow \quad T_{\mathrm{H}} = -\frac{\ln(\frac{1}{2})}{k} = \frac{\ln 2}{k} \approx 1{,}7 \ \text{(min)}.$$

(Fehlende Zwischenschritte wieder selbst ergänzen; ähnlich wie in Aufgabe 5.10.) Beachte, dass die Formel dieselbe Gestalt wie beim exponentiellen Wachstum bzw. Zerfall hat. Das gilt allerdings nur, wenn der Anfangsbestand $m(0) = 0$ ist.
Wir bestimmen nun noch die Zeit, bis 99 % der Sättigungsmenge erreicht sind, das Salz also fast vollständig gelöst ist:

$$m(t) = S\big(1 - \mathrm{e}^{-0{,}41\,t}\big) \stackrel{!}{=} 0{,}99\, S \quad \Longleftrightarrow \quad t = -\frac{\ln(0{,}01)}{0{,}41} \approx 11{,}2 \ \text{(min)},$$

d.h. nach ca. 12 Minuten ist der Lösungsvorgang so gut wie beendet.

Beispiel 6.14 *Aufladen eines Kondensators* (für Physik-Hasser nicht geeignet)

Schließt man den Schalter S in der Schaltung aus Abbildung 6.6, so wird der Kondensator (Kapazität C) über den Widerstand (R) durch die Spannungsquelle (Spannung U_0) aufgeladen. Die DGL, welche diesen Ladevorgang beschreibt, lautet

$$Q'(t) = \frac{U_0}{R} - \frac{1}{RC} \cdot Q(t),$$

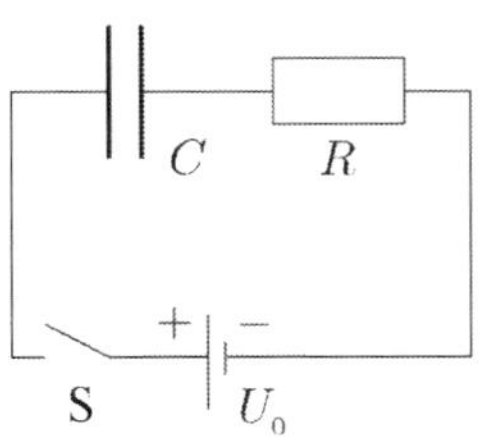

Abbildung 6.6

wobei $Q(t)$ die zur Zeit t auf dem Kondensator befindliche Ladung bezeichnet. Durch Ausklammern des Terms vor $Q(t)$ bringen wir diese DGL auf die gewohnte Form:

$$Q'(t) = \frac{1}{RC} \cdot \left(\frac{U_0}{R} \cdot RC - Q(t)\right) = \frac{1}{RC} \cdot \big(U_0 C - Q(t)\big).$$

Wir erkennen hier die DGL des einfachen beschränkten Wachstums wieder mit $k = \frac{1}{RC}$ und Sättigungsgrenze $S = CU_0$, was dem Physiker als $Q_{\max}$ bekannt ist (die maximale Ladung, die im Kondensator bei Ladespannung U_0 gespeichert werden kann). Die Lösung der DGL lautet

$$Q(t) = S - \big(S - Q(0)\big)\,\mathrm{e}^{-kt} = Q_{\max} - \big(Q_{\max} - Q(0)\big)\,\mathrm{e}^{-\frac{1}{RC}t},$$

und wenn der Kondensator zu Beginn vollständig entladen war, d.h. $Q(0) = 0$, dann vereinfacht sich dies zu

$$Q(t) = Q_{\max}\Big(1 - \mathrm{e}^{-\frac{t}{\tau}}\Big).$$

Dabei wurde $\tau = RC$ gesetzt, was man als Zeitkonstante des Kondensators (bzw. RC-Kreises) bezeichnet. Nach Ablauf von 5 Zeitkonstanten gilt

$$Q(5\tau) = Q_{\max}\Big(1 - \mathrm{e}^{-\frac{5\tau}{\tau}}\Big) \approx 99{,}3\%\, Q_{\max}$$

und man kann den Kondensator als so gut wie vollständig geladen betrachten.

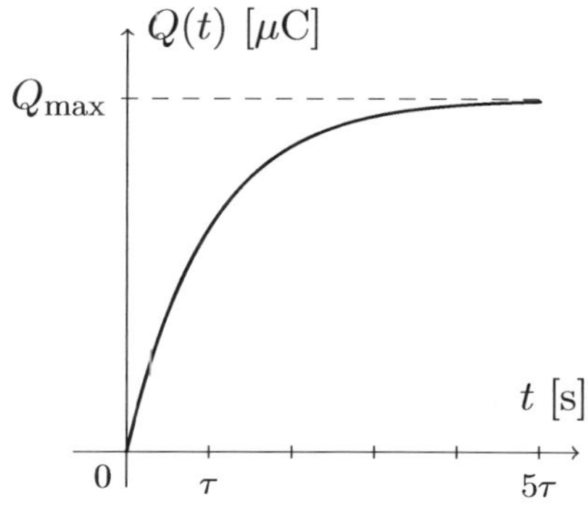

Abbildung 6.7

Abbildung 6.7 zeigt den zeitlichen Verlauf der Ladungsmenge $Q(t)$ für $C = 470\,\mu\mathrm{F}$ und $R = 10\,\mathrm{k}\Omega$, was einer Zeitkonstante von $\tau = RC = 4{,}7$ s entspricht.

Wem solche physikalischen Anwendungen nicht behagen, der behalte wenigstens Folgendes:

Merke: Die DGL des einfachen beschränkten Wachstums kann auch in der Form

$$f'(t) = a - b \cdot f(t)$$

auftreten. Durch Ausklammern von b bringt man sie in die Standardform

$$f'(t) = b \cdot \Big(\frac{a}{b} - f(t)\Big),$$

d.h. mit $k = b$ sowie $S = \frac{a}{b}$, und erhält als Lösung

$$f(t) = \frac{a}{b} - \Big(\frac{a}{b} - f_0\Big)\,\mathrm{e}^{-bt}.$$

A 6.15 In den Teich des Koi-Züchters Setaro Hirasawa passen maximal 200 Koi-Karpfen (bei höherer Fischzahl begehen die Kois kollektives Harakiri, indem sie gemeinsam an Land hüpfen). Aus langjähriger Erfahrung weiß er, dass die Wachstumsgeschwindigkeit (Änderungsrate) des Koibestands proportional zur Anzahl der noch Platz findenden Kois ist.

a) Gib die zugehörige DGL für den Koibestand samt allgemeiner Lösung $K(t)$ an.

b) Anfangs befinden sich 80 Fische im Teich, nach einem Monat sind es bereits 92. Bestimme daraus die noch fehlenden Konstanten deiner Lösungsfunktion, und weise nach, dass dein $K(t)$ tatsächlich die DGL löst. (Selbst wenn dies bereits in Aufgabe 6.12 allgemein gezeigt wurde.)

c) Nach wie vielen Monaten werden 180 Karpfen im Teich vorhanden sein?

A 6.16 *Einschaltvorgang einer Spule*

Der Kondensator aus Beispiel 6.14 wird durch eine Spule der Induktivität L ersetzt. Schließt man den Schalter, so wird die Stromstärke $I(t)$ durch die DGL

$$I'(t) = \frac{U_0}{L} - \frac{R}{L} \cdot I(t)$$

beschrieben. Bestimme den zeitlichen Verlauf der Stromstärke während des Einschaltvorgangs und berechne, nach welcher Zeit die Stromstärke 50 % bzw. 99 % des Maximalwertes $I_{\max} = \frac{U_0}{R}$ erreicht hat. Zahlenwerte: $L = 2\ \frac{\mathrm{Vs}}{\mathrm{A}}$, $R = 470\ \frac{\mathrm{V}}{\mathrm{A}}$.

A 6.17 *Sinken in zähem Medium*

Sinkt eine metallische Kugel der Masse m in Öl, so ist die auftretende Bremskraft nach dem Stokes'schen Gesetz proportional zur Geschwindigkeit v der Kugel: $F_{\mathrm{B}} = \alpha \cdot v$, wobei α eine Konstante ist, die vom Radius der Kugel und der Viskosität („Zähigkeit") des Öls abhängt. Der Sinkvorgang wird durch folgende DGL beschrieben:

$$v'(t) = g - \frac{\alpha}{m} \cdot v(t) \ .$$

Zahlenwerte: $m = 0{,}1$ kg, $\alpha = 0{,}28\ \frac{\mathrm{kg}}{\mathrm{s}}$, $g = 9{,}81\ \frac{\mathrm{N}}{\mathrm{kg}}$.

a) Löse die DGL zur Anfangsbedingung $v_0 = 0\ \frac{\mathrm{m}}{\mathrm{s}}$. Wie verhält sich $v(t)$ für große t?

b) Gib die Grenzgeschwindigkeit v_{gr} der Kugel an.

c) Wann hat die Kugel 99 % von v_{gr} erreicht und welche Strecke hat sie bis dahin zurückgelegt? (Integriere von Hand!)

d) Skizziere das $v(t)$- und das $s(t)$-Diagramm der Kugel.

Manchmal ist im Abi die DGL gar nicht gegeben, sondern muss erst noch aufgestellt werden.

Beispiel 6.15 *DGL aufstellen für eine Tropfinfusion*

Ein Patient, der an chronischer Obstipation (Verstopfung) leidet, wird an den Tropf gehängt, um eine Lösung *Stuhlosan forte* verabreicht zu bekommen. Pro Minute gelangen dabei 8 mg Stuhlosan ins Blut, jedoch beginnt der Körper rasch das im Blut angereicherte Medikament abzubauen und über die Nieren auszuscheiden. Pro Minute werden 4% der im Blut aktuell vorhandenen Menge $m(t)$ an Stuhlosan ausgeschieden. (Wir gehen vereinfachend von einer sofortigen und kompletten Vermischung der zugetropften Menge mit dem gesamten Blut aus.) Gib eine Funktion an, die den Stuhlosan-Gehalt $m(t)$ im Blut beschreibt, wenn zu Beginn $m(0) = 0$ (mg) war.

Wir stellen eine DGL für diesen Vorgang auf, und zwar mit Hilfe der Kurz-und-schmerzlos-Methode (für ausführlichere Ansätze bzw. Begründungen siehe nächstes Beispiel): Für die Änderungsrate von $m(t)$ gilt

$$m'(t) = 8 - 0{,}04 \cdot m(t),$$

denn wir haben einen „Zufluss“ von 8 ($\frac{\text{mg}}{\text{min}}$), gleichzeitig aber auch einen „Abfluss“ von $4\,\% = 0{,}04$ der Menge $m(t)$, die sich momentan im Blut befindet. Ausklammern von 0,04 führt auf (beachte $\frac{8}{0{,}04} = 200$)

$$m'(t) = 0{,}04 \cdot \big(200 - m(t)\big),$$

und schon steht sie da, die DGL des (einfachen) beschränkten Wachstums mit $k = 0{,}04$ und $S = 200$. Ihre Lösung lautet

$$m(t) = S - \big(S - \underbrace{m(0)}_{=0}\big) \cdot \mathrm{e}^{-kt} = S \cdot (1 - \mathrm{e}^{-kt}) = 200 \cdot (1 - \mathrm{e}^{-0{,}04\,t}),$$

t in Minuten, $m(t)$ in mg. Auf lange Sicht wird sich $m(t)$ auf 200 (mg) einspielen, da $1 - \mathrm{e}^{-0{,}04\,t}$ sich für große t an $1 - 0 = 1$ annähert.

Beispiel 6.16 *(Ausführliches) Aufstellen der DGL eines Mischungsprozesses*

Ein Tank enthalte 1000 l Wasser, in dem zu Beginn 50 kg Salz gelöst sind. Nun fließen pro Minute 10 l der Lösung aus dem Tank ab; gleichzeitig werden aber auch 10 l Wasser mit einem Salzgehalt von 2 kg pro 10 l zugeführt (Zufluss = Abfluss!). Wir nehmen der Einfachheit halber an, dass im Tank durch gutes Umrühren stets eine sofortige und vollständige Durchmischung stattfindet. Wie werden sich Salzgehalt $m(t)$ (in kg) bzw. Salzkonzentration $c(t)$ (in $\frac{\text{kg}}{\text{l}}$) im Tank langfristig entwickeln?

Wir überlegen uns dazu zunächst, was in einer seeehr kleinen Zeitspanne Δt passiert: Wegen Zufluss = Abfluss befinden sich zu jeder Zeit 1000 l Salzlösung im Tank, die $1000 \cdot c(t)$ (kg) Salz enthalten (beachte: Volumen mal Konzentration = Salzmenge in kg).

- Im Zeitraum von t bis $t+\Delta t$ fließen $\Delta V = 10\Delta t$ Liter ab (Δt in Minutenbruchteilen). Da Δt sehr klein ist, können wir die Salzkonzentration im Intervall $[\,t\,;t+\Delta t\,]$ als nahezu konstant $c(t)$ annähern. Damit wird beim Abfließen des Volumens ΔV eine Salzmenge von ungefähr

$$c(t)\cdot\Delta V = c(t)\cdot 10\Delta t = 10\cdot c(t)\Delta t \qquad \text{(in kg)}$$

aus dem Tank entfernt.

- Im selben Zeitraum fließen auch $10\Delta t$ Liter der Konzentration $\frac{2\,\text{kg}}{10\,\text{l}} = 0{,}2\,\frac{\text{kg}}{\text{l}}$ zu, d.h. es werden $0{,}2\cdot 10\Delta t = 2\Delta t$ (kg) Salz zugeführt.

Beides zusammen ergibt in der Zeitspanne Δt eine Änderung Δm der Salzmenge von

$$\Delta m \approx 2\Delta t - 10\cdot c(t)\Delta t = (2 - 10\cdot c(t))\cdot\Delta t.$$

Teilen durch Δt führt auf

$$\frac{\Delta m}{\Delta t} \approx 2 - 10\cdot c(t).$$

Nun lassen wir ganz frech $\Delta t \to 0$ streben. Dann steht links die Ableitung von $m(t)$ und aus dem $\approx$ wird ein $=$ (je kleiner Δt, desto besser wird die Näherung $c(t) = \text{konstant}$), so dass beim Grenzübergang folgendes entsteht:

$$m'(t) = 2 - 10\cdot c(t),$$

was unter Verwendung von $m(t) = 1000\cdot c(t)$ als DGL für die Salzkonzentration

$$1000\cdot c'(t) = 2 - 10\cdot c(t)$$

bzw.

$$c'(t) = 0{,}002 - 0{,}01\cdot c(t)$$

liefert. Nach Ausklammern von 0,01 erkennen wir, dass es sich um einfaches beschränktes Wachstum handelt:

$$c'(t) = 0{,}01\cdot\big(0{,}2 - c(t)\big)$$

mit Lösung $c(t) = 0{,}2 - \big(0{,}2 - c(0)\big)\cdot \mathrm{e}^{-0{,}01\,t}$. Wegen $c(0) = \frac{50\,\text{kg}}{1000\,\text{l}} = 0{,}05\,\frac{\text{kg}}{\text{l}}$ ist

$$c(t) = 0{,}2 - 0{,}15\cdot \mathrm{e}^{-0{,}01\,t}$$

und für die Masse an Salz folgt

$$m(t) = 1000\cdot c(t) = 200 - 150\cdot \mathrm{e}^{-0{,}01\,t}.$$

Für $t\to\infty$ strebt $c(t)\to 0{,}2$, d.h. die Salzkonzentration der Lösung spielt sich wie zu erwarten nach einiger Zeit auf die Salzkonzentration $0{,}2\,\frac{\text{kg}}{\text{l}}$ der zufließenden Lösung ein. Auf lange Sicht wird sich also ein Salzgehalt von 200 kg Salz im Tank einstellen.

A 6.18 *Hasen-Steroide*

Der niederbayrische Landwirt Franz-Xaver Güllenbichler will sein Riesenkarnickel „Gustl" vor einem Kleintierzüchter-Wettkampf dopen. Dazu verabreicht der irre Bauer ihm intravenös Hasen-Steroide. Pro Minute gelangen 0,5 mg Anabolika in den Blutkreislauf des Rammlers, dessen Leber gleichzeitig jede Minute 8 % der im Blut aktuell vorhandenen Menge $m(t)$ abbaut.

a) Gib eine DGL für die zeitliche Entwicklung von $m(t)$ an.

b) Löse diese DGL zur Anfangsbedingung $m_0 = 0$ (mg) und zeige, dass die Infusion auf lange Sicht zu einer konstanten Menge des Medikaments in Gustls Blut führt. Wie groß ist diese maximale Menge und wann sind 90 % davon erreicht?

c) Nach welcher Zeit t beträgt die Anabolika-Zunahme in einer Minute 0,3 mg? (Nur mit GTR lösbar.)

A 6.19 *Smoking kills!* (aus [HEU])

In einem Zimmer, welches $V = 40\ \text{m}^3$ Luft enthält, sitzen vier Skatbrüder, die beim Zocken wie die Schlote rauchen und zusammen pro Minute 1,5 l Zigarrenrauch ausstoßen, der ca. 2 Volumen-% des hochgiftigen Gases CO (Kohlenmonoxid) enthält. Wir nehmen an, dass der Rauch sich sofort und vollständig mit der Zimmerluft vermischt, und dass diese Mischung mit ebenfalls 1,5 $\frac{\text{l}}{\text{min}}$ aus dem Zimmer abzieht.

a) Stelle eine DGL auf, die diesen Vorgang beschreibt und bestimme die CO-Konzentration $c(t)$ im Zimmer (das zu Beginn der Skatrunde frei von CO sein soll). ☠☠

b) Wie lange dauert es, bis $c(t) = 0{,}08\,\%$ erreicht ist? (Dies führt zu Schwindel, Übelkeit und Gliederzucken; nach 2-stündiger Exposition tritt Bewusstlosigkeit ein!)

c) Wann wäre die lethale Konzentration von $c(t) = 0{,}16\,\%$ erreicht? (Führt zum Tod innerhalb von 2 Stunden!)

Um diesen Abschnitt zu beschließen, geben wir noch einen Ausblick, der zeigt, warum die bisherigen Modelle „einfaches“ beschränktes Wachstum beschrieben haben.

Beispiel 6.17 Beim Fallschirmspringen ist die Luftreibungskraft, die hauptsächlich durch Wirbelbildung entsteht, proportional zum *Quadrat* der Sinkgeschwindigkeit v:

$$F_\mathrm{R} = \kappa \cdot v^2,$$

wobei der Zahlenwert des Faktors κ (kappa) von der Form und Größe des Fallschirms sowie der Dichte der Luft abhängt. Die DGL des Sinkvorgangs eines Fallschirmspringers lautet

$$v'(t) = g - \frac{\kappa}{m} \cdot v(t)^2.$$

Ihre Lösung zur Anfangsbedingung $v(0) = 0\ (\frac{\mathrm{m}}{\mathrm{s}})$ sieht so aus:

$$v(t) = c \cdot \frac{\mathrm{e}^{\varphi t} - 1}{\mathrm{e}^{\varphi t} + 1} \qquad \text{mit} \quad c = \sqrt{\frac{gm}{\kappa}} \quad \text{und} \quad \varphi = 2\sqrt{\frac{g\kappa}{m}}\,.$$

(Die Mutigen unter euch setzen das mal in die DGL ein und überzeugen sich, dass links und rechts dasselbe rauskommt!)
Die Gestalt der $v(t)$-Kurve ist von der Kurve beim einfachen beschränkten Wachstum fast nicht zu unterscheiden und nähert sich ebenfalls asymptotisch einer Grenzgeschwindigkeit (früher: Sättigungsgrenze), die in diesem Fall $v_\mathrm{gr} = c$ beträgt.

6.5 Etwas bleibt: Beschränkter „Zerfall“

Wir diskutieren *das* klassische Beispiel für einen beschränkten Abnahmeprozess (das Wort „Zerfall“ ist in diesem Zusammenhang eher unpassend).

Beispiel 6.18 *Das Newton'sche Abkühlungsgesetz*

Stellt man eine heiße Tasse Kaffee der Temperatur ϑ_0 (dieser griechische Buchstabe ist ein kleines „Theta“, viel Spaß beim Schreiben) in ein Zimmer der Temperatur $\vartheta_S < \vartheta_0$, so wird der Kaffee so lange Wärme an die Umgebung abgeben, bis ein Temperaturausgleich erreicht ist. Dieser Ausgleichsprozess gehorcht dem Newton'schen Abkühlungsgesetz: Die Abkühlungsgeschwindigkeit ist proportional zum Unterschied zwischen der Temperatur $\vartheta(t)$ des Kaffees und der Umgebungstemperatur ϑ_S (dies ist die *untere Schranke*, da der Kaffee nicht kälter als ϑ_S werden kann):

$$\vartheta'(t) = -k\left(\vartheta(t) - \vartheta_S\right), \quad k > 0.$$

Zu Beginn ist die Temperaturdifferenz $\vartheta(0) - \vartheta_S$ maximal und die Abkühlung erfolgt vergleichsweise schnell. Je mehr sich die Temperatur des Kaffees der Zimmertemperatur annähert, desto langsamer geht die Abkühlung vonstatten. Das Minuszeichen trägt der Tatsache Rechnung, dass $\vartheta(t)$ abnimmt. Multipliziert man es in die Klammer, so folgt

$$\vartheta'(t) = k\,(\vartheta_S - \vartheta(t)).$$

Dies ist von der Form her die altbekannte DGL des beschränkten Wachstums, nur dass diesmal eben $\vartheta'(t) < 0$ ist. Die Lösung können wir sofort hinschreiben:

$$\vartheta(t) = \vartheta_S - (\vartheta_S - \vartheta_0)\,\mathrm{e}^{-kt} = \vartheta_S + (\vartheta_0 - \vartheta_S)\,\mathrm{e}^{-kt}.$$

Zahlenbeispiel: $\vartheta_0 = 85$ °C, $\vartheta_S = 20$ °C, und der Kaffee brauche eine Viertelstunde, bis er sich auf 50 °C abgekühlt hat. Dann ist

$$\vartheta(t) = 20 + (85 - 20)\,\mathrm{e}^{-kt} = 20 + 65\,\mathrm{e}^{-kt},$$

und die Konstante k ergibt sich aus $\vartheta(15) = 50$ zu $k \approx 0{,}052\ \left(\frac{1}{\mathrm{min}}\right)$ (selber nachrechnen, oder glauben). Dieser Zahlenwert wird in der Realität übrigens auch davon abhängen, in welchem Gefäß der Kaffee sich befindet (z.B. Thermosglas oder normale Tasse). Abbildung 6.8 zeigt den Verlauf der Abkühlungskurve. Nach 1,5 h ist $\vartheta(90) = 20{,}6$ (°C), der Kaffee hat also fast Zimmertemperatur.

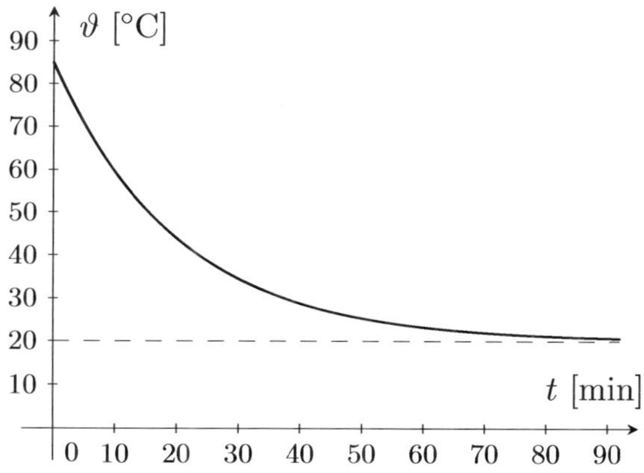

Abbildung 6.8

Merke: Ein (einfacher) *beschränkter Abnahmeprozess* wird durch die DGL

$$f'(t) = -k\,(f(t) - S) \qquad \text{bzw.} \qquad f'(t) = k(S - f(t))$$

beschrieben ($k > 0$); S ist dabei die *untere Schranke* (von Sättigungsgrenze spricht man nur beim Wachstum). Ihre Lösung zum Startwert $f(0) = f_0$ lautet

$$f(t) = S + (f_0 - S)\,\mathrm{e}^{-kt}.$$

Der Unterschied zum beschränkten Wachstum ist lediglich das Vorzeichen von $S - f(t)$. Am besten merkt man sich die Lösung als $f(t) = S + U(t)$, wobei $U(t) = U_0\,\mathrm{e}^{-kt}$ der exponentiell abnehmende *Überschuss* mit $U_0 = f_0 - S$ ist. (Exponentieller Zerfall ist nur ein Spezialfall des beschränkten Zerfalls mit $S = 0$.)

A **6.20** *Ebbinghaus-Modell des Vergessens* (Idee aus [Heu])

Du hast dich auf das Mathe-Abi vorbereitet und befindest dich auf dem Höhepunkt deines (schulischen) Mathematikwissens. Mit der Zeit wirst du wohl leider (?) einiges davon vergessen. $g(t)$ beschreibe den Prozentsatz des Mathe-Stoffes, den du zur Zeit t nach dem Abi ($t = 0$) noch im Gedächtnis hast; es ist also $g(0) = 100$ (%). Als Optimist unterstelle ich, dass du einen gewissen Prozentsatz, sagen wir $S = 10$ (%) des Stoffes, nie vergisst.
Das Gedächtnis-Modell von Ebbinghaus (deutscher Psychologe aus dem 19. Jhdt.) geht nun davon aus, dass die *Vergessensrate*, d.h. die zeitliche Änderungsrate von $g(t)$, proportional zum Prozentsatz des noch zu vergessenden Stoffes ist, also

$$g'(t) = k\big(S - g(t)\big) \qquad (t \text{ in Wochen, } g(t) \text{ in Prozent})\,.$$

a) Gib die Lösung $g(t)$ dieser DGL an und bestätige durch beidseitiges Einsetzen in die DGL, dass $g(t)$ tatsächlich eine Lösung ist.

b) Berechne k, wenn du nach 4 Wochen bereits 60 % vergessen hast. Nach wie vielen Wochen ist dein Wissen auf 15 % gesunken?

c) Auf welchen Prozentsatz ist dein Wissen nach der Zeit $\tau = \frac{\ln 2}{k}$ gesunken?

d) Bei manchen Schülern erhöht sich eine Woche nach dem Abi die „Zerfallskonstante“ durch exzessiven Alkoholkonsum schlagartig von k auf $\widetilde{k} = 0{,}5$ (ansonsten läuft der Vergessensprozess nach demselben Gesetz ab). Wie lange dauert es nun, bis nur noch 15 % des Wissens im Gedächtnis sind?

A **6.21** Die Abkühlung von heißem Kaffee (wichtig: koffeinfrei!) in einer Umgebung mit der Temperatur ϑ_S wird durch die DGL

$$\vartheta'(t) = 0{,}04 \cdot \big(\vartheta_S - \vartheta(t)\big)$$

beschrieben (t in Minuten, ϑ in °C). Zur Eiskaffee-Herstellung kühlt 80 °C heißer Kaffee zunächst 45 Minuten lang bei der Zimmertemperatur 20 °C ab, danach kommt er in einen Kühlschrank mit 5 °C.

a) Wie lange dauert es insgesamt, bis er sich auf 10 °C abgekühlt hat?

b) Nach welcher Zeit hätte man den Kaffee in den Kühlschrank stellen müssen, damit er bereits nach 70 Minuten die Temperatur 10 °C hat?

A **6.22** Vor dir auf dem Frühstückstisch steht heißer Kaffee und kühle Milch. Da du nicht zu spät in Mathe kommen möchtest (Tafelputzen!), soll der Kaffee möglichst schnell abkühlen und trinkbar werden. Gibst du zuerst Milch zu und lässt das Gemisch dann abkühlen oder machst du es umgekehrt?
Überprüfe deine Argumentation anhand folgender Zahlenwerte: Abkühlkonstante (aus der DGL) $k = 0{,}04$ $(\frac{1}{\text{min}})$, Kaffee mit $\vartheta_{\text{K},0} = 80$ °C, Milch mit $\vartheta_{\text{M}} = 10$ °C und Zimmertemperatur von $\vartheta_S = 20$ °C; der Einfachheit halber schütten wir gleiche Mengen Milch und Kaffee zusammen; dann beträgt die Mischungstemperatur nämlich einfach $\frac{1}{2}(\vartheta_{\text{K}} + \vartheta_{\text{M}})$ (durch Umrühren stelle sie sich quasi ohne Zeitverzögerung ein). Wie heiß ist der Kaffee,

a) wenn du sofort die Milch zugibst und dann 5 Minuten wartest?

b) wenn du erst 5 Minuten wartest und dann die Milch einrührst?

Als Über-Fazit halten wir ganz zum Schluss fest:

Merke: Ein beschränkter Wachstums- wie auch ein beschränkter Abnahmeprozess werden beide durch die DGL

$$f'(t) = k\big(S - f(t)\big)$$

mit $k > 0$ und oberer bzw. unterer Schranke S beschrieben. Der Unterschied ist lediglich das Vorzeichen der Klammer $\big(S - f(t)\big)$: Beim Wachstum ist sie positiv, da $S > f(t)$ gilt, bei einem Abnahmeprozess ist sie negativ, da $S < f(t)$. Die Lösung lautet in beiden Fällen

$$f(t) = S + c\,\mathrm{e}^{-kt}$$

mit $c = f_0 - S$. Beim Wachstum ist $c < 0$ (da $f_0 < S$), d.h. von S „geht etwas weg", und die Kurve K_f nähert sich $y = S$ von unten her; beim Zerfall ist $c > 0$ (da $f_0 < S$), d.h. zu S „kommt etwas hinzu", und die Kurve K_f nähert sich $y = S$ von oben her.

Falls du dich gerade wunderst, dass wir bei der Lösungsfunktion beim Wachstum doch eigentlich kein Plus, sondern $f(t) = S - \ldots$ geschrieben hatten: Hier steckt nur folgende kleine Umformung dazwischen

$$f(t) = S - (S - f_0)\,\mathrm{e}^{-kt} = S + (-S + f_0)\,\mathrm{e}^{-kt} = S + c\,\mathrm{e}^{-kt},$$

da $-S + f_0 = f_0 - S = c$. Wenn du dir obige Formel aus dem Kasten für beide Arten merkst, ist vielleicht die Gefahr kleiner, dass du mit den Vorzeichen durcheinander kommst. Na toll, und so was sag ich erst jetzt zum Schluss...

6.6 Ausblick: Logistisches Wachstum

Bei jeder realistischen Modellierung des Wachstums einer Population P muss auch das Sterben ihrer Mitglieder miteinbezogen werden. Bezeichnet γ die Geburtenrate und τ die Todesrate der Population, so wäre der einfachste Ansatz für ihre Entwicklung

$$P'(t) = \gamma P(t) - \tau P(t) = (\gamma - \tau)P(t),$$

was nichts anderes als exponentielles Wachstum mit Wachstumskonstante $\gamma - \tau > 0$ darstellt. Verhulst (belgischer Mathematiker, 19. Jhdt.) ersetzte den „Todesterm"

τP durch kP^2 (τ wird zu k umbenannt, denn τ stellt nun wegen des Quadrats von P nicht mehr die gewöhnliche Sterberate dar), um dadurch den behindernden Einflüssen beim Wachstum großer Populationen mehr Gewicht zu verleihen. So kam er auf die (von ihm warum auch immer so genannte) *logistische DGL*

$$P'(t) = \gamma P(t) - kP(t)^2,$$

die man durch Ausklammern von $kP(t)$ auch in der Form

$$P'(t) = k\,P(t)\big(S - P(t)\big) \qquad (*)$$

mit $S = \frac{\gamma}{k}$ schreiben kann. Wie man sieht, handelt es sich bei $(*)$ um eine Mischung aus exponentiellem und einfachem beschränkten Wachstum und in der Tat drückt sich dies auch im Verlauf der Lösungskurve aus. Die Lösung der logistischen DGL $(*)$ ist gegeben durch

$$P(t) = \frac{P_0 S}{P_0 + (S - P_0)\mathrm{e}^{-kSt}}$$

(Nachweis war Aufgabe 6.13).

Abbildung 6.9 zeigt ihren Verlauf. Zunächst wächst die Kurve nahezu exponentiell, sobald jedoch die Hälfte des Sättigungsbestandes (auch Trägerkapazität genannt) erreicht ist, erleidet die Population einen „Vitalitätsknick" und es folgt eine Phase beschränkten Wachstums. Mit ständig sinkender Wachstumsrate $P'(t)$ nähert sich die Population jetzt ihrem Maximalbestand:

$$\lim_{t\to\infty} P(t) = \frac{P_0 S}{P_0 + (S - P_0)\cdot 0} = S.$$

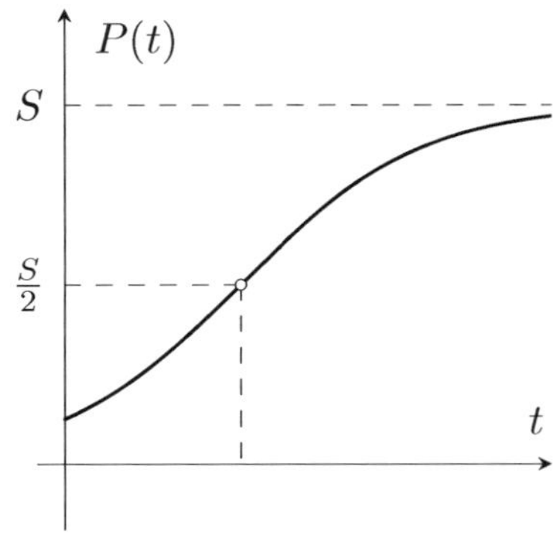

Abbildung 6.9

Viele Prozesse lassen sich gut mit Hilfe des logistischen Wachstums erfassen, z.B. die Bevölkerungszahl der USA (allerdings nur bis 1940), das Höhenwachstum von Sonnenblumen und anderen Pflanzen, die Zulassungsraten von Autos in den letzten Jahrzehnten, die Gewichtszunahme bei Ratten, etc. (Quelle: [Heu]). Auch die UN verwendete bei der Prognose über die Entwicklung der Weltbevölkerung eine logistische Modellfunktion. Sie geht dabei von einer Sättigungsgrenze von $S = 11{,}6$ Mrd Menschen aus, welche Schätzungen zufolge etwa im Jahr 2200 erreicht werden sollte.

7 Grenzwerte im Schweinsgalopp

Da laut dem überragenden deutschen Mathematiker DAVID HILBERT (1862 – 1943) „die mathematische Analysis gewissermaßen eine einzige Symphonie des Unendlichen" ist, bildet das Thema „Folgen und ihre Grenzwerte" eigentlich das Fundament für eine Einführung in die Differenzial- und Integralrechnung. Dementsprechend sollte es (in Klasse 10) unterrichtet werden, *bevor* die Ableitung oder das bestimmte Integral eingeführt werden. Wir gehen optimistisch davon aus, dass dies so geschehen ist[1], und stellen hier nur die wichtigsten Grundkenntnisse zusammen, die in diesem Buch an manchen Stellen benötigt werden.
Wer an einer sauberen und ausführlichen Einführung in diese Thematik interessiert ist, kann z.B. Kapitel 4 von [GLO] lesen. Abgesehen von den Beweisen, die du überspringen kannst, sollte das meiste (bis auf die „Epsilontik" am Anfang) gut verdaulich sein.

7.1 Was ist eine Folge?

Beispiel 7.1 Eine durchnummerierte, unendlich lange Liste reeller Zahlen wie z.B.

$$a_1 = \frac{1}{2}, \quad a_2 = \frac{2}{3}, \quad a_3 = \frac{3}{4}, \quad \ldots$$

nennt man eine *Folge*. Eine kompaktere Schreibweise für unsere Beispiel-Folge wäre

$$(a_n)_{n\in\mathbb{N}} \quad \text{mit} \quad a_n = \frac{n}{n+1}.$$

Der Index $n \in \mathbb{N}$ soll andeuten, dass jeder natürlichen Zahl $n = 1, 2, 3, \ldots$ ein *Folgenglied* a_n zugeordnet wird; in diesem Fall nach der Vorschrift (Bildungsgesetz) $a_n = \frac{n}{n+1}$. Setz doch mal in Gedanken $n = 1$, 2 und 3 in a_n ein: Dann erkennst du, dass genau die obigen Zahlen a_1, a_2 und a_3 rauskommen.
Man kann Folgen ähnlich wie Funktionen auch graphisch darstellen, indem man die Punkte $(\, n \,|\, a_n \,)$ in ein Koordinatensystem einträgt.

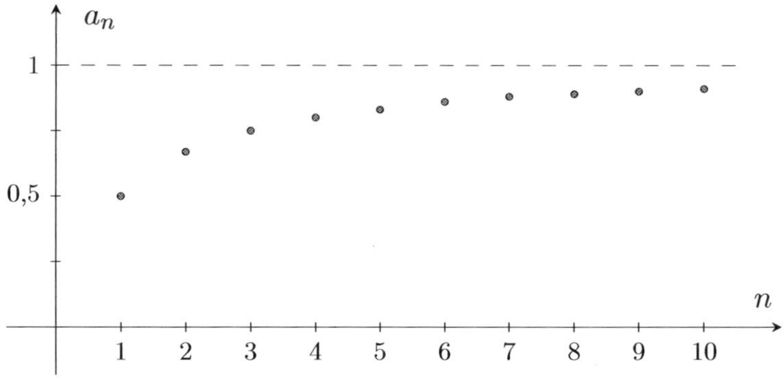

Abbildung 7.1

Tatsächlich ist eine Folge $(a_n)_{n\in\mathbb{N}}$ fast dasselbe wie eine Funktion $f(x)$, bloß dass die Variable n heißt und anstelle alle reellen Zahlen $\mathbb{R}$ nur die natürlichen Zahlen $\mathbb{N}$ durchläuft. Und für die Funktionswerte $f(x)$ schreibt man jetzt a_n anstelle von $a(n)$.

[1] und verkneifen uns einen Kommentar zum Bildungsplan in Baden-Württemberg …

A **7.1** Finde ein mögliches Bildungsgesetz a_n für

a) $a_1 = 1, \; a_2 = 1, \; a_3 = 1, \; a_4 = 1, \; \ldots$:)

b) $a_1 = 1, \; a_2 = 3, \; a_3 = 5, \; a_4 = 7, \; \ldots$

c) $a_1 = \frac{1}{2}, \; a_2 = \frac{1}{4}, \; a_3 = \frac{1}{8}, \; a_4 = \frac{1}{16}, \ldots$

d) $a_1 = 2, \; a_2 = 5, \; a_3 = 10, \; a_4 = 17, \; a_5 = 26, \; \ldots$

e) $a_1 = -1, \; a_2 = \frac{1}{2}, \; a_3 = -\frac{1}{3}, \; a_4 = \frac{1}{4}, \ldots$

A **7.2** Stelle die Folge $(a_n)_{n\in\mathbb{N}}$ mit $a_n = 2 - (-1)^n \cdot \frac{2}{n}$ grafisch dar.

7.2 Bis ans Limit: Grenzwerte von Folgen

Beispiel 7.1 (continued) Wenn du dir Abbildung 7.1 anschaust, sieht es doch so aus, dass die Bobbel immer mehr an die Gerade $y = 1$ heranrücken, d.h. die Folgenglieder a_n nähern sich für wachsendes n immer mehr der Zahl 1 an.
Dies lässt sich auch algebraisch leicht einsehen: Je größer n wird, desto besser ist doch die Näherung $n + 1 \approx n$. Für $n = 2$ z.B. ist $3 \approx 2$ zwar noch ziemlich unsinnig, aber $1\,000\,001 \approx 1\,000\,000$ ergibt schon mehr Sinn (ob du nun 1 Mio € im Lotto gewinnst, oder 1 Mio und 1 €, macht keinen so arg großen Unterschied mehr). Für immer größere n, sprich für $n \to \infty$ („n geht gegen Unendlich"), können wir die 1 im Nenner mit immer besserem Gewissen vernachlässigen, und erhalten:

$$a_n = \frac{n}{n+1} \approx \frac{n}{n} = 1 \qquad \text{für große } n \in \mathbb{N}.$$

Anders ausgedrückt:

> Je größer n wird, desto mehr nähern sich die Folgenglieder a_n der Zahl $a = 1$ an.

Oder nochmal anders formuliert:

> Der Unterschied zwischen a_n und $a = 1$ geht für $n \to \infty$ gegen Null.[2]

Man nennt die Zahl $a = 1$ den *Grenzwert* der Folge (a_n) (den Index $_{n\in\mathbb{N}}$ lassen wir oftmals weg) und schreibt

$$\lim_{n\to\infty} a_n = 1 \qquad \text{(lies: „Limes von } a_n \text{ für } n \text{ gegen Unendlich ist gleich 1"),}$$

[2] Da wir nicht weiter präzisieren, was „gegen Null gehen" bedeuten soll, ist das jetzt zwar keine mathematisch strenge Definition (siehe dazu Aufgabe 7.4), aber für unsere Belange reicht das.

oder auch

$$a_n \to 1 \quad \text{für } n \to \infty \qquad \text{(lies: „}a_n\text{ strebt gegen 1 für } n \text{ gegen Unendlich“).}$$

Eine Folge, die einen Grenzwert a besitzt, heißt *konvergent.* In diesem Beispiel würde man sagen: „(a_n) ist konvergent (oder: *konvergiert*) gegen $a = 1$“.
Einen wichtigen Punkt gilt es noch zu beachten: Für jede natürliche Zahl n, egal wie groß sie auch sein mag, gilt offenbar $n < n + 1$, also ist

$$a_n = \frac{n}{n+1} < 1 \qquad \text{für alle } n \in \mathbb{N},$$

d.h. alle Folgenglieder a_n sind kleiner als 1. Dennoch ist der Grenzwert der Folge exakt 1, da die a_n der Zahl 1 beliebig nahe kommen (selbst wenn sie sie auch niemals ganz erreichen).

Beispiel 7.2 Natürlich darf eine Folge ihren Grenzwert aber auch zu Lebzeiten schon erreichen, wie das Billig-Beispiel

$$(a_n) \quad \text{mit} \quad a_n = 1 \qquad \text{für alle } n \in \mathbb{N},$$

also die konstante Folge $(1)_{n\in\mathbb{N}}$, zeigt. Offenbar kommen die a_n der Zahl 1 hier beliebig nahe; ihr Unterschied zur 1 ist ja für jedes beliebige n einfach 0. Somit gilt

$$\lim_{n\to\infty} a_n = \lim_{n\to\infty} 1 = 1.$$

Beispiel 7.3 Folgen, die nicht konvergent sind, sprich Folgen ohne Grenzwert nennt man *divergent*.

a) Die Folge $(n^2)_{n\in\mathbb{N}}$ der Quadratzahlen ist offensichtlich divergent: Da sie *unbeschränkt anwächst* (zu jeder noch so großen Zahl $S \in \mathbb{R}$ gibt es ein n, ab dem $a_n = n^2 > S$ gilt; wähle einfach $n > \sqrt{S}$) gibt es keine Zahl, in deren Nähe sich (fast) alle a_n tummeln. Man schreibt

$$\lim_{n\to\infty} a_n = \infty,$$

um zweierlei Dinge auszudrücken:

- Die Folge (a_n) besitzt *keinen* Limes, ist also divergent. Auf keinen Fall darf man obige Schreibweise so missverstehen, dass die Zahl ∞ der Limes der Folge wäre (∞ ist keine Zahl, sondern nur ein Symbol)!
- Die Folge divergiert gegen ∞, d.h. sie wächst unbeschränkt an.

b) Um zu divergieren, also keinen Limes zu besitzen, muss eine Folge nicht zwingend nach $\pm\infty$ abhauen. Die harmlose „Hüpf-Folge“ $((-1)^n)_{n\in\mathbb{N}}$, die einfach nur zwischen 1 (für gerades n) und -1 (für ungerades n) hin- und herspringt, besitzt ebenfalls keinen Grenzwert. Die Zahl $a = 1$ kann nicht ihr Grenzwert sein, weil unendliche viele Folgenglieder -1 sind, und damit nicht beliebig nahe bei a liegen. Ebenso verhält es sich mit dem einzigen weiteren Kandidaten $a' = -1$.

Beispiel 7.4 Eine Folge mit Grenzwert 0 heißt *Nullfolge*. Der Klassiker ist $\left(\frac{1}{n}\right)_{n\in\mathbb{N}}$. Klar, oder? Je größer n wird, desto mehr nähern sich die $a_n = \frac{1}{n}$ der 0 an (ohne jemals exakt gleich 0 zu werden, aber das spielt ja wie gesagt keine Rolle). Somit gilt

$$\lim_{n\to\infty} \frac{1}{n} = 0.$$

Mit Hilfe des Begriffs der Nullfolge lässt sich auch unser Einstiegsbeispiel etwas weniger unmathematisch und vor allem ohne $\approx$-Zeichen fassen:

Beispiel 7.1 (again) Im Nenner ein n ausklammern und kürzen ergibt

$$a_n = \frac{n}{n+1} = \frac{n}{n\cdot\left(1+\frac{1}{n}\right)} = \frac{1}{1+\frac{1}{n}}\,.$$

Jetzt erkennt man wunderbar, was für $n \to \infty$ passieren wird: Da $\frac{1}{n}$ als Nullfolge gegen 0 konvergiert, strebt der Nenner gegen $1 + 0 = 1$ für $n \to \infty$, und der gesamte Bruch konvergiert somit gegen $\frac{1}{1} = 1$.
Tatsächlich habe ich euch in dieser Argumentation noch zwei unbewiesene Fakten untergejubelt, die wir uns jetzt der Vollständigkeit halber noch anschauen. Es handelt sich um die sogenannten *Grenzwertsätze*. Wenn die dich überfordern, ist es nicht so schlimm, Hauptsache du hast die Grundideen zum Limes bis hierhin verstanden.

Satz 7.1 Für *konvergente* Folgen (a_n) und (b_n) gilt:

(G_1) Die Summenfolge $(a_n + b_n)$ ist konvergent und ihr Grenzwert ist die Summe der Grenzwerte von (a_n) und (b_n):

$$\lim_{n\to\infty} (a_n + b_n) = \lim_{n\to\infty} a_n + \lim_{n\to\infty} b_n.$$

(G_2) Die Produktfolge $(a_n \cdot b_n)$ ist konvergent und ihr Grenzwert ist das Produkt der Grenzwerte von (a_n) und (b_n):

$$\lim_{n\to\infty} (a_n \cdot b_n) = \lim_{n\to\infty} a_n \cdot \lim_{n\to\infty} b_n.$$

(G_3) Im Fall $\lim_{n\to\infty} b_n \neq 0$ (und alle $b_n \neq 0$) ist die Quotientenfolge $\left(\frac{a_n}{b_n}\right)$ konvergent gegen

$$\lim_{n\to\infty} \frac{a_n}{b_n} = \frac{\lim\limits_{n\to\infty} a_n}{\lim\limits_{n\to\infty} b_n}\,.$$

Man darf also den Limes in Summe, Produkt und Quotient zweier Folgen „reinziehen“, w e n n (!) die Ausgangs-Folgen konvergent sind.

Beispiel 7.1 (zum letzten Mal, versprochen) Katastrophal falsch wäre die Anwendung der Grenzwertsätze in folgender Form:

$$\lim_{n\to\infty} \frac{n}{n+1} = \frac{\lim\limits_{n\to\infty} n}{\lim\limits_{n\to\infty} n+1} = \frac{\infty}{\infty} = 1 \qquad \texttt{Autsch!}$$

(Wer jetzt denkt: „Was denn? Kommt doch das Richtige bei raus.“, hat die Feinheiten des Unendlichen nicht so ganz verstanden.) Warum? Naja, (a_n) mit $a_n = n$ und (b_n) mit $b_n = n + 1$ sind eben keine konvergenten Folgen, d.h. die Grundvoraussetzung der Grenzwertsätze ist nicht erfüllt. Betrachtet man jedoch die ausgeklammerte und gekürzte Folge mit Gliedern

$$\frac{1}{1+\frac{1}{n}},$$

so lassen sich die GW-Sätze wunderbar anwenden. Die Zählerfolge (a_n) mit $a_n = 1$ ist jetzt offenbar konvergent mit Limes 1; die Nennerfolge ist von der Gestalt $(b_n + c_n)$ mit $b_n = 1$ und $c_n = \frac{1}{n}$. Da beides konvergente Folgen sind (mit Grenzwerten 1 bzw. 0), liefert die Anwendung von G_1 zunächst:

$$\lim_{n\to\infty} (b_n + c_n) = \lim_{n\to\infty} b_n + \lim_{n\to\infty} c_n = 1 + 0 = 1,$$

d.h. auch die Nennerfolge konvergiert gegen 1. Nun kann man G_3 anwenden und erhält:

$$\lim_{n\to\infty} \frac{1}{1+\frac{1}{n}} = \lim_{n\to\infty} \frac{a_n}{b_n + c_n} = \frac{\lim\limits_{n\to\infty} a_n}{\lim\limits_{n\to\infty} (b_n + c_n)} = \frac{1}{1} = 1.$$

So, nachdem ich mein mathematisches Gewissen beruhigt habe, darfst du wieder zur Schummelmethode (großes n im Kopf einsetzen und schauen was passiert) übergehen; aber verrat's keinem. Na gut, vielleicht doch noch ein korrektes Beispiel zum GW-Satz G_2 zum Schluss.

Beispiel 7.5 Auf Seite 32 stießen wir auf eine Folge, welche Glieder der Gestalt

$$\left(1 - \frac{1}{n}\right)\left(2 - \frac{1}{n}\right)$$

enthielt. Es handelt sich um eine Produktfolge $(a_n \cdot b_n)$ mit $a_n = 1 - \frac{1}{n}$ und $b_n = 2 - \frac{1}{n}$. Beides sind konvergente Folgen (nach G_1) mit Grenzwerten 1 bzw. 2 (da $\frac{1}{n}$ eine Nullfolge ist), also ist G_2 anwendbar und liefert:

$$\lim_{n\to\infty} a_n \cdot b_n = \lim_{n\to\infty} a_n \cdot \lim_{n\to\infty} b_n = 1 \cdot 2 = 2.$$

Auch hier ist es in der praktischen Anwendung völlig in Ordnung, einfach im Kopf große n einzusetzen. Dabei erkennt man, dass a_n gegen 1 strebt und b_n gegen 2, also (und hier sollte man zumindest als mathe-affiner Schüler kurz dem GW-Satz 2 gedanklichen Tribut zollen) strebt ihr Produkt gegen $1 \cdot 2 = 2$.

A **7.3** Bestimme den Grenzwert (falls existent) der Folgen (a_n).

a) $a_n = \frac{1}{n^2}$ b) $a_n = (-2)^n$ c) $a_n = \frac{(-1)^n}{n}$ d) $a_n = \sqrt{2} - \frac{\pi}{n}$

e) $a_n = \frac{n}{2n-1}$ f) $a_n = \frac{2n^2+4}{n^2+n} \cdot \left(\frac{1}{2} - \frac{1}{2n}\right)$ (Tipp: vorne n^2 ausklammern.)

A **7.4** *Präzise Limes-Definition nach* Weierstrass

Eine Zahl $a \in \mathbb{R}$ ist Grenzwert der Folge (a_n), wenn man zu jeder (noch so kleinen) Abweichung $\varepsilon > 0$ (Epsilon) einen Index $n_\varepsilon \in \mathbb{N}$ finden kann, so dass

$$|a_n - a| < \varepsilon \quad \text{für alle } n > n_\varepsilon \text{ gilt,}$$

wenn also alle Folgenglieder a_n für $n > n_\varepsilon$ um weniger als ε von a abweichen (nach oben oder unten, deshalb der Betrag).
Zeige mit Hilfe dieser Definition, dass die Folge aus Beispiel 7.1 die Zahl 1 als Grenzwert besitzt. Versuche vielleicht zunächst ein n_ε zu $\varepsilon = \frac{1}{100}$ zu finden, bevor du allgemein rechnest.
Tipp: Den Betrag kannst du hier als $|a_n - 1| = 1 - a_n$ auflösen, da $a_n < 1$ für alle n gilt.

7.3 Ausblick: Grenzwerte von Funktionen

Für eine Funktion f ist anschaulich recht klar, was z.B.

$$\lim_{x \to 1} f(x) = 2$$

bedeuten soll: Nähert man sich dem x-Wert $x_0 = 1$, so nähern sich die Funktionswerte dem y-Wert $y_0 = 2$. Mit Hilfe des Grenzwertbegriffs von Folgen kann man dies noch etwas präziser fassen: Für *jede* Folge $(x_n)_{n\in\mathbb{N}}$, die gegen 1 konvergiert, muss die abgebildete Folge $(f(x_n))_{n\in\mathbb{N}}$ gegen 2 konvergieren, d.h.

$$\lim_{n \to \infty} f(x_n) = 2.$$

Wenn dies erfüllt ist, heißt 2 Grenzwert von $f(x)$ in $x = 1$. Somit haben wir das neue Symbol $\lim\limits_{x \to x_0} \ldots$ auf das bekannte Symbol $\lim\limits_{n \to \infty} \ldots$ zurückgeführt. Nun bringt einem Schüler diese Umformulierung allerdings keinerlei Gewinn und ich frage mich gerade, warum ich diesen Abschnitt überhaupt schreibe. Ach ja, in Kapitel 3 treten Ausdrücke wie z.B.

$$(1) \quad \lim_{x\to\infty} f(x) = y_0 \qquad \text{oder} \qquad (2) \quad \lim_{x\to x_0} f(x) = \infty$$

auf, und für jemanden, der bislang noch wenig bis keine Bekanntschaft mit dem Limes gemacht hat, möchte ich die Bedeutung des Limes vom Typ (1) hier noch kurz erläutern. Grenzwerte der Art (2) werden ab Seite 79 so dermaßen ausführlichst erklärt, dass ich an dieser Stelle nichts mehr hinzuzufügen brauche.

Beispiel 7.6 Für die Funktion $f(x) = 2 + \frac{1}{x}$ (mit $D_f = \mathbb{R}\backslash\{0\}$) gilt

$$\lim_{x\to\infty} f(x) = 2. \quad (\star)$$

Für unsere Zwecke genügt folgende (grobe) Bedeutung dieses Limes: $(\star)$ besagt, dass $f(x)$ der Zahl 2 beliebig nahe kommt, wenn x nur groß genug wird. Ein müder Blick auf die Funktionsgleichung zeigt, warum das so ist: Je größer man x wählt, desto näher liegt $\frac{1}{x}$ bei Null (setze in Gedanken z.B. $x = 1000, 10\,000$ usw. ein), und dementsprechend nahe liegt $f(x) = 2 + \frac{1}{x}$ dann bei der 2.
Gleiches gilt auch für $x \to -\infty$ ($\frac{1}{x}$ ist dann zwar negativ, geht aber dennoch gegen 0), d.h.

$$\lim_{x\to-\infty} f(x) = \lim_{x\to\infty} f(x) = 2,$$

oder beides zusammengefasst:

$$\lim_{|x|\to\infty} f(x) = 2,$$

denn $|x| \to \infty$ beinhaltet beide Fälle $x \to \infty$ und $x \to -\infty$, da der Betrag ja alles positiv macht (z.B. ist $|-1000| = 1000$).

Deutsch – Mathe; Mathe – Deutsch

Äquivalenzpfeile: Wenn du eine Gleichung wie z.B. $2x + 5 = 11$ (uii, wie schwierig) nach x auflöst, schreibst du das gewöhnlich so auf:

$$\begin{aligned} 2x + 5 &= 11 \quad &&| -5 \\ 2x &= 6 \quad &&| : 2 \\ x &= 3 \end{aligned}$$

Dagegen ist auch nichts einzuwenden, und du kannst das ruhig so beibehalten. Ein mathematisch (über)pingeliger Korrektor könnte höchstens kritisieren, dass da drei Gleichungen untereinander stehen, die logisch durch kein Zeichen miteinander verknüpft sind. Um es ganz korrekt zu machen, schreiben wir das in diesem Buch deshalb so (aus Platzgründen auch meist in eine Zeile gepresst):

$$2x + 5 = 11 \quad \Longleftrightarrow \quad 2x = 6 \quad \Longleftrightarrow \quad x = 3.$$

Der Äquivalenzpfeil „$\Longleftrightarrow$“ drückt dabei aus, dass es sich um eine Äquivalenzumformung handelt, man also „in beide Richtungen gehen kann“. Auf beiden Seiten minus 5 zu rechnen ist eine solche Umformung, da man mit „plus 5“ wieder zur ursprünglichen Gleichung zurückkommt. Ebenso „geteilt durch 2“, was man durch „mal 2“ wieder rückgängig machen kann. Wenn du dir diese Schreibweise aneignest, musst du darauf achten, dass du auch wirklich in jedem Schritt Äquivalenzumformungen machst. Vorsicht ist z.B. beim Quadrieren geboten:

$$x = y \quad \Longleftrightarrow \quad x^2 = y^2 \qquad \text{ist FALSCH,}$$

wenn x und y auch negative Werte annehmen können. So ist z.B. für $x = -1$ und $y = 1$ zwar $x^2 = 1 = y^2$, aber daraus folgt nicht $x = y$; der Rückwärtspfeil in obiger Umformung ist also nicht gerechtfertigt. (Wenn x und y allerdings beide $\geqslant 0$ sind, ist die Äquivalenz korrekt.)

Einheiten in Klammern: In Mathe darf man im Gegensatz zu Physik die Einheiten in Zahlenrechnungen weglassen. Ich verwende oft folgendes Zwischending: Bewegt sich ein Dreirad mit $2\,\frac{\text{m}}{\text{s}}$, so legt es in 10 s den Weg $s = 2 \cdot 10 = 20\,(\text{m})$ zurück. Das (m) am Schluss zeigt an, dass s in Metern rauskommt und die Klammer soll andeuten, dass die Einheit nicht mit zur Gleichung gehört. Lässt man die Klammer weg, so steht da $2 \cdot 10 = 20$ m, was einen Einheitenfehler darstellt, da es nach Teilen durch 20 auf $1 = \text{m}$ führt. Du kannst die Einheiten natürlich auch immer konsequent mitschleppen, oder sie einfach ganz weglassen und nur im Antwortsatz erwähnen.

$f(x)$ und K_f: Funktionen tragen meist den Buchstaben f und ihr Schaubild wird mit K_f (K für Kurve) bezeichnet. Manchmal lasse ich mich zu Aussagen wie „Die Funktion $f(x) = x^2$“ hinreißen, wobei es korrekterweise „Die Funktion f mit der Funktionsgleichung $f(x) = x^2$“ heißen müsste, was meiner Ansicht nach aber Korinthenkackerei ist.
Zwischen f und K_f muss allerdings unterschieden werden! So ist z.B. „H ist ein Hochpunkt von K_f“ eine zulässige Aussage, da das Schaubild K_f eine Teilmenge des x-y-Koordinatensystems ist und als solche Punkte wie H enthalten kann. Aussagen wie „H ist ein Hoch*punkt* von $f(x)$“ oder noch schlimmer „H liegt auf $f(x)$“ hingegen sind unsinnig, da der Funktionsterm $f(x)$ kein geometrisches Objekt ist, auf dem Punkte liegen könnten. Richtig muss es heißen „x_0 ist eine Hoch*stelle* von f und $y_0 = f(x_0)$ ist ein Maximum von f“.

Intervalle: Unter dem *abgeschlossenen Intervall* von a bis b versteht man die Menge

$$[\,a\,;b\,] = \{\,x \in \mathbb{R} \mid a \leqslant x \leqslant b\,\},$$

also alle Zahlen auf dem Zahlenstrahl, die zwischen a und b liegen, *inklusive* der Grenzen a und b selbst. Das *offene Intervall* von a bis b hingegen ist

$$(a\,;b) = \{\, x \in \mathbb{R} \mid a < x < b\,\},$$

hier gehören also die Grenzen a und b nicht mehr dazu. Entsprechend sind die *halboffenen Intervalle* $(a\,;b]$ und $[a\,;b)$ definiert: Die Grenze mit der eckigen Klammer gehört jeweils mit dazu, die mit der runden nicht. Ist eine der Grenzen ∞, so muss dort eine runde Klammer stehen, denn ∞ ist keine Zahl, und kann damit auch nicht zum Intervall gehören. So ist z.B. $[a\,;\infty) = \{\, x \in \mathbb{R} \mid x \geqslant a\,\}$ das Intervall, das bei a startet (a gehört dazu) und sich nach rechts unbeschränkt bis ins Unendliche erstreckt. $[0\,;\infty)$ kürzt man auch als $\mathbb{R}_{\geqslant 0}$ oder $\mathbb{R}_0^+$ ab, während $\mathbb{R}_{>0}$ oder $\mathbb{R}^+$ für $(0\,;\infty)$ steht.

Mitternachtsformel: Diese legendäre Formel besagt, dass die quadratische Gleichung

$$ax^2 + bx + c = 0 \quad (a \neq 0) \qquad \text{die Lösungen} \qquad x_{1,2} = \frac{-b \pm \sqrt{b^2 - 4ac}}{2a}$$

besitzt (die nur für $b^2 - 4ac \geqslant 0$ reell sind). In manchen Bundesländern wohl auch bzw. nur als p-q-Formel bekannt: Hat man die Gleichung auf die Form $x^2 + px + q = 0$ gebracht, so sind die Lösungen $x_{1,2} = -\frac{p}{2} \pm \sqrt{\left(\frac{p}{2}\right)^2 - q}$.

Nullproduktsatz (NPS): Dies ist die geschwollene Bezeichnung für die simple Tatsache, dass aus $a \cdot b = 0$ stets $a = 0$ oder $b = 0$ folgt (kein ausschließendes entweder-oder). In Worten: Wenn ein Produkt $a \cdot b$ Null ergibt, muss (mindestens) einer der Faktoren Null sein. Dies hilft beim Lösen von Gleichungen wie $(x-5)\cdot(x^2-2) = 0$: Auf gar keinen Fall ausmultiplizieren, sondern die beiden Faktoren einzeln 0 setzen, d.h. $x - 5 = 0$ oder $x^2 - 2 = 0$, und dann einzeln nach x auflösen.

Satz von Vieta: Mit Hilfe dieses nützlichen kleinen Sätzchens kann man sich manchmal die Mitternachts- bzw. p-q-Formel beim Lösen von $x^2 + bx + c = 0$ sparen (wichtig: vor dem x^2 muss eine 1 stehen). Erkennt man im Kopf zwei Zahlen x_1 und x_2, die

$$x_1 + x_2 = -b \qquad \text{und} \qquad x_1 \cdot x_2 = c$$

erfüllen, so hat man die Lösungen der quadratischen Gleichung gefunden. Beim Lösen von z.B. $x^2 - 7x + 12 = 0$ muss also die Summe $x_1 + x_2 = -b = 7$ ergeben, während das Produkt $x_1 \cdot x_2 = c = 12$ sein muss. So erkennt man $x_1 = 3$ und $x_2 = 4$ als die Lösungen.

(Zahlen-)Mengen: Wir verwenden die folgenden Symbole.

$\mathbb{N}$ für die Menge der natürlichen Zahlen: $\mathbb{N} = \{\,1, 2, \ldots\,\}$ und $\mathbb{N}_0 = \{\,0, 1, 2, \ldots\,\}$.

$\mathbb{Z}$ für die Menge der ganzen Zahlen: $\mathbb{Z} = \{\ldots,-2,-1,0,1,2,\ldots\}$.

$\mathbb{Q}$ für die Menge der rationalen Zahlen (Brüche): $\mathbb{Q} = \{\,\frac{p}{q} \mid p, q \in \mathbb{Z}, q \neq 0\,\}$.

$\mathbb{R}$ für die Menge der reellen Zahlen (alle Dezimalzahlen).

$x \in \mathbb{Q}$ (lies: „x ist Element von $\mathbb{Q}$“) bedeutet, dass x in $\mathbb{Q}$ liegt, also eine rationale Zahl ist, während $x \notin \mathbb{Q}$ (lies: „x ist kein Element von $\mathbb{Q}$“) heißt, dass x nicht in $\mathbb{Q}$ liegt, und damit irrational ist (vorausgesetzt $x \in \mathbb{R}$, was in der Schule stets der Fall ist). Um einzelne (oder mehrere) Zahlen, wie z.B. die 0, aus einer Menge wie z.B. $\mathbb{R}$ auszuschließen, schreibt man

$$\mathbb{R}\setminus\{0\} = \{\, x \in \mathbb{R} \mid x \neq 0\,\} \qquad \text{(lies: „}\mathbb{R}\text{ ohne Null“).}$$

Lösungen der Übungsaufgaben

Lösungen zu Kapitel 1

L **1.1** Anwenden von Potenz-, Faktor- und Summenregel ergibt:

a) $f'(x) = \frac{1}{3} \cdot 3x^2 + \frac{1}{2} \cdot 2x - 1 \cdot x^0 = x^2 + x - 1$

b) $f'(x) = \left(x^{\frac{1}{2}} + 2\right)' = \frac{1}{2}x^{-\frac{1}{2}} + 0 = \frac{1}{2} \cdot \frac{1}{x^{\frac{1}{2}}} = \frac{1}{2\sqrt{x}}$

Beachte: Der konstante Summand 2 lässt sich auch als $2 \cdot x^0$ schreiben, und weil die 0 beim Ableiten runter kommt, ist die Ableitung 0. Merke dir, dass konstante Summanden beim Ableiten stets wegfallen (ganz im Gegensatz zu konstanten Faktoren, die ja beim Ableiten einfach stehen bleiben).

c) $f'(t) = \pi \cdot \cos'(t) + \pi' = \pi \cdot (-\sin(t)) + 0 = -\pi \sin(t)$

Es ist wieder wie in b) $\pi' = 0$ (konstanter Summand fällt weg), während das erste π als Faktor stehenbleibt.

L **1.2**

a) $f'(x) = \frac{1}{2} \cdot 2016x^{2016-1} + 0 = 1008x^{2015}$

Beachte: ♡ ist ein konstanter Summand (wie z.B. die Zahl 5), der nicht von x abhängt, und fällt daher beim Ableiten weg; siehe 1.1 b).

b) $g'(x) = \left(\pi \cdot \sin(x) + x^{-\frac{1}{2}}\right)' = \pi \cdot \cos(x) - \frac{1}{2}x^{-\frac{3}{2}} = \pi\cos(x) - \frac{1}{2\sqrt{x^3}}$

c) $h'(z) = \left(z^{-2} - z^{\frac{2}{5}}\right)' = -2 \cdot z^{-3} - \frac{2}{5}z^{-\frac{3}{5}} = -\frac{2}{z^3} - \frac{2}{5\sqrt[5]{z^3}}$

d) Böse Falle: Der Funktionsterm MUSS erst vereinfacht werden, da wir noch keine Regel zum Ableiten von Produkten haben (Geduld; die sogenannte Produktregel kommt schon bald):

$$p(s) = s \cdot s^{\frac{1}{3}} = s^{1+\frac{1}{3}} = s^{\frac{4}{3}} \quad \Longrightarrow \quad p'(s) = \frac{4}{3}s^{\frac{1}{3}} = \frac{4}{3}\sqrt[3]{s}\,.$$

FALSCH hingegen wäre, die Faktoren einfach einzeln abzuleiten (wie bei der Summenregel):

$$p'(s) = (s \cdot s^{\frac{1}{3}})' = s' \cdot (s^{\frac{1}{3}})' \ldots \qquad \texttt{EPIC FAIL!}$$

e) Wir leiten nach x ab, d.h. t^2 ist ein konstanter Faktor, der beim Ableiten unverändert bleibt.

$$q'(x) = \left(\frac{1}{4}x^{-1}\right)' \cdot t^2 = -\frac{1}{4}x^{-2} \cdot t^2 = -\frac{t^2}{4x^2}$$

f) Diesmal wird nach t abgeleitet, also ist nun $\frac{1}{4x}$ nur ein Vorfaktor, der beim Ableiten einfach stehen bleibt!

$$r'(t) = \frac{1}{4x} \cdot (t^2)' = \frac{1}{4x} \cdot 2t = \frac{1}{2x} \cdot t$$

L 1.3

a) Du gehst folgendermaßen vor, um die Tangentengleichung aufzustellen:

(1) Zuallererst wird $f(x)$ abgeleitet: $f'(x) = 2 \cdot \frac{1}{4}x^2 = \frac{1}{2}x$.

(2) Die Tangentensteigung ist die Steigung des Schaubilds K_f in P, sprich die Ableitung von f an der Stelle x_0. Also einfach $x_0 = 1$ in $f'(x) = \frac{1}{2}x$ einsetzen:

$$m_t = f'(x_0) = f'(1) = \frac{1}{2} \cdot 1 = \frac{1}{2}.$$

(3) Da die Tangente eine Gerade ist, lautet ihre Gleichung $t(x) = m_t x + c$, hier:

$$t(x) = \frac{1}{2}x + c.$$

Den noch fehlenden y-Achsenabschnitt c durch Punktprobe bestimmen. Dazu brauchst du zunächst den y-Wert des Punktes $P \in K_f$; dieser ist

$$y = f(1) = \frac{1}{4} \cdot 1^2 = \frac{1}{4}.$$

Da die Tangente durch P verläuft, muss bei Einsetzen von $x_0 = 1$ in $t(x)$ genau diese y-Koordinate von P rauskommen, sprich es muss

$$t(1) = \frac{1}{4}, \quad \text{d.h.} \quad \frac{1}{2} \cdot 1 + c = \frac{1}{4}$$

gelten. Daraus folgt $c = \frac{1}{4} - \frac{1}{2} = -\frac{1}{4}$ und fertig ist die Tangentengleichung:

$$t(x) = \frac{1}{2}x - \frac{1}{4}.$$

b) Lösung mit Hilfe der allgemeinen Formel. Es ist $x_0 = 1$, $f'(x_0) = \frac{1}{2}$ und $f(x_0) = \frac{1}{4}$; stures Einsetzen in die allgemeine Tangentengleichung ergibt

$$\begin{aligned} t(x) &= f'(x_0) \cdot (x - x_0) + f(x_0) \\ &= \frac{1}{2} \cdot (x-1) + \frac{1}{4} \qquad \text{(Ausmultiplizieren \& Zusammenfassen)} \\ &= \frac{1}{2}x - \frac{1}{2} + \frac{1}{4} = \frac{1}{2}x - \frac{1}{4}. \end{aligned}$$

Gechillt, oder?

L 1.4

a) Es ist $(u \circ v)(x) = u(v(x)) = u(4x) = 2(4x)+1 = 8x+1$. (Vorletzter Schritt: einfach das $\heartsuit$ in $u(\heartsuit)$ durch $v(x) = 4x$ ersetzen.) Umgekehrte Reihenfolge: Jetzt ist $u(x) = 2x + 1$ die innere Funktion und $v(\heartsuit) = 4\heartsuit$ die äußere, und es folgt

$$(v \circ u)(x) = v(u(x)) = v(2x+1) = 4(2x+1) = 8x + 4 \neq 8x + 1 = (u \circ v)(x).$$

b) Hier ist $(u \circ v)(x) = u(v(x)) = u(x^2 - 1) = \sqrt{x^2 - 1}$. Umgekehrte Reihenfolge: Jetzt ist $u(x) = \sqrt{x}$ die innere Funktion und $v(\heartsuit) = \heartsuit^2 - 1$ die äußere, also:

$$(v \circ u)(x) = v(u(x)) = v(\sqrt{x}) = \sqrt{x}^2 - 1 = x - 1 \neq (u \circ v)(x).$$

c) Es gilt $(u \circ v)(x) = u(v(x)) = u\left(\frac{1}{x}\right) = \cos\left(\frac{1}{x}\right)$. Umgekehrte Reihenfolge: Nun ist $u(x) = \cos(x)$ die innere Funktion und $v(\heartsuit) = \frac{1}{\heartsuit}$ die äußere, d.h.

$$(v \circ u)(x) = v(u(x)) = v(\cos(x)) = \frac{1}{\cos(x)} \neq (u \circ v)(x).$$

Dass die beiden Verkettungen nicht gleich sind, erkennt man allein schon daran, dass $u \circ v$ nur für $x = 0$ nicht definiert ist, während $v \circ u$ an allen (unendlich vielen) Nullstellen des Kosinus nicht definiert ist. Wer das nicht versteht, setze z.B. einfach $x = \pi$ in beide Funktionen ein:

$$(v \circ u)(\pi) = \frac{1}{\cos(\pi)} = \frac{1}{-1} = -1 \neq \cos\left(\frac{1}{\pi}\right) = (u \circ v)(\pi).$$

L 1.5

a) Um $f(x)$ zu berechnen, rechnet man zuerst x^2+1 aus und zieht dann die Wurzel. Somit ist $f(x) = u(v(x))$ mit

$$v(x) = x^2 + 1 \quad \text{als innerer und} \quad u(\heartsuit) = \sqrt{\heartsuit} \quad \text{als äußerer Funktion.}$$

b) Um $f(x)$ zu berechnen, rechnet man zuerst $x-3$ aus und macht dann „2 hoch". Deshalb ist $f(x) = u(v(x))$ mit

$$v(x) = x - 3 \quad \text{als innerer und} \quad u(\heartsuit) = 2^{\heartsuit} \quad \text{als äußerer Funktion.}$$

c) Um $f(x)$ zu berechnen, rechnet man zuerst x^2 aus, dann den Kosinus davon, und zum Schluss wird die dritte Wurzel gezogen. Folglich ist $f(x) = u(v(w(x)))$ (d.h. $f = u \circ v \circ w$) mit

$$w(x) = x^2, \quad v(\heartsuit) = \cos(\heartsuit) \quad \text{und} \quad u(\Delta) = \sqrt[3]{\Delta}.$$

L 1.6

a) Die äußere Funktion ist $u(\heartsuit) = \heartsuit^5$ und die innere Funktion ist $v(x) = 2x - 1$. Äußere und innere Ableitung sind $u'(\heartsuit) = 5\heartsuit^4$ und $v'(x) = 2$, und mit der Kettenregel folgt

$$f'(x) = u'(v(x)) \cdot v'(x) = 5v(x)^4 \cdot 2 = 10(2x-1)^4.$$

b) Nur für den ersten Summanden, also $\sqrt{x^2+1}$, brauchen wir die Kettenregel; der zweite Summand 1 fällt beim Ableiten einfach weg. Die äußere Funktion ist $u(\heartsuit) = \sqrt{\heartsuit}$ und die innere Funktion ist $v(x) = x^2 + 1$. Äußere und innere Ableitung sind $u'(\heartsuit) = \frac{1}{2\sqrt{\heartsuit}}$ sowie $v'(x) = 2x$, und die Kettenregel liefert

$$g'(x) = u'(v(x)) \cdot v'(x) + 0 = \frac{1}{2\sqrt{v(x)}} \cdot 2x = \frac{x}{\sqrt{x^2+1}}.$$

c) Die äußere Funktion ist $u(\heartsuit) = \frac{1}{\heartsuit}$ und die innere Funktion lautet $v(x) = x^3 - 8$. Äußere und innere Ableitung sind $u'(\heartsuit) = -\frac{1}{\heartsuit^2}$ und $v'(x) = 3x^2$, und mit der Kettenregel folgt

$$h'(x) = u'(v(x)) \cdot v'(x) = -\frac{1}{v(x)^2} \cdot 3x^2 = -\frac{3x^2}{(x^3-8)^2}.$$

d) Kosinus ist die äußere Funktion, d.h. $u(\heartsuit) = \cos(\heartsuit)$, und $v(t) = t^2$ ist die innere Funktion. Kettenregel:

$$p'(t) = u'(v(t)) \cdot v'(t) = -\sin(v(t)) \cdot 2t = -2t\sin(t^2).$$

e) Diesmal ist $u(\heartsuit) = \heartsuit^2$ die äußere Funktion und $v(t) = \cos(t)$ die innere, da man zuerst den Kosinus berechnet, und dann erst das Ergebnis quadriert. Kettenregel:

$$q'(t) = u'(v(t)) \cdot v'(t) = 2v(t) \cdot (-\sin(t)) = -2\cos(t)\sin(t).$$

f) Mit genügend Übung solltest du so nach und nach dazu übergehen, die Zwischenschritte mit u und v wegzulassen, und sofort die Kettenregel anzuwenden.

$$\begin{aligned} r'(x) &= \sin'\left(\frac{1}{2\pi x}\right) \cdot \left(\frac{1}{2\pi x}\right)' = \cos\left(\frac{1}{2\pi x}\right) \cdot \left((2\pi x)^{-1}\right)' \\ &= \cos\left(\frac{1}{2\pi x}\right) \cdot (-1) \cdot (2\pi x)^{-2} \cdot (2\pi x)' = -\frac{2\pi \cos\left(\frac{1}{2\pi x}\right)}{(2\pi x)^2} \\ &= -\frac{\cos\left(\frac{1}{2\pi x}\right)}{2\pi x^2}. \end{aligned}$$

OK, jetzt hab ich doch ein etwas schlechtes Gewissen, weil ich dich so ganz alleine gelassen habe. Die äußere Ableitung sollte klar sein (Sinus wird zu Kosinus). Bei der inneren Ableitung $\left((2\pi x)^{-1}\right)'$ wurde erneut die Kettenregel verwendet: $\frac{1}{2\pi x} = (2\pi x)^{-1} = u(v(x))$ mit $u(\heartsuit) = \heartsuit^{-1}$ und $v(x) = 2\pi x$, d.h. $u'(\heartsuit) = -\heartsuit^{-2}$ und $v'(x) = 2\pi$. Man kann dies übrigens vermeiden, indem man $\frac{1}{2\pi x} = \frac{1}{2\pi} \cdot \frac{1}{x}$ schreibt und den konstanten Vorfaktor $\frac{1}{2\pi}$ beim Ableiten von $\frac{1}{x}$ einfach stehen lässt.

g) Diesmal ohne viel Gerede. Zweimal Kettenregel und gut is.

$$\begin{aligned} s'(x) &= \left((\sin(2\pi x))^{-1}\right)' = -(\sin(2\pi x))^{-2} \cdot (\sin(2\pi x))' \\ &= -\frac{1}{(\sin(2\pi x))^2} \cdot \cos(2\pi x) \cdot (2\pi x)' = -\frac{2\pi\cos(2\pi x)}{(\sin(2\pi x))^2} \end{aligned}$$

h)

$$\begin{aligned} t'(z) &= \left((\cos(z^2+2))^{\frac{1}{2}}\right)' = \frac{1}{2\sqrt{\cos(z^2+2)}} \cdot \left(\cos(z^2+2)\right)' \\ &= \frac{1}{2\sqrt{\cos(z^2+2)}} \cdot \left(-\sin(z^2+2)\right) \cdot (z^2+2)' = -\frac{z\,\sin(z^2+2)}{\sqrt{\cos(z^2+2)}} \end{aligned}$$

Im letzten Schritt wurde die 2 in $(z^2+2)' = 2z$ mit der 2 im Nenner gekürzt.

L 1.7

a) Die äußere Funktion ist $\heartsuit^2$, die innere ist $g(x)$, also liefert die Kettenregel

$$f'(x) = 2g(x)^1 \cdot g'(x) = 2g(x)g'(x).$$

b) Es ist $f(x) = \frac{1}{g(x)} = g(x)^{-1}$ und mit der Kettenregel folgt

$$f'(x) = (-1) \cdot g(x)^{-2} \cdot g'(x) = -\frac{g'(x)}{g(x)^2}.$$

c) Diesmal ist $g(\heartsuit)$ die äußere Funktion und $v(x) = \frac{1}{x}$ die innere. Kettenregel:

$$f'(x) = g'\left(\frac{1}{x}\right) \cdot \left(\frac{1}{x}\right)' = g'\left(\frac{1}{x}\right) \cdot \left(-\frac{1}{x^2}\right) = -\frac{g'\left(\frac{1}{x}\right)}{x^2}.$$

L 1.8 Zunächst schreiben wir $f(x)$ um als

$$f(x) = \pi \cdot \left(\sin\left((tx-\pi)^{-1}\right)\right)^{-\frac{1}{3}}.$$

Nun brauchen wir nur etwas Durchhaltevermögen, um die Kettenregel stolze drei Mal korrekt anzuwenden:

$$\begin{aligned}
f'(x) &= \pi \cdot \left(-\frac{1}{3}\right)\left(\sin\left((tx-\pi)^{-1}\right)\right)^{-\frac{4}{3}} \cdot \left(\sin\left((tx-\pi)^{-1}\right)\right)' \\
&= -\frac{\pi}{3} \cdot \frac{1}{\left(\sin\left((tx-\pi)^{-1}\right)\right)^{\frac{4}{3}}} \cdot \cos\left((tx-\pi)^{-1}\right) \cdot \left((tx-\pi)^{-1}\right)' \\
&= -\frac{\pi \cos\left((tx-\pi)^{-1}\right)}{3\sqrt[3]{\left(\sin\left((tx-\pi)^{-1}\right)\right)^4}} \cdot \left((-1)\cdot(tx-\pi)^{-2} \cdot \underbrace{(tx-\pi)'}_{=t}\right) \\
&= \frac{\pi t \cos\left(\frac{1}{tx-\pi}\right)}{3(tx-\pi)^2 \cdot \sqrt[3]{\left(\sin\left(\frac{1}{tx-\pi}\right)\right)^4}} \qquad \text{Uff!}
\end{aligned}$$

Wenn du auch soweit durchgehalten hast, darfst du dir dreimal anerkennend auf die Schulter klopfen.

L 1.9 Zuallererst brauchen wir die Tangentensteigung, sprich die Ableitung von f an der Stelle x_0. Zum Ableiten benötigen wir die Kettenregel: „Äußere Ableitung mal innere Ableitung" ergibt in diesem Fall

$$f'(x) = \frac{1}{2\sqrt{x^2+3}} \cdot (x^2+3)' = \frac{1}{2\sqrt{x^2+3}} \cdot 2x = \frac{x}{\sqrt{x^2+3}}.$$

(Falls der erste Schritt wieder zu schnell ging: $u(\heartsuit) = \sqrt{\heartsuit}$ ist die äußere Funktion mit Ableitung $u'(\heartsuit) = \frac{1}{2\sqrt{\heartsuit}}$.)
Nun brauchen wir nur noch $x_0 = 1$ in die allgemeine Tangentengleichung aus Aufgabe 1.3 einzusetzen und fertig.

$$\begin{aligned}
t(x) &= f'(x_0)\cdot(x-x_0) + f(x_0) = f'(1)\cdot(x-1) + f(1) \\
&= \frac{1}{\sqrt{1^2+3}}\cdot(x-1) + \sqrt{1^2+3} = \frac{1}{2}\cdot(x-1) + 2 = \frac{1}{2}x + \frac{3}{2}
\end{aligned}$$

Wie du in Abbildung L.1 erkennen kannst, begrenzt die Tangente mit der x- und y-Achse ein rechtwinkliges Dreieck. Dessen Höhe (bzw. erste Kathetenlänge) ist $h = \frac{3}{2} = 1{,}5$, nämlich der y-Achsenabschnitt der Tangente. Die Grundseite (bzw. zweite Kathete) besitzt die Länge $g = 3$, da die Nullstelle der Tangente bei $x = -3$ liegt ($t(x) = 0$ setzen und nach x auflösen; mach das, zackzack!). Für den Flächeninhalt gilt somit

$$A = \frac{1}{2}\cdot g \cdot h = \frac{1}{2}\cdot 3 \cdot \frac{3}{2} = \frac{9}{4} = 2{,}25.$$

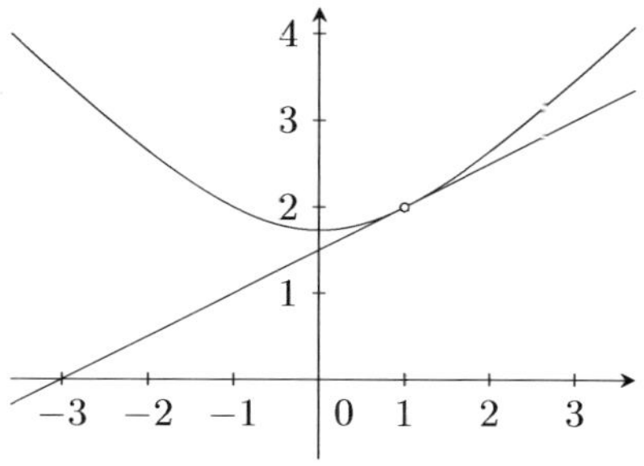

Abbildung L.1

L 1.10 Es ist $f(x) = u\big(v(x)\big) = u(x^3)$ und mit der Kettenregel folgt

$$f'(x) = u'(x^3) \cdot (x^3)' = 3x^2 \cdot u'(x^3).$$

Einsetzen von $x_0 = -1$ ergibt für die Steigung von K_f

$$f'(-1) = 3(-1)^2 \cdot u'\big((-1)^3\big) = 3u'(-1).$$

Hier steht nun aber nichts anderes, als dass $f'(-1)$ dreimal so groß wie $u'(-1)$ ist, sprich dass K_f bei $x_0 = -1$ dreimal so steil wie K_u ansteigt. (Bei der letzten Aussage geht $u'(-1) > 0$ ein, zumindest könnte man sonst nicht von steiler *ansteigen* sprechen.)

L 1.11 Ableiten nach der Kettenregel und Einsetzen der Zahlen ergibt

$$v(t) = s'(t) = A \cdot \sin'(\omega t) \cdot (\omega t)' = \omega A \cos(\omega t), \quad \text{d.h.}$$

$$v(3\ \text{s}) = 15\ \tfrac{1}{\text{s}} \cdot 10\ \text{cm} \cdot \cos\big(15\ \tfrac{1}{\text{s}} \cdot 3\ \text{s}\big) \approx 78{,}8\ \tfrac{\text{cm}}{\text{s}}\ .$$

Der Ausdruck $\omega A \cos(\omega t)$ wird maximal ωA, nämlich wenn der Kosinus 1 wird, also ist

$$v_{\max} = \omega A = 15\ \tfrac{1}{\text{s}} \cdot 10\ \text{cm} = 150\ \tfrac{\text{cm}}{\text{s}} = 1{,}5\ \tfrac{\text{m}}{\text{s}}\ .$$

L 1.12

a) Der Parameter φ_0 in $\omega t + \varphi_0$ ist ein konstanter Summand und fällt daher beim Bilden der inneren Ableitung weg:

$$(\omega t + \varphi_0)' = \omega + 0 = \omega.$$

Deshalb ändert sich im Vergleich zu bisher kaum etwas:

$$v(t) = s'(t) = A \cdot \sin'(\omega t + \varphi_0) \cdot (\omega t + \varphi_0)' = \omega A \cos(\omega t + \varphi_0).$$

Nach demselben Argument wie in der vorigen Lösung kann der Kosinus maximal den Wert 1 annehmen, weshalb auch hier wieder $v_{\max} = \omega A$ die maximale Geschwindigkeit der Pendelkugel ist.

b) Erneutes Ableiten von $s'(t)$ mit der Kettenregel ergibt

$$\begin{aligned} s''(t) &= (\omega A \cos(\omega t + \varphi_0))' = \omega A \cos'(\omega t + \varphi_0) \cdot (\omega t + \varphi_0)' \\ &= \omega A(-\sin(\omega t + \varphi_0)) \cdot \omega = -\omega^2 \underbrace{A \sin(\omega t + \varphi_0)}_{= s(t)} = -\omega^2 s(t). \end{aligned}$$

Somit gilt wie behauptet

$$s''(t) + \omega^2 s(t) = -\omega^2 s(t) + \omega^2 s(t) = 0.$$

Mit Gleichungen dieser Art – sogenannten *Differenzialgleichungen* – werden wir uns später noch ausführlicher beschäftigen.

L 1.13

a) $f'(x) = (x^3)' \cdot \cos(x) + x^3 \cdot \cos'(x) = 3x^2 \cos(x) - x^3 \sin(x) = x^2 \cdot \big(3\cos(x) - x\sin(x)\big)$

b) $g'(x) = x' \cdot \sqrt{x} + x \cdot (\sqrt{x})' = \sqrt{x} + x \cdot \dfrac{1}{2\sqrt{x}} = \sqrt{x} + \dfrac{\sqrt{x}}{2} = \dfrac{3}{2}\sqrt{x}$

Ohne Produktregel: $g(x) = x \cdot x^{\frac{1}{2}} = x^{\frac{3}{2}}$, also $g'(x) = \frac{3}{2}\,x^{\frac{1}{2}} = \frac{3}{2}\,\sqrt{x}$. ✓

c) Beim Ableiten des zweiten Faktors ist die Kettenregel zu beachten.

$$h'(t) = t' \cdot \sin(t^2) + t \cdot \left(\sin(t^2)\right)' = \sin(t^2) + t \cdot \sin'(t^2) \cdot (t^2)' = \sin(t^2) + 2t^2 \cdot \cos(t^2)$$

d) Mit der Produktregel für drei Faktoren aus Beispiel 1.16 folgt

$$p(x) = (x^2)' \cdot x^3 \cdot x^4 + x^2 \cdot (x^3)' \cdot x^4 + x^2 \cdot x^3 \cdot (x^4)' = 2x^8 + 3x^8 + 4x^8 = 9x^8.$$

Natürlich ist auch $p(x) = x^{2+3+4} = x^9$, und es folgt sofort $p'(x) = 9x^8$.

e) Als Produkt umgeschrieben ist $q(x) = \sqrt{x^2+1} \cdot x^{-1}$ und mit Produkt- und Kettenregel ergibt sich

$$\begin{aligned} q'(x) &= \left(\sqrt{x^2+1}\right)' \cdot x^{-1} + \sqrt{x^2+1} \cdot (x^{-1})' \\ &= \frac{1}{2\sqrt{x^2+1}} \cdot (x^2+1)' \cdot x^{-1} + \sqrt{x^2+1} \cdot (-1)x^{-2} \\ &= \frac{1}{2\sqrt{x^2+1}} \cdot 2x \cdot x^{-1} - \frac{\sqrt{x^2+1}}{x^2} = \frac{1}{\sqrt{x^2+1}} - \frac{\sqrt{x^2+1}}{x^2} \\ &= \frac{x^2}{x^2\sqrt{x^2+1}} - \frac{\sqrt{x^2+1}^2}{x^2\sqrt{x^2+1}} \quad \text{(auf gemeinsamen Nenner gebracht!)} \\ &= \frac{x^2 - (x^2+1)}{x^2\sqrt{x^2+1}} = \frac{-1}{x^2\sqrt{x^2+1}}\,. \end{aligned}$$

Das geht auch ohne Produktregel: Es ist

$$q(x) = \frac{\sqrt{x^2+1}}{x} \overset{(\star)}{=} \frac{\sqrt{x^2+1}}{\sqrt{x^2}} = \sqrt{\frac{x^2+1}{x^2}} = \sqrt{1+\frac{1}{x^2}} = \sqrt{1+x^{-2}},$$

und die Kettenregel liefert

$$\begin{aligned} q'(x) &= \frac{1}{2\sqrt{1+x^{-2}}} \cdot (1+x^{-2})' = \frac{1}{2\sqrt{1+x^{-2}}} \cdot (-2x^{-3}) = \frac{-1}{\sqrt{1+\frac{1}{x^2}}} \cdot \frac{1}{x^3} \\ &= \frac{-1}{\sqrt{\frac{x^2+1}{x^2}}} \cdot \frac{1}{x^3} = \frac{-\sqrt{x^2}}{\sqrt{x^2+1}} \cdot \frac{1}{x^3} = \frac{-1}{x^2\sqrt{x^2+1}}\,. \end{aligned}$$

Na gut, in $(\star)$ hab ich etwas geschummelt, da $\sqrt{x^2} = x$ nur für $x \geqslant 0$ gilt. Für negative x ist nämlich $\sqrt{x^2} = |x| = -x$, aber dieses Minuszeichen hebt sich ganz am Ende wieder weg, wenn man $\sqrt{x^2}$ als $-x$ schreibt, um es mit x^3 zu kürzen. Soweit liest die Lösung vermutlich eh niemand. Test, Test, hröt mcih jemadn?

L **1.14** Nach der Produktregel gilt für die Ableitung von f

$$f'(x) = 2x \cdot g(x) + x^2 \cdot g'(x),$$

und Einsetzen von $x_0 = 0$ ergibt

$$f'(0) = 2 \cdot 0 \cdot g(0) + 0^2 \cdot g'(0) = 0 + 0 = 0,$$

völlig unabhängig von den konkreten Werten von $g(0)$ und $g'(0)$. Somit ist die Tangentensteigung von K_f bei $x_0 = 0$ Null, sprich die Tangente verläuft waagerecht. □

L 1.15 Laut Aufgabe 1.7 a) besitzt $h(x) = g(x)^2$ die Ableitung

$$h'(x) = 2g(x) \cdot g'(x), \qquad \text{oder kurz:} \qquad h' = 2g \cdot g'.$$

Mit $g = u + v$ folgt damit für die Ableitung von $h = (u + v)^2$

$$\begin{aligned} h' &= 2(u+v) \cdot (u+v)' = 2(u+v) \cdot (u' + v') \\ &= 2u \cdot u' + 2\,(u \cdot v' + v \cdot u') + 2v \cdot v'. \end{aligned} \tag{1}$$

Andererseits kann man auch h zunächst auf ausmultiplizierte Form bringen, d.h.

$$h = u^2 + 2u \cdot v + v^2,$$

und danach ableiten. Hier ist, wieder unter Verwendung von Aufgabe 1.7 a),

$$h' = 2u \cdot u' + 2\,(u \cdot v)' + 2v \cdot v'. \tag{2}$$

Beachte, dass wir den Ausdruck $(u \cdot v)'$ absichtlich so haben stehen lassen – die Produktregel wollen wir ja gerade erst beweisen. Da $h' = h'$ gelten muss, erhalten wir nach Gleichsetzen von (1) und (2) und Wegstreichen der beidseitig auftretenden Summanden $2u \cdot u'$ und $2v \cdot v'$

$$2\,(u \cdot v' + v \cdot u') = 2\,(u \cdot v)',$$

und Teilen durch 2 sowie Umordnen ergibt die Leibniz-Formel

$$(u \cdot v)' = u' \cdot v + u \cdot v'. \qquad \square$$

ANMERKUNG für Tieferdenkende: Diese Herleitung zeigt noch *nicht*, dass $u \cdot v$ überhaupt differenzierbar ist (also eine Ableitung besitzt), sondern nur, dass die Leibniz-Formel gilt, *wenn* $u \cdot v$ als differenzierbar vorausgesetzt wird. Die Differenzierbarkeit von $u \cdot v$ folgt jedoch aus $u \cdot v = \frac{1}{2}(h - u^2 - v^2)$, da die rechte Seite diff'bar ist, wenn u und v es sind.

L 1.16

a) Laut Quotientenregel gilt

$$f'(x) = \left(\frac{x}{x-2}\right)' = \frac{x' \cdot (x-2) - x \cdot (x-2)'}{(x-2)^2} = \frac{1 \cdot (x-2) - x \cdot 1}{(x-2)^2} = \frac{-2}{(x-2)^2}.$$

b) Erneute Standardanwendung der Quotientenregel ergibt

$$\begin{aligned} g'(x) = \left(\frac{x^2 - x}{2x+2}\right)' &= \frac{(x^2 - x)' \cdot (2x+2) - (x^2 - x) \cdot (2x+2)'}{(2x+2)^2} \\ &= \frac{(2x-1) \cdot (2x+2) - (x^2 - x) \cdot 2}{(2x+2)^2} \\ &= \frac{4x^2 + 4x - 2x - 2 - 2x^2 + 2x}{(2x+2)^2} = \frac{2x^2 + 4x - 2}{(2x+2)^2}. \end{aligned}$$

Wenn man möchte, kann man in Zähler und Nenner noch eine 2 ausklammern:

$$g'(x) = \frac{2(x^2 + 2x - 1)}{(2(x+1))^2} = \frac{2(x^2 + 2x - 1)}{2^2(x+1)^2} = \frac{x^2 + 2x - 1}{2(x+1)^2}.$$

c) Zunächst müssen wir zum Ableiten des Nenners die Kettenregel verwenden:

$$\left((2x-1)^3\right)' = 3(2x-1)^2 \cdot (2x-1)' = 6(2x-1)^2.$$

Nun wenden wir die Quotientenregel an:

$$\begin{aligned} h'(x) = \left(\frac{2x+1}{(2x-1)^3}\right)' &= \frac{(2x+1)' \cdot (2x-1)^3 - (2x+1) \cdot \left((2x-1)^3\right)'}{\left((2x-1)^3\right)^2} \\ &= \frac{2(2x-1)^3 - (2x+1) \cdot 6(2x-1)^2}{(2x-1)^6}. \end{aligned}$$

Aufgepasst, Öhrchen spitzen! Um dir enorm viel unangenehme Umformarbeit zu sparen, solltest du jetzt erkennen, dass man im Zähler den Faktor $(2x-1)^2$ ausklammern und mit dem Nenner kürzen kann. (In Aufgabe 1.17 wird gezeigt, dass dies immer geht, wenn im Nenner eine Potenz steht.) Außerdem ziehen wir gleich noch eine 2 mit raus:

$$\begin{aligned} h'(x) &= \frac{2(2x-1)^2 \cdot \left((2x-1) - 3(2x+1)\right)}{(2x-1)^6} \qquad \mid \ (2x-1)^2 \text{ kürzen} \\ &= \frac{2\left(2x-1-6x-3\right)}{(2x-1)^4} = \frac{-8x-8}{(2x-1)^4} = -8 \cdot \frac{x+1}{(2x-1)^4}. \end{aligned}$$

d) Am besten schreibt man

$$p(t) = \left(\sqrt{t^2+1}\right)^{-1} = (t^2+1)^{-\frac{1}{2}}$$

und wendet direkt die Kettenregel an. Es geht aber natürlich auch mit der Quotientenregel, die wir hier ja einüben wollen. Beim Ableiten des Nenners benötigt man aber dennoch die Kettenregel:

$$\left(\sqrt{t^2+1}\right)' = \frac{1}{2\sqrt{t^2+1}} \cdot (t^2+1)' = \frac{1}{2\sqrt{t^2+1}} \cdot 2t = \frac{t}{\sqrt{t^2+1}}.$$

Damit folgt

$$\begin{aligned} p'(t) &= \frac{1' \cdot \sqrt{t^2+1} - 1 \cdot \left(\sqrt{t^2+1}\right)'}{\sqrt{t^2+1}^{\,2}} = \frac{0 - \frac{t}{\sqrt{t^2+1}}}{t^2+1} \\ &= \frac{-t}{(t^2+1) \cdot \sqrt{t^2+1}} = -\frac{t}{(t^2+1)^{\frac{3}{2}}} = -\frac{t}{\sqrt{(t^2+1)^3}}. \end{aligned}$$

e) Eine schöne Abschluss-Übung, da hier alle drei neuen Ableitungsregeln zum Einsatz kommen: Quotienten-, Produkt- und Kettenregel (in der Reihenfolge).

$$\begin{aligned} q'(t) &= \frac{\left(t \cdot \cos(t)\right)' \cdot \sin(t^2) - t \cdot \cos(t) \cdot \left(\sin(t^2)\right)'}{\left(\sin(t^2)\right)^2} \\ &= \frac{\left(1 \cdot \cos(t) + t \cdot (-\sin(t))\right) \cdot \sin(t^2) - t \cdot \cos(t) \cdot \sin'(t^2) \cdot (t^2)'}{\sin^2(t^2)} \\ &= \frac{\left(\cos(t) - t \cdot \sin(t)\right) \cdot \sin(t^2) - 2t^2 \cdot \cos(t) \cdot \cos(t^2)}{\sin^2(t^2)} \end{aligned}$$

Weiter vereinfachen kann man das nicht mehr.

L 1.17 Nach der Kettenregel gilt für die Ableitung des Nenners $n(x)^k$:

$$\left(n(x)^k\right)' = k \cdot n(x)^{k-1} \cdot n'(x)$$

oder kurz

$$\left(n^k\right)' = k \cdot n^{k-1} \cdot n'.$$

Um Schreibarbeit zu sparen, lassen wir im Folgenden überall die xe weg. Nach der Quotientenregel gilt

$$\left(\frac{z}{n^k}\right)' = \frac{z' \cdot n^k - z \cdot (n^k)'}{(n^k)^2} = \frac{z' \cdot n^k - z \cdot k \cdot n^{k-1} \cdot n'}{n^{2k}} .$$

Nun kann man im Zähler den Faktor n^{k-1} ausklammern und mit dem Nenner kürzen. Beachtet man dabei

$$\frac{n^{k-1}}{n^{2k}} = n^{k-1-2k} = n^{-k-1} = n^{-(k+1)} = \frac{1}{n^{k+1}} ,$$

dann ergibt sich wie gewünscht

$$\left(\frac{z}{n^k}\right)' = \frac{n^{k-1} \cdot (z' \cdot n^1 - k \cdot z \cdot n')}{n^{2k}} = \frac{z' \cdot n - k \cdot z \cdot n'}{n^{k+1}} . \qquad \square$$

Um c) der vorigen Aufgabe erneut zu lösen, setzen wir ganz einfach $z(x) = 2x+1$, $n(x) = 2x-1$ und $k = 3$ in die eben bewiesene Formel ein:

$$\left(\frac{2x+1}{(2x-1)^3}\right)' = \frac{z' \cdot n - k \cdot z \cdot n'}{n^{k+1}} = \frac{2 \cdot (2x-1) - 3 \cdot (2x+1) \cdot 2}{(2x-1)^4} = -8 \cdot \frac{x+1}{(2x-1)^4} .$$

Lösungen zu Kapitel 2

L 2.1

$f(x)$	1	x	x^2	$\frac{1}{x^2}$	$\frac{1}{\sqrt{x}}$	$\cos(x)$	$\sin(x)$
$F(x)$	x	$\frac{1}{2}x^2$	$\frac{1}{3}x^3$	$-\frac{1}{x}$	$2\sqrt{x}$	$\sin(x)$	$-\cos(x)$

Zum Minuszeichen bei der Stammfunktion von $\sin(x)$: Man braucht es, damit sich das Minus vom Ableiten des Kosinus wieder weghebt: $(-\cos(x))' = -\cos'(x) = -(-\sin(x)) = \sin(x)$.

L 2.2

a) $F(x) = \dfrac{1}{5}x^5$

b) $g(x) = \sqrt{x} = x^{\frac{1}{2}} \implies G(x) = \dfrac{1}{\frac{1}{2}+1}x^{\frac{1}{2}+1} = \dfrac{2}{3}x^{\frac{3}{2}} = \dfrac{2}{3}\sqrt{x^3}$

c) $h(x) = \dfrac{1}{2x^2} = \dfrac{1}{2}x^{-2} \implies H(x) = \dfrac{1}{2} \cdot \dfrac{1}{-2+1}x^{-2+1} = -\dfrac{1}{2}x^{-1} = -\dfrac{1}{2x}$

d) Hier ist Satz 2.2 zu beachten: Äußere Funktion ist $\sin(\heartsuit)$, die innere ist $\heartsuit(x) = 2x$. Es muss neben dem Aufleiten von $\sin(\heartsuit)$ noch durch die innere Ableitung $\heartsuit'(x) = 2$ geteilt werden:

$$I(x) = \frac{1}{2}\,(-\cos(\heartsuit(x))) = -\frac{1}{2}\,\cos(2x).$$

L 2.3 Alle Stammfunktionen von $f(x) = 2x^{-\frac{1}{2}}$ (auf $\mathbb{R}_{>0}$) besitzen die Gestalt

$$F_c(x) = \frac{2}{-\frac{1}{2}+1}\,x^{-\frac{1}{2}+1} + c = \frac{2}{\frac{1}{2}}\,x^{\frac{1}{2}} + c = 4\sqrt{x} + c$$

mit $c \in \mathbb{R}$. Um das passende c zu finden, führen wir eine Punktprobe durch: Damit K_{F_c} durch $P\,(1\,|\,2)$ verläuft, muss $F_c(1) = 2$ gelten, d.h. $4\sqrt{1} + c = 2$. Somit ist $c = 2 - 4 = -2$ und die gesuchte Stammfunktion lautet $F_{-2}(x) = 4\sqrt{x} - 2$.

L 2.4

a) $$\int (3x^2 + 4x^3)\,\mathrm{d}x = \frac{3}{3}\,x^3 + \frac{4}{4}\,x^4 + c = x^3 + x^4 + c$$

b) $$\int \left(\sin(x) - 4x^{-\frac{1}{2}}\right)\mathrm{d}x = -\cos(x) - \frac{4}{\frac{1}{2}}\,x^{\frac{1}{2}} + c = -\cos(x) - 8\sqrt{x} + c$$

c) $$\int (m-1)x^{-m}\,\mathrm{d}x = \frac{m-1}{-m+1}\,x^{-m+1} + c = \frac{m-1}{-(m-1)}\,x^{-(m-1)} + c = \frac{-1}{x^{m-1}} + c$$

d) Ohne den Integranden zuerst umzuformen, kannst du hier nicht integrieren. Katastrophal falsch wäre es, den gesamten Bruchstrich einfach stehen zu lassen und Zähler bzw. Nenner einzeln zu integrieren!

$$\int \left(\frac{x^4}{x^2} - \frac{1}{x^2}\right)\mathrm{d}x = \int (x^2 - x^{-2})\,\mathrm{d}x = \frac{1}{3}\,x^3 - \frac{1}{-1}\,x^{-1} + c = \frac{x^3}{3} + \frac{1}{x} + c$$

Bei den nächsten Aufgaben ist die lineare Verkettung (Satz 2.2) zu beachten, d.h. man darf nicht vergessen, durch die innere Ableitung (fett gedruckt) zu teilen.

e) $$\int \left(\frac{1}{2}(3x+2)^{-\frac{1}{2}} + 2\right)\mathrm{d}x = \frac{1}{\mathbf{3}} \cdot \frac{\frac{1}{2}}{\frac{1}{2}}\,(3x+2)^{\frac{1}{2}} + 2x + c = \frac{1}{3}\,\sqrt{3x+2} + 2x + c$$

f) $$\int \pi \cdot \sin(\pi x)\,\mathrm{d}x = \frac{1}{\boldsymbol{\pi}} \cdot \pi\,(-\cos(\pi x)) + c = -\cos(\pi x) + c$$

g) $$\int t(tx)^{-\frac{1}{3}}\,\mathrm{d}x = \frac{1}{\boldsymbol{t}} \cdot t \cdot \frac{1}{\frac{2}{3}}\,(tx)^{\frac{2}{3}} + c = \frac{3}{2}\,\sqrt[3]{(tx)^2} + c$$

h) $$\int (1-kx)^{-2}\,\mathrm{d}x = \frac{1}{\boldsymbol{-k}} \cdot \frac{1}{-1}\,(1-kx)^{-1} + c = \frac{1}{k(1-kx)} + c$$

L 2.5

a) Wir imitieren das Vorgehen von Seite 32. Für die Obersumme gilt:

$$\begin{aligned}
\mathcal{O}_n &= f(x_1)\cdot\Delta x \quad + f(x_2)\cdot\Delta x \quad + f(x_3)\cdot\Delta x \quad + \;\ldots\; + f(x_n)\cdot\Delta x \\
&= f\!\left(1\cdot\frac{b}{n}\right)\cdot\frac{b}{n} + f\!\left(2\cdot\frac{b}{n}\right)\cdot\frac{b}{n} + f\!\left(3\cdot\frac{b}{n}\right)\cdot\frac{b}{n} + \;\ldots\; + f\!\left(n\cdot\frac{b}{n}\right)\cdot\frac{b}{n} \\
&= \quad 1\cdot\frac{b}{n}\cdot\frac{b}{n} \quad + \quad 2\cdot\frac{b}{n}\cdot\frac{b}{n} \quad + \quad 3\cdot\frac{b}{n}\cdot\frac{b}{n} \quad + \;\ldots\; + \quad n\cdot\frac{b}{n}\cdot\frac{b}{n}
\end{aligned}$$

$$= (1+2+\ldots+n)\cdot\frac{b^2}{n^2} = \frac{1}{2}\,n\,(n+1)\cdot\frac{b^2}{n^2} = \frac{b^2}{2}\cdot\frac{n}{n}\cdot\frac{n+1}{n} = \frac{b^2}{2}\cdot\Big(1+\frac{1}{n}\Big).$$

Da die Klammer für $n\to\infty$ gegen 1 strebt, gilt $\lim\limits_{n\to\infty}\mathcal{O}_n = \frac{b^2}{2} = \frac{1}{2}b^2$. Für die Untersumme gilt dasselbe (wird laut Aufgabe geschenkt), also ist

$$\int_0^b x\,\mathrm{d}x = \frac{1}{2}\,b^2.$$

b) Die ersten drei Zeilen sind fast identisch zu a), nur eben mit $f(x)=x^3$ anstatt $f(x)=x$, und man erhält schließlich

$$\mathcal{O}_n = (1^3+2^3+\ldots+n^3)\cdot\frac{b^4}{n^4} = \frac{1}{4}\,n^2(n+1)^2\cdot\frac{b^4}{n^4} = \frac{b^4}{4}\,\frac{n^2}{n^2}\Big(1+\frac{1}{n}\Big)^2.$$

Der letzte Schritt (beim dritten Faktor) war vermutlich etwas schnell, also nochmal:

$$\frac{(n+1)^2}{n^2} = \Big(\frac{n+1}{n}\Big)^2 = \Big(\frac{n}{n}+\frac{1}{n}\Big)^2 = \Big(1+\frac{1}{n}\Big)^2.$$

Somit folgt im Grenzübergang $n\to\infty$

$$\lim_{n\to\infty}\mathcal{O}_n = \lim_{n\to\infty}\frac{b^4}{4}\Big(1+\frac{1}{n}\Big)^2 = \frac{b^4}{4}\cdot 1^2 = \frac{1}{4}\,b^4.$$

Wieder analog für die Untersumme; das Integral von 0 bis b hat den Wert $\frac{1}{4}b^4$.

L 2.6 Die Nullstellen von $f(x)=x\cdot(x-2)\cdot(x-3{,}5)$ liegen bei 0, 2 und 3,5 (denn das Produkt $x\cdot(x-2)\cdot(x-3{,}5)$ wird genau dann 0, wenn einer der Faktoren 0 wird, also für $x=0$ oder $x-2=0$ oder $x-3{,}5=0$), d.h. es ist $a=0$ und $b=3{,}5$. Der GTR liefert für das bestimmte Integral

$$\int_0^{3,5} f(x)\,\mathrm{d}x = \int_0^{3,5} x(x-2)(x-3{,}5)\,\mathrm{d}x \approx 1{,}79.$$

Der Flächeninhalt unter K_f auf $[\,a\,;b\,]$ hingegen beträgt

$$\int_0^{3,5} |f(x)|\,\mathrm{d}x = \int_0^{3,5} |x(x-2)(x-3{,}5)|\,\mathrm{d}x \approx 4{,}88.$$

Er ist größer als das Integral über f, da sich dort ein Teil der „positiven Fläche mit der negativen weghebt".

L 2.7 Ist K_f symmetrisch zum Ursprung (siehe Abbildung L.2 links), so sind die bestimmten Integrale, sprich die vorzeichenbehafteten Flächeninhalte (oder besser Flächen-Kontostände, falls über einen VZW hinweg integriert wird) auf $[\,-a\,;0\,]$ und $[\,0\,;a\,]$ betragsmäßig gleich groß, aber unterscheiden sich im Vorzeichen, also gilt

$$\int_{-a}^{a} f(x)\,\mathrm{d}x = \int_{-a}^{0} f(x)\,\mathrm{d}x + \int_0^a f(x)\,\mathrm{d}x = 0.$$

Ist K_f hingegen symmetrisch zur y-Achse (siehe Abbildung L.2 rechts), so sind die bestimmten Integrale, sprich die vorzeichenbehafteten Flächeninhalte (bzw. Flächen-Kontostände) auf $[\,-a\,;0\,]$ und $[\,0\,;a\,]$ gleich (egal ob positiv oder negativ), also gilt

$$\int_{-a}^{a} f(x)\,\mathrm{d}x = \int_{-a}^{0} f(x)\,\mathrm{d}x + \int_0^a f(x)\,\mathrm{d}x = \int_0^a f(x)\,\mathrm{d}x + \int_0^a f(x)\,\mathrm{d}x = 2\int_0^a f(x)\,\mathrm{d}x.$$

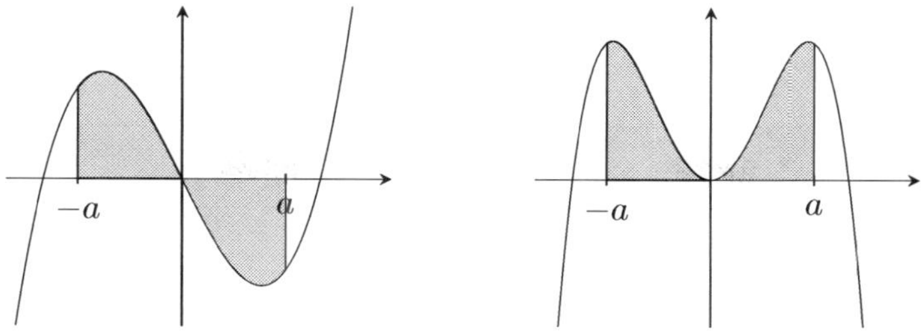

Abbildung L.2

L 2.8 Beachte: Das „$+c$“ beim Aufleiten kann man stets weglassen, da es beim Einsetzen im Hauptsatz eh wegfällt, denn

$$\big[F(x)+c\big]_a^b = F(b)+c-\big(F(a)+c\big) = F(b)+c-F(a)-c = F(b)-F(a) = \big[F(x)\big]_a^b.$$

a) Eine Stammfunktion von $f(x)=x^2$ ist $F(x)=\frac{1}{3}x^3$, also folgt mit dem Hauptsatz für das bestimmte Integral

$$\int_0^3 x^2\,\mathrm{d}x = \left[\frac{1}{3}x^3\right]_0^3 = \frac{1}{3}\cdot 3^3 - \frac{1}{3}\cdot 0^3 = 3^2 = 9.$$

b) Aufleiten von $f(x)=\frac{1}{\sqrt{x}}=x^{-\frac{1}{2}}$ ergibt $F(x)=\frac{1}{-\frac{1}{2}+1}\,x^{-\frac{1}{2}+1}=\frac{1}{\frac{1}{2}}\,x^{\frac{1}{2}}=2\sqrt{x}$ und damit folgt

$$\int_1^4 \frac{1}{\sqrt{x}}\,\mathrm{d}x = \big[2\sqrt{x}\big]_1^4 = 2\sqrt{4}-2\sqrt{1} = 4-2 = 2.$$

c) Hier gleich alles in einem Aufwasch (inklusive π vors Integral ziehen):

$$\int_{\frac{\pi}{2}}^{\pi} \pi\cos(x)\,\mathrm{d}x = \pi\int_{\frac{\pi}{2}}^{\pi}\cos(x)\,\mathrm{d}x = \pi\big[\sin(x)\big]_{\frac{\pi}{2}}^{\pi} = \pi\big(\underbrace{\sin(\pi)}_{=0}-\underbrace{\sin(\tfrac{\pi}{2})}_{=1}\big) = -\pi.$$

L 2.9 Konstanten immer vors Integral bzw. die eckige Klammer ziehen!

a) $$\int_{-\frac{4}{3}}^{\frac{8}{3}} (5-3x)^2\,\mathrm{d}x = \left[\frac{1}{-3}\cdot\frac{1}{3}(5-3x)^3\right]_{-\frac{4}{3}}^{\frac{8}{3}} = -\frac{1}{9}\left(\left(5-3\cdot\frac{8}{3}\right)^3-\left(5+3\cdot\frac{4}{3}\right)^3\right) = 84$$

b) $$\int_1^{\frac{3}{2}} 4(1-2x)^{-2}\,\mathrm{d}x = 4\left[\frac{1}{-2}\cdot\frac{1}{-1}(1-2x)^{-1}\right]_1^{\frac{3}{2}} = 2\left[\frac{1}{1-2x}\right]_1^{\frac{3}{2}} = 2\left(-\frac{1}{2}-(-1)\right) = 1$$

c) $$\int_0^{12}\left(\frac{2}{3}x+1\right)^{\frac{1}{2}}\mathrm{d}x = \left[\frac{1}{\frac{2}{3}}\cdot\frac{1}{\frac{3}{2}}\left(\frac{2}{3}x+1\right)^{\frac{3}{2}}\right]_0^{12} = \left[\sqrt{\left(\frac{2}{3}x+1\right)^3}\right]_0^{12} = \sqrt{9^3}-\sqrt{1^3} = 26$$

d) $$\int_{-6}^{1}(2-x)^{-\frac{2}{3}}\,\mathrm{d}x = \left[\frac{1}{-1}\cdot\frac{1}{\frac{1}{3}}(2-x)^{\frac{1}{3}}\right]_{-6}^{1} = -3\,\big[\sqrt[3]{2-x}\,\big]_{-6}^{1} = -3\left(\sqrt[3]{1}-\sqrt[3]{8}\right) = 3$$

e) $$\int_{\frac{\pi}{\omega}}^{\frac{2\pi}{\omega}} \frac{\omega}{2}\sin(\omega t-\pi)\,\mathrm{d}t = \frac{\omega}{2}\left[\frac{1}{\omega}\big(-\cos(\omega t-\pi)\big)\right]_{\frac{\pi}{\omega}}^{\frac{2\pi}{\omega}} = -\frac{1}{2}\Big[\cos(\omega t-\pi)\Big]_{\frac{\pi}{\omega}}^{\frac{2\pi}{\omega}}$$

$$= -\frac{1}{2}\big(\cos(2\pi-\pi)-\cos(\pi-\pi)\big) = -\frac{1}{2}\left(\cos\pi-\cos 0\right) = -\frac{1}{2}\left(-1-1\right) = 1$$

f) Da nach z integriert wird, ist $\cos^2(\pi\sqrt{x})$ eine Konstante! :o)

$$\int_0^1 \cos^2(\pi\sqrt{x})\,\mathrm{d}z = \cos^2(\pi\sqrt{x})\cdot\int_0^1 1\,\mathrm{d}z = \cos^2(\pi\sqrt{x})\cdot\big[\,z\,\big]_0^1 = \cos^2(\pi\sqrt{x})$$

L 2.10 Ist $F(x)$ eine Stammfunktion von $f(x)$, so ist $k\cdot F(x)$ eine Stammfunktion von $k\cdot f(x)$, denn laut Faktorregel gilt $\big(k\cdot F(x)\big)' = k\cdot F'(x) = k\cdot f(x)$. Mit dem Hauptsatz folgt

$$\int_a^b k\cdot f(x)\,\mathrm{d}x = \big[\,k\cdot F(x)\,\big]_a^b = k\cdot F(b) - k\cdot F(a) = k\cdot\big(F(b)-F(a)\big) = k\cdot\int_a^b f(x)\,\mathrm{d}x,$$

wobei im letzten Schritt der Hauptsatz „rückwärts gelesen“ eingeht. Dies zeigt, dass man konstante Faktoren k vor das bestimmte Integral ziehen darf (was wir eh schon die ganze Zeit machen; ab jetzt ist es aber auch gerechtfertigt).
Sind $F(x)$ und $G(x)$ Stammfunktionen von $f(x)$ und $g(x)$, so ist $F(x)+G(x)$ eine Stammfunktion von $f(x)+g(x)$, denn nach der Summenregel gilt $\big(F(x)+G(x)\big)' = F'(x)+G'(x) = f(x)+g(x)$. Erneut den Hauptsatz „vorwärts“ und „rückwärts“ anwenden ergibt

$$\begin{aligned}\int_a^b \big(f(x)+g(x)\big)\mathrm{d}x &= \big[\,F(x)+G(x)\,\big]_a^b = F(b)+G(b)-\big(F(a)+G(a)\big)\\ &= F(b)-F(a)+G(b)-G(a) = \int_a^b f(x)\,\mathrm{d}x + \int_a^b g(x)\,\mathrm{d}x.\end{aligned}$$

Somit darf das bestimmte Integral also auch in Summen reingezogen werden. □

L 2.11 Jede Integralfunktion besitzt eine Nullstelle, da $I_a(a) = \int_a^a f(t)\,\mathrm{d}t = 0$ gilt. Schon das simple Beispiel $f(x) = 2x$ zeigt jedoch, dass es Stammfunktionen ohne Nullstellen gibt, wie z.B. $F_1(x) = x^2+1$ (oder noch simpler: $f(x) = 0$ und $F_1(x) = 1$). Somit kann nicht jede Stammfunktion als Integralfunktion geschrieben werden, da ja sonst jede Stammfunktion eine Nullstelle haben müsste.

L 2.12 Eine potenzielle Stammfunktion F von θ würde $F'(x) = \theta(x)$ für alle $x\in\mathbb{R}$ erfüllen. Für $x<0$ wäre dann $F'(x) = \theta(x) = 0$, d.h. $F(x) =$ konstant für $x<0$, z.B. $F(x) = \frac{1}{2}$ (Zahlenwert völlig willkürlich). Für $x\geqslant 0$ würde $F'(x) = \theta(x) = 1$ gelten, also $F(x) = x+c$ mit einem $c\in\mathbb{R}$. Damit die beiden Teile von K_F in 0 „zusammenpassen“, muss $c = \frac{1}{2}$ sein (sonst wäre F in 0 unstetig und damit keinesfalls differenzierbar). Jetzt hat aber K_F in $x = 0$ einen Knick (siehe Abbildung L.3), und besitzt daher keine Ableitung in Null[1], d.h. $F'(0)$ existiert nicht, insbesondere kann also nicht $F'(0) = \theta(0) = 1$ sein. Somit gibt es keine Funktion F, die $F'(x) = \theta(x)$ auf ganz $\mathbb{R}$ erfüllen kann, sprich θ besitzt keine Stammfunktion auf $\mathbb{R}$.

L 2.13 Übers Integral:

$$A = \int_0^4 \frac{1}{2}x\,\mathrm{d}x = \left[\frac{1}{4}x^2\right]_0^4 = \frac{1}{4}\cdot 4^2 - 0 = 4.$$

Elementar: Es handelt sich um ein rechtwinkliges Dreieck mit den Kathetenlängen $a = 4$ und $b = f(4) = \frac{1}{2}\cdot 4 = 2$, also ist $A = \frac{1}{2}ab = \frac{1}{2}\cdot 4\cdot 2 = 4$.

[1] Der linksseitige Grenzwert der Differenzenquotienten ist 0, während der rechtsseitige Grenzwert 1 beträgt; somit existiert der Differenzialquotient von F in 0 nicht.

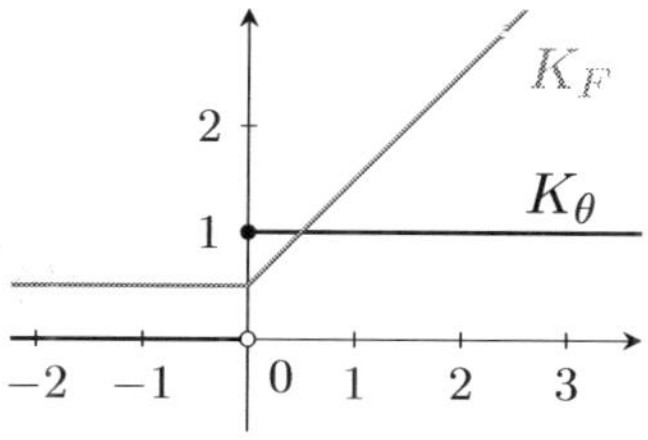

Abbildung L.3

L 2.14

a) Auf $[0;2\pi]$ gilt $|f(x)| = |\cos(x)-1| = -(\cos(x)-1) = 1-\cos(x)$, da dort $f(x) \leqslant 0$ ist (siehe Abbildung L.4). Also folgt für die Fläche

$$A = \int_0^{2\pi} |f(x)|\,\mathrm{d}x = \int_0^{2\pi} \big(1-\cos(x)\big)\,\mathrm{d}x = \Big[x - \sin(x)\Big]_0^{2\pi} = 2\pi - 0 - 0 = 2\pi.$$

(Beachte $\sin(2\pi) = \sin 0 = 0$.) Das bestimmte Integral über f ergibt

$$I = \int_0^{2\pi} f(x)\,\mathrm{d}x = \int_0^{2\pi} \big(\cos(x)-1\big)\,\mathrm{d}x = \Big[\sin(x) - x\Big]_0^{2\pi} = -2\pi.$$

Dies ist anschaulich klar: Da K_f keinen VZW auf $[0;2\pi]$ vollzieht, ist I der vorzeichenbehaftete Flächeninhalt, und da K_f im Negativen verläuft, gilt $I = -A$.

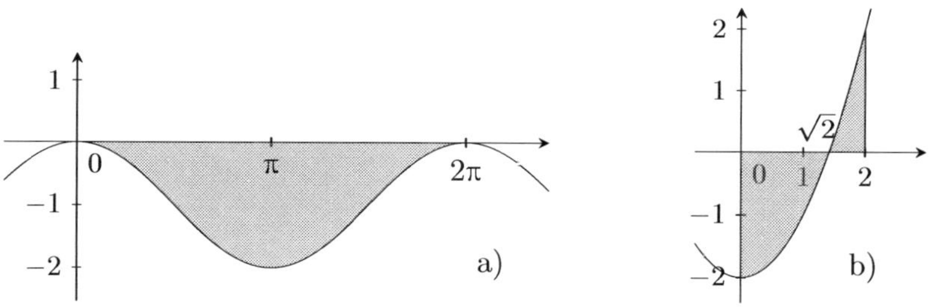

Abbildung L.4

b) Es ist $|f(x)| = \begin{cases} -(x^2-2) & \text{für } 0 \leqslant x < \sqrt{2} \\ x^2-2 & \text{für } \sqrt{2} \leqslant x \leqslant 2, \end{cases}$

da f auf $[0;2]$ sein Vorzeichen bei $x = \sqrt{2}$ von − nach + wechselt (siehe Abbildung L.4). Somit folgt für die mit der x-Achse dort eingeschlossene Fläche

$$\begin{aligned} A &= \int_0^2 |f(x)|\,\mathrm{d}x = \int_0^{\sqrt{2}} (-x^2+2)\,\mathrm{d}x + \int_{\sqrt{2}}^2 (x^2-2)\,\mathrm{d}x \\ &= \left[-\frac{1}{3}x^3 + 2x\right]_0^{\sqrt{2}} + \left[\frac{1}{3}x^3 - 2x\right]_{\sqrt{2}}^2 \\ &= -\frac{1}{3}\sqrt{2}^3 + 2\sqrt{2} + \frac{1}{3}2^3 - 4 - \left(\frac{1}{3}\sqrt{2}^3 - 2\sqrt{2}\right) \\ &= -\frac{2}{3}2\sqrt{2} + 4\sqrt{2} + \frac{8}{3} - 4 = -\frac{4}{3}\sqrt{2} + 4\sqrt{2} - \frac{4}{3} = \frac{4}{3}(2\sqrt{2}-1) \approx 2{,}44. \end{aligned}$$

Dabei wurde von Zeile 3 auf 4 die Umformung $\sqrt{2}^3 = \sqrt{2}^2 \cdot \sqrt{2} = 2\sqrt{2}$ verwendet.

Für den Flächen-Kontostand hingegen gilt

$$I = \int_0^2 f(x)\,\mathrm{d}x = \int_0^2 (x^2 - 2)\,\mathrm{d}x = \left[\frac{1}{3}x^3 - 2x\right]_0^2 = \frac{8}{3} - 4 = -\frac{4}{3} < 0.$$

Das kommt daher, dass der größere Teil der Fläche unter der x-Achse liegt und somit beim Integrieren ohne Betrag den positiven Teil der Fläche wegfrisst.

L 2.15

a) Ausklammern von $\frac{1}{2}x$ ergibt $f(x) = \frac{1}{2}x^3 - 2x = \frac{1}{2}x(x^2 - 4)$. Dieses Faktorisieren von $f(x)$ hilft beim Nullstellen-Finden, denn nach dem Nullproduktsatz (NPS) ist dann $f(x) = 0$ gleichbedeutend mit $\frac{1}{2}x = 0$ oder $x^2 - 4 = 0$ bzw. $x^2 = 4$. Somit besitzt f die Nullstellen $x_1 = 0$ und $x_{2,3} = \pm\sqrt{4} = \pm 2$.
Da f ein Polynom mit lauter ungeraden Hochzahlen ist, ist K_f punktsymmetrisch zum Ursprung (siehe auch Abbildung L.5), d.h. die Flächen links und rechts sind gleich groß und für die Gesamtfläche, die K_f mit der x-Achse einschließt, gilt somit

$$A = 2\int_{-2}^{0} f(x)\,\mathrm{d}x = 2\int_{-2}^{0}\left(\frac{1}{2}x^3 - 2x\right)\mathrm{d}x = 2\left[\frac{1}{8}x^4 - x^2\right]_{-2}^{0} = 2\left(0 - \left(\frac{16}{8} - 4\right)\right) = 4.$$

Ohne Ausnutzen der Symmetrie von K_f müsste man mit deutlich mehr Aufwand so rechnen:

$$A = \int_{-2}^{2} |f(x)|\,\mathrm{d}x = \int_{-2}^{0} f(x)\,\mathrm{d}x + \int_{0}^{2} \big(-f(x)\big)\,\mathrm{d}x = \ \ldots$$

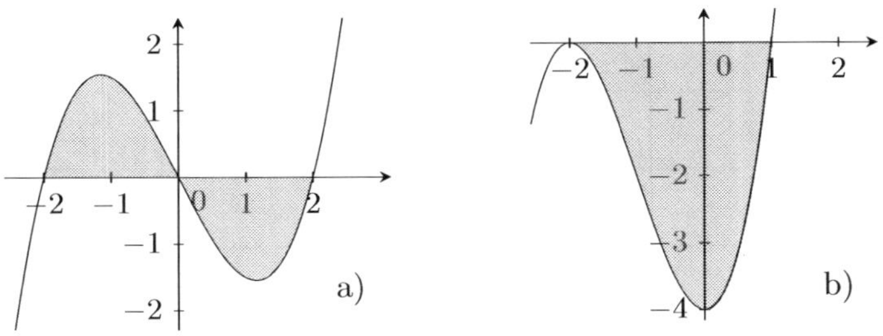

Abbildung L.5

b) Durch Raten erhält man $x_1 = 1$ als Nullstelle von f, denn $f(1) = 1 + 3 - 4 = 0$. Polynomdivision von $f(x)$ durch $(x - 1)$ ergibt

$$\begin{array}{l}
(\ x^3 + 3x^2 \qquad - 4) : (x - 1) = x^2 + 4x + 4. \\
\underline{-x^3 + x^2} \\
\qquad 4x^2 \\
\quad \underline{-4x^2 + 4x} \\
\qquad\qquad 4x - 4 \\
\qquad\quad \underline{-4x + 4} \\
\qquad\qquad\quad 0
\end{array}$$

Bleibt also noch $x^2 + 4x + 4 = 0$ zu lösen. Erkennt man $x^2 + 4x + 4 = (x + 2)^2$ (Binom!), so spart man sich die Mitternachtsformel und erhält $x_{2,3} = -2$ als weitere (diesmal doppelte) Nullstelle. Da $f(x) \leqslant 0$ auf $[-2; 1]$ ist (siehe Abbildung L.5), gilt dort $|f(x)| = -f(x)$ und für die mit der x-Achse eingeschlossene Fläche folgt

$$A = \int_{-2}^{1} \big(-f(x)\big)\,\mathrm{d}x = -\int_{-2}^{1} \left(x^3 + 3x^2 - 4\right)\mathrm{d}x = -\left[\frac{1}{4}x^4 + x^3 - 4x\right]_{-2}^{1} = \ldots = 6{,}75.$$

L 2.16

a) Schnittstellen von f und g berechnen, d.h. $f(x) = g(x)$ nach x auflösen: $x^2 + x - 1 = 2x + 1$ führt auf $x^2 - x - 2 = 0$, was laut Vieta (Seite 177) die Lösungen $x_1 = -1$ und $x_2 = 2$ besitzt. Da K_g auf $[-1\,;2]$ oberhalb von K_f verläuft (siehe Abbildung L.6), ist dort $|f(x) - g(x)| = g(x) - f(x)$ („obere minus untere Funktion") und für die eingeschlossene Fläche ergibt sich

$$A = \int_{-1}^{2} \big(g(x) - f(x)\big)\,\mathrm{d}x = \int_{-1}^{2} (-x^2 + x + 2)\,\mathrm{d}x = \left[-\frac{1}{3}x^3 + \frac{1}{2}x^2 + 2x\right]_{-1}^{2} = 4{,}5.$$

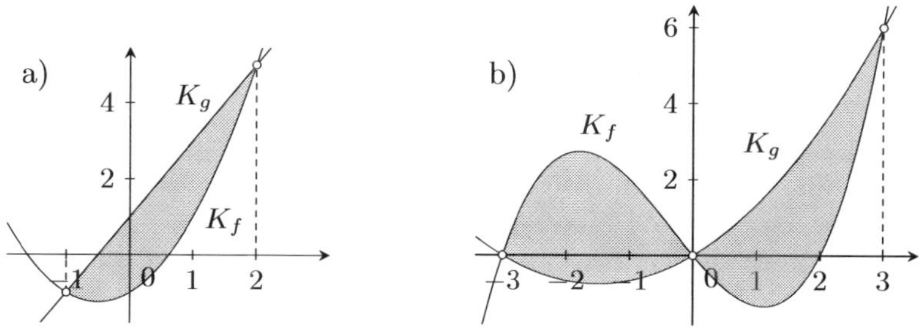

Abbildung L.6: Fläche zwischen K_f und K_g (y-Achse gestaucht)

b) Wieder erst Schnittstellen von f und g berechnen, d.h. $f(x) = g(x)$ nach x auflösen:

$$\frac{1}{3}x^3 + \frac{1}{3}x^2 - 2x = \frac{1}{3}x^2 + x \iff \frac{1}{3}x^3 - 3x = 0 \iff \frac{1}{3}x(x^2 - 9) = 0.$$

Mit dem NPS folgt $\frac{1}{3}x = 0$ oder $x^2 - 9 = 0$, also $x_1 = 0$ und $x_{2,3} = \pm 3$. Auf $[-3\,;0]$ ist f die obere Funktion und auf $[0\,;3]$ ist es g, also folgt für die eingeschlossene Fläche

$$\begin{aligned}
A &= \int_{-3}^{3} |f(x) - g(x)|\,\mathrm{d}x = \int_{-3}^{0} \big(f(x) - g(x)\big)\,\mathrm{d}x + \int_{0}^{3} \big(g(x) - f(x)\big)\,\mathrm{d}x \\
&= \int_{-3}^{0} \left(\frac{1}{3}x^3 - 3x\right)\mathrm{d}x + \int_{0}^{3} \left(-\frac{1}{3}x^3 + 3x\right)\mathrm{d}x \\
&= \left[\frac{1}{12}x^4 - \frac{3}{2}x^2\right]_{-3}^{0} + \left[-\frac{1}{12}x^4 + \frac{3}{2}x^2\right]_{0}^{3} \\
&= 0 - \left(\frac{1}{12}(-3)^4 - \frac{3}{2}(-3)^2\right) - \frac{1}{12}3^4 + \frac{3}{2}3^2 - 0 = 13{,}5.
\end{aligned}$$

Wer gleich zu Beginn aufmerksamer ist, spart sich viel Arbeit: Da $f(x) - g(x) = \frac{1}{3}x^3 - 3x$ ein zum Ursprung symmetrisches Schaubild besitzt (ungerade Hochzahlen), gilt

$$\int_{-3}^{3} |f(x) - g(x)|\,\mathrm{d}x = 2 \cdot \int_{-3}^{0} \big(f(x) - g(x)\big)\,\mathrm{d}x = 2 \cdot \left[\frac{1}{12}x^4 - \frac{3}{2}x^2\right]_{-3}^{0} = 13{,}5.$$

L 2.17 Zuerst ermitteln wir die Tiefstelle von f. Die notwendige Bedingung $f'(x) = 2x - 2 = 0$ ergibt $x_0 = 1$ als Extremstellenkandidaten und $f''(x_0) = 2 > 0$ zeigt, dass es sich tatsächlich um eine Tiefstelle handelt. (Alternativ: $f(x) = x^2 - 2x = x(x-2)$ beschreibt eine nach oben geöffnete Parabel mit Nullstellen 0 und 2, also liegt der Scheitel genau dazwischen bei $x = 1$.) Da $f(1) = -1$ ist, liegt der Tiefpunkt (Scheitel) bei $T\,(1\,|\,{-1})$.

Die Tangentengleichung in T ist hier geschenkt: Da es sich um einen Extrempunkt handelt, ist die Tangente eine Parallele zur y-Achse mit der Gleichung $t(x) = -1$. Da K_f oberhalb der Tangente verläuft (klar, da T globaler Tiefpunkt ist; falls nicht klar: siehe Abbildung L.7), gilt $|f(x) - t(x)| = f(x) - t(x)$ auf $[\,-1\,;1\,]$, und der gefragte Flächeninhalt errechnet sich zu

$$A = \int_{-1}^{1} |f(x) - t(x)|\,\mathrm{d}x = \int_{-1}^{1} \big(x^2 - 2x - (-1)\big)\,\mathrm{d}x = \left[\frac{1}{3}x^3 - x^2 + x\right]_{-1}^{1} = \frac{8}{3} \approx 2{,}67.$$

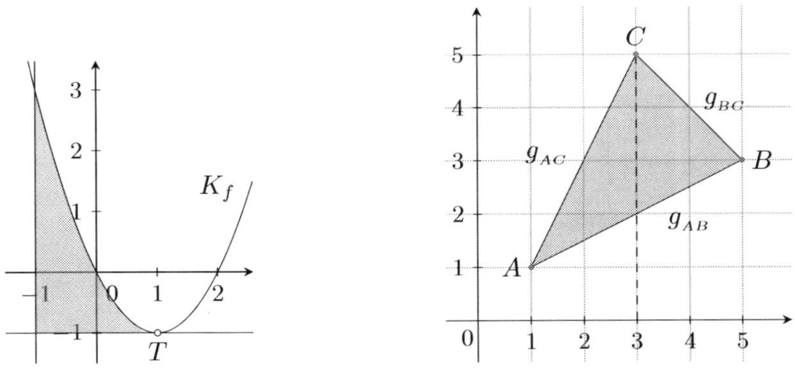

Abbildung L.7: Zu den Lösungen 2.17 und 2.18

L 2.18

a) Wir zerlegen die Fläche wie in Abbildung L.7 rechts dargestellt in zwei Teilflächen: Die zwischen den Geraden g_{AC} und g_{AB} bzw. g_{BC} und g_{AB} eingeschlossenen Teile. (Präziser müsste man $K_{g_{AB}}$ schreiben, aber das lassen wir.) Aufstellen der Geradengleichungen: Gerade g_{AC} besitzt die Steigung $m_{AC} = \frac{\Delta y}{\Delta x} = \frac{5-1}{3-1} = 2$, also ist $g_{AC}(x) = 2x + c$ und Punktprobe mit $A\,(1\,|\,1\,)$ ergibt $2 + c = 1$, also $c = -1$. Analog erhält man $g_{AB}(x) = \frac{1}{2}x + \frac{1}{2}$ und $g_{BC}(x) = -x + 8$. Dreiecksfläche mittels Integration:

$$\begin{aligned} A &= \int_1^3 \big(g_{AC}(x) - g_{AB}(x)\big)\,\mathrm{d}x + \int_3^5 \big(g_{BC}(x) - g_{AB}(x)\big)\,\mathrm{d}x \\ &= \int_1^3 \left(\frac{3}{2}x - \frac{3}{2}\right)\mathrm{d}x + \int_3^5 \left(-\frac{3}{2}x + \frac{15}{2}\right)\mathrm{d}x \\ &= \left[\frac{3}{4}x^2 - \frac{3}{2}x\right]_1^3 + \left[-\frac{3}{4}x^2 + \frac{15}{2}x\right]_3^5 = 6. \end{aligned}$$

b) Es handelt sich um ein gleichschenkliges Dreieck mit Schenkeln AB und AC. Der Höhenfußpunkt H auf der Basis BC ist daher der Mittelpunkt von BC, d.h. $H = M_{BC}\,(\,4\,|\,4\,)$. Für die Höhe $h = \overline{AH}$ des Dreiecks liefert Pythagoras $h = \sqrt{(4-1)^2 + (4-1)^2} = \sqrt{18} = 3\sqrt{2}$, und da die Basis eine Länge von $b = \overline{BC} = \sqrt{(5-3)^2 + (3-5)^2} = \sqrt{8} = 2\sqrt{2}$ besitzt, ergibt sich als Flächeninhalt wieder $A = \frac{1}{2}bh = \frac{1}{2} \cdot 2\sqrt{2} \cdot 3\sqrt{2} = 3\sqrt{2}^2 = 6$.

L 2.19 Wendestelle von K_f: Es ist $f''(x) = 3x$, was nur für $x = 0$ zu Null wird, und da die hinreichende Bedingung für Wendestellen, $f'''(0) = 3 \neq 0$, erfüllt ist, handelt es sich bei $x_0 = 0$ um die gesuchte Wendestelle. (War auch nicht anders zu erwarten: K_f ist eine Parabel dritter Ordnung, die punktsymmetrisch zum Ursprung ist.)
Aufstellen der Normalengleichung in $x_0 = 0$: Mit $f'(x) = \frac{3}{2}x^2 - 2$, also $m_t = f'(0) = -2$, folgt

$$n(x) = -\frac{1}{f'(0)} \cdot (x - 0) + f(0) = \frac{1}{2}x.$$

Schnittstellen von K_f und K_n: $\frac{1}{2}x^3 - 2x = \frac{1}{2}x$ führt auf $\frac{1}{2}x^3 - \frac{5}{2}x = 0$ bzw. nach Ausklammern auf $\frac{1}{2}x(x^2-5) = 0$, was nach dem NPS die Lösungen $x_1 = 0$ und $x_{2,3} = \pm\sqrt{5}$ besitzt.
Aus Symmetriegründen genügt es, nur die rechte eingeschlossene Fläche zu berechnen, und diese dann zu verdoppeln (siehe Abbildung L.8 links):

$$A = 2\int_0^{\sqrt{5}} \big(n(x) - f(x)\big)\,\mathrm{d}x = 2\int_0^{\sqrt{5}} \left(-\frac{1}{2}\,x^3 + \frac{5}{2}\,x\right) \mathrm{d}x = 2\left[-\frac{1}{8}\,x^4 + \frac{5}{4}\,x^2\right]_0^{\sqrt{5}}$$

$$= 2\left(-\frac{1}{8}\,\sqrt{5}^{\,4} + \frac{5}{4}\,\sqrt{5}^{\,2} - 0\right) = 2\left(-\frac{1}{8}\cdot 5^2 + \frac{5}{4}\cdot 5\right) = \frac{25}{4} = 6{,}25.$$

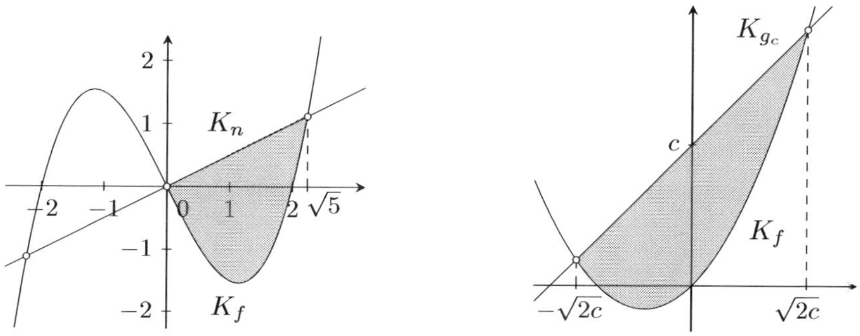

Abbildung L.8: Zu den Lösungen 2.19 und 2.20

L **2.20** Zunächst ermitteln wir die Schnittstellen von f und g_c in Abhängigkeit von $c > 0$:

$$\frac{1}{2}\,x^2 + x = x + c \quad\iff\quad \frac{1}{2}\,x^2 = c \quad\iff\quad x = \pm\sqrt{2c}.$$

Somit müssen wir von $-\sqrt{2c}$ bis $\sqrt{2c}$ integrieren, um die eingeschlossene Fläche zu bestimmen. Da g_c auf dem Integrationsintervall die obere Funktion ist, gilt

$$A = \int_{-\sqrt{2c}}^{\sqrt{2c}} \big(g_c(x) - f(x)\big)\,\mathrm{d}x = \int_{-\sqrt{2c}}^{\sqrt{2c}} \left(-\frac{1}{2}\,x^2 + c\right) \mathrm{d}x.$$

Stopp! Unbedingt die Symmetrie des Integranden $h(x) = -\frac{1}{2}x^2 + c$ ausnutzen: Da K_h symmetrisch zur y-Achse ist, gilt[2] (siehe Aufgabe 2.7)

$$A = \int_{-\sqrt{2c}}^{\sqrt{2c}} \left(-\frac{1}{2}\,x^2 + c\right) \mathrm{d}x \stackrel{!}{=} 2\int_0^{\sqrt{2c}} \left(-\frac{1}{2}\,x^2 + c\right) \mathrm{d}x = 2\left[-\frac{1}{6}\,x^3 + cx\right]_0^{\sqrt{2c}}$$

$$= 2\left(-\frac{1}{6}\,\sqrt{2c}^{\,3} + c\sqrt{2c}\right) = 2\sqrt{2c}\left(-\frac{1}{6}\,\sqrt{2c}^{\,2} + c\right) = 2\sqrt{2c}\left(-\frac{1}{6}\,2c + c\right) = \frac{4}{3}\,c\sqrt{2c}.$$

Dies soll laut Aufgabe $\frac{16}{3}$ ergeben, also

$$\frac{4}{3}\,c\sqrt{2c} = \frac{16}{3} \quad\iff\quad c\sqrt{2c} = \frac{16}{3}\cdot\frac{3}{4} = 4 \quad\stackrel{(\star)}{\iff}\quad \left(c\sqrt{2c}\right)^2 = 4^2 \quad\iff\quad c^2\cdot 2c = 2c^3 = 16,$$

d.h. es muss $c = \sqrt[3]{8} = 2$ gewählt werden. (Zu $(\star)$: Da $c > 0$ vorausgesetzt ist, gilt $c\sqrt{2c} > 0$, d.h. Quadrieren ist hier eine Äquivalenzumformung.)

[2] Die Teilflächen links und rechts der y-Achse in Abbildung L.8 (rechts) sind also gleich groß, was man mit bloßem Auge nicht unbedingt erkennt.

L 2.21 Zunächst brauchen wir wieder die Schnittstellen von f_a und g_a:

$$ax^2 = \sqrt{\frac{x}{a}} \overset{(\star)}{\iff} (ax^2)^2 = \frac{x}{a} \iff a \cdot a^2x^4 = x \iff a^3x^4 - x = 0.$$

(Zu ($\star$): Da beide Seiten nicht negativ sind ($a > 0$), ist Quadrieren hier eine Äquivalenzumformung.) Ausklammern von x führt auf $x(a^3x^3 - 1) = 0$, was laut NPS zu $x_1 = 0$ oder $a^3x^3 - 1 = 0$ äquivalent ist. Letzteres ergibt $x_2 = \sqrt[3]{\frac{1}{a^3}} = \frac{1}{a}$. Eingeschlossene Fläche (g_a ist die obere Funktion auf $[\,0\,;\,\frac{1}{a}\,]$, siehe Abbildung L.9):

$$A = \int_0^{\frac{1}{a}} \big(g_a(x) - f_a(x)\big)\,\mathrm{d}x = \int_0^{\frac{1}{a}} \left(\frac{1}{\sqrt{a}}\sqrt{x} - ax^2\right) \mathrm{d}x = \left[\frac{1}{\sqrt{a}}\frac{1}{\frac{3}{2}}\,x^{\frac{3}{2}} - \frac{a}{3}\,x^3\right]_0^{\frac{1}{a}}$$

$$= \frac{2}{3\sqrt{a}}\left(\frac{1}{a}\right)^{\frac{3}{2}} - \frac{a}{3}\left(\frac{1}{a}\right)^3 = \frac{2}{3\sqrt{a}} \cdot \frac{1}{\sqrt{a^3}} - \frac{1}{3a^2} = \frac{2}{3\sqrt{a^4}} - \frac{1}{3a^2} = \frac{2}{3a^2} - \frac{1}{3a^2} = \frac{1}{3a^2}.$$

Damit dies 1 ergibt, muss $\frac{1}{3a^2} = 1$ bzw. $3a^2 = 1$ gelten. Somit ist $a = \frac{1}{\sqrt{3}}$ zu wählen und die Funktionen lauten

$$f_a(x) = \frac{x^2}{\sqrt{3}} \quad \text{und} \quad g_a(x) = \sqrt{\sqrt{3}\,x}.$$

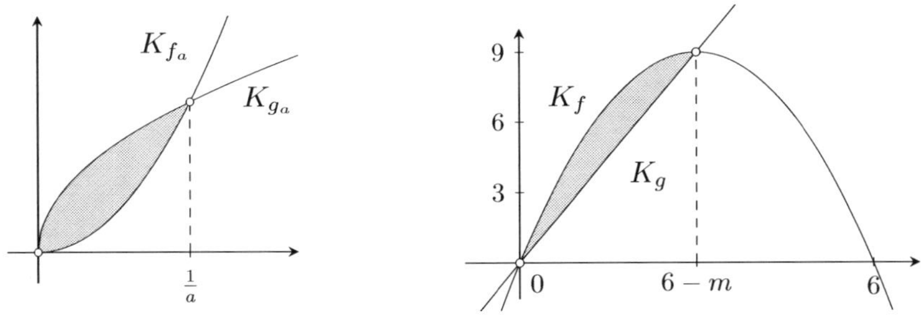

Abbildung L.9: Zu den Lösungen 2.21 und 2.22

L 2.22 Die Nullstellen von $f(x) = -x^2 + 6x = x(-x + 6)$ liegen bei $x = 0$ und $x = 6$, und die Fläche unter K_f auf $[\,0\,;6\,]$ besitzt den Inhalt

$$A = \int_0^6 f(x)\,\mathrm{d}x = \left[-\frac{1}{3}\,x^3 + 3x^2\right]_0^6 = -\frac{1}{3}\,6^3 + 3 \cdot 36 = 36.$$

Eine Ursprungsgerade (Gleichung $g(x) = mx$) soll diese Fläche im Verhältnis 1:7 zerlegen, und zwischen K_f und K_g soll der kleinere Teil, also $\frac{1}{1+7} = \frac{1}{8}$ der Gesamtfläche liegen. Schnittstellen von f und g:

$$-x^2 + 6x = mx \iff -x^2 + (6 - m)x = 0 \iff -x\big(x - (6 - m)\big) = 0,$$

was nach dem NPS $x = 0$ oder $x = 6 - m$ ergibt. Da f auf $[\,0\,;6 - m\,]$ die obere Funktion ist (siehe Abbildung L.9), gilt für die dort zwischen K_f und K_g eingeschlossene Fläche

$$A_m = \int_0^{6-m} \big(f(x) - g(x)\big)\,\mathrm{d}x = \int_0^{6-m} \big(-x^2 + (6 - m)x\big)\,\mathrm{d}x = \left[-\frac{1}{3}\,x^3 + \frac{6 - m}{2}\,x^2\right]_0^{6-m}$$

$$= -\frac{1}{3}\,(6 - m)^3 + \frac{6 - m}{2}\,(6 - m)^2 = -\frac{1}{3}\,(6 - m)^3 + \frac{1}{2}\,(6 - m)^3 = \frac{1}{6}\,(6 - m)^3.$$

Setzen wir $A_m = \frac{1}{8}A = \frac{36}{8} = \frac{9}{2}$, so ergibt sich $\frac{1}{6}(6-m)^3 = \frac{9}{2}$ bzw. $(6-m)^3 = 6 \cdot \frac{9}{2} = 27$, was auf $6 - m = \sqrt[3]{27} = 3$, also $m = 3$ führt. Die gesuchte Gerade besitzt somit die Gleichung $g(x) = 3x$.

L 2.23

a) Es gilt $I_0(0) = \int_0^0 f(t)\,\mathrm{d}t = 0$, d.h. $x = 0$ ist Nullstelle von $I_0 = F$. Zudem vollzieht $f = F'$ aber auch einen VZW von $-$ nach $+$ bei $x = 0$, d.h. $x = 0$ ist gleichzeitig auch Tiefstelle von F. Die restlichen Funktionswerte von F erhält man durch Kästchenzählen, was hier besonders leicht ist, da es sich stets um Dreiecksflächen handelt; z.B. ist

$$F(1) = \int_0^1 f(t)\,\mathrm{d}t = \frac{1}{2} \cdot 1 \cdot 1 = \frac{1}{2}.$$

Wenn man von 0 aus nach links läuft, fängt man sich zwar ein negatives Vorzeichen ein, aber gleichzeitig sind auch die Funktionswerte von f negativ, so dass insgesamt die Funktionswerte der Integralfunktion auch für $x < 0$ positiv werden; z.B. ist

$$F(-1) = \int_0^{-1} f(t)\,\mathrm{d}t = -\int_{-1}^0 f(t)\,\mathrm{d}t = -\left(-\frac{1}{2}\right) = \frac{1}{2},$$

denn $\int_{-1}^0 f(t)\,\mathrm{d}t$ ist der vorzeichenbehaftete Flächeninhalt zwischen K_f und der x-Achse auf $[-1\,;0]$ und dieser ist $-\frac{1}{2}$, da die Fläche unter der x-Achse liegt.

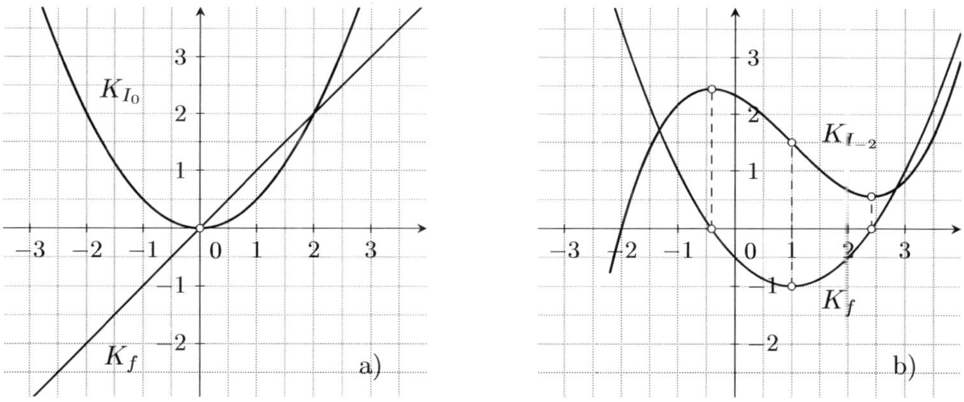

Abbildung L.10

b) Eine Nullstelle von $F = I_{-2}$ liegt bei $x = -2$, da $F(-2) = \int_{-2}^{-2} f(t)\,\mathrm{d}t = 0$
Bei $x \approx -0{,}4$ vollzieht $f = F'$ einen VZW von $+$ nach $-$, d.h. dort liegt eine Hochstelle von F. Den Funktionswert bestimmt man durch Kästchenzählen zu $F(-0{,}4) \approx 2{,}5$. Analog für die Tiefstelle von F bei $x \approx 2{,}4$ mit $F(2{,}4) \approx 0{,}5$. Beachte dabei, dass K_f ab $x = -0{,}4$ unterhalb der x-Achse verläuft, d.h. ab dort wird die Fläche negativ gerechnet, wodurch die Funktionswerte von F abnehmen.
Schließlich ist $x = 1$ eine Extremstelle von f, d.h. F wird dort eine Wendestelle haben (denn $F'' = f'$ macht dort einen VZW). Kästchenzählen ergibt $F(1) \approx 1{,}5$.
Nachdem man noch 2-3 weitere Funktionswerte von F gekästchenzählt hat (z.B. für $x = -2{,}5$ und $3{,}5$), kann man K_F mit all diesen Informationen bequem zeichnen.

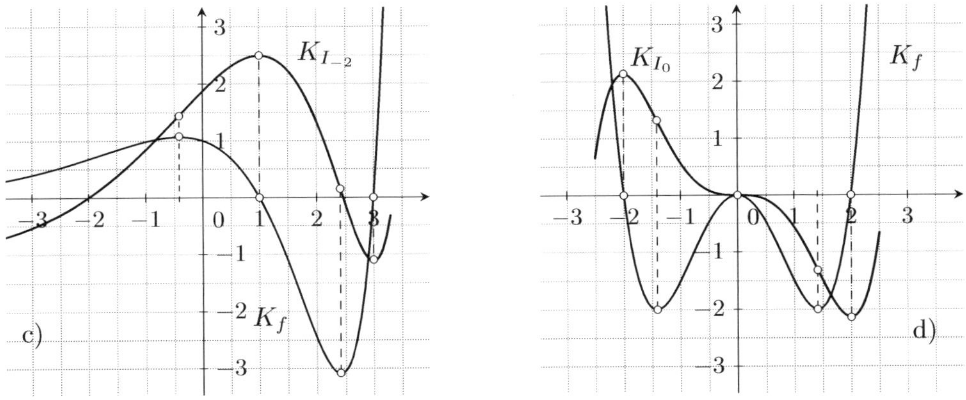

Abbildung L.11

c) Fast wörtlich die gleiche Begründung wie bei b), außer, dass es hier noch einen Wendepunkt mehr gibt. Und kästchenzählen musst du eh selber...
Erwähnenswert sind hier noch die weiteren Nullstellen von F. Auf diese stößt man, wenn sich beim Kästchenzählen die positiven und negativen Flächenanteile unter K_f gerade aufheben. So ist z.B. die Fläche auf $[-2;1]$ ungefähr gleich groß wie die auf $[1;2{,}5]$. Da letztere aber ein negatives Vorzeichen trägt, gilt insgesamt

$$F(2{,}5) = \int_{-2}^{2{,}5} f(t)\,\mathrm{d}t = \int_{-2}^{1} f(t)\,\mathrm{d}t + \int_{1}^{2{,}5} f(t)\,\mathrm{d}t = A + (-A) = 0.$$

Entsprechend kommt man drauf, dass irgendwo hinter 3 die nächste Nullstelle von F liegen muss (deren exakte Lage ist hier durch Kästchenzählen aber nicht mehr zu ermitteln).

d) Klar ist wieder $F(0) = I_0(0) = 0$. Zudem ist $x = 0$ auch Extremstelle von f und damit Wendestelle von F. Da zu allem Überfluss $x = 0$ auch noch Nullstelle von f ist, gilt $F'(0) = f(0) = 0$, d.h. insgesamt ist $(0\,|\,0)$ ein Sattelpunkt von K_F.
Da K_f symmetrisch zur y-Achse verläuft, ist K_F punktsymmetrisch zum Ursprung, denn für alle $x > 0$ gilt

$$F(-x) = \int_{0}^{-x} f(t)\,\mathrm{d}t \stackrel{\text{def}}{=} -\int_{-x}^{0} f(t)\,\mathrm{d}t \stackrel{(\star)}{=} -\int_{0}^{x} f(t)\,\mathrm{d}t = -F(x).$$

Zu $(\star)$: Die Flächen unter K_f auf $[-x;0]$ und $[0;x]$ sind aufgrund der Achsensymmetrie gleich. (Hättest du beim Kästchenzählen früher oder später eh gemerkt.)
VZW von f von $-$ nach $+$ bei $x = 2$ bedeutet, dass dort eine Tiefstelle von K_F liegt; Kästchenzählen ergibt ca. -2 als y-Wert (beachte: K_f verläuft im Negativen, d.h. der vorzeichenbehaftete Flächeninhalt ist negativ). Aufgrund der Punktsymmetrie folgt sofort, dass $(-2\,|\,2)$ ein Hochpunkt von K_F ist.
Dann gibt es noch zwei weitere Wendestellen von F bei den beiden Tiefstellen von f, also bei $x \approx \pm 1{,}4$.
Die exakte Lage der vermutlichen weiteren Nullstellen von F für $|x| > 2$ ist wieder nicht bestimmbar, weil K_f den Zeichenbereich verlässt. Aber es steht zu vermuten, dass die Fläche unter K_f – und damit auch $F(x)$ – für $x > 2$ sehr schnell anwächst, da K_f so steil in Richtung ∞ abhaut. (Man darf aber einfach dort aufhören zu zeichnen, wo K_f den Zeichenbereich verlässt.)

L 2.24 Entscheidend für die gesamte Aufgabe ist, dass $F'(x) = f(x)$ gilt.

a) (1) Falsch! Es ist $f(0) = 1{,}25$, aber $F(0) = 0$, da 0 die untere Grenze von $F = I_0$ ist.

(2) Richtig! Da $F' = f$ bei $x = 4$ einen VZW von + nach − vollzieht, ist $x = 4$ Hochstelle von K_F.

(3) Falsch! Dies sind Extremstellen von f, und damit Wendestellen von F. (Es können auch keine Extremstellen von F sein, da $F' = f$ dort keinen VZW macht.)

(4) Richtig! Da $F'(x) = f(x) \geqslant 0$ für alle $x \in [\,-2\,;4\,]$ gilt, steigt K_F dort monoton. (Sogar streng monoton, da $F'(x) = 0$ nur für isolierte Stellen gilt.)

(5) Falsch! Vom Betrag her ist der Flächeninhalt 0,5, aber das Vorzeichen ist falsch, denn

$$F(-1) = \int_0^{-1} f(x)\,\mathrm{d}x = -\int_{-1}^{0} f(x)\,\mathrm{d}x \approx -0{,}5.$$

(Das zweite Integral selbst ist positiv, da K_f hier oberhalb der x-Achse verläuft und von links nach rechts integriert wird.)

(6) Richtig! Da F eine Stammfunktion von f ist, gilt nach dem Hauptsatz

$$F(4) - F(-1) \overset{\text{HS}}{=} \int_{-1}^{4} f(x)\,\mathrm{d}x \approx 5{,}2 \quad \text{(Kästchenzählen).}$$

Hieraus und mit (5) erhält man gleichzeitig $F(4) \approx 5{,}2 + F(-1) = 4{,}7$, was für b) hilfreich ist.

b) Aus a) ist über K_F bekannt: $H\,(\,4\,|\,4{,}7\,)$ ist Hochpunkt, $S\,(\,-1\,|\,-0{,}5\,)$ ist Sattelpunkt (Wendepunkt mit $F'(-1) = f(-1) = 0$) und $W\,(\,1\,|\,1{,}8\,)$ ist gewöhnlicher Wendepunkt (y-Wert durch Kästchenzählen). Nach Bestimmen von 2-3 weiteren Funktionswerten kann man K_F zeichnen; siehe Abbildung L.12.

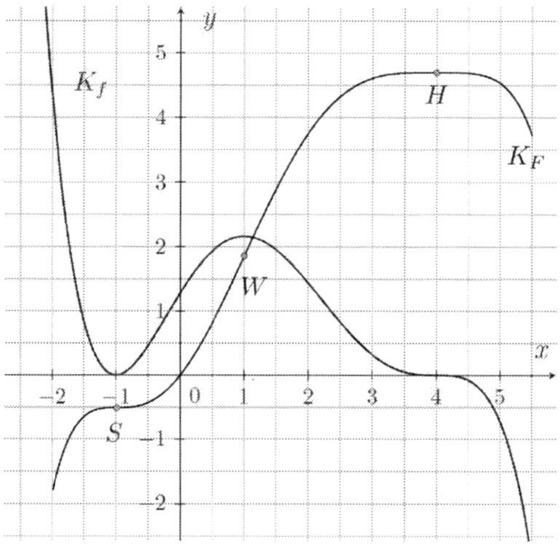

Abbildung L.12

L 2.25 Phase I: $v(t)$ nimmt zu, der Radfahrer beschleunigt also und zwar aus der Ruhe heraus ($v_0 = 0$). (Es ist keine gleichmäßige Beschleunigung, da $v(t)$ nicht linear anwächst.) In Phase II ist $v(t) = 5\,\frac{\text{m}}{\text{s}}$ = konstant, d.h. das Rad fährt gleichförmig. In Phase III nimmt $v(t)$ linear ab bis zum Stillstand; es handelt sich um einen (gleichmäßigen) Bremsvorgang.

Zurückgelegter Weg: Da $v(t) \geqslant 0$ ist, gilt

$$\Delta s(15{,}5) = \int_0^{15{,}5} v(t)\,\mathrm{d}t = \int_0^5 v_{\mathrm{I}}(t)\,\mathrm{d}t + \int_5^{13} v_{\mathrm{II}}(t)\,\mathrm{d}t + \int_{13}^{15{,}5} v_{\mathrm{III}}(t)\,\mathrm{d}t.$$

Nur für die erste Fläche braucht man ein Integral; Rechtecks- und Dreiecksfläche lassen sich elementar ausrechnen. Es ist $v_{\mathrm{I}}(t) = c \cdot t^2$ und aus $v_{\mathrm{I}}(5) = 5$ folgt $c = \frac{5}{5^2} = \frac{1}{5}$ und damit

$$\Delta s(15{,}5) = \int_0^5 \frac{1}{5}t^2\,\mathrm{d}t + 5 \cdot (13-5) + \frac{1}{2} \cdot 5 \cdot (15{,}5 - 13) = \left[\frac{1}{15}t^3\right]_0^5 + 46{,}25 \approx 54{,}6\ (\mathrm{m}).$$

Der Radfahrer legt also 54,6 m zurück.

L 2.26

a) Das $v(t)$-Diagramm verläuft linear, siehe Abbildung L.13 links. Die $s(t)$-Funktion erhält man durch Integration:

$$s(t) = \int_0^\tau v(\tau)\,\mathrm{d}\tau = \int_0^\tau (v_0 - a\tau)\,\mathrm{d}\tau = \left[v_0\tau - \frac{1}{2}a\tau^2\right]_0^t = v_0 t - \frac{1}{2}at^2 = 3t - 0{,}06t^2.$$

Nach 12 s ist $s(12) \approx 27{,}4$ (m), der Curling-Stein hat also 27,4 m zurückgelegt.

b) Bremszeit: $v(T) = 0$ führt auf $v_0 - aT = 0$, also $T = \frac{v_0}{a} = \frac{3}{0{,}12} = 25$ (s), d.h. nach 25 s kommt der Stein zum Stillstand. Der Bremsweg ist der gesamte Flächeninhalt im $v(t)$-Diagramm, also gilt (da es sich um ein Dreieck mit Grundseite $g = T$ und Höhe $h = v_0$ handelt)

$$s(T) = \int_0^T v(t)\,\mathrm{d}t = \frac{1}{2} \cdot T \cdot v_0 = \frac{1}{2} \cdot \frac{v_0}{a} \cdot v_0 = \frac{v_0^2}{2a} = 37{,}5\ (\mathrm{m}).$$

Der Curling-Stein braucht 37,5 m, bis er liegen bleibt.

c) Die Hälfte des Bremswegs wird *nicht* nach der Hälfte der Bremszeit zurückgelegt sein, da s nicht linear von t abhängt, sondern quadratisch. (Da K_s eine umgedrehte Parabel ist, die erst steil und dann immer flacher ansteigt, wird $\frac{S}{2}$ zu einem früheren Zeitpunkt als $\frac{T}{2} = 12{,}5$ s erreicht werden.) Der Ansatz $s(t) = \frac{S}{2} = 18{,}75$ führt auf eine quadratische Gleichung (negative Lösung t_2 entfällt, also nur $+$ statt $\pm$ in der Mitternachtsformel):

$$-0{,}06t^2 + 3t - 18{,}75 = 0 \quad \Longrightarrow \quad t_1 = \frac{-3 + \sqrt{3^2 - 4 \cdot (-0{,}06) \cdot (-18{,}75)}}{2 \cdot (-0{,}06)} \approx 7{,}32\ (\mathrm{s}).$$

(Alternativ kannst du den GTR zur Lösung von $s(t) = 18{,}75$ verwenden. So traurig mich das als Mathematiker auch macht, aber im Abi ist dies aus Zeitersparnisgründen vorzuziehen.)

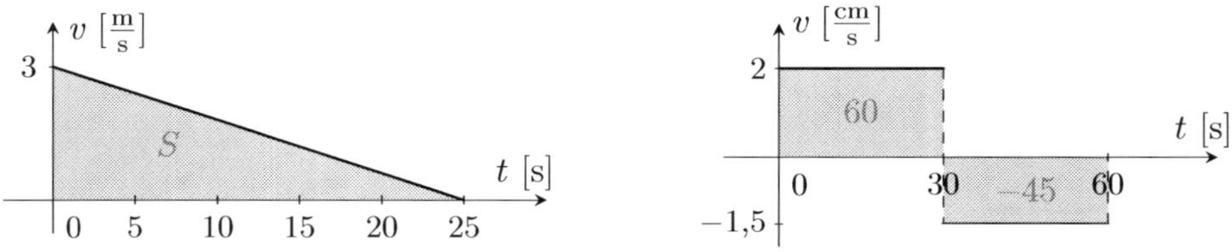

Abbildung L.13: Zu den Lösungen 2.26 und 2.27

L 2.27 Siehe Abbildung L.13 rechts für das $v(t)$-Diagramm des Krabblers. Während der ersten 30 s ist $v_1 = \frac{60}{30} = 2\ \left(\frac{\text{cm}}{\text{s}}\right)$, während der zweiten 30 s gilt $v_2 = -\frac{45}{30} = -1{,}5\ \left(\frac{\text{cm}}{\text{s}}\right)$ (da der Käfer zurückkrabbelt, werden die s-Werte kleiner, also muss $v = s'$ negativ sein).
Für den Ort $s(t)$ nach 60 s ergibt sich in Integralschreibweise

$$s(60) = \int_0^{60} v(t)\ \mathrm{d}t = \int_0^{30} v_1\ \mathrm{d}t + \int_{30}^{60} v_2\ \mathrm{d}t = 2\cdot(30-0) + (-1{,}5)\cdot(60-30) = 15\ (\text{cm}).$$

Der Käfer befindet sich 15 cm von seinem Startpunkt entfernt. (Klar: $60 - 45 = 15$, aber hier geht es ja eben um das Einüben der Integralschreibweise.)
Für die zurückgelegte Gesamtstrecke hingegen muss die zweite Rechtecksfläche im $v(t)$-Diagramm positiv gemacht werden und es gilt

$$\Delta s_{\text{ges}}(60) = \int_0^{60} |v(t)|\ \mathrm{d}t = \int_0^{30} v_1\ \mathrm{d}t + \int_{30}^{60} |v_2|\ \mathrm{d}t = 60 + |-45| = 105\ (\text{cm}).$$

Der Käfer ist also insgesamt 105 cm weit gekrabbelt.

L 2.28 Berechnung der Integrale aus Beispiel 2.20:

$$\begin{aligned} s(2) &= s(0) + \int_0^2 v(\tau)\,\mathrm{d}\tau = s(0) + \int_0^2 \big(-0{,}1\,\pi\cdot\sin(\pi\tau)\big)\,\mathrm{d}\tau = s(0) - 0{,}1\,\pi\left[\frac{1}{\pi}\big(-\cos(\pi\tau)\big)\right]_0^2 \\ &= s(0) - 0{,}1\big(-\cos(2\pi) + \cos 0\big) = s(0) - 0{,}1(-1+1) = s(0) = 0{,}1. \end{aligned}$$

Dass das Integral von 0 bis 2 über $v(\tau)$ Null ergibt, ist auch anschaulich klar, wenn man sich Abbildung 2.22 ansieht, da die Flächen ober- und unterhalb der t-Achse aufgrund der Symmetrie des Sinus gleich groß sind. Aus demselben Grund gilt auch (beachte: $|v(\tau)| = -v(\tau)$ auf $[\,0\,;1\,]$)

$$\begin{aligned} \Delta s_{\text{ges}}(2) &= \int_0^2 |v(\tau)|\ \mathrm{d}\tau \overset{\text{Symm}}{=} 2\int_0^1 |v(\tau)|\ \mathrm{d}\tau = 2\int_0^1 \big(-v(\tau)\big)\ \mathrm{d}\tau = 2\int_0^1 0{,}1\,\pi\ \sin(\pi\tau)\ \mathrm{d}\tau \\ &= 0{,}2\Big[-\cos(\pi\tau)\Big]_0^1 = 0{,}2(-\cos\pi + \cos 0) = 0{,}2(-(-1)+1) = 0{,}4. \end{aligned}$$

Das allgemeine $s(t)$-Gesetz für den Pendelkörper lautet (s in m, t in s)

$$\begin{aligned} s(t) &= s(0) + \int_0^t v(\tau)\ \mathrm{d}\tau = s(0) - 0{,}1\,\pi\left[\frac{1}{\pi}\big(-\cos(\pi\tau)\big)\right]_0^t \\ &= 0{,}1 - 0{,}1\big(-\cos(\pi t) + \cos 0\big) = 0{,}1 - 0{,}1(-\cos(\pi t) + 1) = 0{,}1\ \cos(\pi t). \end{aligned}$$

L 2.29 Durch ein- bzw. zweimalige Integration erhält man das $v(t)$- und $s(t)$-Gesetz der Katze aus ihrem $a(t)$-Gesetz. Die Ergebnisse sollten dir aus Physik bekannt vorkommen. Vergiss den letzten Satz; ich habe solche Aussagen immer gehasst, wenn sie von Lehrern in meinen Versager-Fächern kamen (was mir z.B. in Gemeinschaftskunde alles hätte bekannt sein sollen, ojemine ...). Es ist

$$v(t) = v(0) + \int_0^t a(\tau)\ \mathrm{d}\tau = 0 + \int_0^t (-g)\ \mathrm{d}\tau = -g\int_0^t 1\ \mathrm{d}\tau = -g\big[\,\tau\,\big]_0^t = -gt,$$

und für den Ort $s(t)$ der Katze (= Höhe über dem Boden) gilt

$$s(t) = s(0) + \int_0^t v(\tau)\ \mathrm{d}\tau = h + \int_0^t (-g\tau)\ \mathrm{d}\tau = h - g\int_0^t \tau\ \mathrm{d}\tau = h - g\left[\frac{1}{2}\tau^2\right]_0^t = h - \frac{1}{2}gt^2.$$

Der Ansatz $s(t) = 0$ (Katze landet auf dem Boden) führt auf $\frac{1}{2}gt^2 = h$ bzw. $t = \sqrt{\frac{2h}{g}} \approx 1{,}0$ (s).

L 2.30

a) Arbeit, die zum Spannen des Bandes von 0 auf s verrichtet wird:

$$W_{\text{Spann}}(s) = \int_0^s F(\sigma)\,\mathrm{d}\sigma = \int_0^s D\sigma\,\mathrm{d}\sigma = D\int_0^s \sigma\,\mathrm{d}\sigma = D\left[\frac{1}{2}\sigma^2\right]_0^s = \frac{1}{2}Ds^2.$$

b) Man muss die cm erst in m umrechnen, damit die Einheiten passen ($\frac{\text{N}}{\text{m}} \cdot \text{m}^2 = \text{Nm} = \text{J}$):

$$\Delta W_{\text{Spann}} = \int_{0{,}2}^{0{,}3} F(\sigma)\,\mathrm{d}\sigma = \frac{1}{2}D\cdot 0{,}3^2 - \frac{1}{2}D\cdot 0{,}2^2 = 1{,}25\ (\text{J}).$$

L 2.31

a) Hubarbeit bei g = konstant, also $F(s) = mg$ = konstant:

$$\Delta W_{\text{Hub}} = \int_{h_1}^{h_2} F(\sigma)\,\mathrm{d}\sigma = \int_{h_1}^{h_2} mg\,\mathrm{d}\sigma = mg\big[\,\sigma\,\big]_{h_1}^{h_2} = mg(h_2 - h_1) = mg\Delta h.$$

Dies ist die Formel für die Hubarbeit bzw. Lageenergie aus dem Physikunterricht.

b) Rechnung mit dem NEWTON'schen Gravitationsgesetz, also $F(s) = k\cdot\frac{m}{s^2}$:

$$\Delta W_{\text{Hub, exakt}} = \int_{h_1}^{h_2} F(\sigma)\,\mathrm{d}\sigma = \int_{h_1}^{h_2} k\cdot\frac{m}{\sigma^2}\,\mathrm{d}\sigma = mk\int_{h_1}^{h_2}\sigma^{-2}\,\mathrm{d}\sigma = mk\big[-\sigma^{-1}\big]_{h_1}^{h_2}$$

$$= mk\left(-\frac{1}{h_2} - \left(-\frac{1}{h_1}\right)\right) = mk\left(\frac{1}{h_1} - \frac{1}{h_2}\right) = mk\,\frac{h_2 - h_1}{h_1h_2} = mk\,\frac{\Delta h}{h_1h_2}.$$

c) $\Delta W_{\text{Hub}} = mg\Delta h = 250\cdot 9{,}81\cdot 10 \approx 24\,530\ (\text{J})$ und

$$\Delta W_{\text{Hub, exakt}} = mk\,\frac{\Delta h}{h_1h_2} = 250\cdot 3{,}989\cdot 10^{14}\cdot\frac{10}{6{,}37\cdot 10^6\cdot(6{,}37\cdot 10^6 + 10)} \approx 24\,580\ (\text{J}).$$

Nur ca. 0,2 % Abweichung. Kennt man noch den Zusammenhang zwischen k und g, so ist es nicht schwer allgemein zu zeigen, dass die exakte Formel aus b) für kleines $\Delta h = h_2 - h_1$ (wenn h_1 der Erdradius ist) näherungsweise in die Formel aus a) übergeht.

L 2.32 Die Krabbelrate $k(t)$ ist die zeitliche Änderungsrate des Ameisenbestands $A(t)$, d.h. $A'(t) = k(t)$. Nach dem Hauptsatz gilt somit (für $0 \leqslant t \leqslant 14$)

$$A(t) = A(0) + \int_0^t A'(\tau)\,\mathrm{d}\tau = A(0) + \int_0^t k(\tau)\,\mathrm{d}\tau.$$

a) Integrieren liefert die Funktionsgleichung:

$$\begin{aligned} A(t) &= A(0) + \int_0^t \left(-2{,}4\tau^3 + 200\tau\right)\mathrm{d}\tau \\ &= 10\,000 + \left[-0{,}6\tau^4 + 100\tau^2\right]_0^t \\ &= -0{,}6t^4 + 100t^2 + 10\,000. \end{aligned}$$

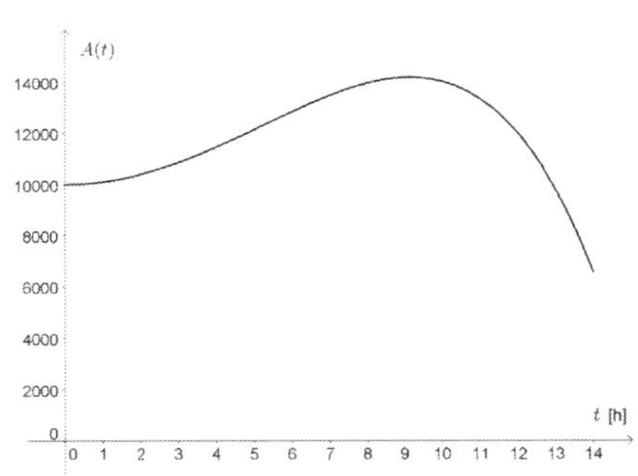

Skizze siehe rechts (sorry für die magere Bildqualität, aber TikZ hat bei den großen Zahlen gestreikt, trotz Umskalierungen).

b) Das Integral ist der Unterschied der Ameisenzahl zu den Zeitpunkten t und 0, denn

$$\int_0^t k(\tau)\,\mathrm{d}\tau = \int_0^t A'(\tau)\,\mathrm{d}\tau = A(t) - A(0) = \Delta A(t).$$

GTR liefert $\Delta A(4) \approx 1450$, d.h. nach 4 h sind 1450 mehr Ameisen im Nest als zu Beginn. $\Delta A(14) \approx -3450$, d.h. nun sind 3450 Ameisen *weniger* im Nest als zu Messbeginn, daher das Minuszeichen.

c) Es ist $A(14) = A(0) + \Delta A(14) \approx 6550$. Die Gesamtzahl der Ameisen, die in diesen 14 h durch den Eingang (rein oder raus) gekrabbelt sind, entspricht der Gesamtfläche unter dem $k(t)$-Schaubild, also

$$\Delta A_{\text{ges}}(14) = \int_0^{14} |k(\tau)|\,\mathrm{d}\tau \overset{\text{GTR}}{\approx} 11\,780.$$

d) Wir suchen den Hochpunkt von K_A. Da „Berechne" in der Aufgabenstellung steht, muss von Hand gerechnet werden (Hahah!). Weil $A'(t) = k(t)$ gilt, wird A maximal, wenn k einen VZW von + nach − macht. (Anschaulich: Solange $k(t) > 0$ ist, krabbeln mehr Ameisen ins Nest rein als raus, d.h. A nimmt zu. Sobald aber $k(t) < 0$ wird, nimmt die Ameisenzahl im Nest ab, also wird A beim VZW von k gerade am größten sein.)

$$A'(t) = k(t) = -2{,}4t^3 + 200t = 0 \quad\Longleftrightarrow\quad t \cdot (-2{,}4t^2 + 200) = 0,$$

was nach dem NPS auf $t_1 = 0$ oder $-2{,}4t^2 + 200 = 0$ führt. Die positive Lösung der zweiten Gleichung ist $t_2 = \sqrt{\frac{200}{2{,}4}} \approx 9{,}13$. Einsetzen von z.B. 9 und 10 in k zeigt, dass es sich tatsächlich um einen VZW von + nach − handelt. Noch schneller geht es, die hinreichende Bedingung für Maxima, $A''(t_2) = k'(t_2) < 0$, zu prüfen: Passt, da $k'(t_2) \approx -7{,}2 \cdot 9{,}13^2 + 200 < 0$ ist. Somit befinden sich nach ca. 9 Stunden am meisten Ameisen im Nest ($A_{\max} = A(9{,}13) \approx 14\,170$).

L 2.33

b) Da $G'(t) = g(t)$ gilt, folgt für die Anzahl der Geschenke

$$G(t) = G(0) + \int_0^t G'(\tau)\,\mathrm{d}\tau = G(0) + \int_0^t g(\tau)\,\mathrm{d}\tau = 1000 + \int_0^t 20\tau^2 \cdot e^{-0{,}2\tau}\,\mathrm{d}\tau.$$

Dies muss man als Integralfunktion in den GTR eingeben (`Y₂=fnInt(Y₁,X,0,X)`, wobei `Y₁` die Funktion g ist), und dann mit $y = 4000$ schneiden. Nach 10-minütiger Wartezeit erhält man $t = 15{,}5$ (h).

c) Lösung für Schnelldenker: Das „−1000" in der neuen Produktionsrate $\widetilde{g}$ bedeutet, dass der Grinch pro Stunde 1000 Geschenke zerstört (bei ansonsten gleich bleibender Produktionsrate g der Wichtel), also hat er innerhalb von 4 Stunden 4000 Geschenke vernichtet. Somit ist $\widetilde{G}(20) = G(20) - 4000 = 809$.
Mit Hilfe eines Integrals kommt man so zu diesem Ergebnis (es ist $\widetilde{G}(16) = G(16)$, da erst ab $t = 16$ die neue Produktionsrate gilt):

$$\widetilde{G}(20) = G(16) + \int_{16}^{20} \widetilde{g}(\tau)\,\mathrm{d}\tau = 809.$$

Durch Ausnutzen der Rechenregeln für Integrale kann man diese Formel aber auch noch umschreiben, bevor man mit dem GTR drauf haut:

$$\widetilde{G}(20) = G(16) + \int_{16}^{20} \widetilde{g}(\tau)\,\mathrm{d}\tau = G(16) + \int_{16}^{20} \big(g(\tau) - 1000\big)\,\mathrm{d}\tau$$

$$= \underbrace{G(16) + \int_{16}^{20} g(\tau)\,\mathrm{d}\tau}_{=G(20)} - \int_{16}^{20} 1000\,\mathrm{d}\tau = G(20) - 1000\cdot(20-16) = 809.$$

L 2.34 Der Mittelwert von $f(x) = x$ auf $[\,0\,;2\,]$ beträgt

$$\overline{f} = \frac{1}{2-0}\int_0^2 x\,\mathrm{d}x = \frac{1}{2}\left[\frac{1}{2}x^2\right]_0^2 = 1.$$

Ein Blick auf Abbildung L.14 sollte dir ohne weitere Worte den geometrischen Hintergrund klar machen (das Dreieck unter K_f besitzt die Fläche $\frac{1}{2}\cdot 2\cdot 2 = 2$; ups, jetzt hab ich ja doch noch Worte darüber verloren).

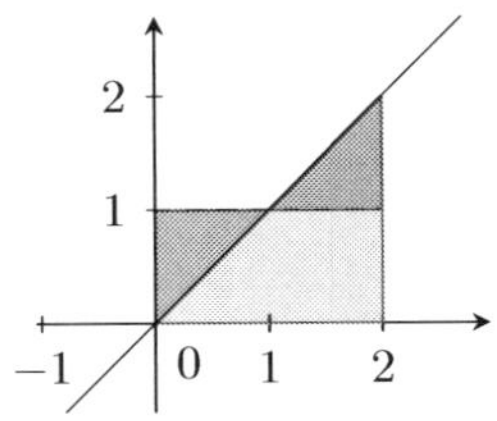

Abbildung L.14

L 2.35 Für die mittlere Geschwindigkeit des Steins folgt unter Beachtung von $T = \frac{v_0}{a}$

$$\overline{v} = \frac{1}{T-0}\int_0^T v(t)\,\mathrm{d}t = \frac{1}{T}\int_0^T (v_0 - at)\,\mathrm{d}t = \frac{1}{T}\left[v_0 t - \frac{1}{2}at^2\right]_0^T = \frac{v_0 T - \frac{1}{2}aT^2}{T}$$

$$= v_0 - \frac{1}{2}aT = v_0 - \frac{1}{2}a\,\frac{v_0}{a} = v_0 - \frac{1}{2}v_0 = \frac{v_0}{2}\,.$$

(Im Abi tippst du sowas einfach plump in den GTR und erhältst sofort $\overline{v} = 1{,}5\;(\frac{\mathrm{m}}{\mathrm{s}}) = \frac{v_0}{2}$.)
Interpretation: Jemand, der mit konstanter Geschwindigkeit von $\frac{v_0}{2}$ neben der Curling-Bahn herläuft, legt zwischen 0 und $T = 25$ (s) dieselbe Strecke wie der Curling-Stein zurück, nämlich $1{,}5\cdot 25 = 37{,}5$ (m), bzw. allgemein

$$\frac{v_0}{2}\cdot T = \frac{v_0}{2}\cdot\frac{v_0}{a} = \frac{v_0^2}{2a}$$

(also genau den Bremsweg des Steins).
Geometrisch: Die Fläche unter der Geraden $v(t) = \frac{v_0}{2}$ (Parallele zur t-Achse) auf $[\,0\,;T\,]$ ist genauso groß wie die Dreiecksfläche in Abbildung L.13.

L 2.36 Mittlere Krabbelrate der Ameisen: $\overline{k} = \dfrac{1}{14-0}\displaystyle\int_0^{14} k(t)\,\mathrm{d}t \approx -246.$

Würden also pro Stunde konstant 246 Ameisen rauskrabbeln, so ergäbe sich nach 14 h dieselbe Ameisenzahl im Nest, nämlich $A(0) + 14\cdot\overline{k} \approx 6550$ (mit exaktem Wert $-246{,}4$ gerechnet). (Falls du dich wunderst, wo plötzlich das $A(0)$ herkommt: Es ist $\overline{k} = \frac{\Delta A}{\Delta t}$, d.h. $\overline{k}\cdot\Delta t$ gibt nur den Unterschied ΔA der Ameisenzahl zwischen 0 und 14 an; um die Gesamtzahl zu bekommen, muss man noch den Startwert $A(0)$ addieren.)

L 2.37 Skizze siehe Abbildung L.15 links. Volumen:

$$V = \pi \int_0^4 f(x)^2 \, dx = \pi \int_0^4 \sqrt{x}^2 \, dx = \pi \int_0^4 x \, dx = \pi \left[\frac{1}{2} x^2 \right]_0^4 = 8\pi.$$

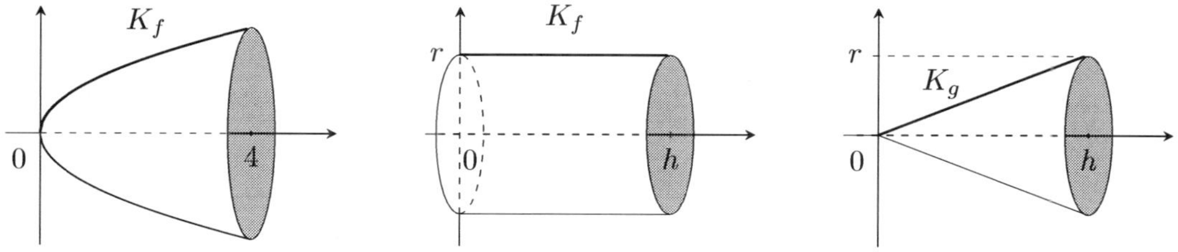

Abbildung L.15: Zu den Lösungen 2.37 und 2.38

L 2.38

a) Man erhält einen Zylinder der Höhe h und vom Radius r, wenn man das Schaubild der konstanten Funktion $f(x) = r$ auf $[\,0\,;h\,]$ um die x-Achse rotieren lässt (siehe Abbildung L.15 Mitte). Für sein Volumen ergibt sich

$$V_{\text{Zyl}} = \pi \int_0^h f(x)^2 \, dx = \pi \int_0^h r^2 \, dx = \pi r^2 \int_0^h 1 \, dx = \pi r^2 \big[\, x \,\big]_0^h = \pi r^2 h.$$

Da wir diese $\pi r^2 h$-Formel allerdings bereits bei der „Herleitung" der Integralformel für das Rotationskörpervolumen verwendet haben, ist dieses Vorgehen logisch inkorrekt.

b) Rotiert das Schaubild der linearen Funktion $g(x) = \frac{r}{h} \cdot x$ auf $[\,0\,;h\,]$ um die x-Achse, so entsteht ein Kegel der Höhe h und Radius r (Abbildung L.15 rechts). Für sein Volumen folgt

$$V_{\text{Kegel}} = \pi \int_0^h g(x)^2 \, dx = \pi \int_0^h \frac{r^2}{h^2} \cdot x^2 \, dx = \pi \frac{r^2}{h^2} \left[\frac{1}{3} x^3 \right]_0^h = \frac{\pi}{3} r^2 h.$$

c) Die Gerade K_s in Abbildung L.16 (links) besitzt die Steigung $m = \frac{\Delta y}{\Delta x} = \frac{R-r}{h}$ und somit die Gleichung $s(x) = \frac{R-r}{h}\, x + r$. Lässt man K_s um die x-Achse rotieren, so erhält man den gewünschten Kegelstumpf mit Radien $r < R$ und Höhe h. Das Volumen eines solchen Stumpfes berechnet sich zu (beachte die lineare Verkettung beim Integrieren)

$$\begin{aligned} V_{\text{Stumpf}} &= \pi \int_0^h \left(\frac{R-r}{h} x + r \right)^2 dx = \pi \left[\frac{1}{\frac{R-r}{h}} \frac{1}{3} \left(\frac{R-r}{h} x + r \right)^3 \right]_0^h \\ &= \frac{\pi h}{3(R-r)} \left(\left(\frac{R-r}{h} \cdot h + r \right)^3 - \left(\frac{R-r}{h} \cdot 0 + r \right)^3 \right) \\ &= \frac{\pi h}{3(R-r)} \left((R - r + r)^3 - r^3 \right) = \frac{\pi h (R^3 - r^3)}{3(R-r)} \,. \end{aligned}$$

Beachtet man noch $R^3 - r^3 = (R-r) \cdot (R^2 + Rr + r^2)$ (check this!), so erhält man die Volumenformel, wie man sie in den meisten Formelsammlungen findet, nämlich:

$$V_{\text{Stumpf}} = \frac{\pi h (R-r) \cdot (R^2 + Rr + r^2)}{3(R-r)} = \frac{\pi}{3} (R^2 + Rr + r^2) h.$$

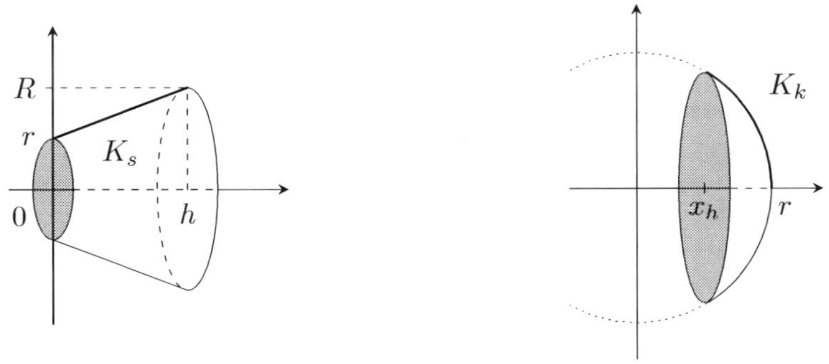

Abbildung L.16: Perspektive anders als in voriger Abbildung

d) Zunächst gilt in Abbildung L.16 $x_h = r - h$, damit die Kugelkappe die gewünschte Höhe $r - (r - h) = h$ besitzt. Sie entsteht durch Rotation eines Kreises K_k vom Radius r um die x-Achse auf dem Intervall $[\,r - h\,;\,r\,]$. Die Gleichung von K_k ist $k(x) = \sqrt{r^2 - x^2}$ (siehe Beispiel 2.22) und für das Volumen der Kappe folgt

$$\begin{aligned} V_{\text{Kappe}} &= \pi \int_{r-h}^{r} \sqrt{r^2 - x^2}^{\,2}\, \mathrm{d}x = \pi \int_{r-h}^{r} \left(r^2 - x^2\right) \mathrm{d}x = \pi \left[r^2 x - \frac{x^3}{3} \right]_{r-h}^{r} \\ &= \pi \left(r^3 - \frac{r^3}{3} - r^2(r-h) + \frac{(r-h)^3}{3} \right) \\ &= \pi \left(r^3 - \frac{r^3}{3} - r^3 + r^2 h + \frac{r^3 - 3r^2h + 3rh^2 - h^3}{3} \right) \\ &= \pi \left(\frac{3rh^2}{3} - \frac{h^3}{3} \right) = \frac{\pi}{3}(3r - h)h^2. \end{aligned}$$

Von Zeile 2 auf 3 braucht man das Binom $(a - b)^3 = a^3 - 3a^2b + 3ab^2 - b^3$ und von Zeile 3 auf 4 muss man fleißig viele Summanden gegeneinander wegcanceln. Überzeuge dich noch davon, dass diese Formel für $h = r$ das Volumen einer Halbkugel liefert und für $h = 2r$ (wenn man also gar nichts von der Kugel wegschneidet) das gute alte Volumen einer Vollkugel.

Anmerkung: Man erhält die Volumenformel mit deutlich weniger Rechenaufwand, wenn man den Kreis um r nach rechts verschiebt, also $\widetilde{k}(x) = \sqrt{r^2 - (x - r)^2}$ betrachtet, und dann $K_{\widetilde{k}}$ einfach auf $[\,0\,;\,h\,]$ rotieren lässt (erstelle eine Skizze und führe die Rechnung aus!). Aber da muss man natürlich erstmal drauf kommen.

L 2.39 Um das Volumen des Schälchens (damit ist der massive Teil aus Glas gemeint, nicht der Hohlraum!) zu bestimmen, muss man

$$V = V_f - V_g = \pi \int_0^4 f(x)^2\, \mathrm{d}x - \pi \int_0^{3,5} g(x)^2\, \mathrm{d}x$$

ausrechnen (äußeres Rotationskörper-Volumen minus inneres). Integrieren mit GTR ergibt

$$V = 4\pi \int_0^4 (4 - x)\, \mathrm{d}x - 4\pi \int_0^{3,5} (x - 3{,}5)\, \mathrm{d}x \approx 23{,}56\ (\mathrm{cm}^3),$$

d.h. das Schälchen wiegt $2{,}5 \cdot 23{,}56 = 58{,}9$ (g). Sein Fassungsvermögen beträgt $V_g \approx 77$ (cm^3), man kann also knapp 80 ml Flüssigkeit einfüllen (nachdem man es um 90° gedreht hat :)).

Zum „**Achtung**“: Integriert man $\big(f(x) - g(x)\big)^2$, so würde dies bedeuten, dass man das Schaubild von $f(x) - g(x)$ um die x-Achse rotieren lassen würde, was einen total anderen Rotationskörper ergibt (plotte doch mal K_{f-g}). Zudem gibt es hier keine gemeinsame obere Grenze b für f und g.

L 2.40 Uneigentliche Integrale:

a) $$\int_4^\infty \frac{1}{\sqrt{x}}\,\mathrm{d}x = \lim_{b\to\infty}\int_4^b x^{-\frac{1}{2}}\,\mathrm{d}x = \lim_{b\to\infty}\Big[2\sqrt{x}\,\Big]_4^b = \lim_{b\to\infty}\big(2\sqrt{b}-2\sqrt{4}\big) = +\infty,$$

dieses uneigentliche Integral existiert also nicht. (Das Schaubild von $f(x) = \frac{1}{\sqrt{x}}$ nähert sich „nicht schnell genug" der x-Achse, um eine endliche Fläche zu ergeben.)

b) $$\int_0^2 \frac{1}{x^2}\,\mathrm{d}x = \lim_{a\to 0+}\int_a^2 x^{-2}\,\mathrm{d}x = \lim_{a\to 0+}\Big[-\frac{1}{x}\Big]_a^2 = \lim_{a\to 0+}\Big(-\frac{1}{2}+\frac{1}{a}\Big) = +\infty,$$

d.h. auch dieses uneigentliche Integral existiert nicht.

c) $$\int_2^\infty \frac{x-1}{x^3}\,\mathrm{d}x = \lim_{b\to\infty}\int_2^b \Big(\frac{1}{x^2}-\frac{1}{x^3}\Big)\mathrm{d}x = \lim_{b\to\infty}\Big[-\frac{1}{x}+\frac{1}{2x^2}\Big]_2^b$$
$$= \lim_{b\to\infty}\Big(-\frac{1}{b}+\frac{1}{2b^2}+\frac{1}{2}-\frac{1}{8}\Big) = 0+\frac{1}{2}-\frac{1}{8} = \frac{3}{8}\,.$$

L 2.41 Dieser (trichterförmige) Rotationskörper besitzt ein endliches Volumen, da

$$V = \pi\int_1^\infty \Big(\frac{1}{x}\Big)^2\mathrm{d}x = \pi\lim_{b\to\infty}\int_1^b x^{-2}\,\mathrm{d}x = \pi\lim_{b\to\infty}\Big[-\frac{1}{x}\Big]_1^b = \pi\lim_{b\to\infty}\Big(-\frac{1}{b}+1\Big) = \pi.$$

L 2.42 Laut dem Newton'schen Gravitationsgesetz gilt für die Hubarbeit, mit der man einen Satelliten der Masse m „ins Unendliche" befördern kann (R ist dabei der Erdradius):

$$\Delta W_{\text{Hub}} = \int_R^\infty F(s)\,\mathrm{d}s = \lim_{b\to\infty}\int_R^b k\cdot\frac{m}{s^2}\,\mathrm{d}s = mk\lim_{b\to\infty}\Big[-\frac{1}{s}\Big]_R^b$$
$$= mk\lim_{b\to\infty}\Big(-\frac{1}{b}+\frac{1}{R}\Big) = \frac{mk}{R}\,.$$

Dies ist ein endlicher Wert! (Als Zahlenwert ergibt sich 62,6 MJ pro kg Satellitenmasse.)

Lösungen zu Kapitel 3

L 3.1 Beidesmal auf den Hauptnenner bringen.

a) $f(x) = \dfrac{x^2}{x^3+1} - \dfrac{1}{x} = \dfrac{x^2\cdot x - 1\cdot(x^3+1)}{x^4+x} = \dfrac{-1}{x^4+x}$; Zählergrad 0, Nennergrad 4.

b) Hier ist Zählergrad 3 und Nennergrad 4, denn:

$$g(x) = \frac{2x}{(1-x)^2} + \frac{x+1}{x^2} = \frac{2x\cdot x^2 + (1+x)\cdot(1-x)\cdot(1-x)}{(1-x)^2\cdot x^2}$$
$$= \frac{2x^3+(1-x^2)\cdot(1-x)}{(1-2x+x^2)\cdot x^2} = \frac{2x^3+1-x^2-x+x^3}{x^4-2x^3+x^2} = \frac{3x^3-x^2-x+1}{x^4-2x^3+x^2}\,.$$

L 3.2

a) $$\begin{array}{l} (\;\;2x^3 \qquad\quad -1)\,:\,(x^3-x+1) = 2 + \dfrac{2x-3}{x^3-x+1} \\ \underline{-\,2x^3+2x-2} \\ \qquad\quad 2x-3 \end{array}$$

b)

$$\begin{array}{l}
\big(x^5 + x^4 + x^3 \qquad\qquad + 2\big) : \big(x^3 + 1\big) = x^2 + x + 1 + \dfrac{-x^2 - x + 1}{x^3 + 1} \\
\underline{-x^5 \qquad\quad - x^2} \\
\qquad x^4 + x^3 - x^2 \\
\qquad \underline{-x^4 \qquad\quad - x} \\
\qquad\qquad x^3 - x^2 - x + 2 \\
\qquad\qquad \underline{-x^3 \qquad\qquad - 1} \\
\qquad\qquad\quad -x^2 - x + 1
\end{array}$$

c)

$$\begin{array}{l}
\big(x + 1\big) : \big(x + 2\big) = 1 + \dfrac{-1}{x + 2} \\
\underline{-x - 2} \\
\quad -1
\end{array}$$

Ohne Polynomdivision: $\dfrac{x+1}{x+2} = \dfrac{(x+2)-1}{x+2} = \dfrac{x+2}{x+2} + \dfrac{-1}{x+2} = 1 - \dfrac{1}{x+2}$.

L 3.3 $f(x) = \dfrac{2x^3 + 8x}{2x^4 - 32} = \dfrac{2x \cdot (x^2+4)}{2 \cdot (x^4 - 16)} = \dfrac{2x \cdot (x^2+4)}{2 \cdot (x^2-4) \cdot (x^2+4)} = \dfrac{x}{x^2 - 4}$.

Diese Umformung ist für alle x erlaubt, da $x^2 + 4$ nie 0 wird.

L 3.4

a) Es ist $f(x) = \dfrac{2x^2 - 3x}{7 + 4x^2} = \dfrac{x^2 \cdot \left(2 - \frac{3}{x}\right)}{x^2 \cdot \left(4 + \frac{7}{x^2}\right)} = \dfrac{2 - \frac{3}{x}}{4 + \frac{7}{x^2}}$ für $x \neq 0$, und damit folgt

$$\lim_{|x|\to\infty} f(x) = \lim_{|x|\to\infty} \frac{2 - \frac{3}{x}}{4 + \frac{7}{x^2}} = \frac{2-0}{4+0} = \frac{1}{2},$$

d.h. die Gerade mit der Gleichung $y = \frac{1}{2}$ ist waagerechte Asymptote von K_f.

b) Da Zählergrad < Nennergrad ist, ist hier $y = 0$, also die x-Achse, waagerechte Asymptote von K_f. Zur rechnerischen Begründung kürzt man Zähler und Nenner mit x^2 (für $x \neq 0$) und erhält

$$f(x) = \frac{2 - 3x}{x^2 + 1} = \frac{\frac{2}{x^2} - \frac{3}{x}}{1 + \frac{1}{x^2}},$$

woran man $f(x) \to \frac{0}{1} = 0$ für $|x| \to \infty$ ablesen kann.

c) Polynomdivision liefert

$$\begin{array}{l}
\big(x^3 \qquad\qquad + x\big) : \big(x^2 + 2x + 2\big) = x - 2 + \dfrac{3x + 4}{x^2 + 2x + 2} \\
\underline{-x^3 - 2x^2 - 2x} \\
\qquad -2x^2 - x \\
\qquad \underline{\;\;\, 2x^2 + 4x + 4} \\
\qquad\qquad\quad 3x + 4
\end{array}$$

Somit gilt

$$\lim_{|x|\to\infty} \big(f(x) - (x-2)\big) = \lim_{|x|\to\infty} \frac{3x+4}{x^2 + 2x + 2} = 0,$$

weshalb sich das Schaubild K_f für große $|x|$ immer näher an die Gerade mit der Gleichung $y = x - 2$ anschmiegt. Diese ist hier also schiefe Asymptote von K_f.

L 3.5

a) Da Zählergrad < Nennergrad, hat K_f die x-Achse als waagerechte Asymptote, und die Gerade $x = -\pi$ ist senkrechte Asymptote. Zudem erfolgt dort kein VZW, da $x_0 = -\pi$ laut Satz 3.1 ein PoZ ist, aufgrund der geraden Hochzahl in $(x+\pi)^2$. Einsetzen einer Zahl nahe $-\pi$ (oder beachten, dass sowieso $f(x) < 0$ auf ganz D_f gilt) zeigt

$$\lim_{x\to-\pi} f(x) = -\infty,$$

d.h. das Schaubild stürzt dort ins negativ Unendliche ab.
Nullstellen besitzt die Funktion keine, d.h. sie nähert sich von unten der x-Achse an. Beachte außerdem die Symmetrie zur Achse $x = -\pi$. Evtl. noch $f(0) = -\frac{1}{\pi^2} \approx -0{,}1$ ausrechnen. Damit lässt sich das Schaubild wie in Abbildung L.17 links skizzieren.

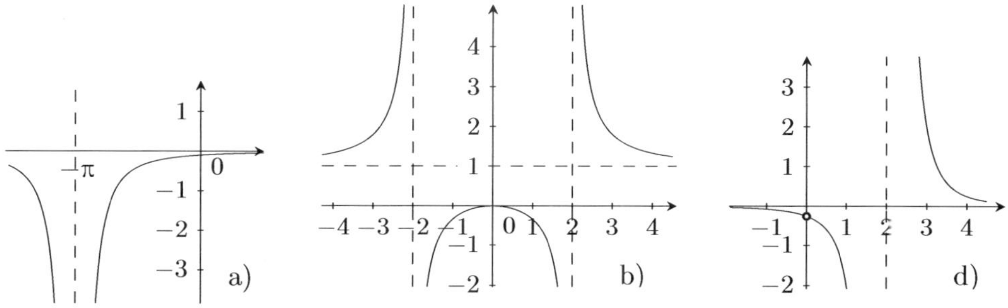

Abbildung L.17

Beachte: K_f entsteht aus dem Schaubild von $g(x) = \frac{1}{x^2}$, indem K_g an der x-Achse gespiegelt wird (wegen des Minuszeichens) und um π nach links verschoben wird (aufgrund von $(x+\pi)$ anstelle von x im Nenner; siehe Seite 112, wenn du hier noch Schwierigkeiten hast).

b) Das Schaubild der Funktion $f(x) = \frac{x^2}{x^2-4}$ besitzt die Gerade $y = \frac{1}{1} = 1$ als waagerechte Asymptote und die Geraden $x = \pm 2$ als senkrechte Asymptoten. Im Nenner steht nämlich laut der dritten binomischen Formel nichts anderes als $(x-2)\cdot(x+2)$. Laut Satz 3.1 handelt es sich um PmZe, da beide Faktoren in ungerader Hochzahl, nämlich 1, auftreten. Zahlen nahe 2 einsetzen: Für $x \to 2-$ ist $x^2 - 4 < 0$ (setze z.B. 1,9 ein: $1{,}9^2 < 2^2 = 4$) und da der Zähler x^2 (für $x \neq 0$) stets positiv ist, gilt $f(x) < 0$ und es folgt:

$$\lim_{x\to2-} f(x) = -\infty, \qquad \text{also (da PmZ)} \qquad \lim_{x\to2+} f(x) = +\infty.$$

Das Verhalten bei $x_0 = -2$ ergibt sich aus der Symmetrie von K_f zur y-Achse (siehe Abschnitt 3.3.1).
Für die Skizze ist noch die (einzige!) Nullstelle bei 0 zu beachten sowie die Symmetrie zur y-Achse. Zeichne erst die Asymptoten ein und achte bei den Polen darauf, in welche Richtung K_f hier abhaut (nach oben oder unten).
Noch eine Feinheit: Da stets $x^2 > x^2 - 4$ gilt, ist $f(x) > 1$ für $|x| > 2$ (da sonst der Nenner negativ wird), d.h. K_f nähert sich von oben her an die Asymptote $y = 1$ an, ohne sie zwischendurch irgendwo zu schneiden. Mit all diesen Infos kann man nun das Schaubild bequem skizzieren; siehe Abbildung L.17 Mitte.

c) Der Nennergrad ist wieder höher als der Zählergrad, also ist auch hier die x-Achse waagerechte Asymptote. Bei $x_0 = 0$ liegt ein PmZ vor (siehe Satz 3.1). An der Stelle

-2 ist sowohl Zähler als auch Nenner 0, d.h. wir sind in Fall (3B) und müssen umformen: Nach Vieta sind die Nullstellen des Zählers -2 und 5, und es folgt

$$\frac{x^2-3x-10}{x\cdot(x+2)^3}=\frac{(x+2)(x-5)}{x\cdot(x+2)^3}=\frac{x-5}{x\cdot(x+2)^2}.$$

Nun erkennt man -2 als PoZ aufgrund der geraden Hochzahl von $(x+2)$ im Nenner. Einsetzen einer Testzahl z nahe -2 zeigt $f(z)>0$, also gilt $f(x)\to+\infty$ für $x\to-2$.

d) Hier faktorisieren wir zunächst den Zähler und formen für $x\in D_f=\mathbb{R}\backslash\{0;\,2\}$ um:

$$\frac{2x^2-4x}{x\cdot(x-2)^4}=\frac{2x\cdot(x-2)}{x\cdot(x-2)^4}=\frac{2}{(x-2)^3}.$$

In der Form ist klar, dass 0 eine hebbare Lücke und 2 ein PmZ ist – und dass die x-Achse waagerechte Asymptote ist, ist sowieso klar.
Die Skizze (Abbildung L.17 rechts) ist hier leicht, wenn du noch weißt, wie das Schaubild von $g(x)=\frac{1}{x^3}$ aussieht (PoZ bei 0 mit $\lim_{x\to0-}g(x)=-\infty$). Um K_f zu bekommen, muss K_g nur um 2 nach rechts verschoben werden (aufgrund von $(x-2)$ anstelle von x im Nenner) und mit dem Faktor 2 in y-Richtung gestreckt. Allerdings hat das Schaubild K_f ein Loch bei $(\,0\,|\,f(0)\,)$, da $x=0$ eine Lücke von f ist.

e) Wir machen eine Fallunterscheidung:

(i) Für $m=n$ ist $f(x)=1$ auf $D_f=\mathbb{R}\backslash\{3\}$, und 3 ist somit eine hebbare Lücke. Das Schaubild ist die Gerade mit $y=1$, bei der ein Punkt herausgenommen ist.

(ii) Für $m>n$ ist $f(x)=(x-3)^k$ mit $k=m-n>0$ auf $D_f=\mathbb{R}\backslash\{3\}$, und 3 ist somit wieder eine hebbare Lücke. Das Schaubild ist für $k=1$ die um 3 nach rechts verschobene erste Winkelhalbierende, deren Nullstelle fehlt. Für $k>1$ ist K_f die um 3 nach rechts verschobene Normalparabel mit $y=x^k$, bei der der Scheitel $(3\mid 0)$ fehlt.

(iii) Für $m<n$ ist $f(x)=\frac{1}{(x-3)^k}$ mit $k=n-m>0$ auf $D_f=\mathbb{R}\backslash\{3\}$, und diesmal ist 3 ein Pol – ob PoZ oder PmZ, hängt davon ab, ob k gerade oder ungerade ist. Der erste Fall tritt ein, wenn m und n beide gerade oder beide ungerade sind, der zweite Fall wenn m gerade und n ungerade oder umgekehrt sind. Das Schaubild ist das um 3 nach rechts verschobene Schaubild von $\frac{1}{x^k}$ – hieran erkennt man auch, dass im Falle eines VZWs dieser von $-$ nach $+$ stattfindet, und in Fällen ohne VZW die Funktion nach $+\infty$ abhaut.

L 3.6

- Schaubild 1 besitzt die Funktionsgleichung g). Da das Schaubild (für $|x|\to\infty$) eine Näherungskurve vom Grad >1 besitzt, muss Zählergrad $>$ Nennergrad $+1$ sein, was nur bei g) erfüllt ist.

- Schaubild 2 gehört zur Funktionsgleichung b). Zunächst kommen wegen der PmZe ±1 nur solche in Frage, die ±1 als Nullstellen des Nenners besitzen, also nur a), b) und f). Da $y=1$ waagerechte Asymptote ist, muss Zählergrad $=$ Nennergrad sein, also bleibt nur b). (Ebenso könnte man wegen der Symmetrie zur y-Achse a) und f) ausschließen.)

- Schaubild 3 gehört zur Funktionsgleichung a). Es besitzt nämlich eine schiefe Asymptote, weshalb Zählergrad $=$ Nennergrad $+1$ sein muss, was nur in a) erfüllt ist.

- Schaubild 4 gehört zur Funktionsgleichung f). Das ist die einzig verbleibende Wahl mit 2 PmZen bei ±1.

- Schaubild 5 gehört zur Funktionsgleichung e). Nur c) und e) kommen in Frage, da ein PoZ bei $x_0 = 1$ vorliegen muss. Da die x-Achse waagerechte Asymptote ist, muss Zählergrad < Nennergrad sein, also scheidet c) aus.
- Schaubild 6 bekommt die verbleibende Funktionsgleichung c) mit PoZ bei $x_0 = 1$.

L 3.7 Um einen PoZ bei $x_0 = 0$ zu erzeugen, setzen wir x^2 (geradzahlige Potenz) in den Nenner, um einen PmZ bei $x_0 = 2$ zu haben, nehmen wir den Faktor $(x-2)$ (ungeradzahlige Potenz). Für die hebbare Lücke bei π setzen wir $(x-\pi)$ als Faktor in Zähler und Nenner. Die schiefe Asymptote erhält man durch Addition von $x+1$ zum restlichen Term, der für $|x| \to \infty$ gegen 0 geht. Als eine mögliche Funktionsgleichung setzen wir also an:

$$f(x) = \frac{(x-\pi)}{x^2 \cdot (x-2) \cdot (x-\pi)} + x + 1 = \frac{(x-\pi) + (x+1) \cdot x^2 \cdot (x-2) \cdot (x-\pi)}{x^2 \cdot (x-2) \cdot (x-\pi)}$$

was wir im zweiten Schritt noch auf den gemeinsamen Nenner gebracht haben (wer zuviel Zeit hat, kann das gerne ausmultiplizieren und zusammenfassen, was aber nicht Ziel dieser Übung ist). Kontrolliere jedenfalls diese oder deine persönliche Lösung durch Plotten.

L 3.8

- Schaubild 1 hat (immer soweit erkennbar) weder Pole noch Lücken, also kann der Nenner keine Nullstelle haben. Weil die x-Achse waagerechte Asymptote ist, muss der Nennergrad um mindestens 1 größer als der Zählergrad sein. Der Nenner muss damit ein Polynom von mindestens Grad 2 sein (bei Grad 1 hätte er nämlich eine Nullstelle). Als einfache Wahl bietet sich $\frac{a}{x^2+1}$ an. Punktprobe mit $(0 \mid 1)$ ergibt $a = 1$, also lautet eine mögliche Funktionsgleichung

  $$f_1(x) = \frac{1}{x^2+1}.$$

- Die Funktionsgleichung $f_2(x)$ von Schaubild 2 muss aufgrund der PmZe bei ± 3 den Ausdruck $(x-3) \cdot (x+3) = x^2 - 9$ als Faktor im Nenner enthalten. Aufgrund der waagerechten Asymptote $y = 1$ muss der Zähler denselben Grad (und Vorfaktor der höchsten Potenz) wie der Nenner haben. Versuchen wir's also mit $\frac{x^2+bx+c}{x^2-9}$. Wegen $f_2(x) = 0$ muss $c = 0$ sein, und $b \neq 0$ würde die Symmetrie des Schaubilds zur y-Achse zerstören. Also folgt auch $b = 0$ und eine mögliche Funktionsgleichung ist

  $$f_2(x) = \frac{x^2}{x^2-9}.$$

- Bei Schaubild 3 muss aufgrund des PoZ bei -2 im Nenner eine geradzahlige Potenz von $(x+2)$ vorkommen, z.B. $(x+2)^2$ – bei $\frac{1}{(x+2)^2}$ stimmt dann auch das Vorzeichen fürs beobachtete Abhauen ins Unendliche. Da im Schaubild die waagerechte Asymptote -2 anstelle von 0 vorliegt, ist eine Verschiebung um 2 nach unten erforderlich, also wähle

  $$f_3(x) = \frac{1}{(x+2)^2} - 2.$$

L 3.9

a) Es ist $f(-x) = \frac{(-x)^3}{-x-1} = \frac{-x^3}{-x-1} = \frac{x^3}{x+1}$. Da dies weder $f(x)$ noch $-f(x) = -\frac{x^3}{x-1}$ für alle $x \in D_f = \mathbb{R} \setminus \{1\}$ ist, weist das Schaubild K_f keine einfache Symmetrie auf.

b) Zunächst ist $g(x) = \frac{x^3+2x}{(x-1)\cdot(x+1)} = \frac{x^3+2x}{x^2-1}$ und es folgt

$$g(-x) = \frac{(-x)^3 + 2(-x)}{(-x)^2 - 1} = \frac{-x^3 - 2x}{x^2 - 1} = -\frac{x^3 + 2x}{x^2 - 1} = -g(x)$$

für alle $x \in D_g = \mathbb{R} \setminus \{\pm 1\}$, d.h. K_g ist punktsymmetrisch zum Ursprung.

c) Es ist $h(-x) = \frac{x^2-x}{x^4+1}$, was weder mit $h(x)$ noch mit $-h(x)$ für alle $x \in D_h = \mathbb{R}$ übereinstimmt. Somit weist das Schaubild K_h keine einfache Symmetrie auf.

L 3.10

a) Für alle geraden Zahlen k (inklusive 0) gilt $(-x)^k = x^k$; daraus folgt, dass gerade Polynome $f(-x) = f(x)$ für alle $x \in \mathbb{R}$ erfüllen, ihre Schaubilder also symmetrisch zur y-Achse sind.
Für alle ungeraden Zahlen k gilt $(-x)^k = -x^k$; daraus folgt, dass ungerade Polynome $f(-x) = -f(x)$ für alle $x \in \mathbb{R}$ erfüllen, ihre Schaubilder somit symmetrisch zum Ursprung sind.

b) Wenn z und n beide gerade sind, so gilt $f(-x) = \frac{z(-x)}{n(-x)} = \frac{z(x)}{n(x)} = f(x)$ für alle $x \in D_f$, K_f ist also symmetrisch zur y-Achse. Dies gilt ebenfalls, wenn z und n beide ungerade sind, denn dann ist für alle $x \in D_f$

$$f(-x) = \frac{z(-x)}{n(-x)} = \frac{-z(x)}{-n(x)} = \frac{z(x)}{n(x)} = f(x).$$

Ist z ungerade und n gerade, so gilt

$$f(-x) = \frac{z(-x)}{n(-x)} = \frac{-z(x)}{n(x)} = -\frac{z(x)}{n(x)} = -f(x)$$

für alle $x \in D_f$, K_f ist also symmetrisch zum Ursprung; vergleiche mit b) der vorigen Aufgabe. Analog, wenn z gerade und n ungerade ist.

L 3.11

a) Das Schaubild K_f ist symmetrisch zu seiner senkrechten Asymptote $x = 2$. Um dies nachzuweisen, müssen wir

$$f(2-x) = f(2+x) \quad \text{für alle } x \in \mathbb{R} \text{ mit } 2 \pm x \in D_f = \mathbb{R} \setminus \{2\}$$

zeigen, sprich für alle $x \neq 0$. Dies ist hier schnell erledigt:

$$f(2-x) = \frac{1}{((2-x)-2)^2} = \frac{1}{(-x)^2} = \frac{1}{x^2}, \quad \text{und}$$

$$f(2+x) = \frac{1}{((2+x)-2)^2} = \frac{1}{x^2},$$

also gilt $f(2-x) = f(2+x)$ für alle $x \neq 0$.

b) (i) Die senkrechte Asymptote von K_g ist $x = -1$, und Polynomdivision liefert

$$\begin{array}{l} (\quad x^2) : (x+1) = x - 1 + \dfrac{1}{x+1} \\ \underline{-x^2 - x} \\ \qquad -x \\ \qquad \underline{\; x + 1} \\ \qquad\quad 1 \end{array}$$

also ist $y = x - 1$ schiefe Asymptote von K_g. Der Asymptotenschnittpunkt liegt somit bei $P(-1\,|\,-2)$. Um Punktsymmetrie von K_g zu P nachzuweisen, müssen wir

$$\frac{g(-1-x)+g(-1+x)}{2} = -2 \quad \text{für alle } x \in \mathbb{R} \text{ mit } -1 \pm x \in D_g = \mathbb{R}\setminus\{-1\}$$

überprüfen, d.h. für alle $x \neq 0$. Here we go:

$$\begin{aligned} g(-1-x)+g(-1+x) &= \frac{(-1-x)^2}{-1-x+1} + \frac{(-1+x)^2}{-1+x+1} \\ &= \frac{(-1)^2 - 2(-1)x + x^2}{-x} + \frac{(-1)^2 + 2(-1)x + x^2}{x} \\ &= -\frac{1+2x+x^2}{x} + \frac{1-2x+x^2}{x} \\ &= \frac{-1-2x-x^2+1-2x+x^2}{x} = \frac{-4x}{x} = -4, \end{aligned}$$

und damit gilt wie gewünscht für alle $x \neq 0$

$$\frac{g(-1-x)+g(-1+x)}{2} = \frac{-4}{2} = -2.$$

(ii) Die senkrechte Asymptote von K_h ist $x = 1$, und Polynomdivision ergibt

$$\begin{array}{l} (\;\; x^2 \qquad - 4) : (x-1) = x + 1 + \dfrac{-3}{x-1} \\ \underline{-x^2 + x} \\ \qquad\;\; x - 4 \\ \qquad\; \underline{-x + 1} \\ \qquad\quad -3 \end{array}$$

d.h. K_h besitzt $y = x + 1$ als schiefe Asymptote. Der Asymptotenschnittpunkt liegt demnach bei $Q(1\,|\,2)$. Um Punktsymmetrie von K_h zu Q nachzuweisen, müssen wir

$$\frac{h(1-x)+h(1+x)}{2} = 2 \quad \text{für alle } x \in \mathbb{R} \text{ mit } 1 \pm x \in D_h = \mathbb{R}\setminus\{1\}$$

nachweisen, d.h. für alle $x \neq 0$. Here we go again:

$$\begin{aligned} h(1-x)+h(1+x) &= \frac{(1-x)^2-4}{1-x-1} + \frac{(1+x)^2-4}{1+x-1} \\ &= \frac{1-2x+x^2-4}{-x} + \frac{1+2x+x^2-4}{x} \\ &= \frac{3+2x-x^2+(-3)+2x+x^2}{x} = \frac{4x}{x} = 4, \end{aligned}$$

und somit gilt auch hier wie gewünscht für alle $x \neq 0$

$$\frac{h(1-x)+h(1+x)}{2} = \frac{4}{2} = 2.$$

L 3.12

a) Offenbar besitzt f keine Nullstellen, da $1 \neq 0$.

b) Zähler Null setzen: $x^2 - 4x = x(x-4) = 0$, was nach dem Nullproduktsatz auf $x_1 = 0$ und $x_2 = 4$ führt. Da der Nenner nicht 0 wird, sind x_1 und x_2 Nullstellen von f.

c) Zähler Null setzen: $x^4 - 4x^2 + 3 = 0$, was nach Substitution $x^2 = u$ in $u^2 - 4u + 3 = 0$ übergeht. Vieta (oder Mitternachtsformel) liefert $u_1 = 1$ und $u_2 = 3$, und nach Rücksubstitution erhält man $x_{1,2} = \pm\sqrt{1} = \pm 1$ sowie $x_{3,4} = \pm\sqrt{3}$. Da der Nenner $x^3 - x$ an den Stellen x_1 und x_2 jedoch ebenfalls Null wird, sind nur $x_{3,4} = \pm\sqrt{3}$ die Nullstellen von f.
Zusatz: Faktorisieren und Kürzen liefert

$$f(x) = \frac{x^4 - 4x^2 + 3}{x^3 - x} = \frac{(x^2-3)\cdot(x^2-1)}{x\cdot(x^2-1)} = \frac{x^2-3}{x} = \frac{(x-\sqrt{3})\cdot(x+\sqrt{3})}{x},$$

d.h. $x_{1,2} = \pm 1$ sind Definitionslücken von f (und keine Nullstellen der gekürzten Funktion).

L 3.13

a) Umschreiben: $f(x) = \frac{x^2+9}{x} = \frac{x^2}{x} + \frac{9}{x} = x + 9x^{-1}$. Damit folgt

$$f'(x) = 1 - 9x^{-2} = \frac{x^2-9}{x^2}; \qquad f''(x) = (-2)\cdot(-9x^{-3}) = 18x^{-3} = \frac{18}{x^3}.$$

Die notwendige Bedingung $f'(x) = 0$ führt auf $x^2 - 9 = 0$, also $x_{1,2} = \pm 3$. Da $f''(x_1) = \frac{18}{3^3} > 0$ gilt, ist $x_1 = 2$ eine Tiefstelle und wegen $f''(x_2) = \frac{18}{(-3)^3} < 0$ handelt es sich bei $x_2 = -3$ um eine Hochstelle (was auch aus der Punktsymmetrie von K_f zum Ursprung folgt).

b) Die Quotientenregel ergibt:

$$\begin{aligned} f'(x) &= \frac{(2x-2)\cdot(x+1)^2 - (x^2-2x+2)\cdot 2(x+1)}{(x+1)^4} \\ &= \frac{(x+1)\cdot\big((2x-2)\cdot(x+1) - (x^2-2x+2)\cdot 2\big)}{(x+1)^4} \\ &= \frac{(2x-2)\cdot(x+1) - 2(x^2-x+1)}{(x+1)^3} = \ldots = \frac{4x-6}{(x+1)^3}. \end{aligned}$$

Auf ähnliche Weise erhält man $f''(x) = \frac{-8x+22}{(x+1)^4}$.
Notwendige Bedingung: $f'(x) = 0$, d.h. $4x - 6 = 0$ bzw. $x = \frac{6}{4} = \frac{3}{2}$ ist einziger Kandidat für eine Extremstelle. Auch hier funktioniert die hinreichende Bedingung mit der zweiten Ableitung: $f''(\frac{3}{2}) = \frac{-12+22}{2{,}5^4} > 0$ zeigt, dass $x = \frac{3}{2}$ eine Tiefstelle von f bzw. K_f ist.

c) Mit Hilfe der Quotientenregel ergibt sich nach kurzer Umformung

$$f'(x) = \frac{6x}{(x^2+1)^2},$$

d.h. $x = 0$ ist einziger Extremstellenkandidat. Da der Nenner von $f'(x)$ aufgrund des Quadrats stets positiv ist, folgt $f'(-h) = \frac{-6h}{(h^2+1)^2} < 0$ und $f'(h) = \frac{6h}{(h^2+1)^2} > 0$ für kleines (sogar jedes beliebige) $h > 0$. Somit vollzieht $f'(x)$ an der Stelle $x = 0$ einen VZW von $-$ nach $+$, d.h. 0 ist Tiefstelle von f bzw. K_f.

L 3.14 Zweimaliges Ableiten mit Hilfe der Quotientenregel und Umformen sollte dich letztendlich auf

$$f''(x) = \frac{36x^2 \cdot (x^3 - 8)}{(x^3 + 4)^3}$$

führen. Man erkennt, dass $f''(0) = 0$ gilt, d.h. $x = 0$ ist zumindest Wendestellenkandidat. Untersuchung von f'' auf VZW bei 0: Sei $0 < h < 1$ beliebig; dann gilt $\pm h^3 - 8 < 0$ und $\pm h^3 + 4 > 0$, und damit folgt (da $h^2 > 0$):

$$f''(h) = \frac{36h^2 \cdot (h^3 - 8)}{(h^3 + 4)^3} < 0$$

und ebenfalls

$$f''(-h) = \frac{36h^2 \cdot (-h^3 - 8)}{(-h^3 + 4)^3} < 0.$$

Somit vollzieht f'' keinen VZW bei 0, d.h. 0 ist keine Wendestelle von K_f.

L 3.15 Zunächst das Vorgehen mit konkreten Parameterwerten, z.B. $a = 1$ und $a' = 2$:

(1) Wenn alle Scharkurven durch einen Punkt verlaufen, dann insbesondere auch K_1 und K_2. Wir überprüfen, ob diese beiden sich schneiden: $f_1(x) = f_2(x)$ führt auf (für x-Werte im gemeinsamen Definitionsbereich, also $x \neq 0$ und $x \neq -1$)

$$\frac{1}{x} = \frac{2}{x+1} \iff 1 \cdot (x+1) = 2 \cdot x \iff x + 1 = 2x \iff x = 1.$$

Im ersten Schritt wurde mit dem gemeinsamen Nenner $x \cdot (x+1)$ durchmultipliziert; links kürzt sich dadurch das x und auf der rechten Seite fällt das $x+1$ weg. Da es nur die Lösung $x = 1$ gibt, besitzen K_1 und K_2 den Punkt $S\,(1\,|\,1)$ als einzigen Schnittpunkt ($f_1(1) = \frac{1}{1} = 1$).

(2) Punktprobe für beliebiges $a \neq 0$ durchführen: Es ist

$$f_a(1) = \frac{a}{1 + a - 1} = \frac{a}{a} = 1$$

(im letzten Schritt ist $a \neq 0$ wichtig!) unabhängig von a, d.h. alle Scharkurven K_a verlaufen durch S. Somit ist S der einzige gemeinsame Punkt der Kurvenschar.

[Alternativ kann man auch gleich allgemein $f_a(x) = f_b(x)$ für beliebige $a, b \neq 0$ mit $a \neq b$ untersuchen (nur zu empfehlen, wenn du gut umformen kannst): $f_a(x) = f_b(x)$ führt auf (wieder nur für x-Werte im gemeinsamen Definitionsbereich)

$$\begin{aligned} \frac{a}{x + a - 1} = \frac{b}{x + b - 1} &\iff a \cdot (x + b - 1) = b \cdot (x + a - 1) \\ &\iff ax + ab - a = bx + ab - b \\ &\iff ax - bx = (a - b)x = a - b \iff x = \frac{a - b}{a - b} = 1, \end{aligned}$$

wobei im letzten Schritt $a \neq b$ wichtig ist, da man sonst nicht durch $a - b$ teilen darf, weil es 0 wäre. Da a und b beliebig waren, zeigt dies, dass alle K_a sich in $S\,(1\,|\,1)$ schneiden (y-Koordinate von S: $f_a(1) = \frac{a}{1+a-1} = \frac{a}{a} = 1$), und dass S der einzige solche Punkt ist (sonst müsste obige Gleichung mehr als eine Lösung haben).]

L 3.16

a) Zunächst zweimal ableiten (den konstanten Faktor $2t$ dabei vor den Bruch ziehen).

$$f_t'(x) = 2t\,\frac{1\cdot(x^2+t) - x\cdot 2x}{(x^2+t)^2} = 2t\,\frac{t-x^2}{(x^2+t)^2}$$

$$f_t''(x) = 2t\,\frac{-2x\cdot(x^2+t)^2 - (t-x^2)\cdot 2(x^2+t)\cdot 2x}{(x^2+t)^4} = \ldots = 4t\,\frac{x(x^2-3t)}{(x^2+t)^3}$$

(Faktor (x^2+t) beim Zusammenfassen der zweiten Ableitung kürzen!)
Die notwendige Bedingung für Extrema $f_t'(x) = 0$ führt auf $t - x^2 = 0$, d.h. $|x| = \sqrt{t}$ (beachte $t > 0$). Also sind $x = \pm\sqrt{t}$ die beiden Extremstellenkandidaten. Hinreichende Bedingung:

$$f_t''(\sqrt{t}\,) = 4t\,\frac{\sqrt{t}\,(\sqrt{t}^{\,2} - 3t)}{(\sqrt{t}^{\,2}+t)^3} = 4t\sqrt{t}\cdot\frac{-2t}{8t^3} = -\frac{4t\sqrt{t}}{4t^2} = -\frac{\sqrt{t}}{t} = -\frac{1}{\sqrt{t}} < 0.$$

Somit ist $x = \sqrt{t}$ eine Hochstelle. (Aufgrund der Punktsymmetrie von K_t zum Ursprung muss es sich bei $x = -\sqrt{t}$ um eine Tiefstelle handeln.) y-Koordinate des Hochpunkts:

$$f_t(\sqrt{t}\,) = \frac{2t\sqrt{t}}{\sqrt{t}^{\,2}+t} = \frac{2t\sqrt{t}}{2t} = \sqrt{t}.$$

Die Parameterdarstellung der Ortskurve der Hochpunkte lautet somit

$$k\colon \begin{cases} x(t) = \sqrt{t} & (1) \\ y(t) = \sqrt{t} & (2) \end{cases} \qquad \text{für } t > 0.$$

Wer hieran nicht auf einen Blick $y = x$ erkennt, muss erst noch das t rausschmeißen, um zur parameterfreien Darstellung der Gestalt $y = k(x)$ zu gelangen. Dazu lösen wir Gleichung (1) nach t auf, $t = x^2$, und setzen dies in (2) ein:

$$y = \sqrt{x^2} = |x|\,.$$

Aufgrund von $x = \sqrt{t} > 0$ nimmt x nur Werte aus $(\,0\,;\infty\,)$ an (und zwar alle davon), so dass also stets $|x| = x$ gilt und wir

$$k(x) = x \quad \text{mit } x > 0$$

erhalten. Die Ortskurve der Hochpunkte ist somit die erste Winkelhalbierende ($y = x$), allerdings nur im ersten Quadranten; siehe Abbildung L.18 links.

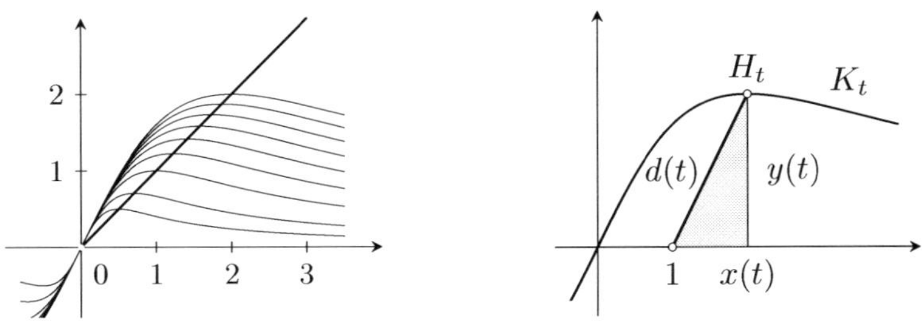

Abbildung L.18

b) Für die Entfernung $d(t)$ des Hochpunktes $H_t\,(\,x(t)\,|\,y(t)\,)$ vom Punkt $P\,(\,1\,|\,0\,)$ gilt nach Pythagoras (siehe graues, rechtwinkliges Dreieck in Abbildung L.18 rechts)

$$d(t) = \sqrt{\big(x(t)-1\big)^2 + \big(y(t)-0\big)^2} = \sqrt{\big(\sqrt{t}-1\big)^2 + \sqrt{t}^{\,2}} = \sqrt{\big(\sqrt{t}-1\big)^2 + t}\,.$$

Jetzt mit dem GTR das Minimum bestimmen und vorbei ist's mit dem Spaß. Wer was auf sich hält, versucht es von Hand (im Abi spielst du hier aber natürlich nicht den Helden): Um das Minimum von $d(t)$ zu berechnen, genügt es, das Minimum des Terms unter der Wurzel zu bestimmen (siehe Aufgabe 3.17). Ableiten der Hilfsfunktion $h(t) = d(t)^2 = \big(\sqrt{t}-1\big)^2 + t$ mit Hilfe der Kettenregel:

$$h'(t) = 2\big(\sqrt{t}-1\big)\cdot\frac{1}{2\sqrt{t}} + 1 = \frac{\sqrt{t}-1}{\sqrt{t}} + 1 = 2 - \frac{1}{\sqrt{t}}\,, \qquad h''(t) = \frac{1}{2\sqrt{t^3}}\,.$$

Notwendige Bedingung $h'(t) = 0$:

$$2 - \frac{1}{\sqrt{t}} = 0 \quad\Longleftrightarrow\quad \frac{1}{\sqrt{t}} = 2 \quad\Longleftrightarrow\quad t = \frac{1}{2^2} = \frac{1}{4}\,.$$

Aufgrund von $h''(\frac{1}{4}) > 0$ liegt tatsächlich ein Minimum vor. Somit besitzt der Hochpunkt $H_{\frac{1}{4}}\,(\,\frac{1}{2}\,|\,\frac{1}{2}\,)$ (beachte: $\sqrt{\frac{1}{4}} = \frac{1}{2}$) den kleinsten Abstand zu P. (Dieser beträgt $d(\frac{1}{4}) = \sqrt{\frac{1}{2}}$.)

L 3.17 Es ist $w(x) = \sqrt{f(x)} = (f(x))^{\frac{1}{2}}$ und mit der Kettenregel folgt

$$w'(x) = \frac{1}{2}\big(f(x)\big)^{-\frac{1}{2}}\cdot f'(x) = \frac{f'(x)}{2\sqrt{f(x)}}\,.$$

Hieran erkennt man, dass $w'(x) = 0$ genau dann gilt, wenn $f'(x) = 0$ ist. Somit haben f und w dieselben Extremstellenkandidaten (falls es überhaupt welche gibt).
Da der Nenner von $w'(x)$ stets positiv ist, sein Vorzeichen also nie wechselt, vollziehen f' und w' dieselbe Art von VZW. Ist z.B. x_0 eine Tiefstelle von f, so wechselt f' bei x_0 sein Vorzeichen von $-$ nach $+$; nach dem eben Gesagten gilt dies dann auch für w', d.h. x_0 ist ebenfalls eine Tiefstelle von w. Umgekehrt gilt dasselbe.
Dies zeigt, dass w und f ihre Extrema an derselben Stelle annehmen.

L 3.18

a) Wir wissen bereits, dass der Hochpunkt die Koordinaten $H_t\,(\,t\,|\,\frac{1}{2t}\,)$ besitzt. Aufgrund der Punktsymmetrie von K_t zum Ursprung muss der Tiefpunkt bei $T_t\,(\,-t\,|-\frac{1}{2t}\,)$ liegen. Für den Abstand der beiden Punkte gilt (nach Pythagoras)

$$d(t) = \overline{H_tT_t} = \sqrt{(t-(-t))^2 + \big(\tfrac{1}{2t} - (-\tfrac{1}{2t})\big)^2} = \sqrt{4t^2 + 4\,\tfrac{1}{4t^2}} = 2\sqrt{t^2 + \tfrac{1}{4t^2}}\,.$$

Beachte, dass aus Symmetriegründen $\overline{H_tT_t} = 2\,\overline{OH_t}$ sein muss (erstelle eine Skizze); so wäre man schneller auf die Endformel gekommen. Nach Aufgabe 3.17 genügt es wieder, die Tiefstelle der Hilfsfunktion

$$h(t) = t^2 + \frac{1}{4t^2}$$

zu bestimmen (der Vorfaktor 2 spielt offenbar keine Rolle für die Lage der Tiefstelle). Zweimal ableiten:

$$h'(t) = 2t - 2\,\frac{1}{4t^3} = 2t - \frac{1}{2t^3}\,, \qquad h''(t) = 2 + \frac{3}{2t^4}\,.$$

Notwendige Bedingung $h'(t) = 0$:

$$2t = \frac{1}{2t^3} \quad \Longleftrightarrow \quad t^4 = \frac{1}{4} \quad \Longleftrightarrow \quad |t| = \sqrt[4]{\frac{1}{4}} = \sqrt{\frac{1}{2}} = \frac{1}{\sqrt{2}}\,.$$

Wegen $t > 0$ folgt $t = \frac{1}{\sqrt{2}} = \frac{\sqrt{2}}{2}$ (Nenner rational gemacht) und aufgrund von $h''(\frac{\sqrt{2}}{2}) > 0$ liegt ein Minimum vor. Für $t = \frac{\sqrt{2}}{2}$ haben Hoch- und Tiefpunkt den kleinsten Abstand voneinander, und dieser beträgt:

$$d_{\min} = d(\tfrac{\sqrt{2}}{2}) = 2\sqrt{\tfrac{1}{2} + \tfrac{1}{4\cdot\frac{1}{2}}} = 2.$$

b) Für $u \to 0$ geht der Flächeninhalt $A(u)$ des Dreiecks OPQ offenbar gegen 0. Für $u \to \infty$ wird die Höhe $h = \overline{PQ} = f_1(u)$ immer kleiner, denn es gilt $f_1(u) \to 0$ für $u \to \infty$. Also könnte $A(u) \to 0$ streben für $u \to \infty$. In diesem Fall müsste irgendwo zwischendrin ein Maximum von $A(u)$ liegen. Allerdings wächst für $u \to \infty$ die Länge g der Grundseite OP unbeschränkt an. Falls „g gleich stark oder stärker wächst als h fällt“, könnte $A(u) = \frac{1}{2}gh$ ebenfalls wachsen, evtl. sogar unbeschränkt. In diesem Fall müsste kein Extremum existieren. Hier hilft nur rechnen weiter!

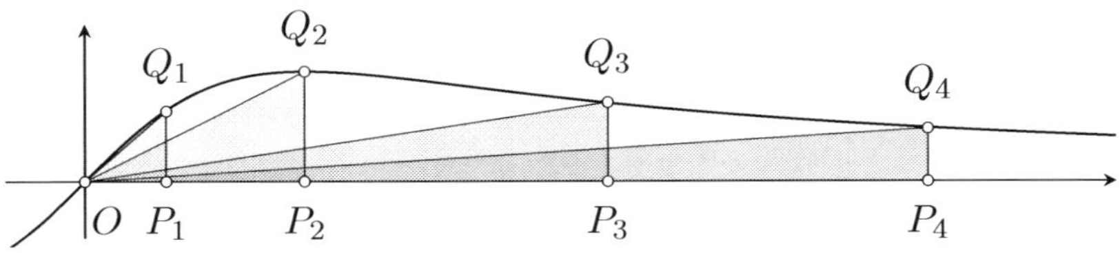

Abbildung L.19

Die Zielfunktion lautet

$$A(u) = \frac{1}{2}\cdot g\cdot h = \frac{1}{2}\cdot\overline{OP}\cdot\overline{PQ} = \frac{1}{2}\cdot u\cdot f_1(u) = \frac{1}{2}\,\frac{u^2}{u^2+1}$$

mit Definitionsbereich $u > 0$. Ableiten:

$$A'(u) = \frac{1}{2}\,\frac{2u(u^2+1) - u^2\cdot 2u}{(u^2+1)^2} = \frac{1}{2}\,\frac{2u}{(u^2+1)^2}\,.$$

$A'(u) = 0$ ist nur für $u = 0$ erfüllt, was aber nicht im Definitionsbereich von $A(u)$ liegt. Tatsächlich besitzt der Dreiecksinhalt *kein Extremum*: Wegen $A'(u) > 0$ für $u > 0$ wächst er streng monoton steigend und nähert sich für $u \to \infty$ asymptotisch der Zahl

$$A_\infty = \lim_{u\to\infty} A(u) = \lim_{u\to\infty} \frac{1}{2}\,\frac{u^2}{u^2+1} = \frac{1}{2}\cdot 1 = \frac{1}{2}$$

an, ohne sie aber jemals ganz zu erreichen. Koiner hätt's denggd! (Zu sagen „$\frac{1}{2}$ ist der maximale Flächeninhalt“ wäre falsch, da stets $A(u) < \frac{1}{2}$ gilt, d.h. es gibt kein Dreieck, dessen Fläche exakt $\frac{1}{2}$ wäre.)

L 3.19 Vorgehen nach dem Schema von Seite 95:

(0) Um uns beim Ableiten die Quotientenregel zu ersparen, schreiben wir f erst um:

$$f(x) = \frac{2x^3+1}{x^2} = \frac{2x^3}{x^2} + \frac{1}{x^2} = 2x + x^{-2}\,.$$

(1) Aufstellen der Tangentengleichung im Berührpunkt $B\,(\,b \mid f_2(b)\,) \in K_f$: Es ist $f'(x) = 2 - \frac{2}{x^3}$ und es folgt

$$t_b(x) = f'(b) \cdot (x - b) + f(b) = \left(2 - \frac{2}{b^3}\right) \cdot (x - b) + 2b + \frac{1}{b^2}\,.$$

(Zusammenfassen ist hier nicht nötig, zumal wir gleich $x = 0$ einsetzen.)

(2) Punktprobe mit $P\,(\,0 \mid 1\,)$: Es soll $t_b(0) = 1$ sein. Dies führt auf

$$t_b(0) = \left(2 - \frac{2}{b^3}\right) \cdot (0 - b) + 2b + \frac{1}{b^2} \overset{!}{=} 1.$$

(3) Lösen der Gleichung aus (2) (zur Kontrolle auch mit dem GTR durchführen!):

$$-2b + \frac{2}{b^2} + 2b + \frac{1}{b^2} = \frac{3}{b^2} \overset{!}{=} 1 \qquad \Longleftrightarrow \qquad b = \pm\sqrt{3}.$$

Da es zwei Lösungen für b gibt, existieren zwei Berührpunkte und damit zwei Tangenten, die von P aus an K_2 gelegt werden können.

L 3.20 Die Augen des Orang-Utan-Männchens befinden sich im Punkt $A\,(\,0 \mid 1{,}12\,)$, da die 1,2 m Augenhöhe 0,12 LE auf der y-Achse entsprechen. Der letzte Lichtstrahl, der gerade noch vom Tal aus ins Auge des Männchens fallen kann, wird beschrieben durch die Tangente an K_f, die durch A verläuft und dabei stets oberhalb von K_f bleibt (siehe Abbildung L.20).

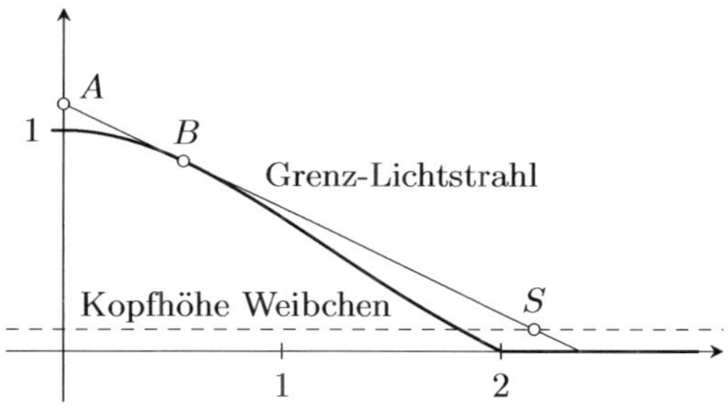

Abbildung L.20

Um die Gleichung dieser Tangente zu finden, gehen wir wieder wie auf Seite 95 vor.

(1) Aufstellen der Tangentengleichung im Berührpunkt $B\,(\,b \mid f(b)\,) \in K_f$: Es ist

$$f'(x) = -\frac{16x}{(4 + x^2)^2}$$

(nachrechnen mit Quotientenregel!) und damit ergibt sich

$$t_b(x) = f'(b) \cdot (x - b) + f(b) = -\frac{16b}{(4 + b^2)^2} \cdot (x - b) + \frac{4 - b^2}{4 + b^2}\,. \qquad (\star)$$

(2) Nun bestimmen wir diejenigen Werte von b, für welche die Tangente K_{t_b} durch A verläuft. Punktprobe mit $A\,(\,0 \mid 1{,}12\,)$: Es soll $t_b(0) = 1{,}12$ sein, was auf folgende Gleichung führt:

$$t_b(0) = -\frac{16b}{(4 + b^2)^2} \cdot (0 - b) + \frac{4 - b^2}{4 + b^2} = \frac{16b^2}{(4 + b^2)^2} + \frac{4 - b^2}{4 + b^2} \overset{!}{=} 1{,}12.$$

(3) Der GTR liefert zwei Lösungen im Bereich $0 \leqslant b \leqslant 2$: $b_1 \approx 0{,}548$ und $b_2 \approx 1{,}738$. Zeichnet man die zu b_2 gehörige Tangente ein, so läuft sie teilweise unterhalb von K_f und kann damit keinem Lichtstrahl entsprechen, der vom Tal zum Punkt A gelangt.

(4) Da wir die Tangentengleichung explizit brauchen, setzen wir $b_1 \approx 0{,}548$ in $(\star)$ ein:

$$t_{b_1}(x) \approx -0{,}474\,x + 1{,}120.$$

Da sich der Kopf des Weibchens auf einer Höhe von 1 m befindet, müssen wir die Tangente mit der Gerade $y = 0{,}1$ schneiden. Aus $t_{b_1}(x) = 0{,}1$ ergibt sich $x \approx 2{,}15$ als x-Koordinate des Schnittpunkts S. Das Weibchen darf im Flachland also im Bereich $2 \leqslant x \leqslant 2{,}15$, d.h. maximal 1,5 m vom Fuß des Hügels entfernt sitzen, damit das Männchen es nicht erblicken (und besteigen) kann. (Es dürfte auch ein Stück weit den Hügel hinaufkrabbeln, aber das rechnen wir hier nicht mehr aus. Kommst du auf den Ansatz?)

L 3.21 Polynomdividieren bis der Arzt kommt. (Nochmal der Hinweis: Hier sind die Minusklammern alle aufgelöst, was ich dir beim Aufschreiben nicht unbedingt empfehlen würde.)

a)
$$\begin{array}{l}
\big(x^2 - 2x + 1\big) : \big(x - 1\big) = x - 1 \\
\underline{-x^2 + x} \\
\qquad -x + 1 \\
\qquad \underline{\ \ x - 1} \\
\qquad\qquad 0
\end{array}$$

Wer das Binom erkennt, kann sich die Polynomdivision natürlich auch sparen, denn

$$\frac{x^2 - 2x + 1}{x - 1} = \frac{(x-1)^2}{x - 1} = x - 1 \quad :).$$

b)
$$\begin{array}{l}
\big(x^3 - 37x^2 + x - 37\big) : \big(x - 37\big) = x^2 + 1 \\
\underline{-x^3 + 37x^2} \\
\qquad\qquad x - 37 \\
\qquad\quad \underline{-x + 37} \\
\qquad\qquad\quad 0
\end{array}$$

c)
$$\begin{array}{l}
\big(3x^3 - 6x^2 - 5x + 10\big) : \big(3x^2 - 5\big) = x - 2 \\
\underline{-3x^3 \qquad\quad + 5x} \\
\qquad -6x^2 \qquad + 10 \\
\qquad \underline{\ \ 6x^2 \qquad - 10} \\
\qquad\qquad\qquad 0
\end{array}$$

d)
$$\begin{array}{l}
\big(x^3 + 5x^2 + x - 11\big) : \big(x^2 + x - 3\big) = x + 4 + \dfrac{1}{x^2 + x - 3} \\
\underline{-x^3 - x^2 + 3x} \\
\qquad 4x^2 + 4x - 11 \\
\quad \underline{-4x^2 - 4x + 12} \\
\qquad\qquad\quad 1
\end{array}$$

e)
$$\begin{array}{l}
\big(x^3 \qquad + 6x + 8\big) : \big(x^2 - x + 8\big) = x + 1 + \dfrac{-x}{x^2 - x + 8} \\
\underline{-x^3 + x^2 - 8x} \\
\qquad x^2 - 2x + 8 \\
\quad \underline{-x^2 + x - 8} \\
\qquad\quad -x
\end{array}$$

Lösungen zu Kapitel 4

L 4.1

α	$90°$	$45°$	$360°$	$120°$	$765°$
x [rad]	$\frac{\pi}{2}$	$\frac{\pi}{4}$	2π	$\frac{2\pi}{3}$	$\frac{17\pi}{4}$

L 4.2

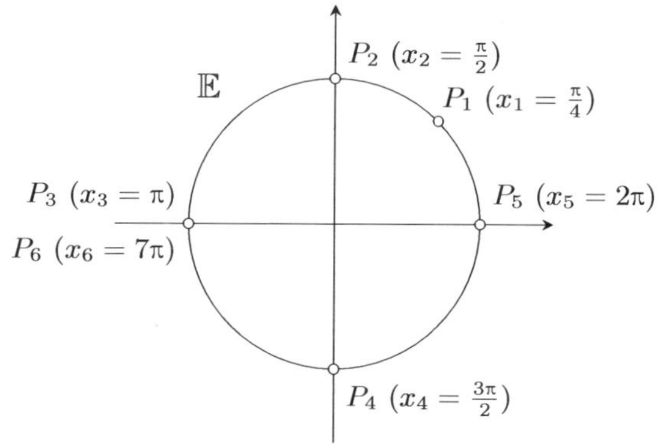

Abbildung L.21

L 4.3

a) $\sin\alpha = \frac{a}{c} = 0{,}4225, \quad \cos\alpha = \frac{b}{c} = 0{,}9075, \quad \tan\alpha = \frac{a}{b} \approx 0{,}4656.$

Für den Winkel β hingegen ist a die Ankathetenlänge und b die Gegenkathetenlänge, also genau umgekehrt wie bei α. Deshalb ist

$\sin\beta = \frac{b}{c} = \cos\alpha = 0{,}9075$, $\cos\beta = \frac{a}{c} = \sin\alpha = 0{,}4225$, $\tan\beta = \frac{b}{a} = \cot\alpha \approx 2{,}1479$.

b) $\alpha = \arcsin 0{,}4225 \approx 25°$, $\beta = \arcsin 0{,}9075 \approx 65°$ oder schneller $\beta = 90° - \alpha$, da wir uns in einem rechtwinkligen Dreieck befinden. (Dass $\alpha + \beta$ hier nicht exakt $90°$ ergibt, wenn man mit den ungerundeten Ergebnissen rechnet, liegt daran, dass $b = 3{,}62545\ldots$ in der Aufgabenstellung gerundet wurde.)

c) Aus $\sin\alpha = \frac{a}{c}$ folgt $a = c \cdot \sin\alpha = 2$ (cm) und aus $\cos\alpha = \frac{b}{c}$ ergibt sich $b = c \cdot \cos\alpha = 2\sqrt{3} \approx 3{,}46$ (cm). Alternativ über Pythagoras: $b = \sqrt{c^2 - a^2}$.

L 4.4 Betrachte das diagonal halbierte Quadrat mit Seitenlänge 1 in Abbildung L.22 links. Es handelt sich um ein gleichschenklig rechtwinkliges Dreieck mit Kathetenlängen 1 und Hypotenusenlänge $\sqrt{1^2 + 1^2} = \sqrt{2}$. Seine Basiswinkel betragen $\alpha = \beta = 45°$, also gilt

$$\sin 45° = \frac{1}{\sqrt{2}} = \cos 45°,$$

was durch Rationalmachen des Nenners $\frac{1}{\sqrt{2}} \cdot \frac{\sqrt{2}}{\sqrt{2}} = \frac{\sqrt{2}}{\sqrt{2}^2} = \frac{\sqrt{2}}{2}$ ergibt.

Um die Sinus- und Kosinuswerte von $30°$ und $60°$ zu bestimmen, betrachten wir das gleichseitige Dreieck mit Seitenlänge 1 in Abbildung L.22 rechts, dessen drei Innenwinkel $\frac{180°}{3} = 60°$ betragen. Durch Einzeichnen einer Winkelhalbierenden (gestrichelt) erhält man ein Teildreieck mit Innenwinkeln $30°$, $60°$ und $90°$ (da die Winkelhalbierende hier gleichzeitig auch Mittelsenkrechte ist). Seine Kathetenlängen sind $\frac{1}{2}$ (Mittelsenkrechte halbiert die Seite) und nach Pythagoras $\sqrt{1^2 - \left(\frac{1}{2}\right)^2} = \sqrt{\frac{3}{4}} = \frac{\sqrt{3}}{2}$. Es folgt

$$\sin 30° = \frac{\frac{1}{2}}{1} = \frac{1}{2} = \cos 60° \qquad \text{und} \qquad \sin 60° = \frac{\frac{\sqrt{3}}{2}}{1} = \frac{\sqrt{3}}{2} = \cos 30°.$$

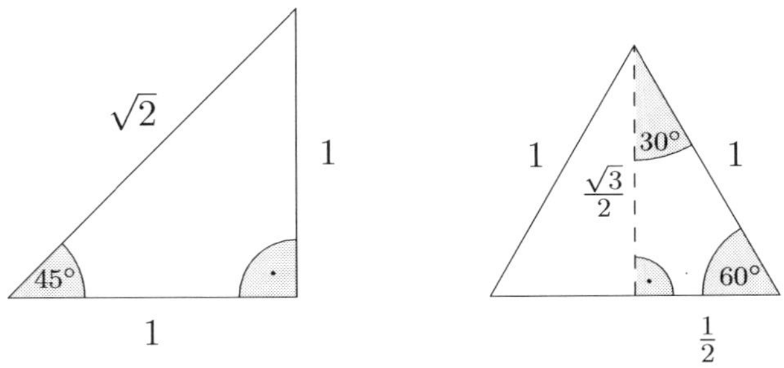

Abbildung L.22

L 4.5 Zunächst die Spezialfälle: Für $x = 0$ ist $\sin x = 0$ und $\cos x = 1$, also gilt hier schon mal $\sin^2 x + \cos^2 x = 0^2 + 1^2 = 1$. Analog für $x = \frac{\pi}{2}$, π und $\frac{3\pi}{2}$.
Für alle anderen $x \in [\,0\,;2\pi\,)$ ist P_x (bzw. P_α) Eckpunkt eines rechtwinkligen Dreiecks mit Hypotenusenlänge 1 (da $P_x \in \mathbb{E}$) und den Kathetenlängen $a = |\sin x|$ und $b = |\cos x|$; siehe Abbildung L.23 links. (Die Betragsstriche sind nötig, da die Seitenlängen a und b positive Zahlen sein müssen, Sinus und Kosinus aber auch negativ sein können.) Nach dem Satz des Pythagoras gilt $a^2 + b^2 = 1^2 = 1$, was in dieser Situation aufgrund von $|\heartsuit|^2 = \heartsuit^2$ übergeht in

$$|\sin x|^2 + |\cos x|^2 = \sin^2 x + \cos^2 x = 1.$$

Aus dieser Beziehung folgt $\cos^2 x = 1 - \sin^2 x$, also $|\cos x| = \sqrt{1 - \sin^2 x}$. Setzt man nun die Sinuswerte aus Tabelle 4.2 in diese Formel ein, so erhält man die entsprechenden Kosinuswerte.

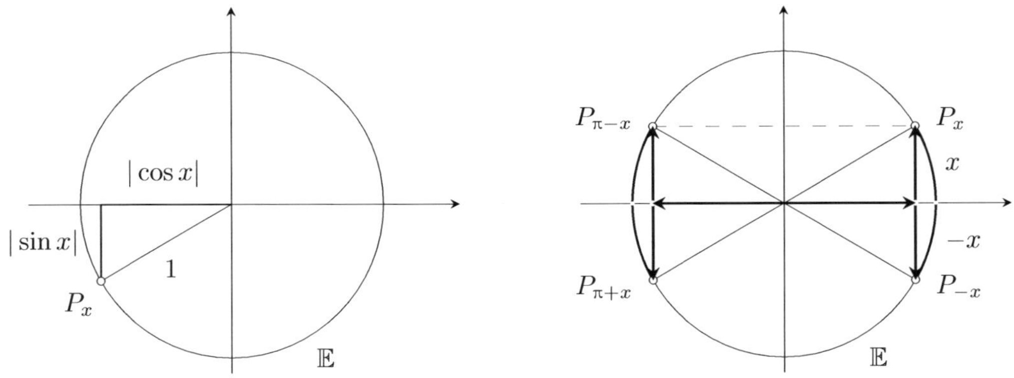

Abbildung L.23: Zu den Lösungen 4.5 und 4.6

L 4.6 Ein Blick auf die Sinus- und Kosinuspfeilchen in Abbildung L.23 rechts (beschrifte die Pfeile zur Übung selbst) löst diese Aufgabe:

a) Die Punkte P_x und P_{-x} liegen spiegelsymmetrisch zur Horizontalachse. Der Kosinuspfeil beider Punkte ist demnach derselbe, sprich $\cos(-x) = \cos x$, während der Sinuspfeil seine Richtung ändert, aber gleich lang bleibt, d.h. $\sin(-x) = -\sin x$.

b) Die Punkte P_x und $P_{\pi-x}$ liegen spiegelsymmetrisch zur y-Achse; diesmal bleibt der Sinuspfeil unverändert, also $\sin(\pi - x) = \sin x$, während der Kosinuspfeil seine Richtung

umdreht bei gleicher Länge, d.h. $\cos(\pi - x) = -\cos x$.
$P_{\pi+x}$ erhält man, wenn man P_x am Ursprung spiegelt. Hier drehen sich die Richtungen beider Pfeile um bei gleicher Länge, also: $\sin(\pi + x) = -\sin x$ und $\cos(\pi + x) = -\cos x$.

L 4.7 $\boldsymbol{\alpha = 120°}$**:** Mit Aufgabe 4.6 (aufs Gradmaß umgemünzt) folgt sofort

$$\sin 120° = \sin(180° - 60°) \overset{4.6\text{ b)}}{=} \sin 60° = \frac{\sqrt{3}}{2} \qquad \text{und}$$

$$\cos 120° = \cos(180° - 60°) \overset{4.6\text{ b)}}{=} -\cos 60° = -\frac{1}{2}\,.$$

Da jedoch die Gefahr besteht, dass man die Beziehungen aus 4.6 vergisst oder die Vorzeichen vertauscht, würde ich dringend empfehlen, diese Aufgabe auch „von Hand“ an $\mathbb{E}$ (inklusive Skizzen!) zu bearbeiten: Man geht dabei fast wörtlich wie in Beispiel 4.3 vor, nur dass jetzt $\alpha' = 60°$ in Abbildung 4.5 ist (da $120° = 180° - 60°$), und erhält $P_{120°}\left(-\frac{1}{2} \mid \frac{\sqrt{3}}{2}\right)$ als Koordinaten des zu $\alpha = 120°$ gehörigen Punktes auf $\mathbb{E}$. Somit ist $\cos 120° = -\frac{1}{2}$ und $\sin 120° = \frac{\sqrt{3}}{2}$.

$\boldsymbol{x = \pi}$**:** Der Punkt P_π liegt ganz links auf $\mathbb{E}$, d.h. man muss 1 nach links und 0 nach oben wandern, um zu ihm zu gelangen. Deshalb gilt $\cos\pi = -1$ und $\sin\pi = 0$.

$\boldsymbol{\alpha = 225°}$**:** Da $225° = 180° + 45°$ und $135° = 180° - 45°$ gilt, ist $P_{225°}$ der Spiegelpunkt von $P_{135°}$ an der x-Achse (zeichne selbst!). Mit Hilfe von Beispiel 4.3 folgt für seine Koordinaten damit sofort $P_{225°}\left(-\frac{\sqrt{2}}{2} \mid -\frac{\sqrt{2}}{2}\right)$, also $\cos 225° = -\frac{\sqrt{2}}{2}$ und $\sin 225° = -\frac{\sqrt{2}}{2}$.

$\boldsymbol{x = \frac{3\pi}{2}}$**:** Um zu $P_{\frac{3\pi}{2}} = P_{270°}$ zu gelangen, läuft man 0 nach rechts und 1 nach unten, also ist $\cos\frac{3\pi}{2} = 0$ und $\sin\frac{3\pi}{2} = -1$.

$\boldsymbol{\alpha = 330°}$**:** Da $330° = 360° - 30°$ denselben Punkt wie $-30°$ auf $\mathbb{E}$ beschreibt, ist $P_{330°}$ der Spiegelpunkt von $P_{30°}$ an der x-Achse. Mit Aufgabe 4.6 (im Gradmaß) oder am $\mathbb{E}$-Bildchen folgt $\cos 330° = \cos(-30°) = \cos 30° = \frac{\sqrt{3}}{2}$ und $\sin 330° = \sin(-30°) = -\sin 30° = -\frac{1}{2}$.

$\boldsymbol{\alpha = 480°}$**:** Wegen $480° = 360° + 120°$ ist $P_{480°} = P_{120°}$ und wir sind im ersten Fall.

L 4.8

a) Der Tangens von α im rechtwinkligen Dreieck $OA_\alpha P_\alpha$ (siehe Abbildung L.24 links) ist Gegenkathetenlänge a geteilt durch Ankathetenlänge b. Aber diese beiden sind bekanntlich nichts anderes als $\sin\alpha$ und $\cos\alpha$, d.h. $\tan\alpha = \frac{a}{b} = \frac{\sin\alpha}{\cos\alpha}$.

b) Im Dreieck OTS_α beträgt die Ankathetenlänge von α gerade $\overline{OT} = 1$, da T auf $\mathbb{E}$ liegt. Deshalb gilt

$$\tan\alpha = \frac{\overline{TS_\alpha}}{\overline{OT}} = \frac{\overline{TS_\alpha}}{1} = \overline{TS_\alpha}.$$

Die Länge der Strecke TS_α auf der Tangente t ist somit der Tangens des Winkels α.

c) Für $\alpha = 90°$ und $\alpha = 270°$ verläuft OP_α parallel zu t und liefert daher keinen Schnittpunkt S_α. Für diese Winkel ist der Tangens also nicht definiert. Man kann anhand von Abbildung L.24 erkennen, dass $\tan\alpha \to +\infty$ strebt für $\alpha \to 90°-$ (Annäherung „von unten her“, also mit $\alpha < 90°$), da der Punkt S_α hier immer weiter nach oben auf t wandert, während $\tan\alpha \to -\infty$ für $\alpha \to 90°+$ gilt, da der Punkt S_α für $\alpha \to 90°$ mit $\alpha > 90°$ nun immer weiter ins Negative wandert. Entsprechend gilt $\tan\alpha \to +\infty$ für $\alpha \to 270°-$ und $\tan\alpha \to -\infty$ für $\alpha \to 270°+$.

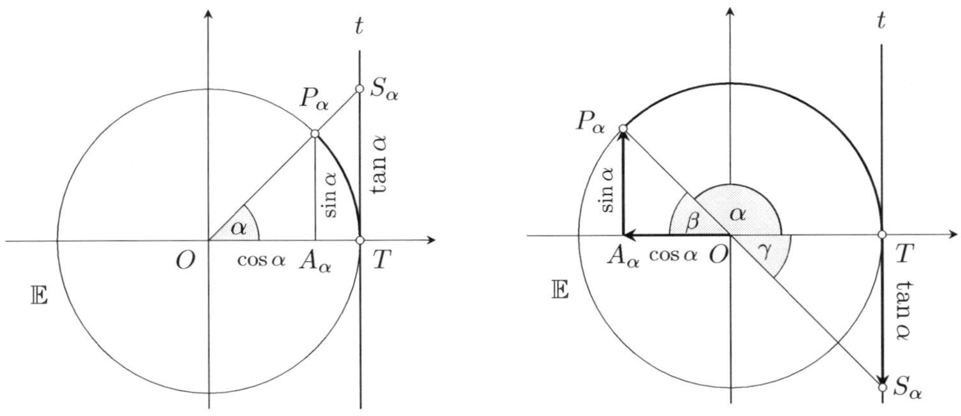

Abbildung L.24

Wir betrachten in Abbildung L.24 rechts einen Punkt P_α im zweiten Quadranten (d.h. mit $\alpha \in (\frac{\pi}{2}; \pi)$). Die Winkel β und γ der Dreiecke $OP_\alpha A_\alpha$ und $OS_\alpha T$ sind Scheitelwinkel, also gilt $\beta = \gamma$. Laut gewöhnlicher Definition des Tangens in rechtwinkligen Dreiecken folgt

$$\frac{|\sin\alpha|}{|\cos\alpha|} = \tan\beta = \tan\gamma = \frac{|\overrightarrow{TS_\alpha}|}{1} = |\overrightarrow{TS_\alpha}|.$$

Da $|\overrightarrow{TS_\alpha}| = |\tan\alpha|$ laut neuer Definition des Tangens ist, gilt die gewünschte Beziehung zumindest schon mal betragsmäßig:

$$|\tan\alpha| = \frac{|\sin\alpha|}{|\cos\alpha|} = \left|\frac{\sin\alpha}{\cos\alpha}\right|.$$

Aber auch die Vorzeichen passen: Es ist $\sin\alpha > 0$ und $\cos\alpha < 0$, d.h. der Bruch $\frac{\sin\alpha}{\cos\alpha}$ ist negativ. Da der Pfeil $\overrightarrow{TS_\alpha}$ nach unten zeigt, ist definitionsgemäß $\tan\alpha = -|\overrightarrow{TS_\alpha}| < 0$, d.h. auch ohne Betragszeichen gilt $\tan\alpha = \frac{\sin\alpha}{\cos\alpha}$. Analog überzeugt man sich von der Gültigkeit dieser Beziehung im dritten und vierten Quadranten.

d) Mit Hilfe von $\tan\alpha = \frac{\sin\alpha}{\cos\alpha}$ ergibt sich die folgende Tabelle.

α	$0°$	$30°$	$45°$	$60°$	$90°$
$\tan\alpha$	0	$\frac{1}{\sqrt{3}}$	1	$\sqrt{3}$	n.d.

Wer mag, kann $\frac{1}{\sqrt{3}}$ als $\frac{\sqrt{3}}{3}$ umschreiben (Nenner rational gemacht). Für $\alpha = 135°$ folgt mit Beispiel 4.3

$$\tan 135° = \frac{\sin 135°}{\cos 135°} = \frac{\frac{\sqrt{2}}{2}}{-\frac{\sqrt{2}}{2}} = -1.$$

(Nachdem man nun verstanden hat, wie der Tangens für beliebige Winkel definiert ist, kann man $\tan 135°$ natürlich auch einfach in den Taschenrechner tippen.)

e) Geometrisch: Die Punkte P_x und $P_{x+\pi}$ (bzw. P_α und $P_{\alpha+180°}$) liegen auf einer Geraden durch O, weshalb sie denselben Schnittpunkt S_x (bzw. S_α) mit t besitzen. Daraus folgt direkt $\tan(x+\pi) = \tan x$.
Rechnerisch: Nach Aufgabe 4.6 b) gilt $\sin(x+\pi) = -\sin x$ sowie $\cos(x+\pi) = -\cos x$, und es folgt

$$\tan(x+\pi) = \frac{\sin(x+\pi)}{\cos(x+\pi)} = \frac{-\sin x}{-\cos x} = \frac{\sin x}{\cos x} = \tan x.$$

L 4.9 Verfährt man wie auf Seite 110, so erhält man das fette Schaubild. Man erkennt, dass die Kosinuskurve die um $\frac{\pi}{2}$ nach links verschobene Sinuskurve ist.

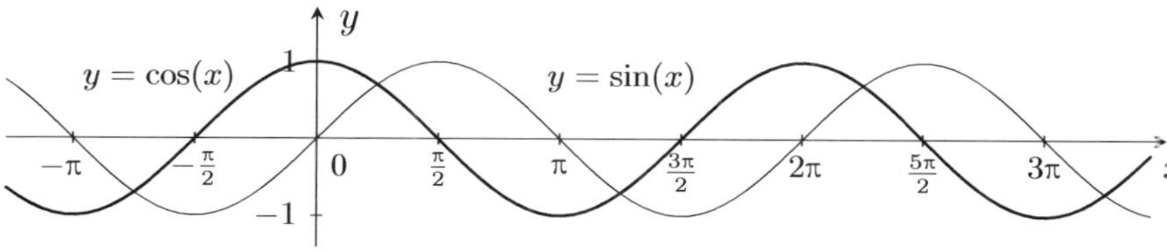

Abbildung L.25

Die Kosinusfunktion ist ebenfalls 2π-periodisch. Die Kosinuskurve verläuft achsensymmetrisch zur y-Achse und ihre Nullstellen liegen bei $x_k = \frac{\pi}{2} + k \cdot \pi$, $k \in \mathbb{Z}$.
Ihre Extrempunkte sind $H_k\left(0 + k\cdot 2\pi \mid 1\right)$ und $T_k\left(\pi + k \cdot 2\pi \mid -1\right)$ mit $k \in \mathbb{Z}$. Für die Ableitung gilt $\cos'(x) = -\sin(x)$.

Dass $\sin'(x) = \cos(x)$ gilt, kann man an den Schaubildern erahnen: In $x = 0$ steigt der Sinus am steilsten an mit einer Steigung von 1 (erste Winkelhalbierende $y = x$ oben einzeichnen!), danach wird er immer flacher, bis er in $x = \frac{\pi}{2}$ die Steigung 0 erreicht. Dies passt dazu, dass der Kosinus in 0 einen Hochpunkt mit $y = 1$ hat und danach immer kleiner wird, bis er bei $\frac{\pi}{2}$ die x-Achse schneidet, also 0 wird. Entsprechend für den weiteren Verlauf.
Auf diese Weise kann man sich auch merken, dass beim Ableiten des Kosinus ein Minuszeichen auftritt: Da der Kosinus nach $x = 0$ erstmal fällt, muss $\cos'(x)$ zunächst < 0 sein, d.h. $\cos'(x) = -\sin(x)$ und nicht $\sin(x)$.

L 4.10 ***K_f*:** Amplitude $a = 0{,}5$; Periode $p = 2\pi$, also $b = 1$; Verschiebung um π nach links (oder rechts, macht bei $\frac{p}{2}$ keinen Unterschied), d.h. $c = -\pi$ (oder π); Verschiebung um $d = 2{,}5$ nach oben. Insgesamt:

$$f(x) = 0{,}5 \cdot \sin(x + \pi) + 2{,}5.$$

Die Verschiebung nach links kann man hier alternativ auch als Spiegelung von $K_{\sin}$ an der x-Achse auffassen, d.h. es geht auch

$$f(x) = -0{,}5 \cdot \sin(x) + 2{,}5.$$

***K_g*:** Amplitude $a = 1{,}5$; Periode $p = 2$, also $b = \frac{2\pi}{p} = \pi$; Verschiebung um 1 nach links (oder rechts, macht bei $\frac{p}{2}$ keinen Unterschied), d.h. $c = -1$ (oder 1); keine Verschiebung nach oben. Insgesamt:

$$g(x) = 1{,}5 \cdot \sin\bigl(\pi(x+1)\bigr).$$

Die Verschiebung nach links kann man auch hier wieder als Spiegelung der Kurve $y = \sin(\pi x)$ an der x-Achse auffassen, d.h. es geht auch

$$g(x) = -1{,}5 \cdot \sin(\pi x).$$

K_h: Amplitude $a = 1$; Periode $p = \pi$, also $b = \frac{2\pi}{p} = 2$; Verschiebung um $\frac{\pi}{4}$ nach rechts, d.h. $c = \frac{\pi}{4}$; Verschiebung um 3 nach unten, also $d = -3$. Insgesamt:

$$h(x) = \sin\left(2\left(x - \frac{\pi}{4}\right)\right) - 3.$$

L **4.11** Es ist $f_1(x) = -2\sin(2x - \pi) = -2\sin\bigl(2\bigl(x - \frac{\pi}{2}\bigr)\bigr)$. Somit: Amplitude 2 und Spiegelung an x-Achse; Periode $p = \frac{2\pi}{2} = \pi$; Verschiebung um $c = \frac{\pi}{2}$ nach rechts; keine Verschiebung in y-Richtung.

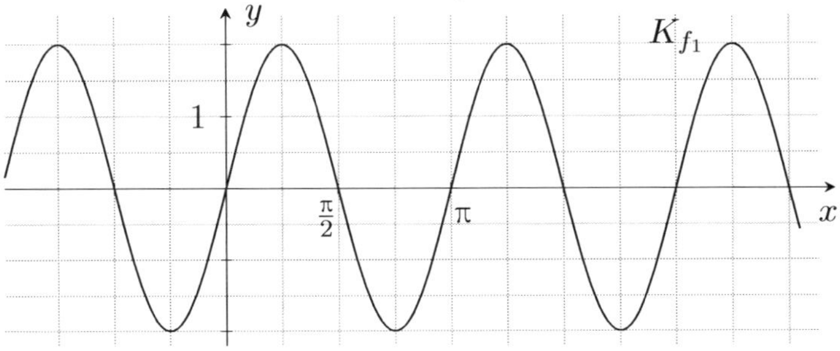

Abbildung L.26

Verschiebung um $\pi = \frac{p}{2}$ nach rechts plus Spiegelung heben sich hier gegenseitig auf, d.h. man hätte f_1 auch schreiben können als $f_1(x) = 2\sin(2x)$.

Es ist $f_2(x) = \sin(2\pi x + \pi) + 1 = \sin\bigl(2\pi\bigl(x + \frac{1}{2}\bigr)\bigr) + 1$, also: Amplitude 1; Periode $p = \frac{2\pi}{2\pi} = 1$; Verschiebung um $c = \frac{1}{2}$ (halbe Periode) nach links; Verschiebung um 1 nach oben.

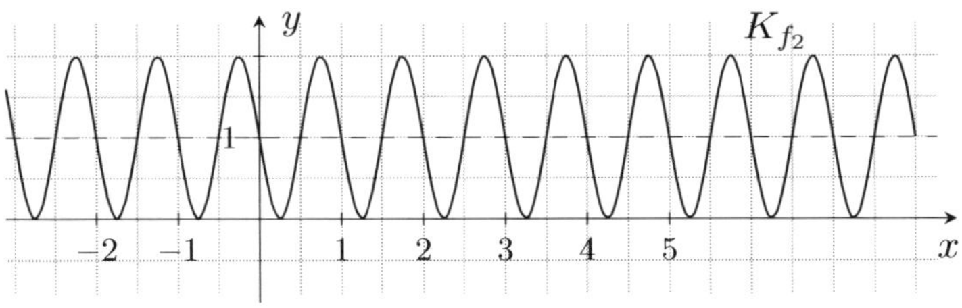

Abbildung L.27

L **4.12** Im einfachsten Fall sind Hoch- und Tiefpunkt benachbart; dann ist ihr x-Abstand eine halbe Periode, d.h. $p = 2 \cdot (\pi - \frac{\pi}{2}) = \pi$ und $b = \frac{2\pi}{p} = 2$. Für Amplitude und Mittelwertlinie ergibt sich

$$a = \frac{y_{\max} - y_{\min}}{2} = \frac{3{,}5 - 0{,}5}{2} = 1{,}5 \qquad \text{und} \qquad d = \frac{y_{\max} + y_{\min}}{2} = \frac{3{,}5 + 0{,}5}{2} = 2\,.$$

Somit haben wir bislang $f(x) = 1{,}5\ \sin(2(x - c)) + 2$. Die erste positive Hochstelle von $\tilde{f}(x) = 1{,}5\ \sin(2x) + 2$ tritt nach einer Viertelperiode auf, also bei $\tilde{x} = \frac{\pi}{4}$. Laut Aufgabenstellung muss aber $x = \frac{\pi}{2}$ Hochstelle sein, d.h. wir müssen $K_{\tilde{f}}$ noch um $x = \frac{\pi}{4}$ nach rechts verschieben, so dass wir insgesamt

$$f(x) = 1{,}5\ \sin\left(2\left(x - \frac{\pi}{4}\right)\right) + 2$$

erhalten. Alternativ kann man das fehlende c auch durch eine Punktprobe mit z.B. $T\,(\pi\,|\,0{,}5\,)$ bestimmen: Damit T auf K_f liegt, muss $f(\pi) = 0{,}5$ gelten, also

$$1{,}5\,\sin(2(\pi - c)) + 2 = 0{,}5 \quad \Longleftrightarrow \quad \sin(2(\pi - c)) = -1 \quad \text{(klar, da Tiefpunkt!)}.$$

Eine Lösung dieser Gleichung ist $2(\pi - c) = \frac{3\pi}{2}$ (erste positive Tiefstelle des Sinus), woraus $c = \frac{\pi}{4}$ folgt.

Zusatz: Es gibt unendlich viele Sinuskurven mit H und T als Hoch- und Tiefpunkt, denn der Abstand $x_T - x_H$ kann nicht nur eine halbe Periode $\frac{p}{2}$ sein, sondern z.B. auch $\frac{p}{2} + p = \frac{3p}{2}$ oder $\frac{p}{2} + 2p = \frac{5p}{2}$, oder allgemein

$$\frac{p}{2} + kp = \frac{p + 2kp}{2} = \frac{2k+1}{2}\,p \qquad \text{mit } k \in \mathbb{N}_0.$$

Setzen wir also $\frac{2k+1}{2}\,p = x_T - x_H = \frac{\pi}{2}$, so erhalten wir als mögliche Perioden

$$p_k = \frac{\pi}{2k+1} \qquad \text{mit } k \in \mathbb{N}_0.$$

Die entsprechenden Vorfaktoren lauten dann

$$b_k = \frac{2\pi}{p_k} = \frac{2\pi \cdot (2k+1)}{\pi} = 4k + 2.$$

An Amplitude und Mittelwert ändert sich hierbei nichts, also erhalten wir die Funktionen

$$f_k(x) = 1{,}5\,\sin(b_k(x - c_k)) + 2 = 1{,}5\sin\big((4k+2)(x - c_k)\big) + 2 \qquad \text{mit } k \in \mathbb{N}_0.$$

Punktprobe mit $T\,(\pi\,|\,0{,}5\,)$, sprich $f_k(\pi) = 0{,}5$, ergibt

$$1{,}5\,\sin(b_k(\pi - c_k)) + 2 = 0{,}5 \quad \Longleftrightarrow \quad \sin(b_k(\pi - c_k)) = -1,$$

was (z.B.) auf $b_k(\pi - c_k) = \frac{3\pi}{2}$ führt. Dies liefert für die noch fehlenden c_k

$$c_k = \pi - \frac{3\pi}{2b_k} = \pi - \frac{3\pi}{8k+4} = \frac{8k\pi + 4\pi - 3\pi}{8k+4} = \frac{8k\pi + \pi}{8k+4} = \frac{8k+1}{8k+4}\,\pi.$$

In voller Pracht lautet also die gesuchte Funktionsschar

$$f_k(x) = 1{,}5\,\sin\left((4k+2)\left(x - \frac{8k+1}{8k+4}\,\pi\right)\right) + 2 \qquad \text{mit } k \in \mathbb{N}_0.$$

Plottest du z.B. die Schaubilder von

$$f_1(x) = 1{,}5\sin\left(6\left(x - \frac{9\pi}{12}\right)\right) + 2 \qquad \text{und} \qquad f_2(x) = 1{,}5\sin\left(10\left(x - \frac{17\pi}{20}\right)\right) + 2,$$

so wirst du feststellen, dass sie wie gewünscht H und T als Hoch- und Tiefpunkt besitzen.

L **4.13** Die Amplitude $a = \widehat{s}$ bestimmt die maximale Auslenkung der Oszi-Aufnahme, bzw. die maximale Dehnung unseres Trommelfells, wenn wir den Ton hören. Je größer $\widehat{s}$, desto lauter ist der Ton. Der Vorfaktor ω (statt b) bestimmt die Periode T (statt p) der Sinuskurve. Eine Frequenz von $f = 440\,\text{Hz}$ bedeutet 440 volle Schwingungen pro Sekunde, d.h. eine Schwingung dauert $T = \frac{1}{440}$ s. Für ω folgt

$$\omega = \frac{2\pi}{T} = 2\pi \cdot 440\,\tfrac{1}{\text{s}} \approx 2765\,\tfrac{1}{\text{s}}.$$

Je größer ω, desto kleiner die Periode der Schwingungskurve, desto schneller wackelt unser Trommelfell hin und her, und desto höher empfinden wir den Ton. Bei $f = 440\,\text{Hz}$ hören wir übrigens den Kammerton a^1 (nicht dass ich als komplett unmusikalischer Mensch das erkennen würde, aber es klingt doch gleich gebildet, oder?).

L 4.14

a) Schaut man sich die Kringel in Abbildung L.28 an (Kurve noch ignorieren), so erscheint ein sinusförmiger Verlauf durchaus sinnvoll.

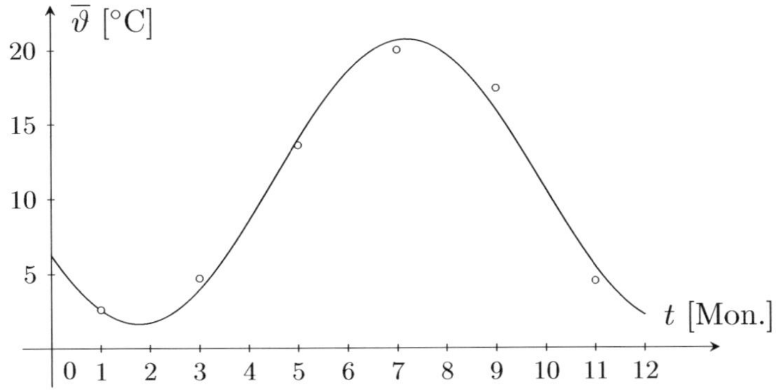

Abbildung L.28

b) PC oder GTR liefern als Regressionskurve

$$\overline{\vartheta}(t) = 9{,}6\,\sin\bigl(0{,}58(t-4{,}5)\bigr) + 11{,}2 \quad (°\text{C}).$$

(Beachte, dass hier nur die ganzzahligen t-Werte sinnvoll sind.)

c) Im April ergibt sich $\overline{\vartheta}(4) \approx 8{,}4\,°\text{C}$, was um ca. 6 % zu klein ist. Für August sagt das Modell $\overline{\vartheta}(8) \approx 19{,}8\,°\text{C}$ voraus, was nur um 3 % über dem tatsächlichen Wert liegt.

L 4.15

a) Mit $w(t)$ bezeichnen wir die Sinus-Näherung des Wasserstands (in m) am 21. Juli, wobei wir $t = 0$ (h) um 0:00 Uhr setzen. Wir kennen benachbarte Tief- und Hochpunkte $T\,(4{,}3\,|\,0{,}6)$ (Ebbe) und $H\,(10{,}517\,|\,3{,}3)$ (Flut) von K_w. Für Amplitude und Mittelwertlinie ergibt sich daraus

$$a = \frac{w_{\max} - w_{\min}}{2} = \frac{3{,}3 - 0{,}6}{2} = 1{,}35 \qquad \text{und} \qquad d = \frac{w_{\max} + w_{\min}}{2} = 1{,}95.$$

Da der t-Abstand von T und H eine halbe Periode ist, folgt $T = 2\cdot(10{,}517 - 4{,}3) = 12{,}433$ (h) für die Periodendauer von w. Somit erhalten wir $b = \frac{2\pi}{T} = 0{,}505$ und als Zwischenergebnis

$$w(t) = 1{,}35\,\sin\bigl(0{,}505(t-c)\bigr) + 1{,}95.$$

Das fehlende c bekommen wir durch Punktprobe mit $T\,(4{,}3\,|\,0{,}6)$, denn da K_w durch T verläuft, muss $w(4{,}3) = 0{,}6$ gelten:

$$w(4{,}3) = 1{,}35\,\sin\bigl(0{,}505(4{,}3-c)\bigr) + 1{,}95 \stackrel{!}{=} 0{,}6,$$

was auf

$$\sin\bigl(0{,}505(4{,}3-c)\bigr) = \frac{0{,}6 - 1{,}95}{1{,}35} = -1$$

führt (das ist auch ohne Umformung klar, da am Tiefpunkt der Sinus sein Minimum, also −1, annehmen muss!). Dies geschieht zum ersten Mal, wenn das Argument des Sinus $\frac{3\pi}{2}$ wird, also für

$$0{,}505(4{,}3 - c) = \frac{3\pi}{2} \quad \Longleftrightarrow \quad c \approx -5{,}02.$$

Damit ergibt sich für unser Wasserstandsmodell

$$w(t) = 1{,}35 \sin\bigl(0{,}505(t + 5{,}02)\bigr) + 1{,}95.$$

Trick: Um sich den Kummer mit dem c und der Punktprobe zu sparen, kann man auch ganz clever $\tilde{t} = 0$ (h) um 4:18 Uhr setzen. Dann beginnt unsere Kurve mit einem Tiefpunkt und ist daher ein „Minus-Kosinus" mit ansonsten gleichen Parametern: $w(\tilde{t}) = -1{,}35 \cos(0{,}505\tilde{t}) + 1{,}95$; allerdings darf man jetzt nicht vergessen, die Zeit $\tilde{t}$ auf 4:18 Uhr zu beziehen!

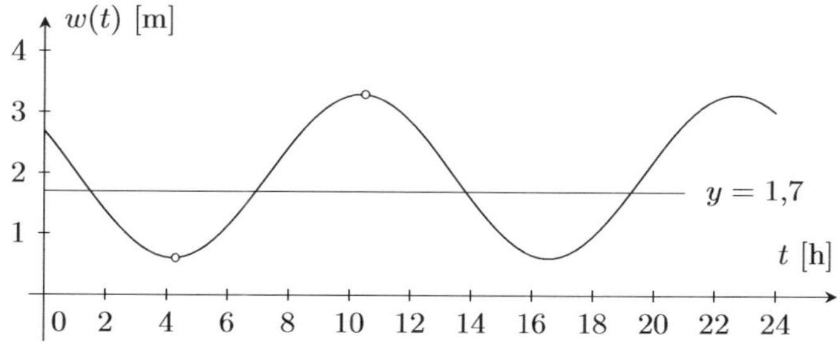

Abbildung L.29

b) Nach einer Periodenlänge von $T = 12{,}433$ (h), also nach 12 h 26 min, wiederholen sich laut unserem Modell Tief- und Hochstand, also Ebbe um 16:44 Uhr (statt real um 16:59 Uhr) und Flut um 22:57 Uhr (statt 23:04 Uhr). Allein schon daran, dass der neue reale Ebbe-Wasserstand um 10 cm kleiner als der unseres Modells ist, erkennt man, dass es keine perfekte Beschreibung der Realität sein wird.

c) In Abbildung L.29 kann man ablesen, dass die Gerade $y = 1{,}7$ (Nasenhöhe des Poplers) ungefähr im Bereich $1{,}5 \leqslant t \leqslant 7$ (h) (oder $14 \leqslant t \leqslant 19{,}5$ (h)) oberhalb von K_w verläuft, d.h. er kann maximal 5,5 h im Meer stehen, bevor er die Luft anhalten muss.

d) Wir bestimmen den Mittelwert der Funktion w im Intervall $[0\,; 24]$:

$$\overline{w} = \frac{1}{24 - 0} \int_0^{24} w(t)\,\mathrm{d}t = \frac{1}{24} \int_0^{24} \Bigl(1{,}35 \sin\bigl(0{,}505(t + 5{,}02)\bigr) + 1{,}95\Bigr)\,\mathrm{d}t$$

$$= \frac{1}{24} \left[-\frac{1{,}35}{0{,}505} \cos\bigl(0{,}505(t + 5{,}02)\bigr) + 1{,}95t \right]_0^{24} \approx 1{,}91 \text{ (m)}.$$

Der mittlere Wasserstand am 21. Juli beträgt nach unserem Modell 1,91 m.
Beachte: Die Mittelwertlinie unserer Sinusfunktion $w(t)$ liegt zwar bei $d = 1{,}95$ (m), aber das ist hier *nicht* der Mittelwert von w im Intervall $[0\,; 24]$! Die Mittelwertlinie $y = d$ bezieht sich nämlich stets auf eine Mittelung über eine Periode T (oder in diesem Beispiel $2T$, was für das Ergebnis der Mittelung keinen Unterschied macht). Unsere Sinusfunktion besitzt als doppelte Periode aber nicht 24 h, sondern $2T = 24{,}87$ h. Daher kommt die Abweichung von d zu $\overline{w}$.

e) Gesucht sind die Stellen mit maximaler Änderungsgeschwindigkeit $w'(t)$, sprich die Wendestellen von $w(t)$ mit positiver Steigung. Wir müssten also $w''(t) = 0$ setzen (und streng genommen noch $w'''(t) \neq 0$ für die erhaltenen Lösungen prüfen) und die Lösungen mit $w'(t) > 0$ auswählen. Hier geht es aber einfacher: Da die Wendestellen einer Sinuskurve genau in der Mitte zweier benachbarter Extremstellen liegen, folgt $t_1 = \frac{t_T + t_H}{2} \approx 7{,}41$ (h) und $t_2 = t_1 + T \approx 19{,}84$ (h) für die gesuchten Wendestellen (mit $w'(t) > 0$) von w. Die schnellste Zunahme des Wasserstands erfolgt also um 7:25 Uhr und um 19:50 Uhr und die maximale Änderungsgeschwindigkeit beträgt

$$w'_{\text{max}} = w'(7{,}41) \approx 0{,}68\ \left(\tfrac{\text{m}}{\text{h}}\right).$$

Zusatz: Was bedeutet diese Zahl? Sehr nahe bei $t_1 = 7{,}41$ beschreibt die Wendetangente mit der Steigung w'_{max} den Verlauf der Sinuskurve sehr gut, d.h. wir können die Zunahme des Wasserstands innerhalb einer kleinen Zeitspanne, sagen wir $\Delta t = 1$ min, mit Hilfe der Tangente abschätzen:

$$\Delta w \approx w'_{\text{max}} \cdot \Delta t = 0{,}68\ \tfrac{\text{m}}{\text{h}} \cdot \tfrac{1}{60}\ \text{h} \approx 0{,}011\ \text{m} = 11\ \text{cm}.$$

Zum Vergleich: Der exakte Wert beträgt $\Delta w = w(t_1 + \Delta t) - w(t_1) \approx 0{,}011$ (m), die lineare Näherung durch die Tangente stimmt also mit dem exakten Wert überein (auf drei Nachkommastellen)!

L 4.16 Zeichne dir wann immer nötig Bilder von $\mathbb{E}$ bzw. Skizzen der (Ko)Sinuskurve, um durch Symmetrieargumente auf alle Lösungen zu kommen. Dass ich dir das selbst zumute, hat natürlich rein pädagogische Gründe und nichts mit Bequemlichkeit meinerseits zu tun!

a) Alle Nullstellen des Kosinus, also $L = \{\, \frac{\pi}{2} + k \cdot \pi \mid k \in \mathbb{Z} \,\}$.

b) Umformen führt auf $\sin(x) = -\frac{\sqrt{2}}{2}$, was als erste Lösung $x_1 = \frac{5\pi}{4}$ besitzt (Taschenrechner oder Aufgabe 4.7 mit 225°). Nur der Spiegelpunkt von P_{x_1} an der y-Achse besitzt ebenfalls diesen Sinuswert, also ist $x_2 = \frac{7\pi}{4}$ die zweite Lösung in $[\,0\,;2\pi\,)$. Die weiteren Lösungen auf $\mathbb{R}$ erhält man durch Addieren von $k \cdot 2\pi$, d.h. wir erhalten als Lösungsmenge $L = \{\, \frac{5\pi}{4} + k \cdot 2\pi,\ \frac{7\pi}{4} + k \cdot 2\pi \mid k \in \mathbb{Z} \,\}$.

c) Umgeformt ergibt sich $\cos(x) = -\frac{1}{3}$. Nun muss der Taschenrechner helfen; er liefert $x_1 = \arccos(-\frac{1}{3}) \approx 1{,}911$ als erste Lösung[3] (im zweiten Quadranten von $\mathbb{E}$). Der Spiegelpunkt von P_{x_1} an der x-Achse, sprich $P_{x_2} = P_{-x_1}$, ist der einzige weitere Punkt auf $\mathbb{E}$ mit Kosinuswert $-\frac{1}{3}$, d.h. $x_2 = -x_1 \approx -1{,}911$ ist die zweite Lösung. Nun liegen aber weder x_1 noch x_2 im Definitionsbereich $D = [\,\pi\,; 3\pi\,] \approx [\,3{,}142\,; 9{,}425\,]$ der Gleichung. Durch Addieren von 2π ändern wir dies: $x_3 = x_1 + 2\pi \approx 8{,}194$ und $x_4 = x_2 + 2\pi \approx 4{,}372$ sind die beiden gesuchten Lösungen in D, d.h. $L = \{\, x_4, x_3 \,\}$.

d) Unter Beachtung von $\sqrt{x^2} = |x|$ ergibt Wurzelziehen $|\sin(x)| = \sqrt{0{,}49} = 0{,}7$ (Hand aufs Herz: Du hättest den Betrag vergessen, gell?), d.h. $\sin(x) = 0{,}7$ *oder* $\sin(x) = -0{,}7$. Eine Lösung der ersten Gleichung ist $x_1 = \arcsin(0{,}7) \approx 0{,}775$ (exakten Wert speichern fürs Weiterrechnen!) und aus Symmetrie an $\mathbb{E}$ bzw. Aufgabe 4.6 b) folgt $x_2 = \pi - x_1 \approx 2{,}366$ als zweite Lösung.
Aufgrund von $\sin(-x) = -\sin(x)$ sind $x_3 = -x_1$ und $x_4 = -x_2$ Lösungen der zweiten Gleichung, $\sin(x) = -0{,}7$, die allerdings nicht in $D = [\,0\,; 4\pi\,]$ liegen, weshalb wir zu $x'_3 = x_3 + 2\pi \approx 5{,}508$ und $x'_4 = x_4 + 2\pi \approx 3{,}917$ übergehen. Da D bis 4π geht (also zwei Umrundungen von $\mathbb{E}$), erhalten wir noch 4 weitere Lösungen, indem wir zu den ersten vier 2π addieren. Gerundet ist $L = \{\, 0{,}775;\ 2{,}366;\ 3{,}917;\ 5{,}508;\ 7{,}059;\ 8{,}649;\ 10{,}200;\ 11{,}791 \,\}$.

[3] du darfst auch $\cos^{-1}(-\frac{1}{3})$ schreiben, wenn dich der Arcuskosinus erschreckt.

e) Umgeformt lautet die Gleichung $\sin(2\pi x - \pi) = \frac{\pi}{\pi} = 1$. Damit der Sinus 1 wird, muss sein Argument (also das Ding in der Klammer) $\frac{\pi}{2} + k \cdot 2\pi$ mit $k \in \mathbb{Z}$ sein. Dies führt auf

$$2\pi x - \pi = \frac{\pi}{2} + k \cdot 2\pi \quad \Longleftrightarrow \quad x = \frac{\pi + \frac{\pi}{2} + k \cdot 2\pi}{2\pi} = \frac{\frac{3\pi}{2}}{2\pi} + \frac{k \cdot 2\pi}{2\pi} = \frac{3}{4} - k,$$

womit wir $L = \{\, \frac{3}{4} + k \mid k \in \mathbb{Z} \,\} = \{ \ldots, -\frac{1}{4}, \frac{3}{4}, \frac{7}{4}, \frac{11}{4}, \ldots \}$ erhalten.

f) Umformen führt auf $\cos(\pi x + 5) = 2$, was nicht erfüllbar ist, da stets $\cos \heartsuit \leqslant 1$ gilt, egal was man für $\heartsuit$ einsetzt. Somit ist $L = \{\ \ \}$.

L 4.17

a) Ausklammern des Kosinus liefert (*nicht* einfach durch $\cos(x)$ teilen[4], sonst gehen dir Lösungen verloren!)

$$\cos(x) \cdot \big(\cos(x) - 2\big) = 0 \quad \overset{\text{NPS}}{\Longleftrightarrow} \quad \cos(x) = 0 \ \vee \ \cos(x) - 2 = 0.$$

Die erste Gleichung besitzt die Lösungen $x_{1,2} = \pm\frac{\pi}{2}$ in D, während die zweite Gleichung, $\cos(x) = 2$, keine Lösungen besitzt, da der Kosinus stets $\leqslant 1$ ist. Folglich ist $L = \{\, \pm\frac{\pi}{2} \,\}$.

b) Wir setzen $\sin^2(x) = 1 - \cos^2(x)$ ein und erhalten

$$3\cos^2(x) - 1 = 1 - \cos^2(x) \quad \Longleftrightarrow \quad 4\cos^2(x) = 2 \quad \Longleftrightarrow \quad \cos^2(x) = \frac{1}{2}.$$

Wurzelziehen (Betrag beachten!) führt auf

$$|\cos(x)| = \sqrt{\frac{1}{2}} = \frac{1}{\sqrt{2}} = \frac{\sqrt{2}}{2} \quad \Longleftrightarrow \quad \cos(x) = \pm\frac{\sqrt{2}}{2}.$$

An $\mathbb{E}$ erkennt man die Lösungen $x_{1,2} = \pm\frac{\pi}{4}$ und $x_{3,4} = \pm\frac{3\pi}{4}$, also ist $L = \{\, \pm\frac{\pi}{4}, \pm\frac{3\pi}{4} \,\}$.

c) Setzen wir $\cos(x) = u$, so bleibt die quadratische Gleichung $2u^2 - 7u + 3 = 0$ zu lösen. Die Mitternachtsformel liefert

$$u_{1,2} = \frac{7 \pm \sqrt{(-7)^2 - 4 \cdot 2 \cdot 3}}{2 \cdot 2} = \frac{7 \pm \sqrt{25}}{4} = \begin{cases} 3 \\ \frac{1}{2}. \end{cases}$$

Die Rücksubstitution $u = \cos(x)$ führt auf $\cos(x) = 3$ oder $\cos(x) = \frac{1}{2}$. Die erste Gleichung ist unlösbar, während die zweite die Lösungen $x_{1,2} = \pm\frac{\pi}{3}$ besitzt, wie man an $\mathbb{E}$ erkennt. Somit ist $L = \{\, \pm\frac{\pi}{3} \,\}$.

d) $\sin^2(x) = 1 - \cos^2(x)$ und umformen führt auf $10\cos^2(x) + 3\cos(x) - 1 = 0$. Substituieren, MNF und Rücksubstitution wie eben in c) ergibt $\cos(x) = 0{,}2$ oder $\cos(x) = -\frac{1}{2}$. Die erste Gleichung hat $x_1 = \arccos(0{,}2) \approx 1{,}369$ und $x_2 = -x_1$ (Symmetrie von cos an $\mathbb{E}$) als Lösungen, während die zweite Gleichung für $x_{3,4} = \pm\frac{2\pi}{3}$ erfüllt ist (nutze $\cos(\frac{\pi}{3}) = \frac{1}{2}$ plus Symmetrien an $\mathbb{E}$). Damit ist $L = \{\, \pm 1{,}369;\ \pm\frac{2\pi}{3} \,\}$.

e) Unter Verwendung von $\tan(x) = \frac{\sin(x)}{\cos(x)}$ erhalten wir

$$\sin(x) + 3\,\frac{\sin(x)}{\cos(x)} = 0 \quad \Longleftrightarrow \quad \sin(x) \cdot \left(1 + 3\,\frac{1}{\cos(x)}\right) = 0.$$

Nach dem NPS folgt $\sin(x) = 0$, also $x_1 = -\pi$ und $x_2 = 0$ (π liegt nicht mehr in D), oder die Klammer muss verschwinden, was auf $\frac{3}{\cos(x)} = -1$ bzw. $\cos(x) = -3$ führt. Da dies nicht erfüllbar ist, ergibt sich $L = \{\, -\pi, 0 \,\}$.

[4] Wenn du unbedingt teilen willst, dann aber bitte mit Fallunterscheidung wie in f).

f) Die Gleichung ist äquivalent zu $\sin(x) = 2\cos(x)$. Teilen durch Kosinus (erlaubt für alle $x \in D$ mit $\cos(x) \neq 0$, also für $x \neq \pm\frac{\pi}{2}$) ergibt

$$\frac{\sin(x)}{\cos(x)} = \tan(x) = 2.$$

Mit dem Taschenrechner folgt $x_1 = \arctan(2) \approx 1{,}107$ und aufgrund der π-Periodizität des Tangens ist $x_2 = x_1 - \pi \approx -2{,}034$ eine weitere Lösung in D. Bleiben noch die vorhin ausgeschlossenen Fälle $x = \pm\frac{\pi}{2}$ zu untersuchen: Es handelt sich um keine Lösungen von $\sin(x) - 2\cos(x) = 0$, wie man durch Einsetzen sieht (der Kosinus wird 0, aber der Sinus nicht). Gerundet ist $L = \{-2{,}034; 1{,}107\}$.

L 4.18 Am einfachsten lässt sich L als Nullstellenmenge eines geeignet verschobenen und gestreckten Sinus realisieren. Die Nullstellen des gewöhnlichen Sinus liegen bei $x = k \cdot \pi$, d.h. wir müssen die Periode durch einen x-Vorfaktor $b = \frac{1}{4}$ vervierfachen, sprich die Sinuskurve in x-Richtung mit Faktor 4 strecken: $\sin(\frac{1}{4}x)$. Da die Nullstellen so aber bei 0 anstatt bei π anfangen, müssen wir noch um π nach rechts verschieben, d.h. eine mögliche Gleichung lautet

$$\sin\left(\frac{1}{4}(x - \pi)\right) = 0.$$

L 4.19 Es handelt sich um eine Gleichung der Form $\cos(\heartsuit) = \cos(\diamondsuit)$, wobei $\heartsuit$ und $\diamondsuit$ selbst Funktionen von x sind: $\heartsuit(x) = 2x$ und $\diamondsuit(x) = 5x - 1$. Sie ist sicherlich erfüllt, wenn $\heartsuit = \diamondsuit$ gilt, und aufgrund der Periodizität des Kosinus sogar für $\heartsuit = \diamondsuit + k \cdot 2\pi$ für $k \in \mathbb{Z}$. Dies führt schon mal auf

$$2x = 5x - 1 + k \cdot 2\pi \iff 3x = 1 - k \cdot 2\pi \iff x = \frac{1}{3} - k \cdot \frac{2\pi}{3} \qquad (k \in \mathbb{Z}).$$

An $\mathbb{E}$ (bzw. anhand der y-Achsen-Symmetrie der Kosinuskurve) erkennt man, dass es noch genau eine weitere Möglichkeit für $\cos(\heartsuit) = \cos(\diamondsuit)$ gibt, nämlich $\heartsuit = -\diamondsuit$ bzw. unter Berücksichtigung der Periodizität $\heartsuit = -\diamondsuit + k \cdot 2\pi$ mit $k \in \mathbb{Z}$. Dies ergibt

$$2x = -(5x - 1) + k \cdot 2\pi \iff 7x = 1 + k \cdot 2\pi \iff x = \frac{1}{7} + k \cdot \frac{2\pi}{7} \qquad (k \in \mathbb{Z}).$$

Somit erhalten wir $L = \{\frac{1}{3} - k\frac{2\pi}{3}, \frac{1}{7} + k\frac{2\pi}{7} \mid k \in \mathbb{Z}\}$.

Anmerkung: Vielleicht fragst du dich, warum man nicht einfach gleich die Umkehrfunktion arccos (bzw. $\cos^{-1}$) auf beide Seiten von $\cos(2x) = \cos(5x - 1)$ anwendet. Dann erhielte man $2x = 5x - 1$, d.h. $x = \frac{1}{3}$ wäre die einzige Lösung und unendlich viele Lösungen würden unter den Tisch fallen. Warum das so ist, kann man ohne tiefere Erklärungen zum Thema Umkehrfunktionen nicht so leicht erklären, aber es sei mal so viel gesagt: Um den Kosinus überhaupt umkehren zu können, muss man ihn auf ein Intervall einschränken, in dem er streng monoton fallend (oder steigend) ist, und durch diese Einschränkung gehen alle „Mehrdeutigkeiten", die sonst durch seine Periodizität entstehen, verloren.

L 4.20 Das Volumen der Tränke beträgt $V = G \cdot l$, wobei G den Inhalt der Trog-Grundfläche, also den Flächeninhalt des Trapezes $ABCD$ in Abbildung L.30 bezeichnet, der von der Wahl des Winkels α abhängt. Da l konstant ist, wird $V(\alpha)$ genau dann maximal, wenn $G(\alpha)$ maximal wird. Den Trapez-Flächeninhalt $G(\alpha)$ berechnet man am einfachsten, indem man die Dreiecke AED und BCF gedanklich zu einem Rechteck zusammenschiebt. So erhält man mit $h = b\cos(\alpha)$ und $x = b\sin(\alpha)$

$$G(\alpha) = h \cdot x + h \cdot b = b\cos(\alpha) \cdot b\sin(\alpha) + b\cos(\alpha) \cdot b = b^2\cos(\alpha) \cdot \big(\sin(\alpha) + 1\big).$$

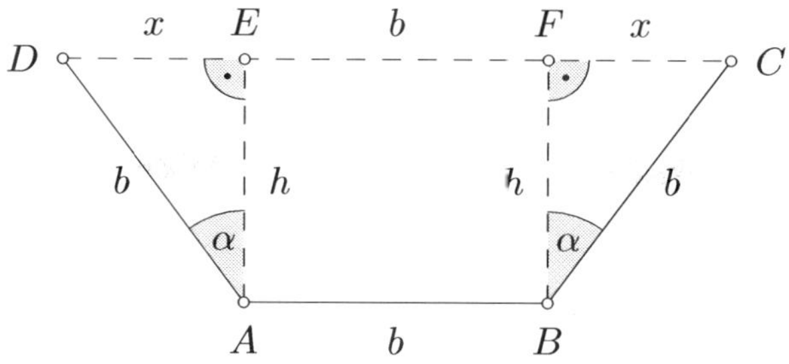

Abbildung L.30

Da für $\alpha < 0$ die Seitenbretter nach innen geneigt sind, ist klar, dass man so nicht das maximale Volumen bekommt. Und für $\alpha > 90°$ läuft das Wasser an den Brettern runter :). Wir können uns daher auf $\alpha \in [\,0°\,;\,90°\,)$ einschränken.
Hat man keinen GTR oder PC zur Hand, die einem das Maximum aufspüren, muss man die Ärmel hochkrempeln. Um G ableiten zu können, gehen wir zum Bogenmaß über:

$$G(x) = b^2 \cos(x) \cdot \big(\sin(x) + 1\big); \qquad D_G = [\,0\,;\,\tfrac{\pi}{2}\,).$$

Mit Hilfe der Produktregel erhalten wir

$$G'(x) = b^2\Big(-\sin(x) \cdot \big(\sin(x) + 1\big) + \cos(x) \cdot \cos(x)\Big) = b^2\big(\cos^2(x) - \sin^2(x) - \sin(x)\big)$$

und die gute alte Kettenregel ergibt

$$\begin{aligned} G''(x) &= b^2\big(2\cos(x) \cdot (-\sin(x)) - 2\sin(x)\cos(x) - \cos(x)\big) \\ &= b^2\big(-4\cos(x)\sin(x) - \cos(x)\big) = -b^2 \cos(x)\big(4\sin(x) + 1\big). \end{aligned}$$

Die notwendige Bedingung für Extrema, $G'(x) = 0$, führt nach Wegdividieren von b^2 auf

$$\cos^2(x) - \sin^2(x) - \sin(x) = 0 \quad \Longleftrightarrow \quad 2\sin^2(x) + \sin(x) - 1 = 0,$$

wobei $\cos^2(x) = 1 - \sin^2(x)$ verwendet (und die Gleichung mit -1 multipliziert) wurde. Mit $\sin(x) = u$ wird daraus die quadratische Gleichung $2u^2 + u - 1 = 0$ mit Lösungen $u_1 = \frac{1}{2}$ und $u_2 = -1$ (MNF). Rücksubstitution führt auf $\sin(x) = \frac{1}{2}$, also $x_0 = \frac{\pi}{6} \in D_G$ (also $\alpha_0 = 30°$), während $\sin(x) = -1$ keine Lösung in D_G besitzt.
Die hinreichende Bedingung für ein Maximum ist erfüllt, da $G''(\frac{\pi}{6}) = -b^2 \cdot \frac{\sqrt{3}}{2} \cdot 3 < 0$ gilt. Das maximale Fassungsvermögen für $b = 60$ cm $= 6$ dm und $l = 1{,}2$ m $= 12$ dm beträgt

$$V(\alpha_0) = G(\alpha_0) \cdot l = 27\sqrt{3}\ \text{dm}^2 \cdot 12\ \text{dm} \approx 561\ \text{dm}^3 = 561\ \ell.$$

Antwort: Das Fassungsvermögen der Tränke wird für $\alpha = 30°$ maximal und beträgt dann ca. 561 Liter. (Die Grundfläche der Tränke ist in diesem Fall die Hälfte eines regelmäßigen Sechsecks.)

(Dass es sich bei $\alpha_0 = 30°$ um eine Maximalstelle handelt, kann man auch anschaulich zumindest vermuten: Zunächst nimmt das Volumen der Tränke erstmal zu, wenn man α von $0°$ beginnend vergrößert (das bedarf aber noch näherer Begründung!), strebt für $\alpha \to 90°$ aber dann gegen 0, da das Trapez sich einem Strich der Länge $3b$ annähert. Folglich muss zwischen $0°$ und $90°$ irgendwo ein Maximum auftreten, und $30°$ ist der einzige Kandidat für eine Extremstelle.)

L **4.21** Wir wählen den Winkel α wie in Abbildung L.31 dargestellt. Für $\alpha > 90°$ werden sowohl Grundseite BC als auch Höhe AH des Dreiecks ABC immer kürzer, d.h. wir können uns bei der Suche nach einem Maximum auf $\alpha \in (\,0°\,;\,90°\,]$ beschränken.
Im rechtwinkligen Dreieck OHC gilt $a = \sin(\alpha)$ und $b = \cos(\alpha)$ (wir arbeiten auf $\mathbb{E}$!), d.h. für Grundseite und Höhe des Dreiecks ABC folgt

$$g(\alpha) = \overline{BC} = 2a = 2\sin(\alpha) \qquad \text{und} \qquad h(\alpha) = \overline{AH} = 1 + b = 1 + \cos(\alpha).$$

Sein Flächeninhalt beträgt somit

$$F(\alpha) = \frac{1}{2} \cdot g(\alpha) \cdot h(\alpha) = \sin(\alpha) \cdot \big(1 + \cos(\alpha)\big).$$

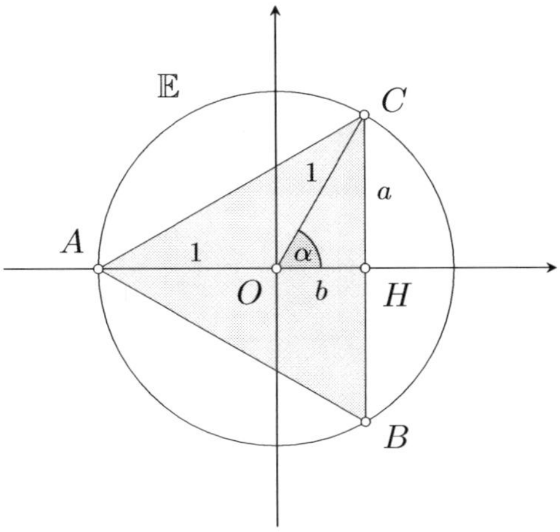

Abbildung L.31

Dies ist fast die Funktion $G(\alpha)$ mit $b = 1$ aus voriger Aufgabe, nur dass Sinus und Kosinus hier die Rollen vertauscht haben. Deshalb schreibe ich (fast) ohne schlechtes Gewissen: Mit einer zu Lösung 4.20 analogen Rechnung findet man das Maximum von $F(\alpha)$ an der Stelle $\alpha_0 = 60°$. Der maximale Flächeninhalt beträgt

$$F_{\max} = F(60°) = \sin(60°) \cdot \big(1 + \cos(60°)\big) = \frac{3\sqrt{3}}{4} \approx 1{,}3.$$

Da in der Aufgabe explizit nach den Punkten B und C gefragt war, müssen wir diese auch angeben. Es ist $B\,(\cos\alpha_0 \mid -\sin\alpha_0\,)$ und $C\,(\cos\alpha_0 \mid \sin\alpha_0\,)$.

Antwort: Für die Wahl $B\,(\,\frac{1}{2} \mid -\frac{\sqrt{3}}{2}\,)$ und $C\,(\,\frac{1}{2} \mid \frac{\sqrt{3}}{2}\,)$ wird der Flächeninhalt des Dreiecks ABC maximal, nämlich $\frac{3\sqrt{3}}{4}$ (FE).

Es ist übrigens noch eine nette kleine Übung zu begründen, dass für $\alpha_0 = 60°$ das Dreieck ABC gleichseitig ist, sprich dass all seine Innenwinkel 60° betragen (Tipp: Basiswinkelsatz und Winkelsummensatz).

Lösungen zu Kapitel 5

L 5.1

a) $f'(x) = 2\mathrm{e}^{2x} + 2$ (beachte die Kettenregel; innere Ableitung $(2x)' = 2$).

b) $f'(x) = 1 \cdot \mathrm{e}^{-x} + x \cdot \mathrm{e}^{-x} \cdot (-1) = \mathrm{e}^{-x}(1 - x)$ (Produkt- und Kettenregel).

c) $f'(x) = \frac{1}{2}\,\mathrm{e}^{-x^2} \cdot (-2x) = -x\mathrm{e}^{-x^2}$ (Kettenregel).

d) Kettenregel zweimal anwenden:

$$f'(x) = \mathrm{e}^{\cos(\pi x)} \cdot (\cos(\pi x))' = \mathrm{e}^{\cos(\pi x)} \cdot \cos'(\pi x) \cdot (\pi x)' = -\pi\,\mathrm{e}^{\cos(\pi x)} \cdot \sin(\pi x).$$

L 5.2

a) $F(x) = \frac{1}{\frac{1}{3}}\,\mathrm{e}^{\frac{1}{3}x-3} = 3\,\mathrm{e}^{\frac{1}{3}x-3}$ (beachte Satz 2.2).

b) Es ist $f(x) = (\mathrm{e}^{x})^2 = \mathrm{e}^{2x}$, also folgt $F(x) = \frac{1}{2}\,\mathrm{e}^{2x}$ (wieder mit Satz 2.2).

L 5.3 a) Durch das Minus vor dem x in e^{-x} wird K_{exp} an der y-Achse gespiegelt, wodurch K_2 in Abbildung L.32 entsteht. Durch den Vorfaktor -1 in $-\mathrm{e}^{-x}$ entsteht K_3, indem K_2 an der x-Achse gespiegelt wird, denn jeder y-Wert wird hierbei zu seinem Negativen. Und schließlich verschiebt die 2 das Schaubild K_3 um 2 nach oben, denn $2 - \mathrm{e}^{-x} = -\mathrm{e}^{-x} + 2$, d.h. zu jedem y-Wert von K_3 werden 2 dazugezählt. Somit ist nicht mehr die x-Achse, sondern die Gerade $y = 2$ die waagerechte Asymptote von K_f für $x \to \infty$.

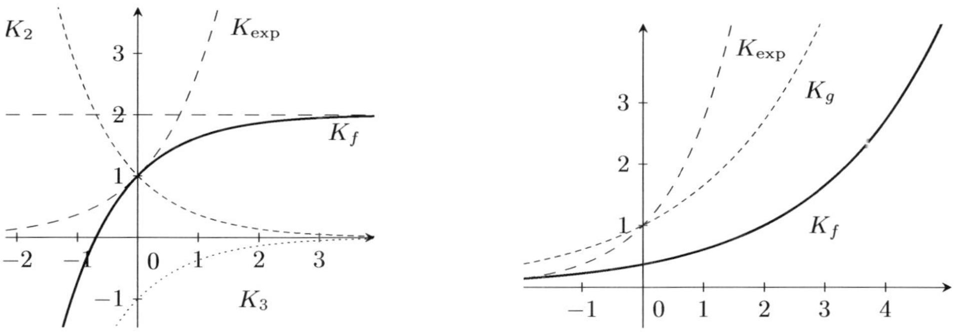

Abbildung L.32

b) Es ist $f(x) = \mathrm{e}^{\frac{1}{2}x-1} = \mathrm{e}^{\frac{1}{2}x} \cdot \mathrm{e}^{-1} = (\mathrm{e}^{x})^{\frac{1}{2}} \cdot \frac{1}{\mathrm{e}} = \frac{1}{\mathrm{e}}\sqrt{\mathrm{e}^{x}}$. Aus jedem Funktionswert wird also die Wurzel gezogen, und das Ergebnis wird durch e geteilt. K_f ist demnach ein „geplättetes“ K_{exp}, welches durch $(\,0 \mid \frac{1}{\mathrm{e}}\,)$ verläuft und viel flacher ansteigt als K_{exp}.

Alternativ: Es ist $f(x) = \mathrm{e}^{\frac{1}{2}x-1} = \mathrm{e}^{\frac{1}{2}(x-2)}$, d.h. K_f entsteht durch Verschieben des Schaubilds K_g von $g(x) = \mathrm{e}^{\frac{1}{2}x}$ um 2 nach rechts: Aufgrund von $(x - 2)$ anstatt x im Exponenten nimmt f dieselben Funktionswerte um 2 später an als g. K_g wiederum erhält man durch „Langziehen“ von K_{exp} um einen Faktor 2 in x-Richtung: Aufgrund des Vorfaktors $\frac{1}{2}$ vor dem x im Exponenten muss man bei g die doppelten x-Werte einsetzen, um dieselben Funktionswerte wie bei exp zu erhalten.

L 5.4 Zunächst bestimmen wir eine Stammfunktion von $f(x)^2 = (\mathrm{e}^{1-x})^2 = \mathrm{e}^{2(1-x)} = \mathrm{e}^{2-2x}$. Die innere Ableitung ist $(2 - 2x)' = -2$, also ist nach Satz 2.2 $F(x) = \frac{1}{-2}\mathrm{e}^{2-2x}$ eine

Stammfunktion. Für das Volumen des Rotationskörpers folgt (siehe Seite 67)

$$V = \pi \int_0^\infty f(x)^2 \, \mathrm{d}x = \pi \lim_{b\to\infty} \int_0^b \mathrm{e}^{2-2x} \, \mathrm{d}x = \pi \lim_{b\to\infty} \left[-\frac{1}{2} \mathrm{e}^{2-2x} \right]_0^b$$

$$= -\frac{\pi}{2} \lim_{b\to\infty} \left(\mathrm{e}^{2-2b} - \mathrm{e}^{2-0} \right) = -\frac{\pi}{2} (0 - \mathrm{e}^2) = \frac{\pi \, \mathrm{e}^2}{2} \approx 11{,}6 \quad \text{(VE)}.$$

Es wurde verwendet, dass $\mathrm{e}^{2-2b} = \frac{\mathrm{e}^2}{\mathrm{e}^{2b}}$ für $b \to \infty$ gegen 0 geht.

L 5.5

a) Die allgemeine Tangentengleichung aus Aufgabe 1.3 mit $x_0 = 0$ liefert

$$t(x) = f'(0) \cdot (x - 0) + f(0) = \mathrm{e}^0 \cdot (x - 0) + \mathrm{e}^0 = 1 \cdot x + 1 = x + 1.$$

Die Tangente verläuft also parallel zur ersten Winkelhalbierenden $y = x$ durch $(\,0\,|\,1\,)$.

b) Für beliebiges x_0 ist

$$t(x) = f'(x_0) \cdot (x - x_0) + f(x_0) = \mathrm{e}^{x_0} \cdot (x - x_0) + \mathrm{e}^{x_0} = \mathrm{e}^{x_0} \cdot x + \mathrm{e}^{x_0}(1 - x_0).$$

(Im letzten Schritt wurde e^{x_0} aus $-\mathrm{e}^{x_0} x_0 + \mathrm{e}^{x_0}$ ausgeklammert.) Um die Nullstelle der Tangente zu finden, setzen wir $t(x) = 0$ und lösen nach x auf:

$$\mathrm{e}^{x_0} \cdot x + \mathrm{e}^{x_0}(1 - x_0) = 0 \quad \Longleftrightarrow \quad x = \frac{-\mathrm{e}^{x_0}(1 - x_0)}{\mathrm{e}^{x_0}} = -(1 - x_0) = x_0 - 1.$$

Die Tangente an der Stelle x_0 an K_f schneidet somit die x-Achse tatsächlich an der Stelle $x_0 - 1$. Um K_t zu zeichnen, muss man also lediglich eine Gerade durch die Punkte $(\,x_0 - 1\,|\,0\,)$ und $(\,x_0\,|\,\mathrm{e}^{x_0}\,) \in K_f$ zeichnen – vergleiche mit Abbildung 5.1. Die Tangente aus a) ($x_0 = 0$) erhältst du also, indem du eine Gerade durch $(\,-1\,|\,0\,)$ und $(\,0\,|\,\mathrm{e}^0\,)$ legst.

L 5.6 Es ist $f'(x) = \frac{1}{2}\mathrm{e}^{\frac{1}{2}x}$, also folgt für die Tangentengleichung in 0

$$t(x) = f'(0) \cdot (x - 0) + f(0) = \frac{1}{2} \mathrm{e}^0 \cdot (x - 0) + \mathrm{e}^0 = \frac{1}{2} x + 1.$$

Da K_f oberhalb von K_t verläuft, gilt für den eingeschlossenen Flächeninhalt (beachte beim Integrieren, dass $\frac{1}{\frac{1}{2}}\mathrm{e}^{\frac{1}{2}x} = 2\mathrm{e}^{\frac{1}{2}x}$ eine Stammfunktion von f ist):

$$A = \int_0^2 |f(x) - t(x)| \, \mathrm{d}x = \int_0^2 \big(f(x) - t(x)\big) \, \mathrm{d}x = \int_0^2 \left(\mathrm{e}^{\frac{1}{2}x} - \frac{1}{2} x - 1 \right) \mathrm{d}x$$

$$= \left[2\mathrm{e}^{\frac{1}{2}x} - \frac{1}{4} x^2 - x \right]_0^2 = 2\mathrm{e}^1 - \frac{1}{4} \cdot 2^2 - 2 - (2\mathrm{e}^0 - 0) = 2\mathrm{e} - 5 \approx 0{,}44.$$

L 5.7 Wir gehen nach dem Schema von Seite 95 vor.

(1) Aufstellen der Tangentengleichung in $B\,(\,b\,|\,f(b)\,) \in K_f$: Es ist $f'(x) = \mathrm{e}^{x-1}$, also

$$t_b(x) = f'(b) \cdot (x - b) + f(b) = \mathrm{e}^{b-1} \cdot (x - b) + \mathrm{e}^{b-1}.$$

(2) Nun bestimmen wir mittels Punktprobe diejenigen Tangenten K_{t_b}, die durch $(2\,|\,2)$ verlaufen, für die also $t_b(2) = 2$ gilt:

$$t_b(2) = e^{b-1} \cdot (2-b) + e^{b-1} = e^{b-1} \cdot (2-b+1) = e^{b-1} \cdot (3-b) \stackrel{!}{=} 2.$$

(3) Durch Hinschauen erkennt man, dass der e-Ausdruck für $b = 1$ zu $e^0 = 1$ wird und die Klammer netterweise 2 ergibt. Damit ist $b_1 = 1$ schon mal eine Lösung. Die zweite Lösung, sprich die zweite Nullstelle von $g(b) = e^{b-1} \cdot (3-b) - 2$, lässt sich nur mit Hilfe des GTR zu $b_2 \approx 2{,}59$ bestimmen. (Auch lässt ein Plot von K_g vermuten, dass es nur genau 2 Nullstellen gibt; Beweis von Hand ist schwierig.)

(4) $b_1 = 1$ oben eingesetzt ergibt

$$t_1(x) = e^0 \cdot (x-1) + e^0 = 1 \cdot (x-1) + 1 = x.$$

Eine der gesuchten Tangenten ist also die erste Winkelhalbierende (was nicht überrascht, wenn man bedenkt, dass K_f nur ein um 1 nach rechts verschobenes $K_{\exp}$ ist und man Aufgabe 5.5 a) gelöst hat); das Ausrechnen von t_{b_2} ersparen wir uns (ca. $4{,}9x - 7{,}8$).

L 5.8

a) Zunächst wird mit Produkt- und Kettenregel abgeleitet:

$$f_t'(x) = 1 \cdot e^{-\frac{x}{t}} + (x-t) \cdot e^{-\frac{x}{t}} \cdot \left(-\frac{1}{t}\right) = \left(1 - \frac{x}{t} + \frac{t}{t}\right) e^{-\frac{x}{t}} = \left(2 - \frac{x}{t}\right) e^{-\frac{x}{t}}.$$

Die notwendige Bedingung für Extremstellen, $f_t'(x) = 0$, führt auf $(2 - \frac{x}{t})\,e^{-\frac{x}{t}} = 0$, was gleichbedeutend mit dem Verschwinden der Klammer ist, da $e^{-\frac{x}{t}}$ niemals Null wird. Einziger Extremstellenkandidat ist somit $x = 2t$. Da ich keine Lust auf f_t'' habe: Für $x < 2t$ ist $\frac{x}{t} < 2$ (beachte $t > 0$!) und die Klammer $(2 - \frac{x}{t})$ dementsprechend positiv, für $x > 2t$ ist sie negativ. Da stets $e^{-\frac{x}{t}} > 0$ gilt, vollzieht f_t' bei $x = 2t$ also einen VZW von $+$ nach $-$, d.h. wir haben unsere Hochstelle gefunden. Der zugehörige y-Wert lautet

$$y(t) = f_t(2t) = (2t - t)\,e^{-\frac{2t}{t}} = t\,e^{-2}.$$

Die Parameterdarstellung aller Hochpunkte ist somit $H_t\,(2t\,|\,e^{-2}t)$, $t > 0$. Nun lösen wir $x = 2t$ nach t auf, $t = \frac{x}{2}$, und setzen es in $y(t)$ ein:

$$y(x) = e^{-2}\,\frac{x}{2} = \frac{x}{2e^2}\,.$$

Die Orts„kurve“ aller Hochpunkte ist also die Gerade mit der Gleichung $y = \frac{1}{2e^2}\,x$, allerdings nur für $x > 0$, denn es ist $x = 2t$ mit $t > 0$. (Zu Abbildung L.33: Dass die Hochpunkte etwas links vom Schnittpunkt der Geraden mit den K_t zu liegen scheint, ist eine optische Täuschung.)

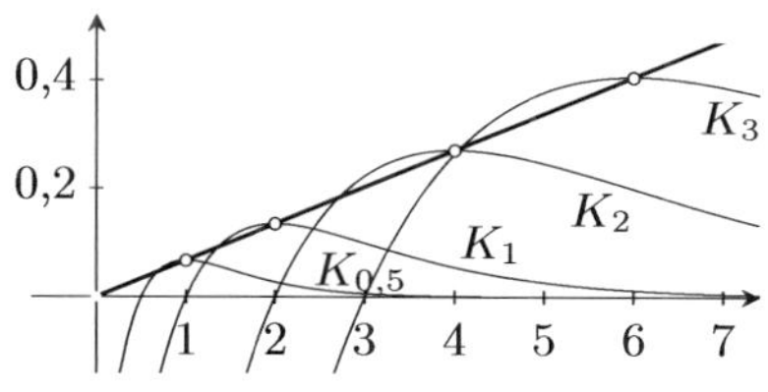

Abbildung L.33

b) Der Abstand eines Punktes $(\,x\,|\,f_1(x)\,) \in K_1$ zum Ursprung $(\,0\,|\,0\,)$ ist laut Pythagoras

$$d(x) = \sqrt{(x-0)^2 + (f_1(x)-0)^2} = \sqrt{x^2 + ((x-1)\,\mathrm{e}^{-x})^2}.$$

Die Tiefstelle dieser Funktion von Hand zu finden wird unschön bis unmöglich, also bemühen wir gleich den GTR. Dieser liefert, dass $d(x)$ für $x \approx 0{,}41$ minimal wird (mit $d_{\text{min}} \approx 0{,}57$). Der gesuchte Punkt auf K_1 mit minimalem Abstand zum Ursprung lautet also $(\,0{,}41\,|\,-0{,}39\,)$ (die y-Koordinate ist $f_1(0{,}41)$).

L 5.9

a) Beidseitiges Logarithmieren ergibt $2x+1 = \ln 10$, also $x = \frac{\ln 10 - 1}{2} \approx 0{,}651$.

b) Besitzt keine Lösung, da $\mathrm{e}^{3-x} > 0$ für alle $x \in \mathbb{R}$ gilt (bzw. $\ln(-3)$ nicht definiert ist).

c) $50 - 44\cdot\mathrm{e}^{-2x} = 21 \;\Leftrightarrow\; -44\cdot\mathrm{e}^{-2x} = -29 \;\Leftrightarrow\; -2x = \ln\frac{29}{44} \;\Leftrightarrow\; x = -\frac{1}{2}\ln\frac{29}{44} \approx 0{,}208$

d) Alles auf eine Seite bringen, $\mathrm{e}^{2x} - 7\mathrm{e}^x + 12 = 0$, und $\mathrm{e}^x = u$ substituieren. Aufgrund von $\mathrm{e}^{2x} = (\mathrm{e}^x)^2 = u^2$ erhalten wir dadurch die quadratische Gleichung $u^2 - 7u + 12 = 0$, die laut Mitternachtsformel oder Vieta (Seite 177) die Lösungen $u_1 = 3$ und $u_2 = 4$ besitzt. Rücksubstitution $u = \mathrm{e}^x$ bzw. $x = \ln u$ ergibt $x_1 = \ln 3$ und $x_2 = \ln 4$ als Lösungen der ursprünglichen Gleichung.

e) Zunächst wird die gesamte Gleichung mit e^x durchmultipliziert, um das e^{-x} zu beseitigen: $\mathrm{e}^x\cdot\mathrm{e}^x + 1\cdot\mathrm{e}^x - 6\mathrm{e}^{-x}\cdot\mathrm{e}^x = 0\cdot\mathrm{e}^x = 0$. Da $\mathrm{e}^{-x}\cdot\mathrm{e}^x = \mathrm{e}^{-x+x} = \mathrm{e}^0 = 1$ ist, bleibt $(\mathrm{e}^x)^2 + \mathrm{e}^x - 6 = 0$, was sich wieder mit der Substitution $\mathrm{e}^x = u$ in die quadratische Gleichung $u^2 + u - 6 = 0$ überführen lässt. Vieta liefert $u_1 = -3$ und $u_2 = 2$ als Lösungen. Rücksubstitution $u = \mathrm{e}^x$ bzw. $x = \ln u$ ergibt $x_1 = \ln(-3)$ n.d. (nicht definiert, da e^x niemals -3 ergibt) und $x_2 = \ln 2$. Somit ist $\ln 2$ die einzige Lösung.

f) Man macht auf beiden Seiten e-hoch, um den ln loszuwerden: $\mathrm{e}^{\ln(2x)} = \mathrm{e}^{\frac{1}{2}}$, also (da $\mathrm{e}^{\ln\heartsuit} = \heartsuit$ gilt) $2x = \mathrm{e}^{\frac{1}{2}} = \sqrt{\mathrm{e}}$, d.h. $x = \frac{\sqrt{\mathrm{e}}}{2}$.

L 5.10 Es ist $S - c\cdot\mathrm{e}^{-kt} = y \;\Leftrightarrow\; -c\cdot\mathrm{e}^{-kt} = y - S \;\Leftrightarrow\; \mathrm{e}^{-kt} = \frac{y-S}{-c} = \frac{S-y}{c}$. Beidseitiges ln-Anwenden und Auflösen nach k liefert $k = -\frac{1}{t}\ln\frac{S-y}{c}$.

L 5.11 Es gilt $\mathrm{e}^{r+s} = \mathrm{e}^r\cdot\mathrm{e}^s$ für alle $r,\, s \in \mathbb{R}$. Logarithmieren: $\ln\mathrm{e}^{r+s} = \ln(\mathrm{e}^r\cdot\mathrm{e}^s)$, d.h.

$$r + s = \ln(\mathrm{e}^r\cdot\mathrm{e}^s). \quad (\star).$$

Setzen wir nun $x = \mathrm{e}^r$ und $y = \mathrm{e}^s$, so ist $\ln x = \ln\mathrm{e}^r = r$ und $\ln y = \ln\mathrm{e}^s = s$, also besagt Gleichung $(\star)$, dass

$$\ln x + \ln y = \ln(x\cdot y)$$

gilt. Allerdings nur für $x,\, y > 0$, da x als e^r nur positive Werte annehmen kann (dafür aber auch tatsächlich alle positiven Werte, wenn r ganz $\mathbb{R}$ durchläuft), ebenso y. Aus dem zweiten Potenzgesetz $(\mathrm{e}^r)^s = \mathrm{e}^{r\cdot s}$ folgt durch Logarithmieren

$$\ln\big((\mathrm{e}^r)^s\big) = \ln\mathrm{e}^{r\cdot s} = r\cdot s. \quad (\star\star)$$

Setzen wir diesmal $x = \mathrm{e}^r$ und $y = s$, so ist $r = \ln x$, d.h. $(\star\star)$ besagt, dass wie gewünscht

$$\ln(x^y) = (\ln x)\cdot y = y\cdot\ln x$$

gilt, und zwar für alle $x > 0$ und $y \in \mathbb{R}$.

L 5.12 Da wir bisher nur e-hoch-Ausdrücke ableiten können, müssen wir a^x zur Basis e umschreiben, was durch folgenden miesen Trick ganz leicht möglich ist:

$$a^x = \mathrm{e}^{\ln a^x} = \mathrm{e}^{x \cdot \ln a}.$$

(Im ersten Schritt wird verwendet, dass e und ln sich aufheben, während im zweiten Schritt das zweite Logarithmengesetz eingeht.) Nun können wir mit Hilfe der Kettenregel ableiten:

$$\left(a^x\right)' = \left(\mathrm{e}^{x \cdot \ln a}\right)' = \mathrm{e}^{x \cdot \ln a} \cdot (1 \cdot \ln a) = a^x \cdot \ln a.$$

Beim letzten „=" wurde die ursprüngliche Umschreibung von a^x wieder rückgängig gemacht.

L 5.13 Zur Kettenregel: Ist $\ln(\heartsuit)$ die äußere Funktion, so ist die äußere Ableitung $\frac{1}{\heartsuit}$.

a) Mit Kettenregel: $f'(x) = \ln'(2x) \cdot (2x)' = \frac{1}{2x} \cdot 2 = \frac{1}{x}$.
Über Log-Gesetze: $f(x) = \ln(2x) = \ln 2 + \ln(x)$, also $f'(x) = 0 + \frac{1}{x} = \frac{1}{x}$.

b) Mit Kettenregel: $f'(x) = \ln'(x^2) \cdot (x^2)' = \frac{1}{x^2} \cdot 2x = \frac{2}{x}$.
Über Log-Gesetze: $f(x) = \ln(x^2) = 2 \cdot \ln(x)$, also $f'(x) = 2 \cdot \frac{1}{x} = \frac{2}{x}$.

c) Mit Kettenregel: $f'(x) = \ln'\left(\mathrm{e}^{\cos(x)}\right) \cdot \left(\mathrm{e}^{\cos(x)}\right)' = \frac{1}{\mathrm{e}^{\cos(x)}} \cdot \mathrm{e}^{\cos(x)} \cdot (-\sin(x)) = -\sin(x)$.
Über Log-Gesetze: $f(x) = \ln\left(\mathrm{e}^{\cos(x)}\right) = \cos(x)$:), also $f'(x) = -\sin(x)$.

L 5.14 Wir zerlegen die Fläche in zwei Teile. Die erste Teilfläche ist ein Rechteck mit Breite 1 und Höhe 2 (da K_f die Gerade $y = 2$ offenbar in $P(1\,|\,2)$ schneidet), also ist $A_1 = 1 \cdot 2 = 2$. Den Inhalt der zweiten Teilfläche unter K_f erhalten wir durch Integration:

$$A_2 = \int_1^{\mathrm{e}} \frac{2}{x}\,\mathrm{d}x = \Big[2\ln(x)\Big]_1^{\mathrm{e}} = 2\ln(\mathrm{e}) - 2\ln(1) = 2 - 0 = 2,$$

so dass sich insgesamt $A = A_1 + A_2 = 4$ als Inhalt der grauen Fläche ergibt.

L 5.15 Der Inhalt der ins Unendliche reichenden Fläche wird mit Hilfe eines unbestimmten Integrals berechnet:

$$A = \int_1^{\infty} \frac{1}{x}\,\mathrm{d}x = \lim_{b\to\infty} \int_1^{b} \frac{1}{x}\,\mathrm{d}x = \lim_{b\to\infty} \Big[\ln(x)\Big]_1^{b} = \lim_{b\to\infty} \big(\ln(b) - \ln 1\big) = \lim_{b\to\infty} \ln(b).$$

Da $\ln(b)$ für $b \to \infty$ unbeschränkt wächst (ist $S > 0$ eine beliebig große Zahl, so ist $\ln(b)$ für $b > \mathrm{e}^S$ noch größer), besitzt die Fläche unter der Hyperbel keinen endlichen Inhalt. Die Hyperbel schmiegt sich also „nicht schnell genug" an die x-Achse an, um den Inhalt auf einen endlichen Wert runterzudrücken.

L 5.16 Für $x > 0$ ist $|x| = x$, also stimmt $(\ln(|x|))' = \ln'(x) = \frac{1}{x}$. Aber auch für $x < 0$ gilt dies, denn hier ist $|x| = -x$ und mit der Kettenregel folgt

$$\big(\ln(|x|)\big)' = \big(\ln(-x)\big)' = \ln'(-x) \cdot (-x)' = \frac{1}{-x} \cdot (-1) = \frac{1}{x}\,.$$

Die Integral-Aussage folgt direkt (nach Definition der Stammfunktion).

Lösungen zu Kapitel 6

L 6.1 Die Wachstumskonstante beträgt $k = \frac{\ln 2}{T_V} \approx 0{,}462\ (\frac{1}{\text{h}})$ und das Wachstumsgesetz lautet $N(t) = N_0\, e^{kt}$ mit $N_0 = 100\,000 = 10^5$. Wir suchen die Zeit t, für die $N(t) = 10^8$ gilt:

$$10^5 e^{kt} = 10^8 \iff e^{kt} = 10^3 \iff kt = \ln 10^3 \iff t = \frac{\ln 10^3}{k} \approx 14{,}9\ (\text{h}).$$

Es dauert also ca. 15 h, bis 100 Mio Bifido-Bakterien vorhanden sind.

L 6.2 Die Pilzfläche wächst gemäß $A(t) = A_0\, e^{kt}$ mit $A_0 = 3\ (\text{cm}^2)$ und $k = 0{,}06\ (\frac{1}{\text{h}})$.

a) Nach $t = 24\ (\text{h})$ ist $A(24) = A_0\, e^{24k} = 3 \cdot e^{1{,}44} \approx 12{,}7\ (\text{cm}^2)$. Will man sich das Klammer-Geschreibe am Ende ersparen, darf man die Einheiten auch konsequent mitschleppen:

$$A(24\,\text{h}) = A_0\, e^{24\text{h} \cdot 0{,}06\, \frac{1}{\text{h}}} = 3\,\text{cm}^2 \cdot e^{1{,}44} \approx 12{,}7\,\text{cm}^2.$$

Ist zwar etwas mehr Schreibaufwand, aber so sieht man z.B. im Exponenten schön, dass h und $\frac{1}{\text{h}}$ sich wegkürzt. Hätte man also aus Versehen $t = 1\,\text{d}$ (Tag) eingesetzt, wäre einem dieser Fehler spätestens hier aufgefallen.

b) Verdopplungszeit: $T_V = \frac{\ln 2}{k} \approx 11{,}6\ (\text{h})$.

c) Wir vergleichen die Flächen $A(t{+}1)$ und $A(t)$, um den Zuwachs innerhalb von $\Delta t = 1\ (\text{h})$ zu erhalten. Laut Seite 144 gilt $\frac{A(t+1)}{A(t)} = e^{k \cdot 1}$ (und zwar unabhängig von t), d.h.

$$\frac{A(t+1)}{A(t)} = e^{k \cdot 1} = e^{0{,}06} \approx 1{,}06 = 106\,\%,$$

d.h. pro Stunde wächst der Schimmelpilz um 6 %. Wem das zu allgemein war: Berechne $A(1)$ und vergleiche es mit $A(0) = A_0$. Es ist $A(1) \approx 3{,}19\ (\text{cm}^2)$, und im Vergleich mit A_0 ergibt sich $\frac{A(1)}{A(0)} = \frac{3{,}19}{3} \approx 1{,}06$, sprich $A(1) = 1{,}06 \cdot A(0) = 106\,\% \cdot A(0)$, also ein 6 %-iger Zuwachs.

d) $A(t) = 80$ führt wie in Lösung 6.1 auf $t = \frac{\ln \frac{80}{3}}{k} \approx 54{,}7\ (\text{h})$, also ca. $2\frac{1}{4}$ Tage.

e) Laut DGL gilt stets $A'(t) = k \cdot A(t)$, also $A'(10) = k \cdot A(10) \approx 0{,}33\ (\frac{\text{cm}^2}{\text{h}})$. (Anschauliche Bedeutung dieser Zahl: In einer kleinen (!) Zeitspanne Δt nach $t = 10\ (\text{h})$ beträgt der Zuwachs der Pilzfläche ungefähr $0{,}33 \cdot \Delta t\ (\text{cm}^2)$. So besagt diese Näherung, dass 5 min nach 10 h die Pilzfläche um ca. $0{,}33 \cdot \frac{5}{60} \approx 0{,}027\ (\text{cm}^2)$ angewachsen wäre. Exakter Wert zum Vergleich: $A(10 + \frac{5}{60}) - A(10) \approx 0{,}027\ (\text{cm}^2)$, d.h. die lineare Näherung durch $A'(10)$ liefert hier sehr gute Ergebnisse; Unterschied erst in der vierten Nachkommastelle.)

L 6.3 Da der Zuwachs $N(t+T) - N(t)$ nicht von der Zeit t abhängt (siehe Seite 144 mit $\Delta t = T$), können wir $t = 0$ wählen. Wenn $N_0 = N(0)$ nach der Zeit T um $p\,\%$ gestiegen ist, gilt $N(T) = N_0 + p\,\% \cdot N_0 = (1 + p\,\%)N_0$, und Einsetzen von $N(T) = N_0\, e^{kT}$ liefert

$$N_0\, e^{kT} = (1 + p\,\%)N_0 \iff e^{kT} = 1 + p\,\% \iff kT = \ln(1 + p\,\%).$$

Teilen durch T ergibt die gesuchte Formel. Verdoppeln heißt um 100 % anwachsen, also erhält man für $p\,\% = 100\,\%\ (= 1)$ die Verdopplungszeit: $k = \frac{\ln(1+1)}{T_V}$, sprich $T_V = \frac{\ln 2}{k}$.

L 6.4 30 min nach Versuchsbeginn setzen wir $t = 0$. Dann ist $N_0 = N(0) = 400$ und $N(60) = 3195$. Es ist

$$\frac{N(60)}{N(0)} = 7{,}99 = 1 + 699\,\%,$$

d.h. der prozentuale Zuwachs innerhalb von $T = 60$ min beträgt $p\,\% = 699\,\%$, und vorige Aufgabe liefert

$$k = \frac{\ln(1 + p\,\%)}{T} = \frac{\ln 7{,}99}{60} \approx 0{,}0346\ (\tfrac{1}{\text{min}})$$

als Wachstumskonstante. Dies entspricht einer Verdopplungszeit von $T_{\text{V}} = \frac{\ln 2}{k} \approx 20$ min. 4 h nach Versuchsbeginn ist $t = 3{,}5$ h $= 210$ min. Dann ist $N(210) = N_0\,\mathrm{e}^{k \cdot 210} \approx 5{,}76 \cdot 10^5$, es sind also ca. 576 000 Bakterien vorhanden. (Beachte, dass wir den tatsächlichen Anfangsbestand zu Versuchsbeginn nirgends gebraucht haben! Er war $N(-30) \approx 142$.)

L 6.5 Wir bestimmen zunächst die Zeit T_{H}, nach welcher sich der Anfangsbestand N_0 halbiert hat, d.h. $N(T_{\text{H}}) = \frac{1}{2}N_0$:

$$N_0\,\mathrm{e}^{-kT_{\text{H}}} = \frac{1}{2}\,N_0 \iff \mathrm{e}^{-kT_{\text{H}}} = \frac{1}{2} \iff -kT_{\text{H}} = \ln\frac{1}{2} \iff T_{\text{H}} = \frac{\ln\frac{1}{2}}{-k} = \frac{\ln 2}{k}\,.$$

Ganz am Ende wurde $\ln\frac{1}{2} = \ln(2^{-1}) = (-1)\cdot\ln 2$ verwendet. Für beliebiges t gilt:

$$N(t + T_{\text{H}}) = N_0\,\mathrm{e}^{-k(t+T_{\text{H}})} = N_0\,\mathrm{e}^{-kt}\cdot\mathrm{e}^{-kT_{\text{H}}} = N_0\,\mathrm{e}^{-kt}\cdot\mathrm{e}^{-\ln 2} = N_0\,\mathrm{e}^{-kt}\cdot\frac{1}{2} = \frac{1}{2}\,N(t),$$

denn $\mathrm{e}^{-\ln 2} = \mathrm{e}^{\ln(2^{-1})} = 2^{-1} = \frac{1}{2}$. Somit ist T_{H} unabhängig vom Zeitpunkt t.

L 6.6 Das Zerfallsgesetz lautet $m(t) = m_0\,\mathrm{e}^{-kt}$ (t in Tagen) mit $m_0 = 4{,}8$ mg und der Zerfallskonstante $k = \frac{\ln 2}{T_{\text{H}}} \approx 0{,}087\ (\frac{1}{\text{d}})$ (exakten Wert speichern fürs Weiterrechnen). Wichtig: $m(t)$ ist die zur Zeit t noch vorhandene Menge Iod-131; zerfallen ist bis dahin $m_0 - m(t)$.

a) Sind 3 mg Iod zerstrahlt, so sind noch $m(t) = 1{,}8$ mg vorhanden. Gesuchtes t folgt aus:

$$m_0\,\mathrm{e}^{-kt} = 1{,}8 \iff \mathrm{e}^{-kt} = \frac{1{,}8}{m_0} = 0{,}375 \iff t = \frac{\ln 0{,}375}{-k} \approx 11{,}3\ (\text{d}).$$

b) Es ist $m(14) = m_0\,\mathrm{e}^{-14k} \approx 1{,}43$ (mg); das sind $\frac{1{,}43}{4{,}8} \approx 0{,}297 = 29{,}7\,\%$ von m_0.

L 6.7 Wenn es dir hilft, nimm konkrete Zahlenwerte an, wie z.B. $m_0 = 100$ (mg). Einen Tag später sind dann 17,3 % von m_0, sprich 17,3 mg, weniger vorhanden, also ist $m(1) = 82{,}7$ (mg). Einsetzen ins Zerfallsgesetz $m(t) = m_0\,\mathrm{e}^{-kt}$ (t in Tagen) ergibt $100\,\mathrm{e}^{-k} = 82{,}7$, woraus $-k = \ln\frac{82{,}7}{100}\ (\frac{1}{\text{d}})$ folgt. Für die Halbwertszeit erhält man damit

$$T_{\text{H}} = \frac{\ln 2}{k} = \frac{\ln 2}{-\ln 0{,}827} \approx 3{,}65\ (\text{d}).$$

Wer lieber erst allgemein rechnet: Fast wörtlich wie in Aufgabe 6.3 erhält man $k = \frac{\ln(1-p\,\%)}{T}$ (hier ist $T = 1$ d) und kann daraus k und dann wie eben T_{H} bestimmen.

L 6.8 Der Strontium-Gehalt verändert sich gemäß $G(t) = G_0\,\mathrm{e}^{-kt}$ mit $k = \frac{\ln 2}{T_{\mathrm{H}}} \approx 0{,}0248\ (\frac{1}{\mathrm{a}})$, wobei laut Aufgabe $G_0 = 150\,G_{\mathrm{tol}}$ gilt (150-facher Toleranzwert). Gefragt ist, wann $G(t) = G_{\mathrm{tol}}$ ist.

$$150\,G_{\mathrm{tol}}\,\mathrm{e}^{-kt} = G_{\mathrm{tol}} \iff \mathrm{e}^{-kt} = \frac{G_{\mathrm{tol}}}{150\,G_{\mathrm{tol}}} = \frac{1}{150} \iff t = \frac{\ln\frac{1}{150}}{-k} \approx 202{,}4\ (\mathrm{a}),$$

d.h. die Insel ist erst nach ca. 200 Jahren (!) wieder gefahrlos bewohnbar.

L 6.9 Auch ohne was von Mathe zu verstehen: Wenn der ^{14}C-Gehalt noch grob 50 % des Anfangswerts beträgt, dann ist seit dem Tod von Ötzi ungefähr eine Halbwertszeit verstrichen, also grob 5400 Jahre.
Exakt: Ab dem Todeszeitpunkt von Ötzi sinkt sein ^{14}C-Gehalt nach dem Gesetz $G(t) = G_0\,\mathrm{e}^{-kt}$, wobei G_0 den (als konstant angenommenen) ^{14}C-Gehalt von lebender Materie darstellt und die Zerfallskonstante $k = \frac{\ln 2}{T_{\mathrm{H}}} \approx 1{,}21 \cdot 10^{-4}\ (\frac{1}{\mathrm{a}})$ beträgt.

$$G_0\,\mathrm{e}^{-kt} = 51\,\%\,G_0 = 0{,}51G_0 \iff \mathrm{e}^{-kt} = 0{,}51 \iff t = \frac{\ln 0{,}51}{-k} \approx 5217\ (\mathrm{a}),$$

also starb Ötzi vor ca. 5200 Jahren. (Zahlen variieren je nach Quelle, aber natürlich ist eine solche Messung mit Ungenauigkeiten behaftet, evtl. war auch der damalige ^{14}C-Gehalt in der Atmosphäre ein anderer als heute.)

L 6.10 Sinus und Kosinus haben die Eigenschaft beim zweimaligen Ableiten in ihr Negatives überzugehen: $\sin'(x) = \cos(x)$, also $\sin''(x) = \cos'(x) = -\sin(x)$ und ebenso für den Kosinus. Beides sind also Lösungen der DGL $f''(x) = -f(x)$ (auf $\mathbb{R}$).
Noch allgemeiner ist $\sin(\omega x + \varphi_0)$ für beliebiges $\varphi_0 \in \mathbb{R}$ (für $\varphi_0 = 0$ ist dies $\sin(\omega x)$, für $\varphi_0 = \frac{\pi}{2}$ wird es zu $\cos(\omega x)$) eine Lösung von $f''(x) = -\omega^2 f(x)$, was bereits in Lösung 1.12 b) mit Hilfe der Kettenregel nachgerechnet wurde.

L 6.11 Laut Seite 20 gilt $\tan'(x) = 1 + \tan^2(x)$, d.h. $f(x) = \tan(x)$ ist eine Lösung der DGL $f'(x) = 1 + f(x)^2$ auf $(-\frac{\pi}{2}\,;\,\frac{\pi}{2})$.

L 6.12 Wir setzen $f(t) = S + c\,\mathrm{e}^{-kt}$ in die linke Seite der DGL ein, d.h. wir leiten es ganz einfach ab, wobei wir wie immer schön brav die Kettenregel beachten:

$$f'(t) = 0 + c\,\mathrm{e}^{-kt} \cdot (-k) = -kc\,\mathrm{e}^{-kt}.$$

Setzen wir $f(t)$ in die rechte Seite der DGL ein, so erhalten wir:

$$k\big(S - f(t)\big) = k\big(S - (S + c\,\mathrm{e}^{-kt})\big) = k\big(-c\,\mathrm{e}^{-kt}\big) = -kc\,\mathrm{e}^{-kt}.$$

Somit stimmen linke und rechte Seite der DGL für alle t überein, d.h. $f(t)$ ist erwiesenermaßen eine Lösung dieser DGL.

L 6.13 Linke Seite der DGL: Ableiten mit Hilfe der Kettenregel, nachdem man den Bruch als „mal Nenner hoch -1" umgeschrieben hat.

$$\begin{aligned} f'(t) &= \Big(cS \cdot \big(c + (S-c)\,\mathrm{e}^{-kSt}\big)^{-1}\Big)' \\ &= cS \cdot (-1)\big(c + (S-c)\,\mathrm{e}^{-kSt}\big)^{-2} \cdot (-kS)(S-c)\,\mathrm{e}^{-kSt} \\ &= kcS^2 \cdot \frac{(S-c)\,\mathrm{e}^{-kSt}}{\big(c + (S-c)\,\mathrm{e}^{-kSt}\big)^2} \end{aligned}$$

Einsetzen von $f(t)$ in die rechte Seite der DGL und fleißiges Zusammenfassen (wobei man sogar Bruchrechnen bzw. auf-den-Hauptnenner-Bringen muss, uiuiuiii) ergibt:

$$\begin{aligned} k\,f(t)\,\big(S-f(t)\big) &= k\,\frac{cS}{c+(S-c)\,\mathrm{e}^{-kSt}}\cdot\left(S-\frac{cS}{c+(S-c)\,\mathrm{e}^{-kSt}}\right)\\ &= k\,\frac{cS}{c+(S-c)\,\mathrm{e}^{-kSt}}\cdot\frac{S\cdot\big(c+(S-c)\,\mathrm{e}^{-kSt}\big)-cS}{c+(S-c)\,\mathrm{e}^{-kSt}}\\ &= kcS\,\frac{1}{c+(S-c)\,\mathrm{e}^{-kSt}}\cdot\frac{cS+S(S-c)\,\mathrm{e}^{-kSt}-cS}{c+(S-c)\,\mathrm{e}^{-kSt}}\\ &= kcS^2\cdot\frac{(S-c)\,\mathrm{e}^{-kSt}}{\big(c+(S-c)\,\mathrm{e}^{-kSt}\big)^2}\,, \end{aligned}$$

also ist linke Seite = rechte Seite (für alle t), d.h. f löst die DGL.

L 6.14 Es sei f eine Lösung der DGL $f'(x) = f(x)$. Dem Tipp folgend leiten wir die Hilfsfunktion $g(x) = f(x)\cdot\mathrm{e}^{-x}$ mit Hilfe von Produkt- und Kettenregel ab:

$$g'(x) = f'(x)\cdot\mathrm{e}^{-x} + f(x)\cdot\mathrm{e}^{-x}\cdot(-1) = \mathrm{e}^{-x}\cdot\big(f'(x)-f(x)\big) = 0,$$

denn die Klammer verschwindet, da nach Voraussetzung $f'(x) = f(x)$, also $f'(x) - f(x) = 0$ (für alle $x\in\mathbb{R}$) gilt. Somit ist g eine Funktion, deren Ableitung auf ganz $\mathbb{R}$ Null ist, d.h. g muss eine konstante Funktion sein: $g(x) = c$ mit einer Konstante $c\in\mathbb{R}$. Aus $g(x) = f(x)\cdot\mathrm{e}^{-x} = c$ folgt aber durch Multiplikation mit e^{x}, dass $f(x) = c\cdot\mathrm{e}^{x}$ ist. □

L 6.15

a) Hier ist $S = 200$ die Sättigungsgrenze des Koibestands. Laut Aufgabenstellung ist $K'(t)$, also die Wachstumsgeschwindigkeit (Änderungsrate) des Koibestands, proportional zu $S - K(t)$, d.h. zur Anzahl der noch Platz findenden Fische. Somit gilt

$$K'(t) \sim \big(S-K(t)\big) \qquad \text{bzw.} \qquad K'(t) = k\,\big(S-K(t)\big)$$

mit einer (noch zu bestimmenden) Konstante $k > 0$. Es handelt sich um die DGL des beschränkten Wachstums mit Lösung

$$K(t) = S - (S-K_0)\,\mathrm{e}^{-kt}.$$

b) Es ist $K_0 = 80$ und $S = 200$, also $K(t) = 200 - 120\,\mathrm{e}^{-kt}$. Das noch fehlende k erhalten wir aus $K(1) = 92$ (da nach einem Monat 92 Kois im Teich schwimmen):

$$200 - 120\,\mathrm{e}^{-k\cdot 1} = 92 \quad\Longleftrightarrow\quad k = -\ln\frac{92-200}{-120} \approx 0{,}105\;\big(\tfrac{1}{\text{Monat}}\big).$$

(Wie immer wird k zum Weiterrechnen gespeichert.)
Nachweis, dass $K(t) = 200 - 120\,\mathrm{e}^{-kt}$ die DGL aus a) löst: Die linke Seite der DGL wird zu

$$K'(t) = \big(200 - 120\,\mathrm{e}^{-kt}\big)' = 0 - 120\,\mathrm{e}^{-kt}\cdot(-k) = 120k\,\mathrm{e}^{-kt}.$$

Einsetzen von $K(t)$ in die rechte Seite der DGL liefert

$$k\,\big(S-K(t)\big) = k\,\Big(200-\big(200-120\,\mathrm{e}^{-kt}\big)\Big) = k\,(0+120\,\mathrm{e}^{-kt}) = 120k\,\mathrm{e}^{-kt}.$$

Somit gilt linke Seite = rechte Seite (für alle t), d.h. $K(t)$ ist Lösung der DGL.

c) Gesucht ist die Zeit t, für die $K(t) = 180$ gilt. Standard-Umformung liefert

$$200 - 120\,\mathrm{e}^{-kt} = 180 \quad\Longleftrightarrow\quad \mathrm{e}^{-kt} = \frac{180-200}{-120} = \frac{1}{6} \quad\Longleftrightarrow\quad t = \frac{\ln\frac{1}{6}}{-k} \approx 17{,}0 \text{ (Monate)}.$$

L 6.16 Durch Ausklammern von $\frac{R}{L}$ (sprich Multiplizieren aller Terme in der Klammer mit dem Kehrbruch $\frac{L}{R}$) bringen wir die DGL erstmal auf Standard-Form:

$$I'(t) = \frac{R}{L}\left(\frac{U_0}{L}\cdot\frac{L}{R} - I(t)\right) = \frac{R}{L}\left(\frac{U_0}{R} - I(t)\right) = k\big(S - I(t)\big),$$

mit $k = \frac{R}{L} = 235$ $(\frac{1}{\mathrm{s}})$ und Sättigungsgrenze $S = \frac{U_0}{R} = I_{\max}$. (Den PhysikerInnen unter euch sollte dies klar sein: Kommt die Selbstinduktion zum Erliegen, so bestimmen nur noch Spannungsquelle und ohmscher Widerstand R die Gesamtstromstärke $\frac{U_0}{R} = I_{\max}$.) Da beim Schließen des Schalters noch $I(0) = 0$ gilt (die Stromstärke kann ja erst anzuwachsen beginnen, wenn der Stromkreis geschlossen wurde), erhalten wir als Lösung der DGL

$$I(t) = I_{\max} - \big(I_{\max} - I(0)\big)\,\mathrm{e}^{-kt} = I_{\max} - I_{\max}\,\mathrm{e}^{-kt} = I_{\max}\big(1 - \mathrm{e}^{-kt}\big).$$

$I_{\max}$ selbst können wir nicht ausrechnen, weil kein U_0 gegeben ist. Macht aber nix; wir sollen ja nur bestimmen, wann $I(t) = 50\,\%\, I_{\max}$ gilt, und dies ist unabhängig von $I_{\max}$, denn

$$I_{\max}\big(1 - \mathrm{e}^{-kt}\big) = 0{,}5\, I_{\max} \quad\Longleftrightarrow\quad 1 - \mathrm{e}^{-kt} = 0{,}5 \quad\Longleftrightarrow\quad t = \frac{\ln 0{,}5}{-k} \approx 2{,}95\cdot 10^{-3} \text{ (s)}.$$

Nach ca. 3 ms erreicht $I(t)$ also die Hälfte des Maximalwerts. Bis 99 % von $I_{\max}$ erreicht sind, dauert es (analoge Rechnung wie eben) $\frac{\ln 0{,}01}{-k} \approx 0{,}18$ (s).

L 6.17

a) Dasselbe Spielchen wie gerade eben, nur mit anderen Buchstaben ...

$$v'(t) = g - \frac{\alpha}{m}\cdot v(t) = \frac{\alpha}{m}\left(g\cdot\frac{m}{\alpha} - v(t)\right) = k\big(S - v(t)\big),$$

wobei $k = \frac{\alpha}{m}$ und $S = \frac{mg}{\alpha}$ ist. Die Sättigungsgrenze S ist die maximale Geschwindigkeit der Kugel, also $S = v_{\mathrm{gr}}$ (Grenzgeschwindigkeit für $t \to \infty$). Lösung der DGL mit $v_0 = 0$:

$$v(t) = v_{\mathrm{gr}} - \big(v_{\mathrm{gr}} - v_0\big)\,\mathrm{e}^{-kt} = v_{\mathrm{gr}} - v_{\mathrm{gr}}\,\mathrm{e}^{-kt} = v_{\mathrm{gr}}\big(1 - \mathrm{e}^{-kt}\big).$$

Da $\mathrm{e}^{-kt} \to 0$ für $t \to \infty$ gilt, nähert sich $v(t)$ immer mehr an $v_{\mathrm{gr}}\cdot(1-0) = v_{\mathrm{gr}}$ an. Für genügend große Zeiten t sinkt die Kugel also fast gleichförmig, d.h. mit annähernd konstanter Geschwindigkeit v_{gr}.

b) Zahlen: $k = \frac{\alpha}{m} = 2{,}8$ $(\frac{1}{\mathrm{s}})$, Grenzgeschwindigkeit $v_{\mathrm{gr}} = \frac{mg}{\alpha} \approx 3{,}5$ $(\frac{\mathrm{m}}{\mathrm{s}})$; knapp 13 $\frac{\mathrm{km}}{\mathrm{h}}$.

c) Nach der gleichen Rechnung wie in der letzten Aufgabe dauert es $t = \frac{\ln 0{,}01}{-k} \approx 1{,}64$ (s) (unabhängig von v_{gr}!), bis die Kugel 99 % von v_{gr} erreicht hat. Obwohl v_{gr} theoretisch erst im Limes $t \to \infty$ erreicht wird, bewegt sich die Kugel in der Realität bereits recht bald schon fast gleichförmig mit v_{gr}.
Um die zurückgelegte Strecke zu bestimmen, müssen wir $v(t)$ integrieren (siehe Seite 56; wir setzen $s(0) = 0$ und aufgrund von $v(t) > 0$ ist dann $\Delta s_{\mathrm{ges}}(t) = s(t) - s(0) = s(t)$, d.h. zurückgelegter Weg $\Delta s_{\mathrm{ges}}(t) =$ Ort $s(t)$ der Kugel):

$$s(t) = \int_0^t v(\tau)\,\mathrm{d}\tau = \int_0^t v_{\mathrm{gr}}\Big(1 - \mathrm{e}^{-k\tau}\Big)\,\mathrm{d}\tau = v_{\mathrm{gr}}\left[\tau - \frac{1}{-k}\,\mathrm{e}^{-k\tau}\right]_0^t$$

$$= v_{\mathrm{gr}}\left(t + \frac{\mathrm{e}^{-kt}}{k} - 0 - \frac{\mathrm{e}^0}{k}\right) = v_{\mathrm{gr}}\left(t - \frac{1}{k} + \frac{\mathrm{e}^{-kt}}{k}\right).$$

Für $t = 1{,}64$ (s) ergibt sich $s(t) \approx 4{,}5$ (m); man bräuchte also eine recht lange ölgefüllte Röhre, um dies zu beobachten. Noch zum Vergleich: Im freien Fall wäre die Kugel in dieser Zeit t bereits 13,3 m weit gefallen.

d) Man erkennt sehr schön, dass $v(t)$ sich ab $t = 2$ (s) so gut wie nicht mehr von v_{gr} unterscheidet. Dementsprechend verläuft das Schaubild von

$$s(t) = v_{\mathrm{gr}}\left(t - \frac{1}{k} + \frac{\mathrm{e}^{-kt}}{k}\right) \approx v_{\mathrm{gr}}\left(t - \frac{1}{k}\right) = v_{\mathrm{gr}}\, t - \frac{v_{\mathrm{gr}}}{k} \quad (\text{für } t \geqslant 2)$$

ab diesem Zeitpunkt fast wie eine Gerade, d.h. die Kugel sinkt ab da nahezu gleichförmig.

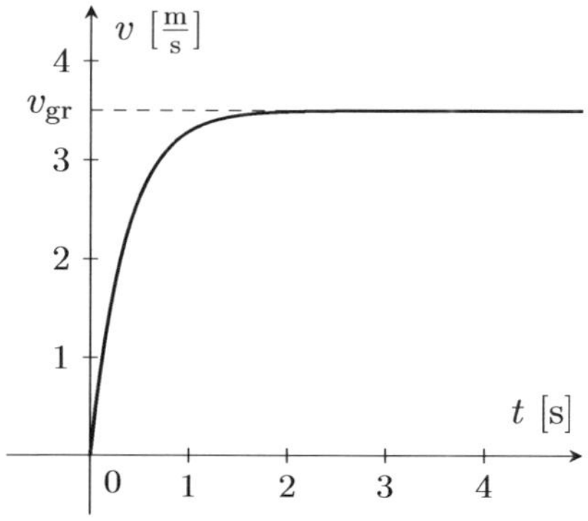

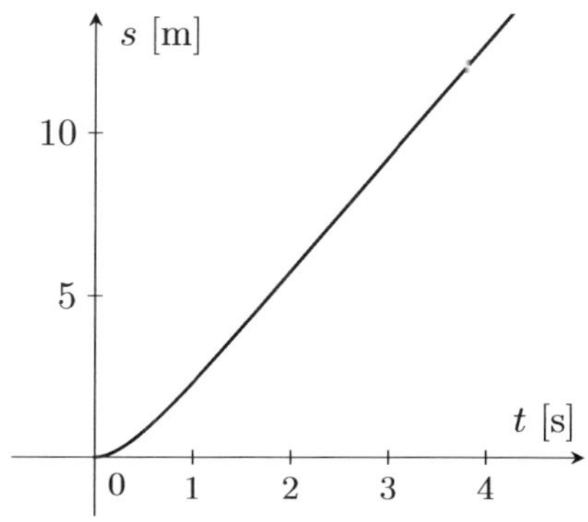

Abbildung L.34

L 6.18

a) Kurz und schmerzlos: Die Änderungsrate von $m(t)$ ist

$$m'(t) = 0{,}5 - 0{,}08 \cdot m(t),$$

denn wir haben einen „Zufluss“ von 0,5 $(\frac{\mathrm{mg}}{\mathrm{min}})$ bei gleichzeitigem „Abfluss“ von 8 % = 0,08 der Anabolika-Menge $m(t)$, die sich momentan im Blut befindet. Ausklammern von 0,08 unter Verwendung von $\frac{0{,}5}{0{,}08} = 6{,}25$ führt auf

$$m'(t) = 0{,}08 \cdot \big(6{,}25 - m(t)\big),$$

also auf die DGL des (einfachen) beschränkten Wachstums mit $k = 0{,}08$ und $S = 6{,}25$.

b) Ihre Lösung zur Anfangsbedingung $m(0) = 0$ lautet (t in Minuten; $m(t)$ in mg)

$$m(t) = S - (S - 0)\,\mathrm{e}^{-kt} = S\big(1 - \mathrm{e}^{-kt}\big) = 6{,}25 \cdot \big(1 - \mathrm{e}^{-0{,}08\,t}\big).$$

Aufgrund von $\mathrm{e}^{-kt} \to 0$ für $t \to \infty$ gilt

$$\lim_{t\to\infty} m(t) = \lim_{t\to\infty} 6{,}25 \cdot \big(1 - \mathrm{e}^{-0{,}08\,t}\big) = 6{,}25 \cdot (1 - 0) = 6{,}25,$$

d.h. der Steroid-Gehalt im Rammlerblut wird sich an 6,25 mg annähern. 90 % davon sind nach ungefähr einer halben Stunde erreicht:

$$S\big(1 - \mathrm{e}^{-kt}\big) = 0{,}9S \iff 1 - \mathrm{e}^{-kt} = 0{,}9 \iff t = \frac{\ln(1 - 0{,}9)}{-k} \approx 28{,}8 \text{ (min)}.$$

c) Die minütliche Zunahme (ab dem Zeitpunkt t) beträgt $z(t) = m(t + 1) - m(t)$. Setzt man dies mit 0,3 (mg) gleich und löst die entstehende Gleichung mit dem GTR (am besten grafisch; K_z mit $y = 0{,}3$ schneiden), so erhält man $t \approx 5{,}9$ (min). Im Zeitraum von 5,9 min bis 6,9 min beträgt die Steroid-Zunahme also erstmals nur noch 0,3 mg.

L 6.19

a) Es sei $V(t)$ das CO-Volumen (in l) zur Zeit t im Zimmer; $V(0) = 0$. Die CO-Konzentration (d.h. das CO-Volumen pro Gesamtvolumen des Zimmers) beträgt dann $c(t) = \frac{V(t)}{V}$, wobei $V = 40\,\mathrm{m}^3 = 40\,000\,\mathrm{l}$ das Zimmervolumen ist. Der Ausstoß durchs Rauchen erfolgt mit 1,5 $(\frac{\mathrm{l}}{\mathrm{min}})$, wobei nur 2 % davon CO sind, also wird in der Zeitspanne Δt ein Volumen von

$$\Delta V_1 = 0{,}02 \cdot 1{,}5 \cdot \Delta t = 0{,}03\,\Delta t$$

Litern an CO freigesetzt. Pro Δt ziehen aber gleichzeitig $1{,}5\Delta t$ (l) Zimmerluft ab, die eine CO-Menge von ca. $c(t) \cdot 1{,}5\Delta t$ (l) enthalten (Δt sei so klein, dass $c(t)$ dabei als nahezu konstant betrachtet werden kann). Pro Zeitspanne Δt werden also (ca.)

$$\Delta V_2 = 1{,}5\,c(t)\Delta t$$

Liter CO abgeführt. Insgesamt ergibt sich eine CO-Zunahme von (ca.)

$$\Delta V = \Delta V_1 - \Delta V_2 = 0{,}03\,\Delta t - 1{,}5\,c(t)\Delta t$$

im Zeitraum Δt. Teilen durch Δt und Grenzübergang $\Delta t \to 0$ ergibt für die Änderungsrate des CO-Volumens (diesmal exakt)

$$V'(t) = \lim_{\Delta t \to 0} \frac{\Delta V}{\Delta t} = 0{,}03 - 1{,}5\,c(t).$$

Nun ist aber $V(t) = c(t) \cdot V$, d.h. $V'(t) = c'(t) \cdot V$ und als DGL für $c(t)$ erhalten wir schlussendlich $c'(t) \cdot V = 0{,}03 - 1{,}5\,c(t) = 1{,}5 \cdot \big(0{,}02 - c(t)\big)$ bzw.

$$c'(t) = \frac{1{,}5}{V}\,\big(0{,}02 - c(t)\big) = k\,\big(S - c(t)\big).$$

mit $k = \frac{1{,}5}{40\,000} = 3{,}75 \cdot 10^{-5}$ $(\frac{1}{\mathrm{min}})$ und Sättigungsgrenze $S = 0{,}02 = 2\,\%$. Es handelt sich also um beschränktes Wachstum und die CO-Konzentration $c(t)$ entwickelt sich gemäß

$$c(t) = S - (S - 0) \cdot \mathrm{e}^{-kt} = S\,\big(1 - \mathrm{e}^{-kt}\big) = 0{,}02 \cdot \big(1 - \mathrm{e}^{-0{,}0000375\,t}\big).$$

Auf lange Sicht gilt $c(t) \to 0{,}02$, d.h. die CO-Konzentration im Zimmer wird sich auf die CO-Konzentration des Zigarrenrauchs von 2 Volumen-% einpendeln.

b) Wann gilt $c(t) = 0{,}08\,\% = 0{,}0008$? Standard-Rechnung zeigt ca. 18 h, denn:

$$0{,}02 \cdot \big(1 - \mathrm{e}^{-kt}\big) = 0{,}0008 \quad \Longleftrightarrow \quad t = \frac{\ln\left(1 - \frac{0{,}0008}{0{,}02}\right)}{-k} \approx 1089\ (\mathrm{min}).$$

c) Bis 0,0016 Volumen-% CO erreicht sind, müssten $t = \frac{\ln\left(1 - \frac{0{,}0016}{0{,}02}\right)}{-k} \approx 2224$ (min), d.h. 37 h verstreichen. Die Skatbrüder müssten also schon sehr lange zocken, um an einer CO-Vergiftung zu sterben.

L 6.20

a) Es handelt sich um die DGL des beschränkten Zerfalls mit Lösung

$$g(t) = S + (f_0 - S)\,\mathrm{e}^{-kt} = 10 + (100 - 10)\,\mathrm{e}^{-kt} = 10 + 90\,\mathrm{e}^{-kt}$$

(t in Wochen, $g(t)$ in Prozent). Einsetzen in die linke Seite der DGL:

$$g'(t) = \big(10 + 90\,\mathrm{e}^{-kt}\big)' = 0 + 90\,\mathrm{e}^{-kt} \cdot (-k) = -90k\,\mathrm{e}^{-kt}.$$

Die rechte Seite der DGL verwandelt sich in

$$k\,\big(S - g(t)\big) = k\,\Big(10 - \big(10 + 90\,\mathrm{e}^{-kt}\big)\Big) = k\,\big(0 - 90\,\mathrm{e}^{-kt}\big) = -90k\,\mathrm{e}^{-kt}.$$

Somit gilt linke Seite = rechte Seite (für alle t), d.h. $g(t)$ löst tatsächlich die DGL.

b) Wenn nach 4 Wochen 60 % vergessen sind, ist $g(4) = 10 + 90\,\mathrm{e}^{-4k} = 40\,(\%)$, d.h.

$$\mathrm{e}^{-4k} = \frac{40-10}{90} = \frac{1}{3} \quad\Longleftrightarrow\quad k = \frac{\ln\frac{1}{3}}{-4} \approx 0{,}275\,\left(\tfrac{1}{\text{Woche}}\right).$$

Bis $g(t) = 10 + 90\,\mathrm{e}^{-kt} = 15\,(\%)$ ist, vergehen 10,5 Wochen, denn

$$\mathrm{e}^{-kt} = \frac{15-10}{90} = \frac{1}{18} \quad\Longleftrightarrow\quad t = \frac{\ln\frac{1}{18}}{-k} \approx 10{,}5\ \text{(Wochen)}.$$

c) Einsetzen von τ und umformen ergibt

$$g(\tau) = 10 + 90\,\mathrm{e}^{-k\cdot\frac{\ln 2}{k}} = 10 + 90\,\mathrm{e}^{-\ln 2} = 10 + 90 \cdot \frac{1}{\mathrm{e}^{\ln 2}} = 10 + 90 \cdot \frac{1}{2} = 55\,(\%),$$

d.h. anders als beim exponentiellen Zerfall ist $g(t)$ nach der Zeit τ (damals: T_{H}) *nicht* auf $\frac{1}{2}g(0) = 50\,(\%)$ gesunken. Allgemeine Rechnung zeigt

$$g(\tau) = \frac{1}{2}\,\big(S + g(0)\big),$$

d.h. der Bestand nach der Zeit τ hängt vom Startwert $g(0)$ ab, wieder im Gegensatz zum exponentiellen Zerfall.

d) Nach einer Woche ist $g(1) = 10 + 90\,\mathrm{e}^{-k} \approx 78{,}4\,(\%)$. Ab dann gilt ein neues beschränktes Zerfallsgesetz mit $\widetilde{g}(0) = g(1) \approx 78{,}4\,(\%)$ als neuem Startwert,

$$\widetilde{g}(\widetilde{t}) = 10 + (\widetilde{g}(0) - 10)\,\mathrm{e}^{-k\widetilde{t}} = 10 + 68{,}4\,\mathrm{e}^{-k\widetilde{t}};$$

$\widetilde{t}$ gibt dabei die Zeit ab einer Woche nach dem Abi an. $\widetilde{g}(\widetilde{t}) = 15\,(\%)$ führt nach der üblichen Standardumformung auf $\widetilde{t} = \frac{\ln(5/68{,}4)}{-k} \approx 5{,}2$ (Wochen). Somit dauert es in diesem Fall nur $1 + 5{,}2 = 6{,}2$ Wochen, bis das Wissen auf 15 % gesunken ist.

L 6.21

a) Die Lösung der DGL lautet $\vartheta(t) = \vartheta_S + (\vartheta_0 - \vartheta_S)\,\mathrm{e}^{-kt}$ mit $k = 0{,}04\,\left(\tfrac{1}{\min}\right)$. Zunächst ist $\vartheta_0 = 80$ (°C) und $\vartheta_S = 20$ (°C), d.h. nach 45 min gilt

$$\vartheta(45) = 20 + (80 - 20)\,\mathrm{e}^{-0{,}04\cdot 45} = 20 + 60\,\mathrm{e}^{-1{,}8} \approx 29{,}9\ (^\circ\mathrm{C}).$$

Danach erfolgt die Abkühlung im Kühlschrank mit $\widetilde{\vartheta}_S = 5$ (°C) und neuer Starttemperatur $\widetilde{\vartheta}_0 = 29{,}9$ (°C). Es gilt wieder $\widetilde{\vartheta}(\widetilde{t}) = \widetilde{\vartheta}_S + (\widetilde{\vartheta}_0 - \widetilde{\vartheta}_S)\,\mathrm{e}^{-k\widetilde{t}} = 5 + 24{,}9\,\mathrm{e}^{-k\widetilde{t}}$, wobei $\widetilde{t}$ nun die Zeit ab 45 min nach Abkühlungsbeginn im Zimmer misst. $\widetilde{\vartheta}(\widetilde{t}) = 10$ führt nach Standard-Umformung auf $\widetilde{t} = \frac{\ln(5/24{,}9)}{-k} \overset{*}{\approx} 40{,}2$ (min), also dauert es insgesamt 85,2 min, bis der Kaffee auf 10 °C runtergekühlt ist. (*Gespeicherter Wert 24,9179... wurde verwendet.)

b) Diesmal soll $t + \widetilde{t} = 70$ (min) sein, wobei t die Abkühlzeit bei Zimmertemperatur und $\widetilde{t}$ die Zeit im Kühlschrank ist. Nach Verstreichen von t hat der Kaffee die Temperatur

$$\vartheta(t) = \vartheta_S + (\vartheta_0 - \vartheta_S)\,\mathrm{e}^{-kt} = 20 + 60\,\mathrm{e}^{-kt},$$

was die Anfangstemperatur $\widetilde{\vartheta}_0$ für die Kühlschrankphase darstellt. Da am Ende wieder 10 °C erreicht werden sollen, muss $\widetilde{\vartheta}(\widetilde{t}) = 10$ gelten, d.h.

$$\widetilde{\vartheta}(\widetilde{t}) = 5 + (\widetilde{\vartheta}_0 - 5)\,\mathrm{e}^{-k\widetilde{t}} = 5 + (20 + 60\,\mathrm{e}^{-kt} - 5)\,\mathrm{e}^{-k\widetilde{t}} = 10.$$

Nun setzen wir $\widetilde{t} = 70 - t$ ein und können dann die entstehende Gleichung mit dem GTR nach t auflösen. Es geht aber auch von Hand! Zusammenfassen der linken Seite liefert

$$5 + (15 + 60\,\mathrm{e}^{-kt}) \cdot \mathrm{e}^{-k(70-t)} = 5 + (15 + 60\,\mathrm{e}^{-kt}) \cdot \mathrm{e}^{-70k} \cdot \mathrm{e}^{kt}$$
$$= 5 + 15 \cdot \mathrm{e}^{-70k} \cdot \mathrm{e}^{kt} + 60\,\mathrm{e}^{-kt} \cdot \mathrm{e}^{-70k} \cdot \mathrm{e}^{kt} = 5 + 15\,\mathrm{e}^{-70k} \cdot \mathrm{e}^{kt} + 60\,\mathrm{e}^{-70k},$$

wobei am Ende $\mathrm{e}^{-kt} \cdot \mathrm{e}^{kt} = \mathrm{e}^{-kt+kt} = \mathrm{e}^0 = 1$ einging. Linke Seite gleich 10 setzen und Auflösen nach t ergibt:

$$5 + 15\,\mathrm{e}^{-70k} \cdot \mathrm{e}^{kt} + 60\,\mathrm{e}^{-70k} = 10 \quad \Longleftrightarrow \quad \mathrm{e}^{kt} = \frac{10 - 5 - 60\,\mathrm{e}^{-70k}}{15\,\mathrm{e}^{-70k}} \approx 1{,}48,$$

also $t \approx \frac{\ln 1{,}48}{k} \approx 9{,}8$ (min), d.h. man hätte den Kaffee bereits nach ca. 10 min in den Kühlschrank stellen müssen.

L 6.22 Laut Newton gilt für die Abkühlgeschwindigkeit $\vartheta'(t) \sim \big(\vartheta_S - \vartheta(t)\big)$, d.h. je größer der Unterschied zwischen aktueller Temperatur $\vartheta(t)$ und Zimmertemperatur ϑ_S ist, desto schneller erfolgt die Abkühlung. Gibt man die Milch gleich zu, so verringert sich schlagartig die Kaffeetemperatur und damit auch der Unterschied $\vartheta_S - \vartheta(t)$, d.h. das Gemisch kühlt langsamer ab, als wenn man den heißen Kaffee erst ein Weilchen alleine auskühlen lässt. Hmm, aber vielleicht kompensiert der Temperatursturz beim Mischen zu Beginn ja das langsamere Abkühlen? Überlassen wir also Formeln das Denken:

a) Nach Milchzugabe (und Umrühren) stellt sich eine Anfangstemperatur von

$$\vartheta_0 = \frac{\vartheta_{\mathrm{K},0} + \vartheta_{\mathrm{M},0}}{2} = \frac{80 + 10}{2} = 45 \ (^\circ\mathrm{C})$$

ein. Nach 5 Minuten beträgt die Temperatur des Gemischs dann

$$\vartheta(5) = \vartheta_S + (\vartheta_0 - \vartheta_S)\,\mathrm{e}^{-k\cdot 5} = 20 + 25\,\mathrm{e}^{-0{,}04\cdot 5} \approx 40{,}5 \ (^\circ\mathrm{C})$$

b) Kühlt der Kaffee zunächst schwarz ab, dann ist er nach 5 Minuten noch

$$\widetilde{\vartheta}(5) = \vartheta_S + (\vartheta_{\mathrm{K},0} - \vartheta_S)\,\mathrm{e}^{-k\cdot 5} = 20 + 60\,\mathrm{e}^{-0{,}04\cdot 5} \approx 69{,}1 \ (^\circ\mathrm{C})$$

heiß. Mischen mit der Milch (deren Erwärmung in den 5 Minuten wir vernachlässigen :)) ergibt eine Endtemperatur von

$$\frac{\widetilde{\vartheta}_{\mathrm{K}}(5) + \vartheta_{\mathrm{M},0}}{2} = \frac{69{,}1 + 10}{2} = 39{,}6 \ (^\circ\mathrm{C}).$$

Bei Methode b) ist das Gemisch also tatsächlich (geringfügig) kälter. Hätte man jeweils 10 Minuten gewartet, so wäre a) 36,8 °C im Vergleich zu b) 35,1 °C herausgekommen. Am besten trinkst du morgens einfach stilles Wasser; geht schneller und ist eh viel gesünder.

Lösungen zu Kapitel 7

L 7.1

a) Offenbar ist $a_n = 1$ für alle $n \in \mathbb{N}$.

b) Das ist die Folge der ungeraden Zahlen, also $a_n = 2n - 1$, $n \in \mathbb{N}$. Man kann (a_n) aber auch *rekursiv*, d.h. unter Rückgriff auf das jeweils vorherige Folgenglied, definieren: Da von a_n auf a_{n+1} jeweils 2 dazukommt ist $a_{n+1} = a_n + 2$, $n \in \mathbb{N}$, mit Startwert $a_1 = 1$.

c) $a_n = \left(\frac{1}{2}\right)^n = \frac{1}{2^n}$, $n \in \mathbb{N}$.

d) Spätestens bei $17 = 16 + 1$ oder $26 = 25 + 1$ sollte man erkennen, dass es sich um die Quadratzahlen, 1 nach rechts verschoben, handelt: $a_n = n^2 + 1$, $n \in \mathbb{N}$. Oder rekursiv: $a_{n+1} = a_n + (2n+1)$, $a_1 = 2$, denn die Differenzen $a_{n+1} - a_n$ sind genau die ungeraden Zahlen (beginnend mit 3, deshalb hier $2n + 1$ und nicht $2n - 1$ wie in b)).

e) Damit das Vorzeichen der Folgenglieder ständig zwischen + und − hüpft, muss man den Faktor $(-1)^n$ mit einbauen: $a_n = \frac{(-1)^n}{n}$, $n \in \mathbb{N}$.

L 7.2 Es ist $a_1 = 2 - (-1)^1 \cdot \frac{2}{1} = 2 + 2 = 4$, also Pünktchen bei $(1\,|\,4)$ setzen, usw.

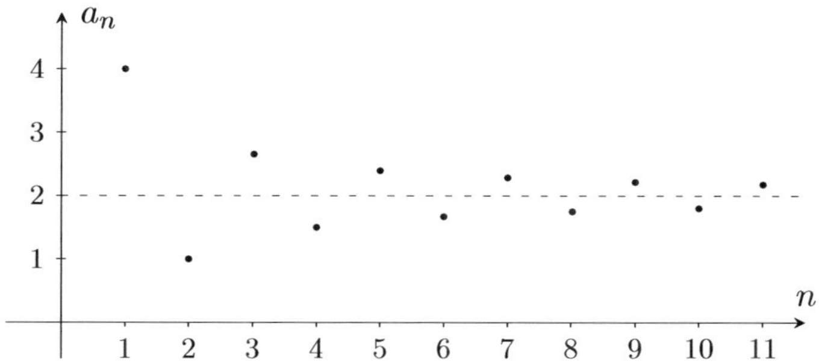

Abbildung L.35

L 7.3 Wir schreiben abkürzend meist nur lim anstelle des klobigen $\lim\limits_{n\to\infty}$.

a) Da n^2 unbeschränkt wächst, nähert sich $a_n = \frac{1}{n^2}$ beliebig nahe der 0, d.h. a_n ist eine Nullfolge: $\lim a_n = 0$.

b) Die Folge $-2, 4, -8, 16, -32, \ldots$ divergiert, da sie unbeschränkt wächst, und zwar sowohl „nach oben“ (ins positiv Unendliche), als auch „nach unten“ (ins negativ Unendliche). Man kann hier deshalb weder $\lim a_n = \infty$ noch $\lim a_n = -\infty$ schreiben.

c) Es ist $|a_n| = \frac{|(-1)^n|}{n} = \frac{1}{n}$, d.h. a_n strebt betragsmäßig gegen Null. Aufgrund des $(-1)^n$ hüpft es dabei um die n-Achse herum, was dem Limes aber egal ist; Hauptsache der Unterschied zur 0 (egal ob positiv oder negativ) wird beliebig klein. Also gilt $\lim a_n = 0$.

d) Da $\frac{\pi}{n} \to 0$ für $n \to \infty$ gilt, folgt (mit G_1) $\lim a_n = \sqrt{2} - 0 = \sqrt{2}$.

e) Erst umformen: Ausklammern von n im Nenner führt auf

$$a_n = \frac{n}{n \cdot (2 - \frac{1}{n})} = \frac{1}{2 - \frac{1}{n}},$$

also gilt (mit G_1 & G_3) $\lim a_n = \frac{1}{2-0} = \frac{1}{2}$.
(Alternativ: Für große n kann man das -1 vernachlässigen, d.h. $a_n = \frac{n}{2n-1} \approx \frac{n}{2n} = \frac{1}{2}$.)

f) Zunächst n^2 in Zähler und Nenner ausklammern und kürzen:

$$\frac{2n^2+4}{n^2+n} = \frac{n^2\cdot(2+\frac{4}{n^2})}{n^2\cdot(1+\frac{1}{n})} = \frac{2+\frac{4}{n^2}}{1+\frac{1}{n}}\,.$$

Somit folgt (mit G_1, G_2 & G_3)

$$\lim_{n\to\infty} a_n = \lim_{n\to\infty} \frac{2+\frac{4}{n^2}}{1+\frac{1}{n}} \cdot \lim_{n\to\infty}\left(\frac{1}{2}-\frac{1}{2n}\right) = \frac{2+0}{1+0}\cdot\left(\frac{1}{2}-0\right) = 2\cdot\frac{1}{2} = 1.$$

L 7.4 Erst zusammenfassen:

$$1-a_n = 1-\frac{n}{n+1} = \frac{n+1-n}{n+1} = \frac{1}{n+1}\,.$$

Damit diese Differenz kleiner als $\frac{1}{100}$ wird, muss $\frac{1}{n+1} < \frac{1}{100}$ bzw. $n+1 > 100$ gelten, sprich $n > 99$. Somit gilt

$$1-a_n < \frac{1}{100} \quad \text{für alle } n \text{ mit } n > 99\text{, also ab } n = 100.$$

Diese Umformung klappt auch für jede (noch so kleine) Abweichung $\varepsilon > 0$:

$$1-a_n = \frac{1}{n+1} < \varepsilon$$

ist gleichbedeutend mit (Kehrbruch-Bilden und $\varepsilon > 0$ beachten!)

$$n+1 > \frac{1}{\varepsilon}\,,$$

d.h. $n > \frac{1}{\varepsilon} - 1$. Wählen wir also n_ε als die natürliche Zahl, die auf $\frac{1}{\varepsilon} - 1$ (was ja für beliebiges $\varepsilon \in \mathbb{R}$ in der Regel keine natürliche Zahl mehr sein wird) folgt, dann gilt

$$|a_n - 1| = 1 - a_n < \varepsilon \quad \text{für alle } n \in \mathbb{N} \text{ mit } n > n_\varepsilon.$$

Dies beweist (im Weierstraß'schen Sinne), dass $a = 1$ der Grenzwert von (a_n) ist.

Literaturverzeichnis

[AnA] Baierlein, Barth, Greifenegger, Krumbacher: *Anschauliche Analysis 1 & 2, Leistungskurs.* Ehrenwirth (1984)

Ein Meisterwerk zur Schulmathematik aus der guten alten bayrischen Leistungskurszeit. Heutzutage allerdings viel zu anspruchsvoll und leider auch nur noch gebraucht erhältlich.

[Glo] Glosauer, T.: *(Hoch)Schulmathematik.* Springer Spektrum (2014)

Begleitbuch zum Wahlfach „Vertiefungskurs Mathematik“ (BaWü), welches den mathematischen Übergang an die Hochschule erleichtern soll.

[Heu] Heuser, H.: *Gewöhnliche Differentialgleichungen.* Vieweg-Teubner, 6. Aufl. (2009)

Monumentales Werk mit vielen schönen Anwendungen, allerdings auf Uni-Niveau.

[Kle] Klein, H.: *Mathematische Probleme für den Schulunterricht; §5 Sphärische Trigonometrie (SS 2013)*
`http://www.math.uni-kiel.de/geometrie/klein/mpss13/do2706.pdf`

Stichwortverzeichnis